普通高等教育“十二五”规划教材

软件工程理论及应用

主　编　周　屹　王　丁
副主编　朱海龙　于雪梅
参　编　张　辉　徐小舟
主　审　贾宗福

机 械 工 业 出 版 社

软件工程是高等院校计算机相关学科各专业的专业基础课，其研究范围非常广泛。本书从实用的角度出发，在系统讲解软件工程理论和方法的同时，注重结合实例，分析软件工程技术与工具的综合应用；在强调传统的结构化方法的同时，着重介绍面向对象方法。

全书共分 10 章，包括软件产品、软件过程、项目管理和软件项目计划、项目进度安排及跟踪、软件工程的需求工程、软件设计、面向对象的分析方法、面向对象设计、面向对象测试和软件维护工程。

本书将理论知识与实践案例相结合，便于教学与应用，文字通俗易懂，概念清晰，实例丰富，实用性强，并配有习题。本书可作为高等院校计算机类专业软件工程相关课程的教材，也可作为软件开发人员的参考书。

为方便教学，本书配备电子课件等教学资源。凡选用本书作为教材的教师均可登录机械工业出版社教材服务网 www.cmpedu.com 免费下载。如有问题请致信 cmpgaozhi@sina.com，或致电 010-88379375 联系营销人员。

图书在版编目（CIP）数据

软件工程理论及应用/周屹，王丁主编．—北京：机械工业出版社，2014．6

普通高等教育“十二五”规划教材

ISBN 978-7-111-46404-4

Ⅰ．①软…　Ⅱ．①周…　②王…　Ⅲ．①软件工程—高等学校—教材　Ⅳ．①TP311.5

中国版本图书馆 CIP 数据核字（2014）第 069091 号

机械工业出版社（北京市百万庄大街 22 号　邮政编码 100037）

策划编辑：刘子峰　　责任编辑：刘子峰　吴晋瑜

责任校对：申春香　　封面设计：路恩中

责任印制：李　洋

中国农业出版社印刷厂印刷

2014 年 6 月第 1 版第 1 次印刷

184mm×260mm · 16.25 印张 · 425 千字

0001—2500 册

标准书号：ISBN 978-7-111-46404-4

定价：33.00 元

凡购本书，如有缺页、倒页、脱页，由本社发行部调换

电话服务　　网络服务

社服务中心：（010）88361066　　教材网：http://www.cmpedu.com

销售一部：（010）68326294　　机工官网：http://www.cmpbook.com

销售二部：（010）88379649　　机工官博：http://weibo.com/cmp1952

读者购书热线：（010）88379203　　**封面无防伪标均为盗版**

前　言

计算机技术的快速发展为人类社会带来了深刻的变革。如今，信息化的建设、发展和技术应用水平已成为衡量国家综合国力的重要指标，而软件工程又是信息化的核心与信息系统的关键所在。因此，随着市场需求与标准的不断提高，从事计算机软件开发、维护及管理的高层次专业人才的综合素质也越来越重要。

近年来，软件工程学科发生了巨大变化，从传统的结构化技术占主导地位，发展到面向对象技术占主导地位，继而发展到基于构件的技术成为开发技术的主流。随着 Internet 的普及与发展，软件工程出现了平台网络化、方法对象化、系统构件化、产品家族化、开发工程化、过程规范化、生产规模化、竞争国际化的态势，也使得软件在反映对象、提交形式、关注内容和运行方式等方面有了重大进展。

软件工程是高等院校计算机相关学科各专业的专业基础课程，它的研究范围非常广泛，包括的系列任务有立项、可行性分析、需求分析、概要设计、详细设计、编程、测试和修改维护。通过本课程的学习，学生需要掌握软件工程的基本概念、基本原理、实用的开发方法和技术；了解软件工程各领域的发展方向；掌握如何用工程化的思想和方法开发和管理软件项目，以及掌握开发过程中应遵循的流程、准则、标准和规范。

本书从实用的角度出发，注重结合实例，按软件生存周期的顺序介绍问题定义、可行性研究、需求分析、总体设计、详细设计、编码、测试与软件维护等各个阶段的任务、过程、方法和工具，目标是使学生能够针对具体软件工程项目，全面掌握软件工程管理、软件需求分析、软件初步设计、软件详细设计、软件测试等阶段的方法和技术。全书共分 10 章，内容包括软件产品、软件过程、项目管理和软件项目计划、项目进度安排及跟踪、软件工程的需求工程、软件设计、面向对象的分析方法、面向对象设计、面向对象测试和软件维护工程。

本书的编写队伍由具有丰富教学经验的高校软件专业一线教师和多年从事软件项目开发的工程师组成。周屹、王丁任主编，朱海龙、于雪梅任副主编，参加编写的有张辉、徐小舟。编写分工如下：朱海龙编写第 1、2 章，王丁编写第 3、4、6 章，于雪梅编写第 7、9 章，张辉编写第 5、10 章，周屹、徐小舟编写第 8 章，并参加了审校及修改等工作。全书由周屹最终统稿，贾宗福任主审。

本书在编写过程中，得到了各方面有关专家的大力支持和帮助，在此对所有人的支持表示衷心的感谢。

由于编者水平有限，书中难免存在不足之处，敬请广大读者批评指正。

编　者

目　录

第1章 软件产品

目前，软件担任着双重角色。它是一种产品，同时又是开发和运行产品的载体。作为一种产品，它表达了由计算机硬件体现的计算潜能。不管是应用在移动电话中，还是操作在个人计算机上，软件就是一个信息转换器——产生、管理、获取、修改、显示或转换信息，这些信息可以很简单，如一个单个的位（bit）；也可以很复杂，如多媒体仿真信息。作为开发运行产品的载体，软件是计算机控制（操作系统）的基础、信息通信（网络）的基础，也是创建和控制其他程序（软件工具和环境）的基础。

“软件”这一名词在 20 世纪 60 年代初从国外引入，当时人们无法说清它的具体含义，也无法解释它的英文单词“software”，于是有人把它翻译成“软件”或“软制品”，现在统一称其为软件。早期，人们认为软件就是源程序。随着对软件及其特性的更深层的研究，人们认为软件不仅仅包括程序，还应包含其他相关内容。

目前，对软件通俗的解释为：软件=程序+数据+文档资料。其定义为计算机程序及其相关说明程序的各种文档。在该定义中，“程序”是计算任务的处理对象和处理规则的描述；数据是程序运行的基础和操作的对象；“文档”是有关计算机程序功能、设计、编制、使用的文字或图形资料。

软件与硬件一起构成完整的计算机系统，它们是相互依存、缺一不可的。软件是一种特殊的产品。

计算机软件的角色在 20 世纪后半叶发生了很大的变化。硬件性能的极大提高、计算机体系结构的不断变化、内存和硬盘容量的快速增加以及输入/输出设备的大量涌现，均促进了更为成熟和更为复杂的基于计算机的软件系统的出现。如果一个系统是成功的，那么这种成熟性和复杂性能够产生出奇迹般的结果，但它们同时也给建造这些复杂系统的人员带来了很多的问题。

计算机在使社会生产力得到迅速解放、社会高度自动化和信息化的同时，却没有使计算机本身的软件生产得到类似的巨大进步。软件开发面临着过分依赖人工、软件无法重用、开发大量重复和生产率低下等问题，特别是软件危机的出现，促使人们努力探索软件开发的新思想、新方法和新技术。

伴随计算机系统的发展，分布式系统（即多台计算机，每一台都在同时执行某些功能，并与其他计算机通信）极大地提高了计算机系统的复杂性。广域网和局域网、高带宽数字通信以及对“即时”数据访问需求的增加都向软件开发者提出了更高的要求。然而，软件仍然继续应用于工业界和学术界，个人应用很少。

微处理器孕育了一系列的智能产品，从汽车到微波炉，从工业机器人到血液检测设备，但哪一个也没有个人计算机那么重要。在不到 10 年的时间里，计算机真正成为大众化的产品。软件是信息化社会和知识经济的基础，它渗透到人们生活、工作的各个领域，并迅速地改变着人们的生活和工作方式，改变着社会的产业结构和面貌。人们对软件的依靠越来越多，社会需要大量功能各异的软件，并且应是随着社会的发展不断更新、升级的软件。

所有国家都在使用复杂的计算机系统。越来越多的产品把计算机和控制软件以一定的方式结合起来。软件工程是计算学科的 9 个领域之一。这 9 个领域包括算法和数据结构、计算机系统结构、人工智能和机器人学、数据库和信息检索、人机交互、操作系统、程序设计语言、软件方法学和软件工程以及数字和符号计算。

1.1 软件的发展

在计算机发展的早期阶段，大多数人把软件设计看成是不须预先计划的事情。当时，计算机编程很简单，没有什么系统化的方法。软件的开发没有任何管理，一旦计划提前了或成本提高了，程序员才开始手忙脚乱地弥补。

在通用的硬件已被普遍应用时，软件却相反，对每一类应用均须再自行设计，且应用范围很有限。软件产品还在“婴儿”阶段，大多数软件均是由使用它们的人员或组织自己开发的，比如编写软件，使其运行，如果有问题再负责改好。工作的可变性很低，管理者必须得到保证：一旦发生了错误就必须有人在那里处理。因为这种个人化的软件环境，设计往往仅是人们头脑中的一种模糊想法，而文档根本不存在。

随着计算机硬件性能的极大提高和计算机体系结构的不断变化，计算机软件系统更加成熟且更为复杂，从而促使计算机软件的角色发生了巨大的变化，其发展历史大致可以分为如图 1-1 所示的四个阶段。

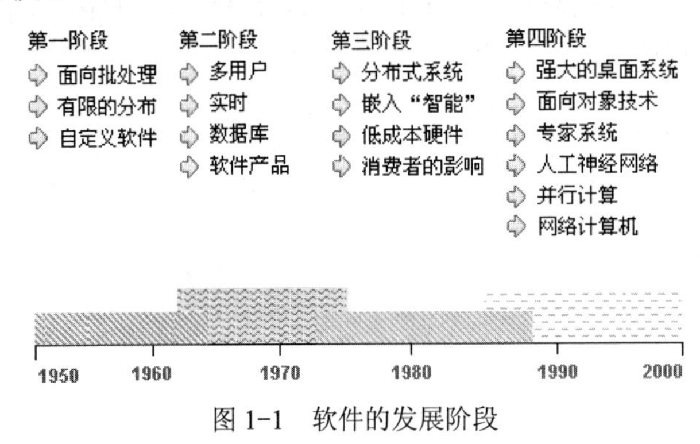

图 1-1　软件的发展阶段

第一阶段：在计算机发展的早期阶段，人们认为计算机的主要用途是快速计算，软件编程简单，不存在什么系统化的方法，开发也没有任何管理，程序的质量完全依赖于程序员个人的技巧。

第一批软件公司是为客户开发定制解决方案的专业软件服务公司。在美国，这个发展过程是由几个巨型软件项目推进的，这些项目先是由美国政府出面筹划，后来是由几家美国大公司认购。这些巨型项目为第一批独立的美国软件公司提供了重要的学习机会，并使美国在软件业中成了早期的主角。例如开发于 1949 年～1962 年的 SAGE 系统，是第一个极大的计算机项目。在欧洲，几家软件承包商也在 20 世纪 50 年代和 60 年代开始发展起来，但总体上，比美国晚了几年。

第二阶段：计算机软件发展的第二阶段跨越了从 20 世纪 60 年代中期到 70 年代末期的十余年，多用户系统引入了人机交互的新概念，实时系统能够从多个数据源收集、分析和转换数据，从而使得进程的控制和输出的产生以毫秒而不是分钟来进行，在线存储的发展催生了第一代数据库管理系统。

在这个时期，软件产品和“软件作坊”的概念出现了，设计人员开发程序不再像早期阶段那样只为自己的研究工作需要，而是为了让用户更好地使用计算机。人们开始采用“软件工程”的方法来解决“软件危机”问题。

在第一批独立软件服务公司成立 10 年后，第一批软件产品出现了。它们被专门开发出来重复地销售给一个以上的客户。一种新型的软件公司诞生了，这是一种要求不同管理技术的公司。第一个真正的软件产品诞生于1964年，是由ADR公司接受RCA委托开发的一个可以在一个程序里形象地代表设备的逻辑流程图的程序。

在这个时期，软件开发者设立了今天仍然存在的基础，包括一个软件产品的基本概念、它的定价、它的维护以及它的法律保护手段。此外，它们还证实了软件项目和软件产品企业是两个不同的行业。

第三阶段：计算机软件发展的第三阶段始于20世纪70年代中期，分布式系统极大地提高了计算机系统的复杂性，网络的发展对软件开发提出了更高的要求，特别是微处理器的出现和广泛应用，孕育了一系列的智能产品。软件开发技术的度量问题受到重视，最著名的有软件工作量估算模型COCOMO、软件能力成熟度模型CMM等。

在第二阶段的后期，众多独立软件公司一涌而现，为所有不同规模的企业提供新产品，由此可以看出他们超越了硬件厂商所提供的产品。最终，客户开始从硬件公司以外的卖主那儿寻找他们的软件来源并为其付钱。20世纪70年代早期的数据库市场是最活跃的，原因之一是独立数据库公司的出现。数据库系统在技术上很复杂，而且几乎所有行业都需要它。但从由计算机生产商提供的系统被认为不够完善以来，独立的提供商“侵入”了这个市场，使其成为70年代最活跃的市场之一。

欧洲同样进入了这个市场。1969年，在德国法兰克福南部的一个中等城市——达姆斯塔特的应用信息处理研究所的6位成员，创立了Software AG，至1972年它进入了美国市场，而且此后不久，就在全世界销售它的主打产品。其他在这个市场扮演重要角色的公司有CINCOM系统公司（1968年）、计算机联合（CA）公司（1976年）和Sybase（1984年）。

在20世纪80年代和90年代，许多企业解决方案提供商从大型计算机专有的操作系统平台转向诸如UNIX（1973年）、IBM OS/2和微软NT等新的平台。这个转变通常使这些公司从使用他们自己所开发的软件中获得了暴利。

第四阶段：计算机软件发展的第四阶段是强大的桌面系统和计算机网络迅速发展的时期，计算机体系结构由中央主机控制方式变为客户机/服务器方式，专家系统和人工智能软件终于进入了实际应用，虚拟现实和多媒体系统改变了与最终用户的通信方式，出现了并行计算和网络计算的研究，面向对象技术在许多领域迅速取代了传统软件开发方法。

在软件的发展过程中，软件从个性化的程序变为工程化的产品，人们对软件的看法发生了根本性的变化，从“软件=程序”发展为“软件=程序+数据+文档”。软件的需求成为软件发展的动力，软件的开发从“自给自足”模式发展为在市场中流通以满足广大用户需要的模式。软件工作的考虑范围也发生了很大变化，人们不再只顾及程序的编写，而是涉及软件的整个生命周期。

个人计算机的出现建立了一种全新的软件：基于个人计算机的大众市场套装软件。同样，这种市场的出现也影响了以前的营销方式。1975年，第一批“个人”计算机诞生于美国MITS的Altair 8800，同样还有苹果II型计算机于1977年上市，但是这两个平台都未能成为持久的个人计算机标准平台。直到1981年IBM公司推出了IBM PC，才正式开启了一个新的软件时代。

这个时期的软件是真正独立的软件业诞生的标志，同样也是收缩-覆盖的套装软件引入的开端。微软是这个时代的最成功和最有影响力的软件公司代表。这个时期其他成功的代表公司有一些如Adobe、Autodesk、Corel、Intuit和Novell。

总之，20世纪80年代，软件业以每年20%的增长率高速发展。美国公司的年收入在1982年增长到100亿美元，在1985年则为250亿美元，比1979年的数字高10倍。

由于Internet的介入，一个全新的时代到来了。尽管大部分软件公司还将进一步面临多个不同标准和平台共存的挑战，软件业也许将会受到新的万维网商机和集中趋势的强烈影响。但还是要指出，不仅仅互联网是软件业的“奇迹”，通信、媒体和最终消费电子业将同样被深深“卷”入其中，这给软件业带来了一个新的方向，并可能由此导致软件业和其他行业的集中。

据数据显示，世界IT产业的年复合增长率1984年～2004年为12%，其中硬件1984年的占IT产业的67%，1989年占IT产业的64%，1994年占有比例为55%，1999年占有比例为43%。逐年下降的趋势显示硬件的市场份额在减少中。1984年，硬件的年复合增长率为9%，IT服务占IT产业的比例仅有24%，而在1994年、1999年却增长为29%和39%，年复合增长率达到15%，呈上升趋势。软件业的市场份额从1984年的9%发展到1999年的22%，年复合增长率为17%，增长速度最快。

计算机系统发展的第四个阶段已经不再是着重于单台计算机和计算机程序，而是面向计算机和软件的综合影响。由复杂的操作系统控制的强大的桌面机、广域或局域网络，配以先进的软件应用已成为标准。计算机体系结构迅速地从集中的主机环境转变为分布的客户机/服务器环境。事实上，Internet本身就可以看做是能够被单个用户访问的“软件”。

一系列软件相关的问题在计算机系统的整个发展过程中一直存在，而且这些问题还会继续恶化：硬件的发展一直超过软件，使得软件难以发挥硬件的所有潜能；开发新程序的能力远远不能满足人们对新程序的需求，同时，开发新程序的速度也不能满足商业和市场的要求；计算机的普遍使用已使得社会越来越依赖于可靠的软件。如果软件“失败”，则会造成巨大的经济损失，甚至有可能给人类带来灾难；人们一直在不断努力建造具有高可靠性和高质量的计算机软件，而且随着硬件的发展这一需求还将不断增长；拙劣的设计和资源的缺乏使得难以支持和升级已有软件。

在计算机发展的早期，计算机系统是采用面向硬件的管理方法来开发的。项目管理者着重于硬件，因为它是系统开发中最大的预算项。为了控制硬件成本，管理者建立了规范的控制和技术的标准，要求在真正开始开发系统之前进行详尽的分析和设计。管理者度量过程以发现哪里还可以进一步改进，他们坚持质量控制和质量保证，并设立规程以管理变化。简言之，他们应用了控制、方法和工具，可以称之为“硬件工程”。

在早期，程序设计被看做是一门“艺术”。几乎没有规范化的方法，也没有人使用它们。程序员往往从试验和错误中积累经验。开发计算机软件的专业性和挑战性，使程序披上了一种神秘的面纱，管理者们很难了解它。软件世界真是完全无序，这是一个开发者为所欲为的时代。

今天，计算机系统开发成本的分配发生了戏剧性的变化。最大的成本项是软件而不再是硬件。在近20年里，管理者和很多开发人员在不断地探讨以下问题：

为什么需要那么长时间才能结束开发？

为什么成本如此之高？

为什么不能在把软件交给客户之前就发现所有错误？

为什么在软件开发过程中难以度量其进展？

这些问题以及其他许多问题都表明对软件及其开发方式的关注是必须的，而正是这种关注最终导致了软件工程实践的出现。

许多人相信21世纪最重要的产品是信息，软件充分印证了这一观点：它处理个人数据（如个人的金融事务），使得这些数据在局部范围中更为有用；它管理商业信息增强了商业竞争力；它还提供了通往全球信息网络（如Internet）的途径；它也提供了以各种形式获取信息的手段。

软件产业在世界经济中不再无足轻重。由产业巨子（如微软）做的一个决定可能会带来成百上千亿美元的风险。随着第四阶段的进展，一些新技术开始涌现。面向对象技术在许多领域中迅速取代了传统软件开发方法。虽然关于“第五代计算机”的预言仍是一个未知数，但是软件开发的“第四代技术”确实改变了软件行业开发计算机程序的方式。结合模糊逻辑应用的人工神经网络软件揭示了模式识别和类似人的信息处理能力的可能性。虚拟现实和多媒体系统使得与最终用户的通信可以采用完全不同的方法。

1.1.1 软件产业

软件产业不是一个新概念，也不是一个新兴的产业，而是一个相对成熟的产业。在 20 世纪 90 年代，软件始终是风险投资的第一“大户”，直到互联网崛起，才打破了这一态势。软件产业早已造就出一大批地位稳固甚至垄断性的巨头，比如 SAP、Oracle、CA 等，这些公司的规模已经超过诸多实体公司，成为信息产业的代表，IBM 的软件业务更是庞大。但是，为什么谈到软件，总是感觉那样奇妙而神秘，总是那么新鲜而神奇。因为，现在国内人士大凡谈及软件时，总是将其描述成一个笼统的概念，根本没有体现软件产业本身丰富而复杂的内涵。

在企业发展战略层面，软件也只是一个概念性的名称，很少有企业真正把自己的软件战略放置在几十年发展历史和内在规律之下。甚至在信息产业发展战略方面，软件发展也根本没有放眼当今全球软件业最新格局和未来趋势之下，成为有选择、有重点的引导方向。

互联网实验室为了使人们深刻、清晰地认清软件业的真实现状，对整个产业的发展历史、当今格局以及变化规律进行了长期而深入的研究和探讨，总结出一些非常有价值的结论。对软件产业的新格局进行了全面解剖，使人们对软件产业一目了然，可以在纵览全局之后，从容把握。当今世界正处在由工业化向信息化过渡的重要历史时期，信息技术渗透到了国民经济的各个领域，加快了信息化的进程，信息产业悄然成了各国的经济增长点，软件则是信息产业的核心和关键。

对于中国这样一个大国来说，软件不仅是一个具有广阔发展前景的“朝阳”产业，也是一个至关重要的战略性产业。在我国国产硬件制造业取得了瞩目的业绩，国内市场占有率日益提高的情况下，软件特别是应用软件的整体水平已经越来越成为我国民族信息产业发展的关键。因此，必须抓住软件这个关键，突破这个瓶颈，否则将不仅影响软件产业本身，也必然影响硬件制造业的发展，最终影响整体信息产业的健康发展。

软件产业的特点：软件市场容量巨大、软件企业成长迅猛、软件产品种类繁多、软件行业竞争激烈、行业发展日新月异。

软件的工业化生产过程应具备的特点：明确的工作步骤；详细具体的规范化文档；明确规范的质量评价标准。

从工业和信息化部运行监测协调局了解到，近年来我国软件产业的发展稳中有升，数据处理和运营服务持续高速增长，集成电路设计和嵌入式系统软件发展加速，但软件出口仍呈波动和低迷态势，区域发展仍存在较大差异。软件收入增长总体平稳，2012 年 11 月有所加快。2012 年 1 月～11 月，我国软件产业总体保持平稳增长，实现软件业务收入 2.19 万亿元，同比增长 27.3%，增速比 2012 年 1 月～10 月提高 1.5 个百分点，比电子信息制造业高 15 个百分点，但低于上年同期 5.5 个百分点。其中 11 月完成收入 2377 亿元，同比增长 41.4%，达前 11 个月最高水平。

从 2012 年以来，软件行业结构调整步伐继续加快，信息技术服务业比重不断加大，前

11 个月信息技术服务收入比重达到 51%，增速达 27.2%。其中，集成电路设计增长步伐加快，2012 年 1 月～11 月实现收入 678 亿元，同比增长 34%，高出上年同期 10.4 个百分点。

1.1.2 软件的竞争

许多年来，大、小公司雇用的软件开发人员仅仅在公司内部服务，因为每一个计算机程序都是自行开发的，这些“自家”的软件人员控制着成本、进度和质量。如今，软件是一个竞争很强的行业。曾经需要自行开发的软件现在可以在货架上买到，许多公司过去雇用了大量的程序员开发特定的软件，现在大部分软件工作已交给第三方厂商去完成。

成本、进度和质量将是未来若干年中导致软件激烈竞争的主要因素。美国和西欧有很成熟的软件产业，而亚洲（如印度、中国、新加坡、韩国）和东欧的一些国家拥有大量的有天分、受过良好教育的专业人才。这种压力导致了必须迅速采用现代化的软件工程实践的需要，同时软件开发成本也是一个必须认真考虑的因素，因为世界范围的软件从业人员都在减少软件的开发费用。中国软件产业的特点见表 1-1 和表 1-2。

表 1-1 中国软件产业的地理分布

地　区	代表地域	产业优势	地区优势
北京	北方	软件开发、销售	技术、核心市场
广州、深圳	南方	软件制造、开发、引进	制造、口岸市场
武汉	华中	软件销售、发行	技术、发行中心
成都	西南	软件销售、发行	营销、发行
上海	华东	软件开发、引进	技术、口岸城市

表 1-2 中国软件企业优势产品的领域分布

产品领域	软件名称（开发类）
财务及商用管理	用友、金蝶、安易、乔克、佳运、科情、王特、博科、万能、金蜘蛛、远方、金算盘、德克赛诺、东大阿尔派
教育及知识普及	电脑报、金洪恩、清华光盘中心、科利华、武大华软、翰林汇、雅奇、树人、吴思通、深圳多媒体开发公司
游戏及娱乐	金山、目标、智冠（中国台湾）、光荣（中国台湾）奥美
开发工具	雅奇-奔腾、王特、金国科、北大方正、华正 CAD
操作系统	金山
专业软件	华工 CAD、中国地大、武测科大、安易、北大方正、博科

1.2 软件危机与软件工程

随着计算机系统的增多，计算机软件库开始扩展。内部开发的项目产生了上万行的源程序，从外面购买的软件产品加上几千行新代码就可以使用了。这时，用户才意识到，当发现错误时需要纠正所有这些程序（即所有这些源代码）；当用户需求发生变化时需要修改这些程序；当硬件环境更新时需要修改这些程序以适应硬件变化。这些活动统称为软件维护。在软件维护上所花费的精力开始以惊人的速度消耗资源。

从第一台计算机诞生以来，软件的生产就开始了，到目前为止，已经过了程序设计、程序系统和软件工程 3 个时代，其特点见表 1-3。

表 1-3　软件开发的特点

	程序设计	程序系统	软件工程
特点	硬件通用，软件专用 程序规模小，编写者和使用者为同组人	出现“软件作坊”、出现产品软件 “个体化”开发方法	软件开发成为一门新兴的工程学科——软件工程
软件的范畴	程序	程序及说明书	产品软件（项目软件）
主要语言	汇编	高级语言	高级语言系统
软件工作范围	程序编写	程序编写 软件设计和测试	软件生存期
硬件特征	价高、存储量小、可靠性差	降价；速度、容量、可靠性明显提高	向超高速、大容量、微型化发展
软件特征	完全不受重视	软件技术的发展不满足需要，出现了软件危机	开发技术有进步，但未获得突破性进展，软件危机未完全摆脱

更糟糕的是，许多程序的个人化特性使得它们根本不能维护。软件危机出现了。软件危机是指计算机软件开发和维护过程中所遇到的一系列严重的问题。

软件危机爆发于 20 世纪 60 年代末期，虽然人们一直致力于发现解决危机的方法，但是软件危机至今依然困扰着，并没有一种“灵丹妙药”可以完全“治愈”它。

不管称之为“软件危机”还是“软件苦恼”，该术语都是指在计算机软件开发中所遇到的一系列问题。这些问题不仅局限于那些“不能正确完成功能的”软件，还包含那些与“如何开发软件”、“如何维护大量已有软件”以及“开发速度如何跟上目前对软件越来越大的需求”等相关的问题。

引起软件危机的诸多原因可以追溯到软件开发的早期阶段产生的“神话”。它不像古代的神话那样可以给人以经验和教训，而是使人产生了误解和混乱。软件“神话”具有的一些特征使得它们很有欺骗性。例如，它们表面上看很有道理，有时含有一定真实的成分；它们符合人的直觉；它们常常是有经验的实践者发布出来的。

今天，大多数专业人员已经认识到这些“神话”误导了人们，给管理者和技术人员都带来了严重的问题。但是，旧的观念和习惯难以改变，软件“神话”仍被不少人相信着。

管理者的“神话”：负责软件的管理者像大多数其他行业的管理者一样，都有着巨大的压力，例如要维持预算、保持进度及提高质量。就像溺水者抓住一根救命稻草一样，软件管理者常常抓住软件“神话”不放，以期这些“神话”能够缓解其压力。

“神话”1：已经有了关于建造软件的标准和规程的书籍，难道它们不能给人们提供所有其需要知道的信息吗？

事实：不错，关于建造软件的标准的书籍已经存在，但真正用到了它们吗？软件实践者知道它们的存在吗？它们是否反映了现代软件开发的过程？它们完整吗？很多情况下，对于这些问题的答案均是“不”。

“神话”2：已经有了很多很好的软件开发工具，而且，为它们配备了最新的计算机。

事实：为了使用最新型号的主机、工作站和 PC 去开发高质量的软件，已经投入太多的费用。实际上，计算机辅助软件工程（Computer Aided Software Engineering，CASE）工具相比起硬件而言对于获得高质量和高生产率更为重要，但大多数软件开发者并未使用它们。

“神话”3：如果已经落后于计划，则可以增加更多的程序员来赶上进度。

事实：软件开发并非像制造一样是一个机械过程。给一个已经延迟的软件项目增加人手只会使其更加延迟。看起来，这句话与人的直觉认识正好相反。但实际上，增加新人使原来正在工作的开发者必须花时间来培训新人，这样就减少了他们花在项目开发上的时间。人手可以增加，但只能是在计划周密、协调良好的情况下。

用户的“神话”：需要计算机软件的用户可能就是邻桌的人，或是另一个技术组，也可能是市场/销售部门，或另外一个公司。在许多情况下，用户相信关于软件的“神话”，因为负责软件的管理者和开发者很少去纠正用户的错误理解。“神话”导致了用户对软件抱有过高的期望值，并引起对开发者的极度不满。

“神话”4：有了对目标的一般描述就足以开始写程序了——细节可以以后再补充。

事实：不完善的系统定义是软件项目失败的主要原因。关于待开发项目的应用领域、功能、性能、接口、设计约束及确认标准的形式化的、详细的描述是必需的。这些内容只有通过用户和开发者之间的通信交流才能确定。

“神话”5：项目需求总是在不断变化，但这些变化能够很容易地满足，因为软件是灵活的。

事实：软件需求确实是经常变化的，但这些变化产生的影响会随着其引入的时间不同而不同。如果很注重早期的系统定义，这时的需求变化就可被很容易地满足。用户能够复审需求，并提出修改的建议，这时对成本的影响会相对较小。如果在软件设计过程中才要求修改，那么对成本的影响就会提高得很快。资源已经消耗了，设计框架已经建立了，这时的变化可能会引起大的改动，需要额外的资源和大量的设计修改，例如额外的花费。实现阶段（编码和测试阶段）功能、性能、接口及其他方面的改变对成本会产生更大的影响。当软件已经投入使用后再要求修改，这时所花的代价比起较早阶段做同样修改所花的代价可能是呈几何级数级的增长。

开发者的“神话”：那些至今仍被软件开发者相信的“神话”是由几十年的程序设计文化“培植”起来的。正如在一开始就提到的，在软件的早期阶段，程序设计被看做是一门艺术。这种旧的观念和方式是很难改变的。

“神话”6：一旦写出了程序并使其正常运行，设计的工作就结束了。

事实：有人说过，“越早开始写程序，就要花越长时间才能完成它”，产业界的数据表明，在一个程序上所投入的50%～70%的努力是花费在第一次将程序交给用户之后。

“神话”7：在程序真正运行之前，没有办法评估其质量。

事实：从项目一开始就可以应用的最有效的软件质量保证机制之一是正式的技术复审。技术复审是“质量的过滤器”，比通过测试找到某类软件错误要有效得多。

“神话”8：一个成功项目唯一应该提交的就是运行程序。

事实：运行程序仅是软件配置的一部分，软件配置包括：程序、文档和数据。文档是成功开发的基础，更重要的是，文档为软件维护提供了指导。

许多软件专业人士认识到上述这些“神话”是错误的。但令人遗憾的是，旧的观念和方法培植了拙劣的管理和技术习惯，虽然现实情况已经有所改观，但仍旧需要更好的方法。对软件现实的认识是形成软件开发的实际解决方案的第一步。

软件危机的具体表现如下：

1）软件开发的进度难以控制，经常出现经费超预算、完成期限一再拖延的现象。一个复杂的软件系统需要建立庞大的逻辑体系，而这些往往只存在于人们的大脑中，正如一个大项目负责人所说：“软件人员太像皇帝新衣故事中的裁缝，当检查软件开发工作时，所得到的回答总是‘正忙于编织这件带有魔法的织物，只要一会儿，就会看到这件织物是极其美丽的’。但是什么也看不到，什么也摸不到，也说不出任何一个有关的数字，没有任何办法得到一些信息说明事情确实进行得非常顺利，而且已经知道许多人最终编织了一大堆昂贵的‘废物’，还有不少人最终什么也没有做出来。”

2）软件需求在开发初期不明确，导致矛盾在后期集中暴露，从而给整个开发过程带来灾难性的后果。软件需求的缺陷将给项目成功带来极大风险，如产品的成本过高、产品的功能和质量无法完全满足用户的期望等。即使一个项目团队的人员和配备都很不错，但不重视需求缺陷也会付出惨痛的代价。导致需求缺陷的主要原因包括需求的沟通与理解、需求的变化与控制、需求说明的明确与完整。模棱两可的需求所带来的后果便是返工，一些认为已做好的事情，其返工会耗费开发总费用的40%，而70%～85%的重做是由于需求方面的缺陷引起的。

3）由于缺乏完整规范的资料，加上软件测试不充分，从而造成软件质量低下，在运行中出现大量问题。

例如：1985年～1987年，至少有两个病人是死于Therac-25医疗线性加速器的过量辐射，事故起因是控制软件中的一个故障。1966年，IBM 360的操作系统花费了5000多人一年的工作量，写出的近1万行代码错误百出。每次的新版本就是从前一版本中找1000个程序错误而修正的结果。1963年，美国用于控制火星探测器的计算机软件中的一个“，”被误写为“.”，而致使飞往火星的探测器发生爆炸，造成高达数亿美元的损失。美国丹佛的新国际机场自动化行李系统软件投资1.93亿美元，计划1993年万圣节启用。但开发人员一直为系统错误困扰，屡次推后软件启用时间，直到1994年6月，设计者承认仍无法预测何时能启用。1996年，欧洲阿里亚纳5型运载火箭坠毁，造成5亿美元损失，其原因是控制软件中的一个错误。

由此可见，软件错误的后果是十分严重的，医疗软件的错误可能给病人的生命造成危险，银行软件系统的错误会使金融混乱，航管软件系统的错误会造成飞机失事等。

由于认识到软件的设计、实现、维护和传统的工程规则有相同的基础，于是北大西洋公约组织（NATO）于1967年首次提出了“软件工程（Software Engineering）”的概念。关于编制软件与其他工程任务类似的提法，得到了1968年在德国召开的NATO软件工程会议的认可。会议委员会的结论是，软件工程应使用已有的工程规则的理论和模式，来解决所谓的“软件危机”。

软件危机至今仍然困扰着开发设计者和用户，这表明软件生产过程在许多方面和传统的工程相似，但却具有其独特的属性，存在着特殊的问题。

这些问题不仅仅是不能正常运行的软件才具有的，实际上几乎所有软件都不同程度地存在这些问题。

概括来讲，软件危机包括下述两方面的问题：如何开发软件，以满足用户对软件日益增长的需求；如何维护数量不断膨胀的已有软件。

软件生产不能满足日益增长的客观需要，可谓“供不应求”。软件开发成本和进度估计不准确。节约成本所采取的“权宜之计”损害了软件的质量，引起用户的不满。软件开发人员对用户的需求缺乏了解。“闭门造车”导致软件产品不符合实际需要，软件产品质量差。软件质量保证技术（审查、复查、测试）没有贯穿于开发的全过程，软件可维护性差。错误难以改正，新功能难以增加，“再用性”的软件未能实现，重复开发类似的软件。没有文档资料、资料不完整，这些都给软件交流、管理、维护造成了困难。软件成本逐年上升，软件的价格昂贵。

软件工程是指导计算机软件开发和维护的一门工程学科。它采用工程的概念、原理、技术和方法开发维护软件，把经过时间考验、被证明是正确的管理技术和当前能够得到最好的技术方法结合起来，以经济地开发出高质量的软件，并有效地维护它。

软件危机产生的原因有：软件本身的特点、对软件开发与维护存在许多错误认识和做法、软件开发与维护的方法不正确、开发人员素质低下等。

总之，为了解决软件危机，既要有技术措施，又要有必要的组织管理措施。软件工程正是从管理和技术两方面研究如何更好地开发维护计算机软件的一门新兴学科。

软件工程准则可以概括为 6 条基本原理：用分阶段的生存周期计划严格管理；坚持进行阶段评审；实行严格的产品控制；采用现代程序设计技术；应能清楚地审查结果；合理安排软件开发小组的人员。

软件工程学的内容可包括理论、结构、方法、工具、环境、管理、规范等。软件工程的目标是在给定成本、进度的前提下，开发出具有可修改性、有效性、可靠性、可理解性、可维护性、可重用性、可适应性、可移植性、可追踪性和可互操作性，并满足用户需求的软件产品。在具体项目的实际开发中，让以上几个目标都达到理想的程度往往是非常困难的。而且上述目标很可能是互相冲突的。例如若降低开发成本，很可能同时也降低了软件的可靠性。另一方面，如果过于追求提高软件的性能，则可能造成开发出的软件对硬件有较大的依赖，从而直接影响到软件的可移植性。

可修改性（Modifiability）：对软件系统进行修改而不增加其复杂性。它支持软件调试与维护，是一个难以度量和难以达到的目标。

有效性（Effectiveness）：能有效地利用计算机的时间资源和空间资源。

可靠性（Reliability）：具有能够防止因概念、设计和结构等方面的不完善而造成的系统失效，具有可挽回因操作不当造成软件系统失效的能力。

可理解性（Understandability）：系统具有清晰的结构，能直接反映问题的需求。可理解性有助于控制软件系统的复杂性，并支持软件的维护、移植和重用。

可重用性（Reusability）：指软件可以在多种场合使用的程度。

可适应性（Adaptability）：采用流行的程序设计语言、运行环境、标准的术语和格式。

可维护性（Maintainability）：指软件产品交付使用后，在实现改正潜伏的错误、改进性能等属性、适应环境变化等方面工作的难易程度。由于软件的维护费用在整个软件生存周期中所占比重较大，因此，可维护性是软件工程中的一个十分重要的目标。软件的可理解性和可修改性支持软件的可维护性。

可移植性（Portability）：把程序从一种计算环境（硬件配置和操作系统）转移到另一种计算环境，并使之正常运行的难易程度。

可追踪性（Traceability）：对软件进行正向和反向追踪的能力。

可互操作性（Interoperability）：多个软件要素相互通信协同完成任务的能力。

在软件开发过程中，为了达到软件开发目标，必须遵循抽象、信息隐藏、模块化、局部化、一致性、完整性和可验证性等原则。

抽象（Abstraction）：抽取各个事物中共同的最基本的特征和行为，暂时忽略它们之间的差异。一般采用分层次抽象的方法来控制软件开发过程的复杂性。抽象可增强软件的可理解性并有利于开发过程的管理。

信息隐藏（Information hiding）：将模块内部的信息（数据和过程）封装起来。其他模块只能通过简单的模块接口来调用该模块，而不能直接访问该模块内部的数据或过程，即将模块设计成“黑箱”。信息隐藏可使开发人员把注意力集中于更高层次的抽象上。

模块化（Modularity）：模块是程序中一个逻辑上相对独立、具有良好的接口定义的编程单位，包括过程、函数、类、程序包等。模块化是将复杂的系统分解为一个个相对独立的模块来加以实现，有助于抽象和信息隐藏以及表示复杂的系统。

局部化（Localization）：即在一个物理模块内集中逻辑上相互关联的计算资源。局部化支持信息隐藏，从而保证模块之间具有松散的耦合、模块内部有较强的内聚。这有助于控制每一个解的复杂性。

一致性（Consistency）：指整个软件系统（包括程序、数据和文档）的各个模块应使用一致的概念、符号和术语；程序内部接口应保持一致；软件与环境的接口应保持一致；系统规格说明应与系统行为保持一致等。

完整（备）性（Completeness）：指软件系统不丢失任何重要成分，完全实现所需的系统功能的程度。为了保证系统的完整性，在软件的开发和维护过程中需要严格的技术评审。

可验证性（Verifiability）：开发大型软件系统需要对系统逐层分解。系统分解应遵循易于检查、测试、评审的原则，以使系统可验证。

确保正确性的方法通常是有条件的。一个完整的软件系统，甚至是以今天的标准来看的一个小型软件系统，涉及如此众多的区域，以致它不可能在一个单一层次处理所有的组件和特性来保证它的正确性。换而言之，分层的方式是必需的。每个层次依赖于较低的一层：在达到正确性的条件下，我们只关心每个层次的正确性保证（这是假设在较低的层次、正确的基础上的）。这只是现实的技术，它完成关系分离，并且把有限的问题集中在一个层次上，但不能有效地检查在高级语言中的一个程序是否正确，除非能够假定手上的编译器能正确地实现。这并不意味着必须盲目地信赖编译器，只不过把问题分成两个方面，编译器的正确性和程序所用语言的语义正确性。

1.2.1　软件特征

软件是逻辑的而不是物理的产品。实际上，逻辑往往只存在于人的大脑当中，软件的开发过程极难控制；因此，软件具有如下与硬件完全不同的特征：

1）软件是由开发或工程化形成的，而不是传统意义上的制造产生的。软件是通过人们的智力活动，把知识与技术转化成信息的一种产品，是在研制、开发中被创造出来的，没有明显的制造过程。这意味着软件项目不能像硬件制造项目那样来管理。

虽然在软件开发和硬件制造之间有一些相似之处，但两者本质上是不同的。两者都可以通过良好的设计获得高质量，但硬件在制造过程中可能会引入质量问题，这种情况对于软件而言几乎不存在（或是很容易改正）。软件成为产品之后，其制造只是简单的复制而已；两者都依赖于人，但参与的人和完成的工作之间的关系不同；两者都是制造一个产品，但方法不同。

在 20 世纪 80 年代中期，“软件工厂”的概念被正式引入，这个术语并没有把硬件制造和软件开发认为是等价的，而是借此促进软件开发中模块化设计、组件复用等意识的全面提升。

2）软件不会“磨损”。图 1-2 为硬件和软件的故障变化曲线。

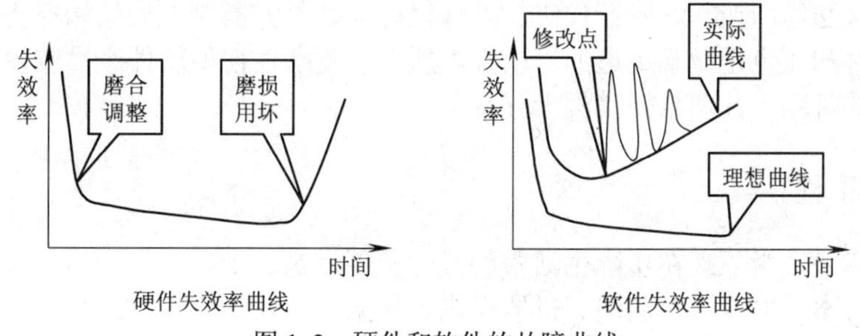

图 1-2　硬件和软件的故障曲线

图 1-2 描绘的是随着时间的改变，硬件故障率的变化曲线，又常被称作“浴缸曲线”，

表明了硬件在其生命初期有较高的故障率，这些故障主要是由于设计或制造导致的缺陷；这些缺陷被修正之后，故障率在一段时间中会降到一个稳定的曲线上。

随着时间的改变，故障率又升高了，这是因为硬件构件由于种种原因会不断受到损害，例如灰尘、振动、滥用、温度的急剧变化以及其他许多环境问题。简单来讲，硬件已经开始磨损。而软件并不会受到这些引起硬件磨损的环境因素的影响。因此，理论上讲，软件的故障率曲线呈现出如图 1-2 所示的形式。隐藏的错误会引起程序在其生命初期具有较高的故障率。但这些错误改正之后，假设理想情况下改正过程中并不引入其他错误，曲线就趋于平稳，即图 1-2 中的理想曲线。图 1-2 给出了实际软件故障模型的一个总的简化图。其意义即软件不会磨损，不过它会退化。

这个说法表面上似乎是矛盾的，可以借助图形曲线来解释清楚。在其生命期中，软件会经历修改即维护，这些修改有可能会引入新的错误，使得故障率曲线呈现为图 1-2 中所示的锯齿形。在该曲线能够恢复到原来的稳定状态的故障率之前，又需要新的修改，又引起一个新的锯齿。慢慢地，最小故障率就开始升高了，这是因为软件的退化由于修改而发生了。

关于磨损的另一个侧面也表明了硬件和软件之间的不同。当一个硬件构件磨损时，可以用另外一个备用构件替换它，但对于软件就没有“备用构件”可以替换了。每一个软件故障都表明设计或是将设计转换成机器可执行代码的过程中存在错误。因此，软件维护要比硬件维护复杂得多。

3）大多数软件是自定的，而不是由已有构件组装而来的。先看看一个基于微处理器的控制硬件是如何设计和建造出来的。设计工程师画一个简单的数字电路图，做一些基本的分析以保证可以实现预定的功能，然后查阅所需数控零件的目录。每一个集成电路（通常被称为“IC”或“芯片”）都有一个零件编号、固定的功能、定义好的接口和一组标准的集成指南。每一个选定的零件都可以在货架上买到。

而软件设计者就没有上述这么“幸运”了，因为几乎没有软件构件。有可能在货架上买到的软件，其本身就是一个完整的软件，不能作为构件再组装成新的程序。虽然关于“软件复用”已有大量论著，但这种概念的成功实现还只是刚刚开始。迄今，软件的开发尚未完全摆脱手工的方式。

关于软件的概念，我们给出一个形式化的定义，即软件是能够完成预定功能和性能的可执行指令；是使得程序能够适当操作信息的数据结构；是描述程序的操作和使用的文档。

4）软件成本相当昂贵。IBM 360 的操作系统开发人员最多时达 1000 多人，从 1963 年到 1966 年共花了 4 年时间才完成，以后又进行了不断的修改和补充。该系统的整个研制费用为 5 亿美元，其中近一半花在软件上。

软件本身是复杂的。软件的开发费用越来越高，目前已公布的 Windows 95 有 1000 万行代码，Windows 2000 有 5000 万行代码。软件比任何其他人类制造的结构更复杂，甚至硬件的复杂性和软件相比也是微不足道的。软件本质上的复杂性使得软件产品难以理解，从而影响了软件过程的管理，并使维护过程十分复杂。

1.2.2 软件工程

工程是科学及数学原理在实际生活中的具体应用，是运用科学知识为现实问题提供性价比合理的解决方案，如设计、制造、机器操纵、构架等。典型的传统工程包括建筑工程、机械工程、电力工程等。软件工程是在传统工程概念的基础上扩展而来的。

所有软件工程都包括以下基本活动：

1）软件描述。软件的功能以及软件操作上的约束必须定义。其目标是确定软件系统需要哪些服务以及开发和运行期间应受到哪些约束。

2）软件设计和实现。软件一定要按照描述来生产。

3）软件有效性验证。软件要被确定是有效的，能做客户想要的事情。

4）软件进化。软件一定按客户需要的变更来进化。

软件是计算机系统中与硬件相互依存的部分，它是包括程序、数据及其相关文档的完整集合。程序是按事先设计的功能和性能要求执行的指令序列，数据是使程序能正常操纵信息的数据结构，文档是与程序开发、维护和使用有关的图文材料。

软件工程的主要研究内容包括软件开发技术、软件开发方法学、软件开发过程、软件工具和软件工程环境、软件工程管理、软件管理学、软件经济学、软件心理学。软件工程所包含的内容不是一成不变的，随着对软件系统的研制开发和生产的理解，人们应该用发展的眼光看待它。

软件工程是一门学科，是用一种科学理论来指导软件系统开发，使其趋于标准化、自动化的过程。在此过程中考虑如何分解一个系统，以便各人分工开发；考虑如何说明每个部分的规格要求；考虑怎样才能易于维护。软件工程作为一门工程学科，其目标在于使软件系统向高性价比发展。其中，计算机科学和数学用于构造模型与算法；工程科学用于制订规范、设计模型、评估成本及确定权衡；管理科学用于计划、资源、质量和成本的管理。

1968 年 10 月，NATO 科学委员会在德国的加尔密斯（Garmisch）开会讨论软件可靠性与软件危机的问题，Fritz Bauer 首次提出了“软件工程”的概念。后来，人们曾多次给出了有关软件工程的定义。1993 年，IEEE 为软件工程下的定义是：软件工程是将系统化的、规范化的、可度量的途径应用于软件的开发、运行和维护的过程，即将工程化应用于软件的方法的研究。

软件工程的知识结构包括：软件需求、软件设计、软件构造、软件测试、软件维护、软件配置管理、软件工程管理、软件工程过程、软件工程工具和方法、软件质量。

软件工程是一种层次化的技术，如图 1-3 所示。和其他工程方法一样，软件工程是以质量为关注焦点，以相关的现代化管理为理念。其中软件工程过程、软件工程方法和软件工程工具也叫做软件工程的三要素。

图 1-3　软件工程层次图

软件工程的基础是过程层。软件工程过程是为获得软件产品，在软件工具支持下由软件人员完成的一系列软件工程的活动，贯穿于软件开发的各个环节。它定义了方法使用的顺序、要求交付的文档资料，是软件开发各个阶段完成的标志。软件工程过程是进行一系列有组织的活动，从而能够合理、及时地开发出计算机软件。软件工程过程定义了技术方法的采用、工程产品包括模型、文档、数据、报告、表格等的产生、里程碑的建立、质量的保证和变更的管理。

软件工程方法是为软件开发提供了“如何做”的技术，通常包括以下内容：与项目有关的计算和各种估算方法、需求分析、设计的方法、编码、测试和维护等。它涵盖了项目计划、需求分析、系统设计、程序实现、测试与维护等一系列的任务。

软件工程工具为软件工程方法提供了自动的或半自动的软件支撑环境，用以辅助软件开发任务的完成。现有的软件工具覆盖了需求分析、系统建模、代码生成、程序调试和软件测试等多个方面，形成了集成化的软件工程开发环境 CASE（Computer Aided Software Engineering，计算机辅助软件工程），集成了软件、硬件和一个存放开发过程信息的软件工程数据库，形成了一个软件工程环境。其作用是提高软件的开发效率和软件质量，降低开发成本。

自从 1968 年提出“软件工程”这一概念以来，研究软件工程的专家学者们陆续提出了 100 多条关于软件工程的准则。美国著名的软件工程专家 Barry Boehm 综合这些专家的意见，并总结了多年的开发软件的经验，于 1983 年提出了软件工程的 7 条基本原理。

1）按软件生存期分阶段制订计划并认真实施。一个软件从定义、开发、运行和维护直到最终被废弃，要经历一个很长的时期，通常称这样一个时期为软件生存期。在软件生存期中需要完成许多不同性质的工作，所以应把软件生存期划分为若干阶段，并相应制订出可行的计划，按照计划对软件的开发和维护活动进行管理。不同层次的管理人员都必须严格按照计划各尽其职地管理软件的开发和维护工作，不应受客户或上级人员的影响擅自背离预定计划。

2）坚持进行阶段评审。软件的质量保证工作不能等到编码阶段结束之后再进行。因为大部分错误是在编码之前造成的，而且错误发现得越晚，为改正它所需付出的代价就越大。因此，在每个阶段都要进行严格的评审，以尽早发现在软件开发过程中产生的错误。根据统计，设计错误占软件错误的 63%，编码错误占软件错误的 37%。

3）坚持严格的产品控制。在软件开发过程中不应随意改变需求，因为改变一项需求往往需要付出较高的代价。但是，由于外界环境的变化或软件工作范围的变化，在软件开发过程中改变需求又是难免的，不能硬性规定禁止客户改变需求，只能依靠科学的产品变更控制技术来顺应需求的变更。就是说，当变更需求时，为了保持软件各个配置成分的一致性，必须实施严格的产品控制，其中主要是实施基线配置管理。所谓基线配置，是经过评审后的软件配置成分，包括各个阶段产生的文档或源代码。一切有关软件修改的建议，特别是涉及对基线配置的修改建议，都必须按照严格的规程进行审查，获得批准之后才能实施修改。

4）使用新的程序设计技术。自从提出“软件工程”的概念以来，人们一直致力于研究各种新的程序设计技术。20 世纪 60 年代末提出的结构化程序设计技术，已经成为大多数人公认的能够产生高质量程序的程序设计技术。结构化分析技术随后出现了。实践表明，采用先进的技术可提高软件开发的生产率，还可提高软件的可维护性。使用新技术是软件开发的趋势。

5）明确责任。软件产品不同于一般的物理产品，它是看不见摸不着的逻辑产品。软件开发人员或开发小组的工作进展情况可见性差，难以准确度量，使得软件产品的开发过程比一般产品的开发过程更难于评价和管理。为了提高软件开发过程的可见性，有效地进行管理，应当根据软件开发项目的总目标及完成期限，规定开发组织的责任和产品标准，使得工作结果能够得到清楚的评审。

6）用人“少而精”。合理安排软件开发小组人员，原则是参与人员应当“少而精”，即小组的成员应当具有较高的素质，且人数不应过多。人员素质高能大大提高软件开发的生产率，明显减少软件中的错误。此外，随着开发小组人数的增加，因交流开发进展情况和讨论遇到的问题而造成的通信开销也急剧增加。因此，应当保证软件开发小组人员“少而精”。

7）不断改进开发过程。为保证软件开发的过程能够跟上技术的进步，必须不断地灵活地改进软件工程过程。为了达到这个要求，开发者应当积极主动地采用新的软件技术，注意不断总结经验。此外，开发者还需要注意收集和积累出错类型、问题报告等数据，以便评估软件开发技术的效果和软件人员的能力，从而确定必须着重开发的软件工具和应当优先研究的技术。

上述7条基本原理相互独立、缺一不可。实践过程中，开发者可以对这些原理进行细化和再生，灵活运用这些原理指导软件开发。

如果不考虑应用领域、项目规模和复杂性，与软件工程相关的工作可分为3个一般的阶段，即定义阶段、开发阶段和维护阶段。每一个阶段回答了上述的一个或几个问题。

1）定义阶段。定义阶段集中于“做什么”，即在定义过程中，软件开发人员试图弄清楚要处理什么信息，预期完成什么样的功能和性能，希望有什么样的系统行为，建立什么样的界面，有什么设计约束，以及定义一个成功系统的确认标准是什么，即定义系统和软件的关键需求。虽然在定义阶段采用的方法取决于使用的软件工程模型（或范型的组合），但在某种程度上均有3个主要任务：系统或信息工程、软件项目计划和需求分析。

2）开发阶段。开发阶段集中于“如何做”，即在开发过程中，软件工程师试图定义数据如何结构化，功能如何转换为软件体系结构，过程细节如何实现，界面如何表示，设计如何转换成程序设计语言或非过程语言，测试如何执行。在开发阶段采用的方法可以不同，但都有3个特定的任务：软件设计、代码生成和软件测试。

3）维护阶段。维护阶段集中于“改变”，与以下几种情况相关：纠正错误；随着软件环境的演化而要求的适应性修改；由于用户需求的变化而带来的增强性修改。维护阶段重复定义和开发阶段的步骤，但却是发生在已有软件的基础上。在维护阶段可能有4类修改要完成：

① 纠错。即使有最好的质量保证机制，用户还是有可能发现软件中的错误。纠错性维护是为了改正错误而修改软件。

② 适应。随着时间的推移，原来的软件开发环境如CPU、操作系统、商业规则、外部产品特征可能发生了变化。适应性维护是为了适应这些外部环境的变化而修改软件。

③ 增强。随着软件的使用，用户可能认识到某些新功能会产生更好的效益。完善性维护是由于扩展了原来的功能需求而修改软件。

④ 预防。计算机软件由于修改而逐渐退化，因此，预防性维护（常常被称为软件再工程）就必须实行，以使软件能够满足其最终用户的要求。从本质上讲，预防性维护对计算机程序的修改，可使软件能够更好地纠正软件的错误，提高软件的适应性和增强软件的功能。

随着工程化的发展，大量标准的设计构件产生了。标准螺丝和货架上的集成电路芯片仅仅是成千上万标准构件中的两种，机械和电子工程师在设计新系统时会用到它们。这些可复用构件的使用使得工程师们能够集中精力于设计中真正有创造性的部分如设计中那些新的成分。在硬件中，构件复用是工程化的必然结果。而在软件中，构件复用还仅仅在小范围内取得了一定的应用。

软件构件使用某种程序设计语言实现，该语言具有一个有限的词汇表、一个明确定义的文法及语法和语义规则。在最底层，该语言直接反映了硬件的指令集；在中间层，程序设计语言，如Ada 95、C或Smalltalk可用于创建程序的过程化描述；在最高层，该语言可使用图形化的图标或其他符号去表示关于需求的解决方案。

机器级语言是CPU指令集的一个符号表示。当一个好的软件开发者在开发一个可维护、文档齐全的程序时，使用机器级语言能够很高效地利用内存并优化该程序的执行速度。当程序设计得很差且没有文档时，机器语言就是一场“噩梦”。

中层程序设计语言使得软件开发者和程序可独立于机器。如果使用了很好的翻译器，则一个中层语言的词汇表、文法、语法和语义都能够比机器语言高级得多。事实上，中层语言的编译器和解释器的输出就是机器语言。

虽然目前有成百上千种的程序设计语言，但只有不到 10 种中层程序设计语言在工业生产领域广泛使用。一些语言，如 COBOL 和 Fortran 从它们发明至今已经使用了几十年，更多的现代程序设计语言，如 Ada95、C、C++、Eiffel、Java 和 Smalltalk 也各自有一大批狂热的追随者。

机器代码、汇编语言（机器级语言）和中层程序设计语言通常被认为是计算机语言的前三代。因为这些语言中的任何一种都需要程序员既关心信息结构的表示，又考虑程序本身的控制，所以这前三代语言被称为是过程语言。

第四代语言，也称非过程语言，使得软件开发者更加独立于计算机硬件。使用非过程语言开发程序不需要开发者详细说明过程化的细节，而仅仅需要“说明期望的结果，而不是说明要得到该结果所需要的行为”。支撑软件会把这种规约自动转换成机器可执行的程序。

人们都有自己的世界观和方法论，并能将其自然而然地运用于生活和工作中。同样，程序员脑子里的软件工程观念会无形地“支配”他怎么去做事情。软件工程几十年的发展，已经积累了相当多的方法，但这些方法不是严密的理论。实践人员不应该教条地套用方法，更重要的是学会“选择合适的方法”和“产生新方法”。软件工程概述如图 1-4 所示。其中，软件开发中的 3 种基本策略是：复用、分而治之、优化与折中。

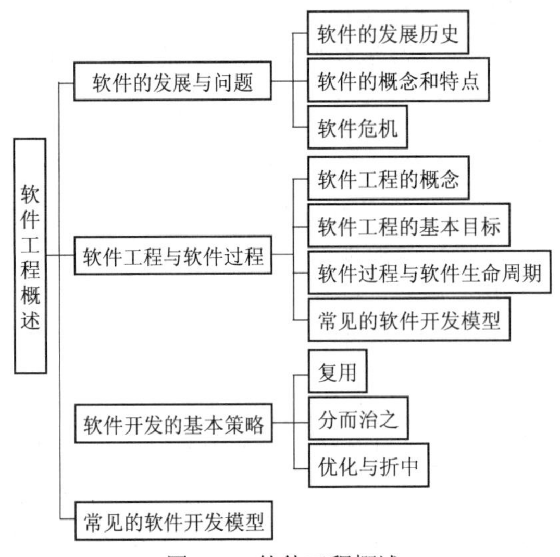

图 1-4　软件工程概述

复用的内涵包括提高质量与生产率。由经验可知，在一个新系统中，大部分内容是成熟的，只有小部分内容是创新的。一般可以相信成熟的东西总是比较可靠的（即具有高质量），而大量成熟的工作可以通过复用来快速实现（即具有高生产率）。勤劳并且聪明的人们应该把大部分的时间用在小比例的创新工作上，而把小部分的时间用在大比例的成熟工作中，这样才能把工作做得又快又好。

将具有一定集成度并可以重复使用的软件组成单元称为软构件（Software Component）。软件复用可以表述为：构造新的软件系统可以不必每次从零做起，而是直接使用已有的软构件，即可组装或加以合理修改成新的系统。

复用方法合理化并简化了软件开发过程，减少了总的开发工作量与维护代价，既降低了软件的成本又提高了生产率。另一方面，由于软构件是经过反复使用验证的，自身具有较高的质量，因此由软构件组成的新系统也具有较高的质量。利用软构件生产应用软件的过程如图 1-5 所示。

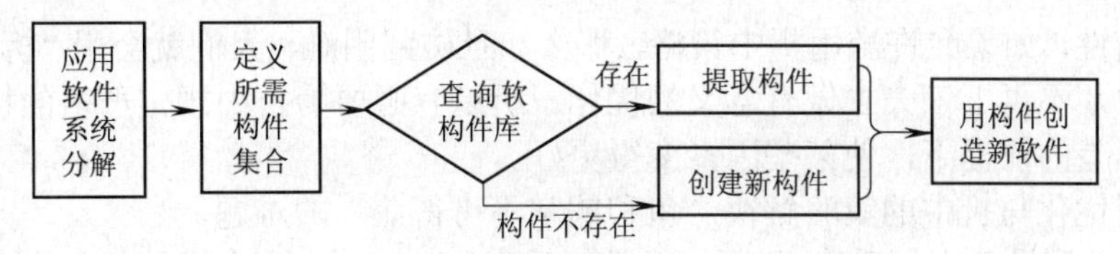

图 1-5 利用软构件生产应用软件的过程

把复用的思想用于软件开发，称为软件复用。据统计，目前已有 1000 亿多行程序，无数功能被重写了成千上万次，浪费严重。面向对象（Object Oriented）学者的口头禅就是“请不要再发明相同的车轮子了”。

复用就是指“利用现成的东西”，有人称之为“拿来主义”。被复用的对象可以是有形的物体，也可以是无形的成果。复用不是人类懒惰的表现而是智慧的表现。因为人类总是在继承前人的成果，不断将其加以利用、改进或创新后才会进步。软件复用不仅要使自己“拿来”方便，还要让别人“拿去”方便。面向对象方法能很好地用于实现大规模的软件复用。

分而治之是指把一个复杂的问题分解成若干个简单的问题，然后逐个解决。这种朴素的思想来源于人们生活与工作的经验，完全适合于技术领域。软件人员在执行“分而治之”时，应该着重考虑：复杂问题分解后，每个问题能否用程序实现；所有程序最终能否集成为一个软件系统并有效解决原始的复杂问题。

图 1-6 表示了软件领域的分而治之策略。诸如软件的体系结构设计、模块化设计都是分而治之的具体表现。软件的分而治之不可以“硬分硬治”。

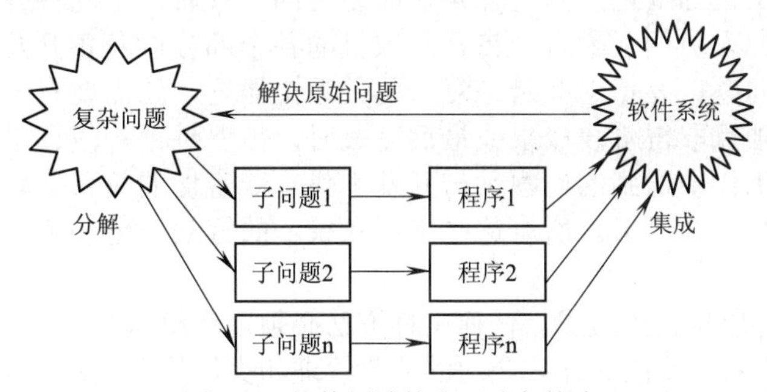

图 1-6 软件领域的分而治之策略

软件的优化是指优化软件的各个质量因素，如提高运行速度，提高对内存资源的利用率，使用户界面更加友好，使三维图形的真实感更强等。想做好优化工作，首先要让开发人员都有正确的认识：优化工作不是可有可无的事情，而是必须要做的事情。当优化工作成为一种责任时，程序员才会自发地不断改进软件中的算法、数据结构和程序组织，从而提高软件质量。

例如，著名的 3D 游戏软件 Quake，能够在 PC 上实时地绘制高度真实感的复杂场景。Quake 的开发者把很多成熟的图形技术发挥到了极致，例如把 Bresenham 画线、多边形裁剪、树遍历等算法的速度提高近一个数量级。

优化工作的复杂之处是很多目标存在千丝万缕的关系，可谓“数不清，理还乱”。当不能够使所有目标都得到优化时，就需要“折中”策略。

软件中的折中策略是指通过协调各个质量因素，实现整体质量的最优。软件折中的重要原则是不能使某一方损失关键的职能，更不可以像“舍鱼而取熊掌”那样抛弃一方。例如，3D 动画软件的“瓶颈”通常是速度，但如果为了提高速度而在程序中取消光照模型计算，那么场景就会丧失真实感，3D 动画也就不再有意义了。

人都有惰性，如果允许滥用折中策略，那么一旦碰到困难，人们就会用“拆东墙补西墙”的方式去折中，不再下工夫去做有意义的优化。所以有必要为折中规定严格的标准，即在保证其他因素不差的前提下，使某些因素变得更好。

下面运用优化与折中的策略解决“鱼和熊掌不可得兼”的难题。

问题提出：假设鱼肉每千克 10 元，熊掌每千克 10000 元。有个倔脾气的人只有 20 元钱，非得要吃上一公斤美妙的“熊掌烧鱼”，怎么办？

解决方案：花 9 元 9 角 9 分钱买 999 克鱼肉，花 10 元钱买 1 克熊掌肉，可做一道“熊掌烧鱼”，剩下的那 1 分钱还可建立奖励基金。

随着软件工程学的发展，人们对计算机软件的认识逐渐深入。软件工作的范围从只是使用程序设计语言编写程序，扩展到整个软件生存期。诸如软件概念的形成、需求分析、设计、实现、测试、安装和检验、运行和维护，直到软件淘汰并被新的软件所取代。同时还有许多技术管理工作如过程管理、产品管理和资源管理，以及确认与验证工作如评审和审计、产品分析及测试等，均是跨软件生存期各个阶段的专门工作。所有这些工作都应当逐步建立起相应的标准或规范。由于计算机发展迅速，未形成标准之前，可在行业中先使用一些约定，然后逐渐形成标准。

软件工程标准的类型也是多方面的。它可能包括过程标准（如方法、技术及度量等），产品标准（如需求、设计、部件、描述及计划报告等），专业标准（如职业、道德准则、认证、特许及课程等）和记法标准（如术语、表示法及语言等）。

积极推行软件工程标准化，其道理是显而易见的。仅就一个软件开发项目来说，有许多层次、不同分工的人员相互配合，在开发项目的各个部分以及各开发阶段之间也都存在着许多联系和衔接问题。要把这些错综复杂的关系协调好，就需要有一系列统一的约束和规定。在软件开发项目取得阶段成果或最后完成时，需要进行阶段评审和验收测试。投入运行的软件在维护工作中遇到的问题又与开发工作有着密切的关系。软件的管理工作则渗透到软件生存期的每一个环节。所有这些都要求统一的行动规范和衡量准则，使得各种工作都能有章可循。

软件工程是一种层次化的技术。任何工程方法必须以有组织的质量保证为基础。支持软件工程的根基就在于对质量的关注。全面的质量管理和类似的理念刺激了不断的过程改进，正是这种改进导致了更加成熟的软件工程方法的不断出现。

如前所述，软件工程的基层是过程层。软件工程过程是将技术层结合在一起的凝聚力，使得计算机软件能够被合理、及时地开发出来。过程定义了一组关键过程区域的框架，这对于软件工程技术的有效应用是必需的。关键过程区域构成了软件项目管理控制的基础，并且确立了上下各区域之间的关系，其中规定了技术方法的采用，工程产品（如模型、文档、数据、报告、表格等）的产生，里程碑的建立，质量的保证及变化的适当管理。

软件工程的方法层提供了建造软件在技术上需要“如何做”的技术。软件工程方法涵盖了一系列的任务：需求分析、设计、编程、测试和维护。软件工程方法依赖于一组基本原则，这些原则控制了每一个技术区域，且包含建模活动和其他描述技术。

总之，软件工程必须以有组织的质量保证为基础，全面质量管理和过程改进将使得更加成熟的软件工程方法不断出现。

1.2.3 软件应用

软件可以应用于任何场合，只要定义了一组预说明的程序步骤，如一个算法，但也有例外，如专家系统和人工神经网络。信息的内容和信息的确定性是决定一个软件应用的特性的重要因素。信息的内容指的是输入和输出信息的含义和形式，例如，许多商业应用使用高结构化的输入数据即一个数据库，且产生格式化的输出“报告”。而控制一个自动化机器的软件如一个数控系统，则接受限定结构的离散数据项，并产生快速连续的单个机器命令。

信息的确定性指的是信息的处理顺序及时间的可预定性。一个工程分析程序接受预定顺序的数据，不间断地执行分析算法，并以报告或图形格式产生相关的数据，这类应用是确定的。而一个多用户操作系统，则接受可变化内容和任意时序的数据，执行可被异常条件中断的算法，并产生随环境及时序变化的输出，具有这些特点的应用是非确定的。

在某种程度上讲，难以对软件应用给出一个通用的分类。随着软件复杂性的增加，它们之间已没有明显的差别。下面给出一些软件应用领域，它们可能是潜在的应用分类：

1）系统软件。系统软件是一组为其他程序服务的程序。一些系统软件，如编译器、编辑器和文件管理程序，处理复杂的但也是确定的信息结构。其他系统软件，如操作系统、驱动程序和通信进程等，则处理大量的非确定的数据。不管哪种情况，系统软件均具有以下特点：与计算机硬件频繁交互；多用户支持；需要精细调度、资源共享及灵活的进程管理的并发操作；复杂的数据结构；不确定的几个外部接口。

2）实时软件。管理、分析、控制现实世界中发生的事件的程序被称为实时软件。实时软件的组成包括一个数据收集部件，负责从外部环境获取和格式化信息；一个分析部件，负责将信息转换成应用时所需要的形式；一个控制/输出部件，负责响应外部环境；一个管理部件，负责协调其他各部件，使得系统能够保持一个可接受的实时响应时间，一般从 1 毫秒到 1 分钟，应该注意到术语“实时”不同于“交互”或“分时”。一个实时系统必须在严格的时间范围内响应。而一个交互系统或分时系统的响应时间可以延迟，且不会带来灾难性的后果。

3）商业软件。商业信息处理是最大的软件应用领域。具体的“系统”，如工资表、账目支付和接收、存货清单等，均可归为管理信息系统（MIS）软件，它们可以访问一个或多个包含商业信息的大型数据库。该领域的应用将已有的数据重新构造，变换成一种能够辅助商业操作和管理决策的形式。除了传统的数据处理应用之外，商业软件应用还包括交互式的和客户机/服务器式的计算，如 POS（Point of Sale）事务处理。

4）工程和科学计算软件。工程和科学计算软件的特征是“数值分析”算法。此类应用涵盖面很广，从天文学到火山学，从汽车压力分析到航天飞机的轨道动力学，从分子生物学到自动化制造。不过，目前工程和科学计算软件已不仅仅限于传统的数值算法。计算机辅助设计、系统仿真和其他交互应用已经开始具有实时软件和系统软件的特征。

5）嵌入式软件。智能产品几乎在每一个消费或工业市场上都是必不可少的，嵌入式软件驻留在只读内存中用于控制这些智能产品。嵌入式软件能够执行很有限但专职的功能，如微波炉的按钮控制，或是提供比较强大的功能及控制能力，如汽车中的数字控制，包括燃料控制、仪表板显示、刹车系统等。

6）个人计算机软件。个人计算机软件市场是在近年中萌芽和发展起来的。字处理、电子表格、计算机图形、多媒体、娱乐、数据库管理、个人及商业金融应用、外部网络或数据库访问，这些仅仅是成百上千这类应用中的几种。

7）人工智能软件。人工智能（AI）软件利用非数值算法去解决复杂的问题，这些问题不能通过计算或直接分析得到答案。一个活跃的 AI 领域是专家系统，也称为基于知识的系统。AI 软件的其他应用领域还包括模式识别、定理证明和游戏。最近，AI 软件的一个新分支，称为人工神经网络，得到了很大发展。人工神经网络仿真人脑的处理结构（即生物神经系统的功能），这有可能导致一个全新类型的软件登场，它不仅能够识别复杂的模式，而且还能从过去的经验中“自行”学习进步。

软件的分类多种多样，按软件规模又可将软件划分为以下几类，见表 1-4。

表 1-4　软件规模介绍

类　别	参加人员数	研 制 期 限	源程序行数
微型	1	1～4 周	0.5k
小型	1	1～6 月	1～2k
中型	2～5	1～2 年	5～50k
大型	5～20	2～3 年	50～100k
甚大型	100～1000	4～5 年	1M（=1000k）
极大型	2000～5000	5～10 年	1～10M

按软件的功能可将其划分为系统软件、应用软件和支撑软件：系统软件是能与计算机硬件密切配合，使得计算机系统各个部件、相关软件和数据协调高效地工作的软件；应用软件是在特定的领域开发的，为特定目的服务的一类软件；支撑软件是协助用户开发软件的工具软件。

按软件服务对象的范围可将其划分为项目软件和产品软件。

按软件工作方式可将其划分为实时处理软件、分时软件、交互式软件和批处理软件。按使用的频度可将其划分为一次使用软件和频繁使用软件。按软件失效的影响可将其划分为高可靠性软件和一般可靠性软件。

1.2.4　软件语言

软件语言是用于编写计算机软件的语言。软件语言主要包括需求定义语言、功能性语言、设计性语言、实现性语言（即程序设计语言）和文档语言。

需求定义语言用来书写软件需求定义。软件需求定义是软件功能需求和软件非功能需求的定义性描述。软件功能需求刻画软件“做什么”，软件非功能需求刻画诸如功能性限制、设计限制、环境描述、数据与通信规程及项目管理等。典型的需求定义语言有 PSL（Problem Statement Language，问题陈述语言）。

功能性语言用来书写软件功能规约（Functional Specification）。软件功能规约是软件功能的严格而完整的陈述。通常它只刻画软件系统“做什么”的外部功能，而不涉及系统“如何做”的内部算法。典型的功能性语言有广谱语言和 Z 语言。

设计性语言用来书写软件设计规约（Design Specification）。软件设计规约是软件设计的严格而完整的陈述。一方面，它是软件功能规约的算法性细化，刻画软件“如何做”的内部算法，另一方面，它是软件实现的依据。典型的设计性语言有问题设计语言（Program Design Language，PDL）。

实现性语言用来书写计算机程序。实现性语言也称编程语言或程序设计语言（Programming Language）。程序设计语言可按语言的级别、对使用者的要求、应用范围、使用方式、成分性质等多种角度进行分类。

1）按语言级别可将实现性语言分为低级语言和高级语言。低级语言是与特定计算机体系结构密切相关的程序设计语言，如机器语言、汇编语言。其特点是与机器有关，功效高，但使用复杂，开发费时，难于维护。高级语言是不反映特定计算机体系结构的程序设计语言，它的表示方法比低级语言更接近于待解问题。其特点是在一定程度上与具体机器无关，易学、易用、易维护。但高级语言程序经编译后产生的目标程序的功效往往较低。

2）按用户要求可将实现性语言分为过程式语言和非过程式语言。过程式语言（Procedural Language）是通过指明一列可执行的运算及运算次序来描述计算过程的程序设计语言。非过程式语言（Nonprocedural Language）是不显式指明处理过程细节的程序设计语言。在这种语言中尽量引进各种抽象度较高的非过程性描述手段，以期做到在程序中增加“做什么”的描述成分，减少“如何做”的细节描述，如第四代语言（4GL）、函数式语言、逻辑式语言。过程式语言也可称为命令式语言或申述式语言。命令式语言（Imperative Language）即过程式语言。申述式语言（Declarative Language）是着重描述“要处理什么”，而非描述“如何处理”的语言。申述式语言程序是关于问题解的约束陈述，这些约束迫使含于实现中的算法处理机制生成一个解或一组解、如函数式语言、逻辑式语言。函数式语言（Functional Language）中函数是构造程序的基本成分，它提供一些设施用于构造更为复杂的函数。程序人员根据提出的问题去定义求解函数（即主程序），其中可能包含一些辅助函数，如 Lisp 语言。逻辑式语言（Logic Language）的基本运算单位是谓词。谓词定义了变元间的逻辑关系。例如，Prolog 语言的基本形式是 Horn 子句，其程序围绕着某一主题的事实、规则和询问 3 类语句组成。这 3 类语句分别用来陈述事实、定义规则和提出问题。

3）按应用范围可将实现性语言分为通用语言和专用语言。通用语言指目标非单一的语言，如 Fortran、COBOL、C 等。专用语言指目标单一的语言，如自动编程工具（Automatically Programmed Tool，APT）。

4）按使用方式可将实现性语言分为交互式语言和非交互式语言。交互式语言指具有反映人机交互作用的语言，如 BASIC。非交互式语言指不反映人机交互作用的语言，如 Fortran、COBOL。

5）按成分性质可将实现性语言分为顺序语言、并发语言以及分布语言。顺序语言指只含顺序成分的语言，如 Fortran、C。并发语言指含有并发成分的语言，如 Modula、Ada、并发 Pascal。分布语言指考虑到分布计算要求的语言，如 Modula。

文档语言用来书写软件文档。计算机软件文档是计算机开发、维护和使用过程中的档案资料以及对软件本身的阐述性资料，通常用自然语言或半形式化语言书写。

1.2.5 软件文档

软件开发是一个系统工程，从软件的生存周期角度出发，科学的编制软件文档很有必要。软件文档也称文件，通常指的是一些记录的数据和数据媒体，它具有固定不变的形式，可被人和计算机阅读。在软件工程中，文档常常用来表示对活动、需求、过程或结果进行描述、定义、规定、报告或认证的任何书面或图示的信息，它们描述和规定了软件设计和实现的细节，说明使用软件的操作命令。文档也是软件产品的一部分，没有文档的软件就不成为软件。软件文档的编制在软件开发工作中占有突出的地位和相当大的工作量。高质量文档对于转让、变更、修改、扩充和使用文档、对于发挥软件产品的效益有着重要的意义。

软件文档的作用包括以下 6 个方面：

1）提高软件开发过程的能见度。把开发过程中发生的事件以某种可阅读的形式记录在文档中。管理人员可把这些记载下来的材料作为检查软件开发进度和开发质量的依据，实现对软件开发的工程管理。

2）提高开发效率。软件文档的编制使得开发人员对各个阶段的工作都进行周密思考，并且可使他们及早发现错误，便于及时加以纠正。

3）作为开发人员在一定阶段的工作成果和开发结束的标志。

4）记录开发过程中的有关信息，便于协调以后的软件开发、使用和维护。

5）提供对软件的运行、维护和培训的有关信息，便于管理人员、开发人员、操作人员、用户之间协作、交流和了解，使软件开发活动更加科学有效。

6）便于潜在用户了解软件的功能、性能等各项指标，为其选购符合自己需要的软件提供依据。

根据形式的不同，软件文档可以分为两类：工作表格，包括开发过程中填写的各种图表；文档或文件，包括应编制的技术资料或技术管理资料。按照文档产生和使用的范围，软件文档又大致可以分为用户文档、开发文档和管理文档3类，具体如图1-7所示。

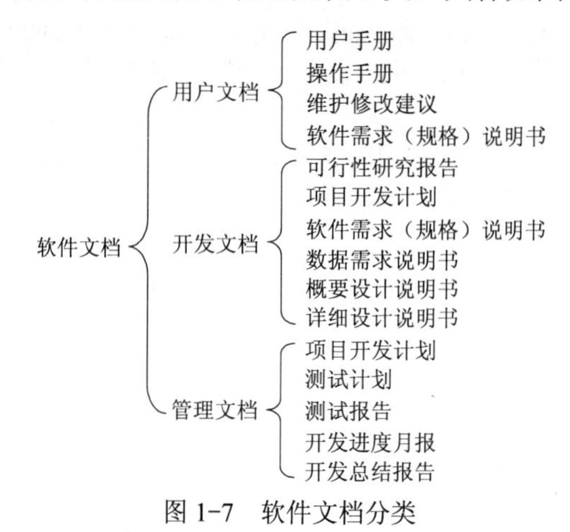

图1-7　软件文档分类

开发文档：是在软件开发过程中作为软件开发人员前一阶段工作成果的体现和后一阶段工作依据的文档。

管理文档：是在软件开发过程中由软件开发人员制订的一些工作计划或工作报告，管理人员能够通过这些文档及时了解软件开发项目的情况。

用户文档：是软件开发人员为用户准备的有关软件使用、操作和维护的资料。

为了使软件文档能起到多种“桥梁”作用，文档的编写必须保证一定的质量。编写高质量的文档要遵循以下写作要求：

1）针对性。文档编写以前应分清读者对象，按不同的类型、不同层次的读者，决定怎样适应他们的需要。例如管理文档主要是面向管理人员的，用户文档主要是面向用户的，这两类文档不应像开发文档（面向软件开发人员）那样过多地使用软件专业术语。

2）精确性。文档的行文应当十分确切，不能出现多义性的描述。

3）清晰性。文档编写应力求简明，如有可能，可配以适当的图表，以增强其清晰性。

4）完整性。任何一个文档都应当是完整的、独立的，它应自成体系。

5）灵活性。各个不同的软件项目，其规模和复杂程度各有差别，不能一律对待。

6）可追溯性。由于各开发阶段编制的文档与各阶段完成的工作有着紧密的关系，前后两个阶段生成的文档随着开发工作的逐步扩展，具有一定的继承关系。一个项目各开发阶段之间提供的文档必定存在着可追溯的关系。

文档对于不同阶段的人员都是非常重要的。对于软件开发管理人员，软件文档用于管理和评价软件开发工程的进展状况。对于软件开发人员，软件文档用于对各个阶段的工作进行周密思考、全盘权衡从而减少返工，并且可在开发早期发现错误和不一致性，便于及时加以纠正。对于软件维护人员，软件文档是软件维护的依据。

软件工程的过程有一系列任务：立项、可行性分析、需求分析、概要设计、详细设计、编程、测试和修改维护，不同的任务阶段对应生成不同的软件文档：

1）可行性分析的主要任务是弄清楚所定义的项目是不是可能实现和值得进行的，生成文档《可行性研究报告》。

2）需求分析的主要任务是弄清楚用户对软件的全部需求，并用推荐格式表达出来，生成文档《需求分析规格说明书》。

3）概要设计的主要任务是建立软件的总体结构，画出由模块组成的结构图，生成文档《概要设计说明书》。

4）详细设计的主要任务是针对单个模块进行设计，确定模块内部的过程结构，生成文档《详细设计说明书》。

5）测试的主要任务是发现软件中的错误，并加以纠正，生成文档《测试计划》和《测试报告》。

6）运行维护阶段的主要任务是进行系统的维护工作，生成文档《软件开发进度月报》和《开发总结报告》。

1.3　软件生存周期模型

一个软件从定义到开发、使用和维护，直到最终被弃用，要经历一个漫长的时期，通常把软件经历的这个漫长的时期称为软件生存周期。软件开发模型是软件开发全部过程、活动和任务的结构框架。它能直观表达软件开发的全过程，明确规定要完成的主要活动、任务和开发策略。软件开发模型也被称为软件过程模型、软件生存周期模型、软件工程范型。

软件生存周期是由工程中产品生存周期的概念得来的。引入软件生存周期概念对于软件生产的管理、进度控制有着非常重要的意义，可使软件生产有相应的模式、相应的流程、相应的工序和步骤。把整个软件生存周期划分为若干阶段，使得每个阶段有明确的任务，使规模大、结构复杂和管理复杂的软件开发变得易于控制和管理。

软件生存周期的阶段有着不同的划分。软件规模、种类、开发方式、开发环境以及开发使用的方法都影响软件生存周期的划分。在划分软件生存周期的阶段时，应遵循的基本原则是各阶段的任务应尽可能相对独立，同一阶段各项任务的性质尽可能相同，从而降低每个阶段任务的复杂程度，简化不同阶段之间的联系，有利于软件项目开发的组织管理。

通常软件生存周期包括问题定义、可行性分析、需求分析、项目开发计划、概要设计、详细设计、编码、测试、维护等活动，可以将这些活动以适当方式分配到不同的阶段去完成。

软件生存周期一般可分为以下阶段，如图 1-8 所示。

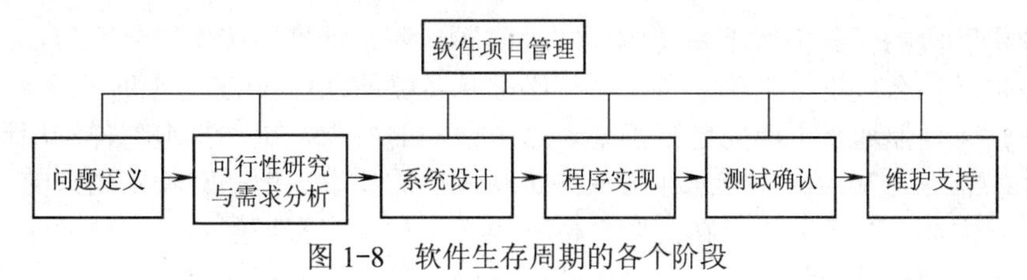

图 1-8　软件生存周期的各个阶段

1. 问题定义

问题定义阶段必须回答的关键问题是："要解决的问题是什么？" 如果不知道问题是什

么就试图解决这个问题，显然是盲目的，只会白白浪费时间和金钱，最终得出的结果很可能是毫无意义的。尽管确切定义问题的必要性是十分明显的，但是在实践中它却可能是最容易被忽视的一个步骤。在实际的软件开发过程中，通过对客户的访问调查，系统分析员扼要地写出关于问题性质、工程目标和工程规模的书面报告，经过讨论和必要修改之后的这份报告应该得到客户的确认。

2. 可行性研究与需求分析

这个阶段要回答的关键问题是："对于上一个阶段所确定的问题有可行的解决办法吗？"为了回答这个问题，系统分析员需要进行一次大大压缩和简化了的系统分析和设计过程，也就是在较抽象的高层次上进行的分析和设计过程。可行性研究应该比较简短，这个阶段的任务不是具体解决问题，而是研究问题的范围，探索这个问题是否值得去解，是否有可行的解决办法。可行性研究的结果是使部门负责人做出是否继续进行这项工程的决定的重要依据，一般来说，只有投资可能取得较大经济效益的那些工程项目才值得继续进行下去。可行性研究以后的那些阶段将需要投入更多的人力物力。及时终止不值得投资的工程项目可以避免更大的浪费。

可行性研究的目的不是解决问题，而是确定问题"是否值得去解决"。怎样达到这个目的？当然不能靠主观猜想，而是要靠客观分析。系统分析员必须分析几种主要的可能解法的利弊，从而判断原定的系统规模和目标是否现实，以及系统完成后所能带来的效益是否大到值得投资开发这个系统的程度。

首先需要进一步分析和澄清问题定义。在问题定义阶段初步确定的规模和目标，如果是正确的就进一步加以肯定；如果有错误就应该及时改正；如果对目标系统有任何约束和限制，也必须把它们清楚地列举出来。在澄清了问题定义之后，系统分析员应该导出系统的逻辑模型。然后从系统逻辑模型出发，探索若干种可供选择的主要解法（即系统实现方案）。对每种解法，系统分析员都应该仔细研究它的可行性，一般说来，至少应该从 3 个方面研究每种解法的可行性；①技术可行性，即使用现有的技术能实现这个系统吗？②经济可行性，即这个系统的经济效益能超过它的开发成本吗？③操作可行性，即系统的操作方式在这个用户组织内行得通吗？

必要时还应该从法律、社会效益等更广泛的方面研究每种解法的可行性。系统分析员应该为每个可行的解法制订一个粗略的实现进度。

可行性研究最根本的任务是对以后的行动方针提出建议。如果问题没有可行的解，系统分析员应该建议停止这项开发工程，以避免时间、资源、人力和金钱的浪费；如果问题有可行的解，分析员应该推荐一个较好的解决方案，并且为工程制定一个初步的计划。可行性研究需要的时间长短取决于工程的规模。一般说来，可行性研究的成本只是预期工程总成本的5%～10%。

需求分析阶段的任务仍然不是具体地解决问题，而是准确地确定"为了解决这个问题，目标系统必须做什么"，主要是确定目标系统必须具备哪些功能。用户了解他们所面对的问题，知道必须做什么，但通常不能完整准确地表达出他们的要求，更不知道怎样利用计算机解决他们的问题；软件开发人员知道怎样用软件实现人们的要求，但是对特定用户的具体要求并不完全清楚。因此，系统分析员在需求分析阶段必须和用户密切配合，充分交流信息，以得出经过用户确认的系统逻辑模型。通常用数据流图、数据字典和简要的算法表示系统的逻辑模型。在需求分析阶段确定的系统逻辑模型是以后设计和实现目标系统的基础，因此必须准确完整地体现用户的要求。这个阶段的一项重要任务，是用正式文档准确地记录对目标系统的需求，即《需求分析规格说明书》。

3. 系统设计

系统设计阶段必须回答的关键问题是："概括地说，应该怎样实现目标系统？"系统设计的主要任务是进行总体设计和详细设计。总体设计又称为概要设计。首先，应该设计出实现目标系统的几种可能的方案。通常至少应该设计出低成本、中等成本和高成本3种方案。软件工程师应该用适当的表达工具描述每种方案，分析每种方案的优缺点，并在充分权衡每种方案利弊的基础上推荐一个最佳方案。此外，还应该制订出实现最佳方案的详细计划。如果客户接受所推荐的方案，则应进一步完成下一项主要任务。总体设计工作确定了解决问题的策略及目标系统中应包含的程序，但是，怎样设计这些程序呢？软件设计的一条基本原理就是，程序应该模块化，也就是说，一个程序应该由若干个规模适中的模块按合理的层次结构组织而成。因此，总体设计的另一项主要任务就是设计程序的体系结构，也就是确定程序由哪些模块组成以及模块间的关系。

总体设计阶段以比较抽象概括的方式提出了解决问题的办法。详细设计阶段即程序实现的任务就是把解法具体化，也就是回答 "应该怎样具体地实现这个系统呢？" 这个关键问题。这个阶段的任务还不是编写程序，而是设计出程序的详细规格说明。详细规格说明的作用类似于其他工程领域中工程师经常使用的工程蓝图，应该包含必要的细节。程序员可以根据详细规格说明写出实际的程序代码。

4. 程序实现

程序实现也被称为模块设计，开发人员在这个阶段将详细地设计每个模块，并确定实现模块功能所需要的算法和数据结构。

这个阶段的关键任务是写出正确的容易理解、容易维护的程序模块，具体包括编码和单元测试。程序员应该根据目标系统的性质和实际环境，选取一种适当的高级程序设计语言（必要时用汇编语言），把详细设计的结果翻译成使用选定的语言书写的程序，并应仔细测试编写的每一个模块。

5. 测试确认

这个阶段的关键任务是通过各种类型的测试及调试，使软件达到预定的要求。最基本的测试是集成测试和验收测试。所谓集成测试是根据设计的软件结构，把经过单元测试检验的模块按某种选定的策略装配起来，在装配过程中对程序进行必要的测试。所谓验收测试则是按照需求规格说明书的规定，由用户对目标系统进行验收，必要时还可以再通过现场测试或平行运行等方法对目标系统进一步测试检验。为了使用户能够积极参加验收测试，并且在系统投入生产性运行以后能够正确有效地使用这个系统，通常需要以正式的或非正式的方式对用户进行培训。通过对软件测试结果进行分析，可以预测软件的可靠性；反之，根据对软件可靠性的要求，用户也可以决定测试和调试过程什么时候结束。软件测试人员应该用正式的文档资料把测试计划、详细测试方案以及实际测试结果保存下来，作为软件配置的一个组成部分。

6. 维护支持

维护阶段的关键任务是通过各种必要的维护活动使系统持久地满足用户的需要。通常有4类维护活动：①改正性维护，即诊断和改正在使用过程中发现的软件错误；②适应性维护，即修改软件以适应环境的变化；③完善性维护，即根据用户的要求改进或扩充软件使它更完善；④预防性维护，即修改软件为将来的维护活动预先做准备。虽然没有把维护阶段进一步划分成更小的阶段，但实际上每一项维护活动都应该经过提出维护要求（或报告问题）、分析维护要求、提出维护方案、审批维护方案、确定维护计划、修改软件设计、修改程序、测试程序、复查验收等一系列步骤，因此实质上是经历了一次压缩和简化了的软件定义和开发的全过程。软件维护人员应该对每一项维护活动准确地进行记录，并作为正式的文档资料加以保存。

在实际从事软件开发工作时，软件规模、种类、开发环境及开发时使用的技术方法等因素都会影响阶段的划分。

软件生存周期也可以分为 3 个大的阶段：计划阶段、开发阶段和维护阶段。

软件生存周期阶段的划分原则：各阶段的任务相对独立，同一阶段任务的性质相同。软件开发包括系统设计、概要设计和详细设计；软件实现包括编码和单元测试；软件测试包括组装测试和确认测试。概要设计把各项需求转换成软件的体系结构。详细设计对每个模块要完成的工作进行具体的描述，为编写源程序打下基础，编写设计说明书，提交评审。软件实现即编码和程序设计。单元测试是查找各模块在功能和结构上存在的问题并加以纠正的软件测试。组装测试即将已测试过的模块按一定顺序组装。

许多软件项目在开发早期对软件需求的认识是模糊的、不确定的，因此很难一次开发成功。开发者可以在获取了一组基本的需求后，通过快速分析构造出该软件的一个初始可运行版本（称之为原型），然后根据用户在试用原型过程中提出的意见和建议或者增加新的需求，对原型进行改造，获得原型的新版本，重复这一过程，最终得到令客户满意的软件产品。

模型是为了理解事物而对事物做出的一种抽象，它忽略了不必要的细节，它也是事物的一种抽象形式、一个规划、一个程式。软件生存周期模型是描述软件开发过程中各种活动如何执行的模型。

一个优秀的软件生存周期模型为软件开发提供了强有力的支持，为软件开发过程中的所有活动提供了统一的政策保证，为参与软件开发的所有成员提供了帮助和指导。它揭示了如何演绎软件过程的思想，软件生存周期模型化技术的基础，也是建立软件开发环境的核心。

软件生存周期模型确立了软件开发和演绎中各阶段的次序限制以及各阶段活动的准则，确立了开发过程所遵守的规定和限制，便于各种活动的协调以及各种人员间的有效通信，有利于活动重用和活动管理。

软件生存周期模型能表示各种活动的实际工作方式，各种活动间的同步和制约关系以及活动的动态特性。软件生存周期模型应该易为软件开发过程中的各类人员所理解，它应该适应不同的软件项目，具有较强的灵活性以及支持软件开发环境的建立。

演化模型的开发过程就是从构造初始的原型出发，逐步将其演化成最终软件产品的过程。演化模型适用于对软件需求缺乏准确认识的情况。

典型的软件开发模型主要包括以软件需求完全确定为基础的瀑布模型；在开发初期仅给出基本需求的渐进式模型，如原型模型、螺旋模型、喷泉模型等。

1.3.1 瀑布模型

1. 线性顺序模型

线性顺序模型也称传统生命周期模型或简单瀑布模型，它提出软件开发按照系统化、有顺序的方法进行。线性顺序模型是应用最早、最广泛的软件过程模型。线性顺序模型一般从系统级开始，随后是分析、设计、编码、测试等，如图 1-9 所示。

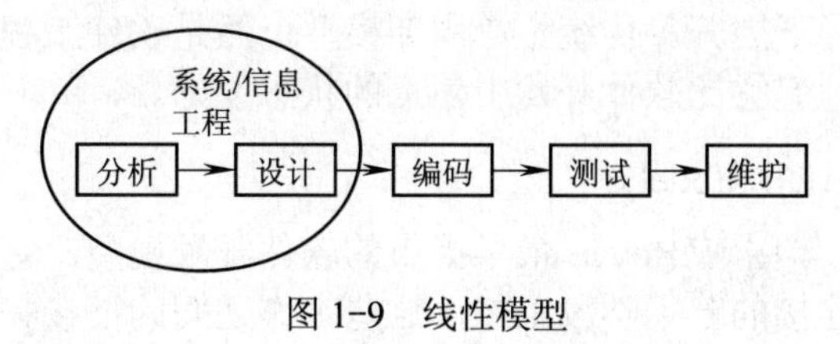

图 1-9　线性模型

线性顺序模型包括以下活动：

1）系统/信息工程和建模。因为软件总是一个大系统（或商业）的组成部分，所以一开始应该确立所有系统成分的需求，然后再将其中某个子集分配给软件。整个系统基础是以软件作为其他成分（如硬件、人及数据库）的接口。系统/信息工程和分析包括了系统级收集的需求，以及一小部分顶层分析和设计。信息工程包括了在战略商业级和商业领域级收集的需求。

2）软件需求分析。需求收集过程特别集中于软件上。要理解待建造程序的本质，软件工程师即“分析员”必须了解软件的信息领域，以及需求的功能、行为、性能和接口。系统需求和软件需求均要文档化，并要与用户一起复审。

3）设计。软件设计实际上是一个多步骤的过程，集中于程序的 4 个完全不同的属性上，即数据结构、软件体系结构、界面表示及过程即算法细节。设计过程将需求转换成软件表示，在编码之前可以评估其质量。像需求一样，设计也要文档化，并且是软件配置的一部分。

4）代码生成。设计必须转换成机器可读的形式。代码生成就是完成这个任务的。如果设计已经表示得很详细，代码生成可以自动完成。

5）测试。一旦生成了代码，就可以开始程序测试。测试过程集中于软件的内部逻辑——保证所有语句都测试到，以及外部功能—— 即引导测试去发现错误，并保证定义好的输入能够产生与预期结果相同的输出。

6）维护。软件在交付给用户之后不可避免地要发生修改（除非是嵌入式软件）。在如下情况下会发生修改：当遇到错误时；当软件必须适应外部环境的变化时，例如因为使用新的操作系统或外设；当用户希望增强功能或性能时。软件维护重复以前各个阶段，不同之处在于它是针对已有的程序，而非新程序。

线性顺序模型是最早，也是应用最广泛的软件工程范例。但是，对于该模型的批评也颇多，这使得最积极的支持者也开始怀疑其功效。在使用线性顺序模型过程中有时会遇到如下一些问题：

1）实际的项目很少按照该模型给出的顺序进行。虽然线性顺序模型能够允许迭代，但却是间接的。其结果是在项目组的开发过程中变化可能引起混乱。

2）用户常常难以清楚地给出所有需求，而线性顺序模型却要求确立所有需求，它还不能接受在许多项目的开始阶段自然存在的不确定性。

3）用户必须有耐心。程序的运行版本一直要等到项目开发晚期才能给予用户。大的错误如果直到检查运行程序时才被发现，后果可能是灾难性的。

4）开发者常常被不必要地耽搁。在对实际项目的一个有趣的分析中，发现传统生命周期模型的线性特征会导致“阻塞状态”，其中某些项目组成员不得不等待组内其他成员先完成其依赖的任务。事实上，花在等待上的时间可能会超过花在开发工作上的时间，“阻塞状态”经常发生在线性顺序过程的开始和结束。

这些问题都是真实存在的。但不管怎样，传统生命周期模型在软件工程中仍占有重要的位置，也有其值得肯定的地方。它提供了一个模板，使得分析、设计、编码、测试和维护的方法可以在该模板的指导下展开。传统生命周期模型仍然是软件工程中应用最广泛的过程模型。虽然它有不少缺陷，但它比软件开发中随意的状态要好。

2．瀑布模型（Waterfall Model）

瀑布模型是在 1970 年由 W.Royce 最早提出的软件开发模型。它将软件生存周期的各项活动规定为依固定顺序连接的若干阶段工作，这些工作之间的衔接关系是从上到下、不可逆转的，如同瀑布一样，因此称为瀑布模型。

瀑布模型的每项开发活动均应具有下述特征：以上一项活动方产生的工作对象作为输入；利用这一输入实施本项活动应完成的内容；给出该项活动的工作结果，作为输出传给下一项活动；对实施该项活动的工作结果进行评审。若其工作得到确认，则继续进行下一项活动，否则返回上一项，甚至更前一项的活动进行返工。

瀑布模型严格按照软件生存周期各个阶段来进行开发，上一阶段的输出即是下一阶段的输入，并强调每一阶段的严格性。它规定了各阶段的任务和应提交的成果及文档，每一阶段的任务完成后，都必须对其阶段性产品（主要是文档）进行评审，通过后才能开始下一阶段的工作。因此，它是一种以文档作为驱动的模型。

瀑布模型强调了每一阶段的严格性，尤其是开发前期的良好需求说明，这样就能解决在开发阶段后期修正不完善的需求说明将花费巨大的费用的问题。

在 20 世纪 80 年代之前，瀑布模型一直是唯一被广泛采用的生命周期模型，现在它仍然是软件工程中应用得最广泛的过程模型。传统软件工程方法学的软件过程基本上都可以用瀑布模型来描述。图 1-10 所示为传统的瀑布模型。

瀑布模型有以下特点：

1）各阶段间具有顺序性和依赖性这个特点有两重含义：必须在前一阶段的工作完成之后，后一阶段的工作才能开始；前一阶段的输出文档就是后一阶段的输入文档，因此，只有前一阶段的输出文档正确，后一阶段的工作才能获得正确的结果。

2）推迟实现的观点。对于规模较大的软件项目来说，往往编码开始得越早，最终完成开发工作所需要的时间反而越长。这是因为前面阶段的工作做得不扎实，过早地考虑进行程序实现，往往导致大量返工，有时甚至发生无法弥补的问题，带来灾难性后果。瀑布模型在编码之前设置了系统分析与系统设计的各个阶段，分析与设计阶段的基本任务规定，在这两个阶段主要考虑目标系统的逻辑模型，不涉及软件的物理实现。瀑布模型强调清楚地区分逻辑设计与物理设计，尽可能推迟程序的物理实现。

3）质量保证的观点。软件工程的基本目标是优质、高产。瀑布模型强调完备的文档、需求验证和阶段评审。为了保证所开发软件的质量，在瀑布模型的每个阶段都应坚持两个重要做法：每个阶段都必须完成规定的文档——没有交出合格的文档就是没有完成该阶段的任务。完整、准确的合格文档不仅是软件开发时期各类人员之间相互通信的媒介，也是运行时期对软件进行维护的重要依据。每个阶段结束前都要对所完成的文档进行评审，以便尽早发现问题、改正错误。事实上，越是早期阶段出现的错误，暴露出来的时间就越晚，排除故障改正错误所要付出的代价也越高。因此，及时审查是保证软件质量、降低软件成本的重要措施。

传统的瀑布模型过于理想化了，事实上，人在工作过程中不可能不犯错误。例如，在设计阶段可能发现规格说明文档中的错误，而设计上的缺陷或错误也可能在实现过程中显现出来；在综合测试阶段将发现需求分析、设计或编码阶段的许多错误。因此，实际的瀑布模型是带有“反馈环”的，如图 1-11 所示，实线箭头表示开发过程，虚线箭头表示维护过程。当在后面阶段发现前面阶段的错误时，需要沿图 1-11 中右侧的反馈线返回前面的阶段，修正前面阶段的产品之后再回来继续完成后面阶段的任务。

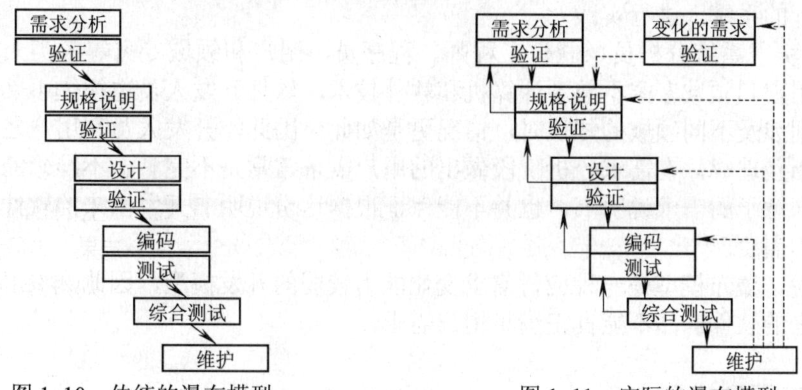

图 1-10 传统的瀑布模型

图 1-11 实际的瀑布模型

瀑布模型的优点：可强迫开发人员采用的规范方法；严格规定了每一阶段必须提交的文档；要求每一阶段交付的产品都必须经过质量保证小组的仔细审查；清晰区分了逻辑设计与物理设计，尽可能推迟程序的物理实现。瀑布模型适合于功能和性能明确、完整、无重大变化的软件开发，提供了软件开发的基本框架，有利于大型软件开发过程中人员的组织、管理，有利于软件开发方法和工具的研究与使用。因此，瀑布模型在软件工程中占有重要的地位。

瀑布模型的缺点表现在以下几个方面：

1）它将项目生硬地分解为确切的阶段，需求必须在过程的早期阶段清晰给出，这意味着对用户需求变更响应困难。

开发人员试图在每一活动过程结束后，通过严格的阶段性复审与确认，得到该阶段的一致、完整、准确和无二义性的良好文档，以“冻结”这些文档为该阶段结束的标志，保持不变，并作为下一阶段活动的唯一基础，从而形成一个理想的线性开发序列，以每一步的正确性和完整性来保证最终系统的质量。这种对需求的冻结使需求相当不成熟，可能使得系统不能满足用户需求。作为整体开发的瀑布模型，由于不支持软件产品的演化，对开发过程中的一些很难发现的错误只有在最终产品运行时才能发现。

2）传统的瀑布模型给软件产业带来了巨大的进步，部分地缓解了软件危机，但这种模型本质上是一种线性顺序模型，存在着比较明显的缺点：各阶段之间存在着严格的顺序性和依赖性，特别是强调预先定义需求的重要性，在着手进行具体的开发工作之前，必须通过需求分析预先定义并“冻结”软件需求，然后再一步一步地实现这些需求。但是实际项目的开发很少是遵循着这种线性顺序进行的。虽然瀑布模型也允许迭代，但这种改变往往对项目开发带来混乱。

某些应用软件的需求与外部环境、公司经营策略或经营内容等密切相关，因此需求是随时变化的，在不同时间用户的需求可能有较大的不同，采用预先定义整体不变的需求的策略，在一年或数年之前预先指定软件的需求，显然是不切实际的。按照这样预先指定的需求开发软件，软件开发出来就已经过时了，不符合现在的用户需要了。

3）对于某些类型的软件系统，如操作系统、编译系统等系统软件，人们对它们比较熟悉，有长期使用它们的经验，其需求经过仔细的分析之后可以预先指定。但是，对于大多数更常使用的应用系统，如管理信息系统，其需求往往很难预先准确指定，也就是说，预先定义需求的策略所做出的假设，只对某些软件成立，对多数软件并不成立。许多用户最初对他们自己的需求只有模糊的概念，要求一个对需求只有初步设想的人准确无误地说出全部需求，显然是不切实际的。在实际项目开发中人们为了充实和细化他们的初步设想，通常需要经过在某个能运行的系统上进行实践。

4）较难实现系统分析员、软件工程师、程序员、用户和领域专家等各类人员的协同配合。大多数用户和领域专家不熟悉计算机和软件技术，软件开发人员也往往不熟悉用户的专业领域，特别涉及不同领域的知识时，情况更是如此。因此，开发人员和用户之间很难做到完全沟通和相互理解，在需求分析阶段做出的用户需求常常是不完整、不准确的。因此，即使用户签字同意了的需求说明书，也并不能保证根据这份说明书开发出来的软件系统就能真正满足用户的需要。

总的来说，瀑布模型是一种应付需求变化能力较弱的开发模型，因此，很多在该模型基础上开发出来的软件产品不能真正满足用户需求。

1.3.2 快速原型模型

常有这种情况，即用户定义了软件的一组一般性目标，但不能标识出详细的输入、处理及输出需求；还有一些情况，如开发者可能不能确定算法的有效性、操作系统的适应性或人机交互的形式。在这些情况下，原型模型可能是最好的选择。

原型模型的类型有以下 3 种：

1）探索型（Exploratory Prototyping）。其目的是要弄清目标系统的要求，确定所希望实现的特性，并探讨多种方案的可行性。用原型过程来实现需求分析，把原型作为需求说明的补充形式，运用原型尽可能使需求说明完整、一致、准确和无二义性，但在整体上仍是采用瀑布模型。

2）实验型（Experimental Prototyping）。其目的是验证方案或算法的合理性，主要用于在大规模开发和实现前考核方案是否合适，规格说明是否可靠。用原型过程来代替设计阶段，即在设计阶段引入原型，快速分析实现方案，快速构造原型，通过运行考察设计方案的可行性与合理性，原型成为设计的总体框架或设计结果的一部分。

3）演化型（Evolutionary Prototyping）。其目的是将原型作为目标系统的一部分，通过对原型的多次改进，逐步将原型演化成最终的目标系统，即用原型过程来代替全部开发阶段。这是典型的演化提交模型的形式，它是在强有力的软件工具和环境支持下，通过原型过程的反复循环，直接得到软件系统。不强调开发的严格阶段性和高质量的阶段性文档，不追求理想的开发模式。

原型模型的使用策略如下：

1）废弃（Throw Away）策略，主要用于探索型和实验型原型的开发。这些原型关注于目标系统的某些特性，而不是全部特性，开发这些原型时通常不考虑与探索或实验目的无关的功能、质量、结构等因素。开发者通常将这种原型废弃，然后根据探索或实验的结果用良好的结构和设计思想重新设计目标系统。

2）追加（Add On）策略，主要用于演化型原型的开发。这种原型通常是实现了目标系统中已所明确定义特性的一个子集，通过对它的不断修改和扩充，逐步追加新的要求，最后使其演化成最终的目标系统。

原型模型可作为单独的过程模型使用，它也常被作为一种方法或实现技术应用于其他过程模型中。

1. 简单原型模型（Prototype Pattern）

简单原型模型是指从需求收集开始，开发者和用户在一起定义软件的总体目标，标识出已知的需求，并规划出进一步定义的区域。原型由用户评估，并据此进一步精化待开发软件的需求。逐步调整原型使其满足用户的要求，同时也使开发者对将要做的事情有更好的理解，这个过程是迭代的，如图 1-12 所示。

理论上，原型可以作为标识软件需求的一种机制。如果建立了可运行原型，开发者就可以在此基础上试图利用已有的程序片断或使用工具（如报表生成器、窗口管理器等）来尽快生成工作程序。

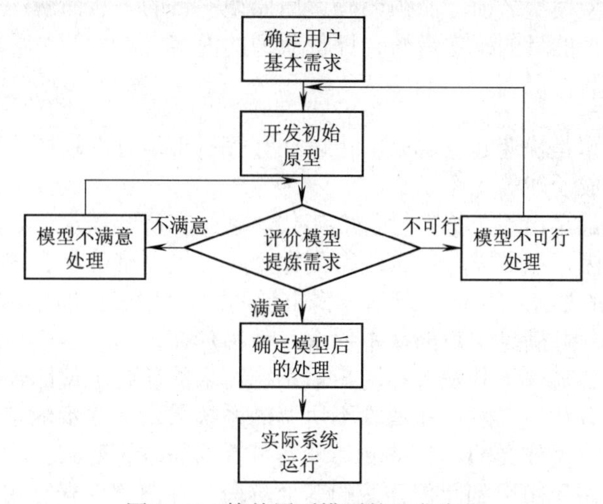

图 1-12 简单原型模型的开发流程

简单原型模型是为了确定需求而提出的实际模型。它打破传统的自顶向下结构化开发模型方法，在计划和需求分析后，把系统主要功能接口作为设计依据，快速开发出软件样品，及时征求用户意见，正确确定系统需求，然后再进一步准确地进行系统设计与实现。其优点是：与用户见面快，开发成功率高，适合于需求不确定的大系统。

简单原型模型比瀑布模型更符合人们认识事物的过程和规律，是一种较实用的开发框架。它产生的正式需求文档，是软件开发的基础。如果开发的原型是可运行的，它的若干高质量程序片段和开发工具可用于工作程序的开发。原型的开发和评审是系统分析员和用户共同参与的迭代过程，每个迭代循环都是线性过程。

简单原型模型的缺点：对于大型软件项目，简单原型模型需要足够的人力资源以建立足够的原型组。简单原型模型要求开发者和客户在一段时间内共同完成原型系统的开发，如果任何一方没有实现承诺，就会导致原型开发的失败。如果系统难以模块化，建造原型所需构件就有问题；如果高性能是一个指标，原型模型也可能不奏效。此外，周期长，开发成本会比较高。原型模型不适合采用很多新技术的项目。

在大多数项目中，建造的第一个系统很少是可用的。它可能太慢、太大、难以使用或三者都有。建造一个经过重新设计的版本，解决了上述的若干问题。当使用了新的系统概念或新技术时，应该建造一个抛弃型的系统，因为即使是最好的计划也不可能第一次就能完全正确。因此，管理上的问题不是“是否要建造一个指导系统”，而是“必须建造一个指导系统然后抛弃它”。唯一的问题是：是否需要事先计划好建造一个抛弃型系统，或是承诺要将抛弃型系统交付给用户。

虽然会出现问题，简单原型模型仍是软件工程的一个有效模型。关键是如何定义一开始的规则，即用户和开发者两方面必须达成一致：原型被建造仅仅是为了定义需求，之后就该被抛弃（或至少部分抛弃），实际的软件在充分考虑了质量和可维护性之后才被开发。

简单原型模型不同于最终系统，两者在功能范围上的区别是最终系统要实现软件需求的全部功能，而简单原型模型只实现所选择的部分功能；最终系统对每个软件需求都要求详细实现，而简单原型模型仅仅是为了试验和演示用的，部分功能需求可以忽略或者模拟实现。因此，在构造简单原型模型时，必须注意功能性能的取舍，忽略一切暂时不关心的部分以加快简单原型模型的实现，同时又要充分体现简单原型模型的作用，满足评价简单原型模型的要求。在构造简单原型模型之前，必须明确运用原型的目的，从而解决分析与构造内容的取舍，还要根据构造原型的目的确定考核、评价原型的内容。

2. 快速原型模型

所谓快速原型模型是快速建立起来的可以在计算机上运行的程序，它所能完成的功能往往是最终产品所能完成功能的一个子集。

快速原型的思想最早出现于 20 世纪 80 年代，它是在研究需求分析阶段的方法和技术中产生的。由于种种原因，在需求分析阶段得到完全、一致、准确和合理的需求说明是很困难的，因此在开发过程的早期，获得一组基本需求说明后，就快速地使其“实现”，通过原型反馈加深对系统的理解，并满足用户的基本要求，使用户在试用过程中受到启发，对需求说明进行补充和精确化，还加深了开发者和用户对系统需求的理解。使比较含糊的软件需求和功能明确化，帮助开发者和用户发现和消除不协调的系统需求，逐步确定各种需求，从而获得合理的、协调一致的、无歧义的、完整的和现实可行的需求说明。

后来又把快速原型思想用到软件开发的其他阶段，并向软件开发的全过程扩展，即先用相对少的成本、较短的周期开发一个简单但可以运行的系统原型向用户演示或让用户试用，以便及早确定并检验一些主要设计策略，在此基础上再开发实际的软件系统。

快速原型模型是利用原型辅助软件开发的一种新思想。经过简单快速分析，快速实现一个原型，用户与开发者在试用原型过程中加强联系与反馈，通过反复评价和改进原型，减少误解，弥补遗漏，适应变化，最终提高软件质量。

快速原型模型仅模拟软件系统的人机界面和人机交互方式，主要用于开发一个工作模型，实现软件系统中重要的或容易产生误解的功能。利用一个或几个类似的正在运行的软件向用户展示软件需求中的部分或全部功能。总之，建造快速原型模型应尽量采用相应的软件工具和环境，并尽量采用软件重用技术，在运行效率方面可做出让步。同时，快速原型模型应充分展示软件系统的可见部分，如人机界面、数据的输入方式和输出格式等。

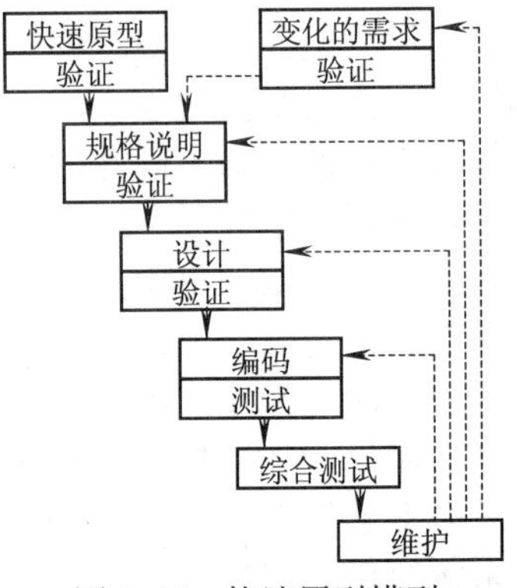

图 1-13　快速原型模型

如图 1-13 所示，在快速原型模型中，实线箭头表示开发过程，虚线箭头表示维护过程，建立快速原型模型的第一步是快速建立一个能反映用户主要需求的原型系统，让用户在计算机上试用它，使其通过实践来了解目标系统的概貌。通常用户试用原型系统之后会提出许多修改意见，开发人员按照用户的意见快速地修改原型系统，然后再次请用户试用，一旦用户认为这个原型系统确实能做他们所需要的工作，开发人员便可据此书写规格说明文档，根据这份文档开发出的软件应该可以满足用户的真实需求。从图 1-13 中可以看出，快速原型模型是不带“反馈环”的，这正是这种过程模型的主要优点：软件产品的开发基本上是线性顺序进行的。能做到基本上线性顺序开发的主要原因如下：原型系统已经通过与用户交互而得到验证，据此产生的规格说明文档正确地描述了用户需求，因此，在开发过程的后续阶段不会因为发现规格说明文档的错误而进行较大的返工。

开发人员通过建立原型系统已经学到了许多东西（至少知道了“系统不应该做什么，以及怎样不去做不该做的事情”），因此，在设计和编码阶段发生错误的可能性会比较小，这自然降低了在后续阶段需要改正前面阶段所犯错误的可能性。软件产品一旦交付给用户使用之后，维护便开始了。根据所需完成的维护工作种类的不同，可能需要返回到需求分析、规格说明、设计或编码等不同阶段，如图 1-13 中虚线箭头所示。快速原型模型的本质是“快速”。开发人员应该尽可能快地建造出原型系统，以加速软件开发过程，节约软件开发成本。快速原型模型的用途是获知用户的真正需求，一旦需求确定，原型将被抛弃。因此，原型系统的内部结构并不重要，重要的是必须迅速地构建原型然后根据用户意见迅速地修改原型。UNIX Shell 和超文本都是广为使用的快速原型语言，最近的趋势是使用第 4 代语言（4GL）技术构建快速原型。当快速原型的某个部分是利用软件工具由计算机自动生成时，这部分可以用到最终的软件产品中。

快速原型模型是一个线性顺序的软件开发模型，强调极短的开发周期。通过使用基于构件的建造方法获得了快速开发。如果需求理解得很好，且约束了项目范围，使用快速原型模型可以让一个开发组在很短时间内创建出“功能完善的系统”。快速原型模型主要用于信息系统应用软件的开发，它包含如下几个开发阶段：

1）业务建模。业务活动中的信息流被模型化，以回答如下问题：“什么信息驱动业务流程？”“生成什么信息？”“谁生成该信息？”“该信息流往何处？”“谁处理它？”业务建模阶段定义的一部分信息流被精化，形成一组支持该业务所需的数据对象，这一过程称为数据建模。标识出每个对象的特征称为属性，并定义这些对象间的关系。处理建模，即数据建模阶段定义的数据对象变换成为要完成一个业务功能所需的信息流。创建处理描述以便增加、修改、删除或获取某个数据对象。

2）应用生成。快速原型模型假设使用第 4 代语言技术而不是采用传统的第 3 代程序设计语言来创建软件，即复用已有的程序构件或是创建可复用的构件。在所有情况下，均使用自动化工具辅助软件建造。

3）测试及反复。因为快速原型模型强调复用，所以许多程序构件已经是测试过的，这减少了测试时间。但新构件必须测试，所有接口也必须测试到。很显然，加之于一个快速原型模型项目上的时间约束需要有“一个可伸缩的范围”。如果一个商业应用能够被模块化，使得其中每一个主要功能均可以在不到 3 个月时间内完成，它就是快速原型模型的一个候选构件。每一个主要功能可由一个单独的快速原型模型组来实现，最后再集成起来形成一个整体。

像所有其他过程模型一样，快速原型模型也有其缺陷：对于大型的但可伸缩的项目，快速原型模型需要足够的人力资源以创建足够的快速原型模型组；要求承担必要快速活动的开发者和用户在一个很短的时间框架下完成一个系统。如果两方中的任何一方没有完成约定，都会导致快速原型模型项目失败。

并非所有应用软件都适合使用快速原型模型。如果一个系统难以被适当地模块化，那么建造快速原型模型所需的构件就会有问题；如果高性能是一个指标，且该指标必须通过调整接口使其适应系统构件才能赢得，快速原型模型就有可能失败；不适合技术风险很高的情况。当一个新应用要采用很多新技术，或当新软件要求与已有计算机程序有较高的可互操作性时快速原型模型就不适合使用。此外，快速原型模型强调可复用程序构件的开发，可复用性是对象技术的基础。

建立快速原型模型的第一步是建造一个快速原型，实现用户或未来的用户与系统之间的交互，用户或客户可以通过对原型的评价，进一步细化待开发软件的需求，由此通过逐步调整原型来进一步满足客户的要求，开发人员也可以确定客户的真正需求是什么；第二步则在第一步的基础上开发客户满意的软件产品。其原理如图 1-14 所示。

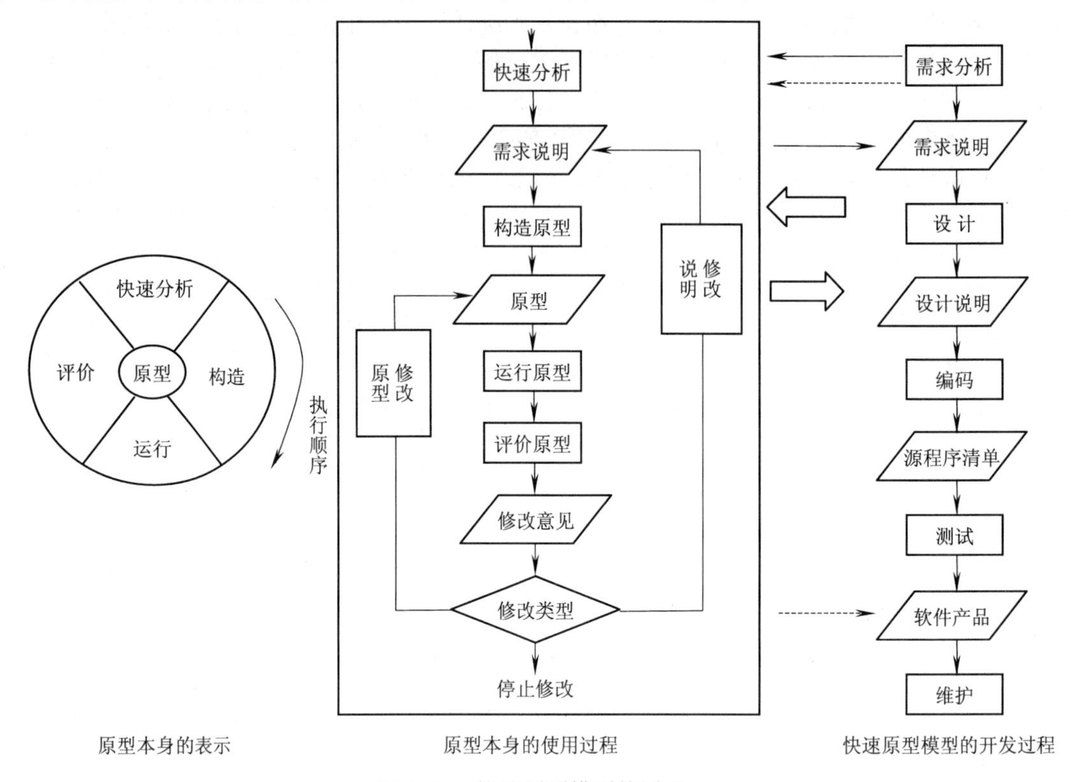

图 1-14 快速原型模型的原理

事实证明，快速原型模型可以克服瀑布模型的缺点，减少因软件需求不明确带来的开发风险。

快速原型的关键在于尽可能快速地建造出软件原型，一旦确定了客户的真正需求，所建造的原型将被抛弃。因此，原型系统的内部结构并不重要，重要的是必须迅速建立原型，随之迅速修改原型，以反映客户的需求，这正是为了克服瀑布模型的缺点提出来的。

3．增量模型（Incremental Model）

增量模型和瀑布模型之间的本质区别是：瀑布模型属于整体开发模型，它规定在开始下一个阶段的工作之前，必须完成前一阶段的所有细节；增量模型属于非整体开发模型，它推迟某些阶段或所有阶段中的细节，从而较早地产生工作软件。增量模型是在项目的开发过程中以一系列的增量方式开发系统。增量方式包括增量开发和增量提交。增量开发是指在项目开发周期内，以一定的时间间隔开发部分工作软件；增量提交是指在项目开发周期内，以一定的时间间隔和增量方式向用户提交工作软件及相应文档。增量开发和增量提交可以同时使用，也可单独使用。

增量模型将软件的开发过程分成若干个日程时间交错的线性序列，每个线性序列产生软件的一个可发布的“增量”版本，后一个版本是对前一版本的修改和补充，重复增量发布的过程，直至产生最终的完善产品。增量模型强调每一个增量都发布一个可运行的产品。增量模型特别适用于以下情况：需求经常变化的软件开发；市场急需而开发人员和资金不能在设定的市场期限之前实现一个完善的产品的软件开发。增量模型能有计划地管理技术风险，如在早期增量版本中避免采用尚未成熟的技术。

增量模型融合了线性顺序模型的基本成分，即重复地应用和原型的迭代特征。如图 1-15 所示，增量模型采用随着日程时间的进展而交错的线性序列。每一个线性序列产生软件的一个可发布的“增量”。例如，使用增量模型开发的字处理软件，可能在第 1 个增量中发布基本的文件管理、编辑和文档生成功能；在第 2 个增量中发布更加完善的编辑和文档生成能力；第 3 个增量实现拼写和文法检查功能；第 4 个增量完成高级的页面布局功能。应该注意的是，任何增量的处理流程均可以结合原型模型。

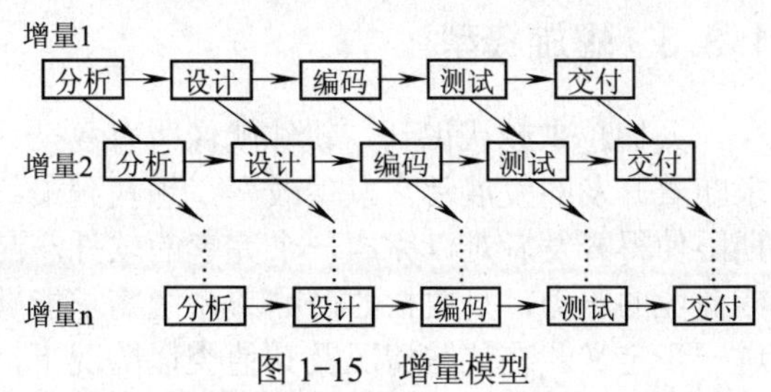

图 1-15　增量模型

当使用增量模型时，第一个增量往往是核心的产品，即实现了基本的需求，但很多补充的特性，其中一些是已知的，另外一些是未知的还没有发布。核心产品交用户使用或进行更详细的复审，使用和/或评估的结果是下一个增量的开发计划。该计划包括对核心产品的修改，使其能更好地满足用户的需要，并发布一些新增的特点和功能。这个过程在每一个增量发布后不断重复，直到产生最终的完善产品。

增量模型像原型和其他演化方法一样，具有迭代的特征。但与原型不同的是，增量模型强调每一个增量均发布一个可操作产品。早期的增量是最终产品的“可拆卸”版本，但它们确实提供了给用户服务的功能，并且提供了给用户评估的平台。

增量开发是很有用的，尤其是当配备的人员不能在为该项目设定的市场期限之前实现一个完全的版本时。早期的增量可以由较少的人员实现。如果核心产品很受欢迎，可以增加新的人手，如果需要的话再实现下一个增量。此外，增量能够有计划地管理技术风险，例如系统的一个重要部分需要使用正在开发且发布时间尚未确定的新硬件，有可能计划在早期的增量中避免使用该硬件，这样，就可以先发布部分功能给用户，以免过分地延迟系统的问世时间。因此，增量开发即先完成一个系统子集的开发，再按同样的开发步骤增加功能（即系统子集），如此递增下去直至满足全部系统需求。系统的总体设计在初始子集设计阶段就应做出设想。与建造大厦相同，软件也是一步一步建造起来的。在增量模型中，软件被作为一系列的增量构件来设计、实现、集成和测试，每一个构件是由多种相互作用的模块所形成的提供特定功能的代码片段构成。

增量模型在各个阶段并不交付一个可运行的完整产品，而是交付满足客户需求的一个子集的可运行产品。整个产品被分解成若干个构件，开发人员逐个交付产品，这样做的好处是软件开发可以较好地适应变化，客户可以不断地看到所开发的软件，从而降低开发风险。但是，增量模型也存在以下缺陷：①由于各个构件是逐渐并入已有的软件体系结构中的，因此加入的构件必须不破坏已构造好的系统部分，这需要软件具备开放式的体系结构；②在开发过程中，需求的变化是不可避免的，增量模型的灵活性可以使其适应这种变化的能力大大优于瀑布模型和原型模型，但也很容易退化为边做边改模型，从而使软件过程的控制失去整体性。

在使用增量模型时，第一个增量往往是实现基本需求的核心产品。核心产品交付用户使用后，经过评价形成下一个增量的开发计划，它包括对核心产品的修改和一些新功能的发布。

例如，使用增量模型开发字处理软件，开发者可以考虑第 1 个增量发布基本的文件管理、编辑和文档生成功能，第 2 个增量发布更加完善的编辑和文档生成功能，第 3 个增量实现拼写和文法检查功能，第 4 个增量完成高级的页面布局功能。具有可在软件开发的早期阶段使投资获得明显回报和较易维护的优点，但是，要求软件具有开放的结构是使用这种模型固有的困难。

1.3.3 螺旋模型

人们越来越认识到，软件就像所有复杂系统一样要经过一段时间的演化。业务和产品需求随着开发的发展常常发生改变，想找到最终产品的一条直线路径是不可能的；紧迫的市场期限使得开发者难以完成一个完善的软件产品，但可以先提交一个有限的版本以应对竞争的或商业的压力；只要核心产品或系统需求能够被很好地理解，则产品或系统的细节部分可以进一步定义。在这些情况及其他类似情况下，软件工程师需要一个过程模型，以便能明确设计，同时又能适应随时间演化的产品的开发。

线性顺序模型支持直线开发，其本质上是假设当线性序列完成之后就能够交付一个完善的系统。原型模型的目的是帮助用户或开发者理解需求，总体上讲，它并不是一个最终交付的产品系统。软件的变化特征在这些传统的软件工程模型中都没有加以考虑。

螺旋模型（Spiral Model）是 B. Boehm 于 1988 年提出的，它是利用一种迭代的思想方法，综合了瀑布模型和原型模型的优点，即将两者结合，并加入了风险分析机制。它的特征是使软件工程师渐进地开发，逐步完善软件版本，是一个演化软件过程模型，将原型的迭代特征与线性顺序模型中控制和系统化的方面结合起来，使得软件增量版本的快速开发成为可能。在螺旋模型中，软件开发是一系列的增量发布。在早期的迭代中，发布的增量可能是一个纸上的模型或原型；在以后的迭代中，被开发系统的更加完善的版本逐步产生，如图 1-16 所示。

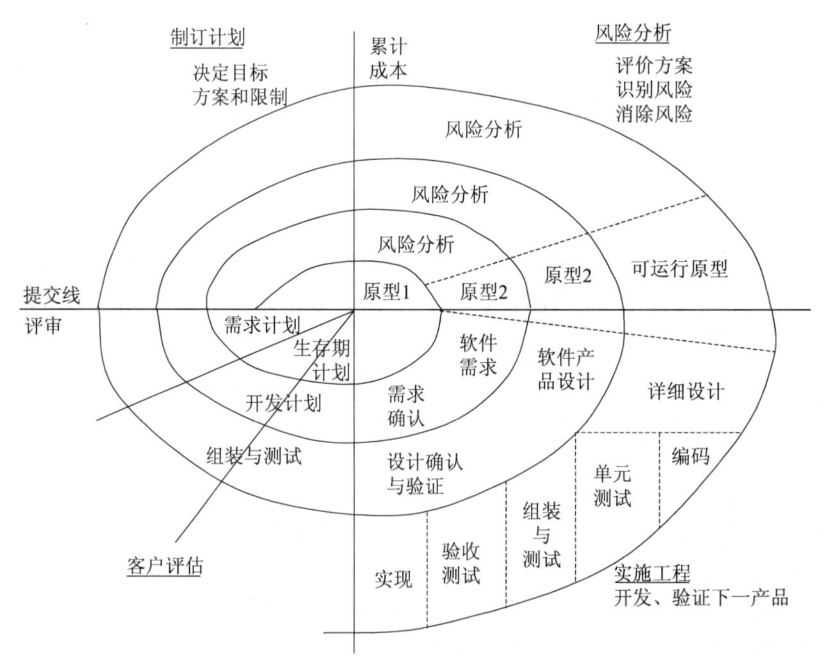

图 1-16　螺旋模型

螺旋模型沿着螺线进行若干次迭代，图 1-16 中的 4 个象限代表了以下活动。

1）制订计划：确定软件目标，选定实施方案，弄清项目开发的限制条件。

2）风险分析：分析评估所选方案，考虑如何识别和消除风险。

3）实施工程：实施软件开发和验证。

4）客户评估：评价开发工作，提出修正建议，制订下一步计划。

螺旋模型由风险驱动，强调可选方案和约束条件，故支持软件的重用，有助于将软件质量作为特殊目标融入产品开发之中。但是，螺旋模型也有一定的限制条件，具体如下：①螺旋模型强调风险分析，但要求众多客户接受和相信这种分析，并做出相关反应是不容易的，因此这种模型往往适应于内部的大规模软件开发；②如果执行风险分析将大大影响项目的利润，那么小规模软件进行风险分析毫无意义，因此螺旋模型只适合于大规模软件项目；③软件开发人员必须擅长寻找可能的风险，并准确地分析风险，否则将会带来更大的风险。螺旋模型指引的软件项目开发沿着螺线自内向外旋转，每旋转1圈，即表示开发出一个更为完善的新软件版本。

如果发现风险太大，开发者和客户无法承受，则项目就可能因此而终止。多数情况下沿着螺线的活动会继续下去，自内向外，逐步延伸，最终得到所期望的系统。

软件工程项目从螺旋中心开始启动，沿顺时针方向前进。第1圈产生产品规格说明；第2圈产生一个用于开发的原型；第3圈产生软件产品的初始版本；第4圈产生软件产品比较完善的新版本。经过计划区域的每1圈是为了对项目计划进行调整，基于从用户评估得到的反馈，调整费用和进度。此外，项目管理者可以调整完成软件所需计划的迭代次数。

与传统的过程模型不同，螺旋模型不是当软件交付时就结束了，它能够适用于计算机软件的整个生命周期。图1-16所示的螺旋模型定义了项目入口点的轴线。沿轴线放置的每1个小方块都代表了一个不同类型项目的开始点。由内向外的第一个小方块表示“概念开发项目”从螺旋的核心开始一直持续到概念开发结束，沿着中心区域限定的螺旋线进行多次迭代。如果概念被开发成真正的产品，过程从第2个小方块，“新产品开发项目”入口点开始，一个新的开发项目启动了。接下来是新产品的演化过程是沿着比中心区域的螺旋线进行若干次迭代。最后的项目是产品维护过程，也遵循类似的过程。

本质上，具有上述特征的螺旋是持续运转的，直到软件退役。有时这个过程处于睡眠状态，但任何时候出现了改变，过程都会从合适的入口点开始。

对于大型系统及软件的开发来说，螺旋模型是一个很现实的方法。因为软件随着过程的进展演化，开发者和用户能够更好地理解和对待每一个演化级别上的风险。螺旋模型使用原型作为降低风险的机制，但更重要的是，它使开发者在产品演化的任一阶段均可应用原型方法。它保持了传统生命周期模型中系统的、阶段性的方法，但将其并入了迭代框架，更加真实地反映了现实世界。螺旋模型要求在项目的所有阶段直接考虑技术风险，如果应用得当，能够在风险变成“问题”之前降低它的危害。

但像其他模型一样，螺旋模型也不是“包治百病的灵丹妙药”。首先，它可能难以使用户（尤其在合同情况下）相信演化方法是可控的；其次，它需要开发者具备相当的风险评估的专门技术，且其成功依赖于这种专门技术；再次，如果一个大的风险未被发现和管理，毫无疑问会出现问题；最后，该模型本身相对比较新，不像线性顺序模型或原型模型那样被广泛应用。螺旋模型的功效能够被完全确定还需要经历若干年的时间。

螺旋模型的优点：支持用户需求的动态变化；支持软件系统的可维护性，每次维护过程只是沿螺旋模型继续进行一两个周期；螺旋模型特别强调原型的可扩充性和可修改性，原型的进化贯穿整个软件生存周期，这将有助于目标软件的适应能力；原型可看做形式的可执行的需求规格说明，易于为用户和开发人员共同理解，还可作为继续开发的基础，并为用户参与所有关键决策提供了方便；螺旋模型为项目管理人员及时调整管理决策提供了方便，进而可降低开发风险。

螺旋模型的缺点：如果每次迭代的效率不高，致使迭代次数过多，这将会增加成本并推迟提交时间；使用该模型需要开发者具备相当丰富的风险评估经验和专门知识，要求开发队伍具备较高的业务水平。

螺旋模型支持需求不明确特别是大型软件系统的开发，并支持面向规格说明、面向过程、面向对象等多种软件开发方法，是一种具有广阔前景的模型。该模型中的每个区域均含有一系列适应待开发项目特点的工作任务。对于较小的项目，工作任务的数目及其形式化程度均较低。对于较大的、关键的项目，每个任务区域包含较多的工作任务，以得到较高级别的形式。螺旋模型适用于内部开发的大型软件项目，但是，只有在开发人员具有风险分析和排除风险的经验及专门知识时，使用这种模型才有可能获得成功。

1.3.4 喷泉模型和其他模型

1. 喷泉模型

喷泉模型是一种以用户需求为动力，以对象为驱动的模型，主要用于描述面向对象的软件开发过程。该模型认为软件开发过程自下而上的周期的各阶段是相互重叠和多次反复的，就像水喷上去又可以落下来，可以落在中间，也可以落在最底部，类似一个喷泉。各个开发阶段没有特定的次序要求，并且可以交互进行，可以在某个开发阶段中随时补充其他任何开发阶段中的遗漏。

在喷泉模型中，存在交叠的活动用重叠的圆圈表示，一个阶段内向下的箭头表示阶段内的迭代求精。喷泉模型用较小的圆圈代表维护，圆圈较小象征采用面向对象设计后维护时间缩短了。喷泉模型如图 1-17 所示。

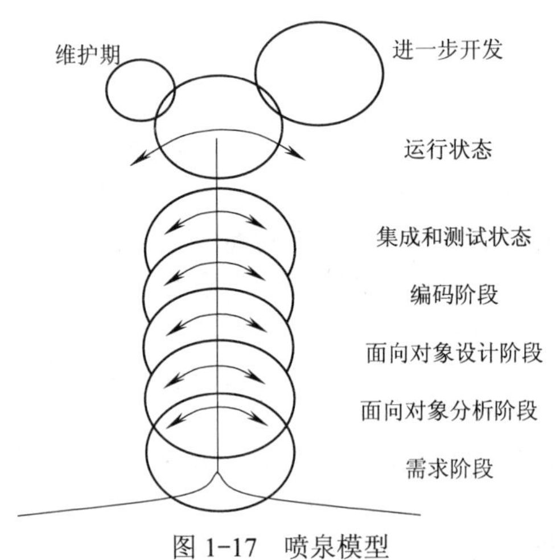

图 1-17　喷泉模型

喷泉模型克服了瀑布模型不支持软件重用和多项开发活动集成的局限性，使开发过程具有迭代性和无间隙性。系统某些部分常常重复工作多次，相关功能在每一次迭代中随之加入演化的系统。无间隙是指在分析、设计和实现等开发活动之间不存在明显的边界。喷泉模型以面向对象的软件开发方法学为基础，应用需求作为喷泉模型的源泉。其特点如下：喷泉模型规定软件开发过程有 4 个阶段，即分析、系统设计、软件设计和实现。喷泉模型的各阶段相互重叠，反映了软件过程并行性的特点。喷泉模型以分析为基础，资源消耗呈塔形，在分析阶段消耗的资源最多。喷泉模型反映了软件过程迭代的自然特性，从高层返回低层无资源消耗。喷泉模型强调增量开发，它依据分析一点、设计一点的原则，并不要求一个阶段的彻底完成，整个过程是一个迭代的逐步提炼的过程。喷泉模型是对象驱动的过程，对象是所有活动作用的实体，也是项目管理的基本内容。

喷泉模型的优点包括：软件系统可维护性较好；各阶段相互重叠，表明了面向对象开发方法各阶段间的交叉和无缝过渡；整个模型是一个迭代的过程，包括一个阶段内部的迭代和跨阶段的迭代；模型具有增量开发特性，即能做到分析一点、设计一点、实现一点、测试一点，使相关功能随之加入到演化的系统中。喷泉模型是对象驱动的，对象是各阶段活动的主体，也是项目管理的基本内容，该模型很自然地支持软件的重用。

2. 智能模型

智能模型是把瀑布模型和专家系统结合在一起的模型。该模型在开发的各个阶段上都利用了相应的专家系统来帮助软件人员完成开发工作，使维护在系统需求说明一级上进行。

智能模型建立了各阶段所需要的知识库，将模型、相应领域知识和软件工程知识分别存入数据库，以软件工程知识为基础的生成规则构成的专家系统与含有应用领域知识规则的其他专家系统相结合，构成了该应用领域的开发系统，如图 1-18 所示。

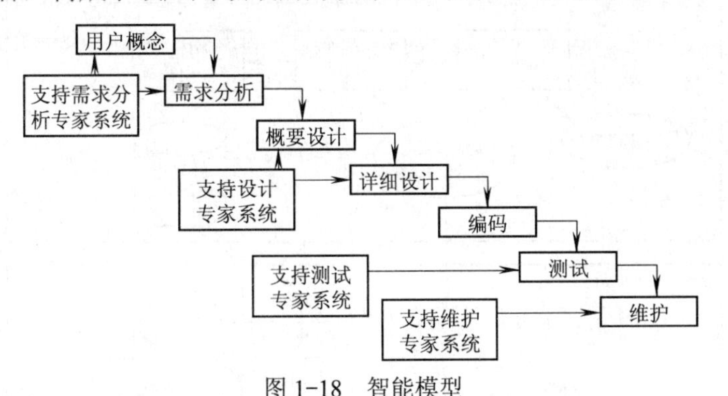

图 1-18　智能模型

在智能模型的各阶段都有相应的专家系统支持。支持需求活动的专家系统：用来帮助确定需求活动中的二义性、不精确性和冲突易变的需求，这种专家系统要使用应用领域的知识，要用到应用系统中的规则，要建立应用领域的专家系统来支持需求活动。支持设计活动的专家系统：用于支持设计功能的 CASE 中的工具和文档的选择，这种专家系统要用到软件开发的知识。支持测试活动的专家系统：用于支持测试自动化，利用基于知识的系统选择测试工具，生成测试数据，跟踪测试过程，分析测试结果。支持维护活动的专家系统：将维护变成新的应用开发过程的重复，运行可利用的基于知识的系统来进行维护。

知识模型以瀑布模型与专家系统的综合应用为基础。该模型通过应用系统的知识和规则帮助设计者认识一个特定软件的需求和设计，这些专家系统已成为开发过程的“伙伴”，并指导开发过程。将软件工程知识按特定领域分离出来，这些知识随着过程范例收入知识库，并产生规则，在接受软件工程技术的基础上被编码成专家系统，用来辅助软件工程的开发。

在使用过程中，软件工程专家系统与其他领域的应用知识的专家系统结合起来，形成了特定的软件系统，为开发一个软件产品所应用。

智能模型的优点如下：特定应用领域的专家系统，可使需求说明更完整、准确和无二义性；软件工程专家系统提供一个设计库支持，在开发过程中成为设计者的“助手”；通过软件工程知识和特定应用领域的知识和规则的应用来提供对开发的帮助。

智能模型的缺点如下：建立适合于软件设计的专家系统是非常困难的，超出了目前的能力，它是今后软件工程的发展方向，要经过相当长的时间才能取得进展；建立一个既适合软件工程又适合应用领域的知识库也是非常困难的。

目前的状况是在软件开发中应用 AI 技术，在 CASE 工具系统中使用专家系统，用专家系统来实现测试自动化，力求在软件开发的局部阶段有所进展。

3．构件组装模型

面向对象技术为软件工程基于构件的过程模型提供了技术框架。面向对象模型强调了类的创建，类封装了数据和用于操纵该数据的算法。如果经过合适的设计和实现，面向对象的类可以在不同的应用及基于计算机的系统结构中复用。

构件组装模型如图 1-19 所示，它融合了螺旋模型的许多特征。它本质上是演化的，支持软件开发的迭代方法。但是，构件组装模型是利用预先包装好的软件构件（有时称为“类”）来构造应用程序的。开发活动从候选类的标识开始。这一步通过检查将被应用程序操纵的数据及用于实现该操纵的算法来完成，相关的数据和算法被封装成一个类。

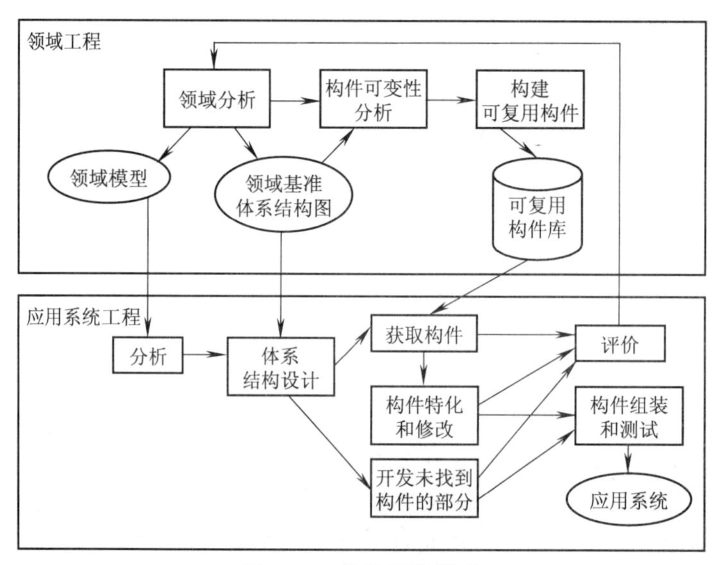

图 1-19　构件组装模型

以前软件工程项目中创建的类称为构件，被存储在一个类库或仓库中。一旦标示出候选类，就可以搜索该类库，以确认这些类是否已经存在。如果已经存在，就从类库中提取出来复用。如果一个候选类在类库中并不存在，就采用面向对象方法开发它。之后就可以利用从类库中提取出来的类以及为了满足应用程序的特定要求而建造的新类，构造待开发应用程序的第一个迭代。过程流程而后又回到螺旋模型，并通过随后的工程活动最终再进入构件组装迭代。

构件组装模型导致软件复用，而可复用性给软件工程师提供了大量的可见的益处。根据基于可复用性的研究，QSM 联合公司的报告称：构件组装降低了 70%的开发周期时间、84%的项目成本；相对于产业平均指数 16.9，其生产率指数为 26.2。虽然这些结果依赖于构件库的健壮性，但毫无疑问，构件组装模型给软件工程师带来了意义深远的好处。根据 AT&T、

Ericsson、HP等公司的经验，有的软件复用率高达90%以上，这可使产品上市时间缩短2～5倍，错误率减少5～10倍，开发成本减少15%～75%。尽管这些结论出自一些易于使用基于构件开发的实例，但毫无疑问，基于构件的开发模型对提高软件生产率、提高软件质量、降低成本、提早上市时间起到了很大的作用。

4. 并发开发模型

并发开发模型有时也称并发工程，David和Sitaram是这样描述它的："试图根据传统生命周期的主要阶段来追踪项目状态的项目管理者是根本不可能了解其项目状态的。"这就是使用过于简单的模型追踪非常复杂的活动的示例。注意：虽然一个项目正处在编码阶段，但同时可能有一些项目组人员在参与涉及开发的多个阶段的活动，例如当项目组人员在写需求、在设计、在编码、在测试和集成测试，所有这些活动可能在同时进行。Humphrey和Kellner提出的软件工程过程模型表达了这种任一阶段的活动之间存在的并发性。Kellner在最近的工作中使用了状态图来表示与一个特定事件，例如在开发后期需求的一个修改，相关的活动之间存在的并发关系，但它不能"捕获"到贯穿于一个项目中所有软件开发和管理活动的大量并发。大多数软件开发过程模型均为时间驱动的：越到模型的后端，就越到开发过程的后一阶段，而一个并发开发模型是由用户要求、管理决策和结果复审驱动的。

并发开发模型可以被大致表示为一系列的主要技术活动、任务及它们的相关状态。例如螺旋模型定义的工程活动（即任务区域），是通过执行下列任务来完成的：原型和/或分析建模、需求说明以及设计。应该注意的是，分析和设计是非常复杂的任务，需要更进一步的讨论。活动（即分析）在任一给定时间可能处于任一状态。同样，其他活动如设计或用户通信，也能够用类似方式来表示。所有活动并发存在，但处于不同的状态。例如在项目开发早期，用户通信活动已经完成它的第一次迭代，并处于"等待修改"状态。而当最初的用户通信活动完成时，分析活动正处于"开始"状态，现在则转移到"开发"状态。如果用户表示必须做某些需求上的修改，那么分析活动就从"开发"状态转移到"等待修改"状态。

并发开发模型定义了一系列事件，对于每一个软件工程活动，它们触发从一个状态到另一个状态的转移。例如在设计的早期阶段，发现了分析模型中的一个不一致，这产生了事件"分析模型修改"，该事件触发了分析活动从"开始"状态转移到"等待修改"状态。

并发开发模型常常被用作客户机/服务器应用开发模型。一个客户机/服务器系统由一组功能构件组成。当应用于客户机/服务器系统时，并发开发模型在两维上定义活动：一个系统维和一个构件维。系统维包含3个活动：设计、组装和使用。构件维包含两个活动：设计和实现。并发提供两种方式：系统维和构件维活动同时发生，并能使用上述的面向状态方法建模；一个典型的客户机/服务器应用系统是通过多个构件实现的，其中每个构件均可以并发地设计和实现。

实际上，并发开发模型可用于所有类型的软件开发，并能够提供关于一个项目的当前状态的准确视图。该模型不是将软件工程活动限定为一个顺序的事件序列，而是定义为一个活动网络，这个网络上的每一个活动均可与其他活动同时发生。在一个给定的活动中或活动网络中的其他活动中产生的事件将触发一个活动中的状态的转移。

5. 四代技术（4GT）模型

R. Ross于1981年提出的基于大型数据库管理系统开发的程序设计语言，称为四代语言（4GL），以4GL为核心的软件开发技术称为四代技术（4GT）。4GT工具能将软件规格说明自动转换成程序代码。4GT包含了一系列的软件工具，它们都有一个共同点：能使开发者在较高级别上说明软件的某些特征，之后工具根据开发者的说明自动生成源代码。毫无疑问，软件在越高的级别上被说明，就能越快地建造出程序。4GT 模型的应用关键在于说明软件的能力，它用一种特定的语言来描述方法，或者以一种用户可以理解的问题描述方法，来描述待解决问题。

目前，一个支持 4GT 模型的软件开发环境包含如下部分或所有工具：数据库查询的非过程语言，报告生成器，数据操纵，屏幕交互及定义，以及代码生成；高级图形功能；电子表格功能。最初，上述的许多工具仅能用于特定应用领域，但今天，4GT 模型的环境已经扩展，能够满足大多数软件应用领域的需要。

像其他模型一样，4GT 模型也是从需求收集这一步开始。理想情况下，用户能够描述出需求，而这些需求能被直接转换成可操作原型。但实际情况下，用户可能不确定需要什么；在说明已知的事实时，可能出现二义性；可能不能或是不愿意采用一个 4GT 工具可以理解的形式来说明信息。因此，其他模型中所描述的用户-开发者对话方式在 4GT 模型中仍是一个必要的组成部分。

对于较小的应用软件，使用一个非过程的 4GL 有可能直接从需求收集过渡到实现。但对于较大的应用软件，就有必要制订一个系统的设计策略，即便是使用 4GL。对于较大的项目，如果没有很好地设计，即便使用 4GT 模型也会产生不用任何方法来开发软件所遇到的问题，例如低的质量、差的可维护性、难以被用户接受。

应用 4GL 的生成功能使得开发者能够以一种方式表示期望的输出，这种方式可以自动生成产生该输出的代码。很显然，相关信息的数据结构必须已经存在，且能够被 4GL 访问。

要将一个 4GT 模型生成的功能模型变成最终产品，开发者还必须进行测试，写出有意义的文档，并完成其他软件工程模型中同样要求的所有集成活动。此外，采用 4GT 模型开发软件，开发者还必须考虑维护是否能够迅速实现。

像其他所有软件工程模型一样，4GT 模型也有其优点和缺点。支持者认为它极大地缩短了软件的开发时间，并显著提高了建造软件的生产率。反对者则认为目前的 4GT 模型并不比程序设计语言更容易使用，这类工具生成的结果源代码是“低效的”，并且使用 4GT 模型开发的大型软件系统的可维护性是有待商榷的。

两方的说法中都有某些对的地方，这里对 4GT 模型的目前状态进行一个总结：在过去十余年中，4GT 模型的使用发展得很快，且目前已成为适用于多个不同应用领域的方法。与计算机辅助软件工程（CASE）工具和代码生成器结合使用，4GT 模型为许多软件问题提供了可靠的解决方案。从使用 4GT 模型的公司收集来的数据表明：在小型和中型应用软件的开发中，4GT 模型使软件生产所需的时间大大缩短，且使小型应用软件的分析和设计所需的时间也缩短了。在大型软件项目中使用 4GT 模型，需要同样的甚至更多的分析、设计和测试才能节省实际的时间，并主要是通过编码量的减少赢得的。

每个软件开发组织应该选择适合自己的软件开发模型，并且应该随着当前正在开发的特定产品的特性而变化，以减小所选模型的缺点，充分利用其优点。表 1-5 列出了几种常见模型的优缺点。

表 1-5　几种常见模型的比较

模　型	优　点	缺　点
瀑布模型	文档驱动	系统可能不满足客户的需求
快速原型模型	关注满足客户需求	可能导致系统设计差、效率低，难于维护
增量模型	开发早期反馈及时，易于维护	需要开放式体系结构，可能会出现设计差、效率低的问题
螺旋模型	风险驱动	风险分析人员需要有经验且经过充分训练

一个软件项目的开发中，要采用一种生存周期模型，按照某种开发方法，使用相应的工具系统进行。通常，结构化方法可使用瀑布模型、增量模型和螺旋模型进行开发；Jackson方法可使用瀑布模型、增量模型进行开发；面向对象的开发方法一般采用喷泉模型，也可用瀑布模型、增量模型进行开发，而形式化的方法只能用变换模型进行开发，具体方法在第6章中进行详细介绍。

1.4 软件工程工具及环境

1. 软件工程工具

软件工程工具是指为支持计算机软件的开发、维护、模拟、移植或管理而研制的程序系统。它是一个程序系统，是为专门目的而开发的。在软件工程范围内也是为实现软件生存期中的各种处理活动包括管理、开发和维护的自动化和半自动化而开发的程序系统。开发软件工程工具的主要目的是为了提高软件生产率和改善软件的质量。

与程序系统可分为系统和子系统一样，软件工具也可具有不同的应用限制，称为工具和工具片断。例如，编译程序是一个编程环境中的工具，但是编译程序中包括扫描程序、词法分析、语法分析、优化以及代码生成这样一些部分，每一个部分称为工具片断。

很多情况下，工具片断也可同工具一样，用以组合在一起以实现某个处理；或者按用户要求定制和裁剪，以生成适合用户需要的子环境的工具或工具片断，这些均可作为构成部件。在很多软件工程环境中，工具和工具片断被组合在一起进行管理。基本工具部件的应用限制与集成机制的设计是有关系的。软件工具通常由工具、工具接口和工具用户接口3部分构成。工具通过工具接口与其他工具、操作系统或网络操作系统以及通信接口、环境信息库接口等进行交互作用。当工具需要与用户进行交互作用时，则通过工具用户接口来进行。

在过去几十年中，软件工具随着计算机软件的发展而不断发展。例如在计算机发展的初期，Wilks就开始用子程序和子程序库的方法来提高程序质量，同时开发了相关的工具。1953年，IBM公司用符号汇编程序代替绝对地址编址的程序，麻省理工学院则实现了浮动地址程序，这些早期工具极大地提高了程序质量和生产率。以后一段时期是语言工具，以及与之相关的编译程序、调试工具、排错程序、静态分析和动态追踪工具等的大发展时期。1960年，麻省理工学院开发了第一个兼容分时系统（CTSS），该系统使用正文编辑工具。于是在20世纪60年代中期，正文编辑工具由行编辑、字符流编辑发展到全屏幕编辑，以至于目前的结构编辑程序或语法制导的编辑工具程序。

编辑工具的发展改善了人机交互界面的友好性，特别值得一提的是，图形用户界面工具的迅速发展，在人机交互操作方式上是一个革命性进展，它已深刻影响到软件开发技术的各个方面，对软件工程环境的自动化、软件开发生产率和软件质量都有着极大的推动作用。

从20世纪60年代末到70年代初软件工程技术出现以来，软件工具和软件开发环境获得了迅速发展。70年代初的软件工程环境主要是支持程序设计的软件环境，开发者认识到编码只占整个软件开发工作量的15%以下，再加上软件生存期的前面开发阶段较多采用图形技术，就更加重视软件生产其他各阶段的支撑工具，70年代后期由于结构化技术的发展，一批软件工具和系统出现了，例如1975～1977年，有Softech公司的结构分析和设计技术工具（SADT）；软件需求工程方法学（SREM）是一个自动需求分析工具，并使用需求陈述语言（RSL）工具。问题陈述语言/问题陈述分析（PSL/PSA）是由Michigan大学开发的ISDOS项目的一部分，它是一个计算机辅助的设计和规格说明的分析工具。除了以上分析工具外，还有支持软件设计的程序设计语言（PDL 码）工具和设计分析系统（DAS）以及大量支持测试和开发管理的工具。

计算机辅助软件工程可以简单地定义为软件开发的自动化，通常简称为 CASE（Computer Aided Software Engineering）。它对软件的生存周期概念进行了新的探讨，这种探讨是建立在自动化基础上的，CASE 的实质是为软件开发提供一组优化集成的且能大量节省人力的软件开发工具，其目的是实现软件生存周期各环节的自动化并使之成为一个整体。

20 世纪 80 年代以来，软件工具的发展形成了第二代的 CASE 工具，其特点是以使用图形表示的结构化方法的图形工具取代 70 年代基于正文的第一代 CASE 工具。80 年代软件工具的另一大特点是工具间紧密耦合的集成性替代了孤立开发的工具之间的不兼容性。所有这些对于提高软件质量和生产率、降低软件成本起到了更大的作用。

CASE 技术是软件工具和软件开发方法的结合，它不同于以前的软件技术，因为它强调了解决整个软件开发过程的效率问题，而不是解决个别阶段的问题。由于它跨越了软件生存周期各个阶段，着眼于软件分析和设计以及实现和维护的自动化，因而在软件生存周期的两端解决了生产率问题。

CASE 工具不同于以往的软件工具，主要体现在：支持专用的个人计算环境：使用图形功能对软件系统进行说明并建立文档；将生存周期各阶段的工作连接在一起；收集和连接软件系统中从最初的需求到软件维护各个环节的所有信息；用人工智能技术实现软件开发和维护工作的自动化。严格地讲，CASE 只是一种开发环境而不是一种开发方法。

当前软件工具发展的特点：20 世纪 80 年代初，IBM 公司曾对几家大公司的软件工具的使用情况进行过调查，结论是由于软件工具的开发成本太大和不易移植，以及工具集成性差、不兼容等问题，实际使用工具并不多。目前，软件工具的开发和使用情况有了根本性改观，软件工具的生产、销售和使用情况均表现出了猛烈的增长势头。

软件工具的发展有以下特点：软件工具由单个工具向多个工具集成化方向发展，例如将编辑、编译、运行结合在一起构成集成工具；注重工具间的平滑过渡和互操作性，例如微软公司的 Office 工具；重视用户界面的设计；交互式图形技术及高分辨率图形终端的发展，为友好方便的用户图形提供了物质基础；多窗口管理、鼠标器的使用及图形资源的表示等技术，极大地改善了用户界面的质量，改善了软件的观感；不断地采用新理论和新技术，例如许多软件工具的研制中采用了数据库技术、交互图形技术、网络技术、人工智能技术和形式化技术等；软件工具的商品化推动了软件产业的发展，而软件产业的发展又增加了对软件工具的需求，促进了软件工具的商品化进程。

2．软件开发环境

软件开发环境是指在计算机基本软件的基础上，为支持软件的开发而提供的一组工具软件系统。在 1985 年召开的第八届国际软件工程会议上，由 IEEE 和 ACM 支持的国际工作小组提出了“软件开发环境”的定义：软件开发环境是相关的一组软件工具集合，它支持一定的软件开发方法或按照一定的软件开发模型组织而成。

随着计算机技术的发展，大量系统软件和应用软件相继被开发出来，促进了软件工程这门学科的发展。于是许多新的开发方法学和开发模型、设计方法和技术不断出现，从而使得软件开发工具和软件开发环境的技术不断得到改进和完善，它们大大提高了软件的生产率和软件的质量，降低了软件的成本。

20 世纪 70 年代，软件开发与设计方法由结构化程序设计技术（SP）向结构化设计（SD）技术发展，而后又发展了结构化分析技术的一整套相互衔接的 SA-SD 的方法学。与此相对应的计算机辅助软件工程技术则主要由开发孤立的软件工具逐步向程序设计环境的开发和使用方向发展，出现了第一代基于正文的 CASE 工具。这一时期称为计算机辅助软件工程时代。

20 世纪 80 年代中期与后期，主要是实时系统设计方法以及面向对象的分析和设计方法的发展，它克服了结构化技术的缺点。在这期间第二代的 CASE 工具被开发出来，其特点是支持使用图形表示的结构化方法，如数据流图与结构图。

其开发环境表现在提高环境中工具的集成性方面，如“集成的项目支持环境”，它将详细的开发信息存放在“项目词典”中，以便在同一环境中的其他 CASE 工具可以共享。但这只限于同一厂商的工具之间与同一项目数据中的共享。20 世纪 80 年代后期和 90 年代初期出现了基于信息工程的 CASE 技术，这种开发环境集成了用于项目计划、分析、设计、编程、测试和维护的一个工具箱的集合。

20 世纪 90 年代主要是进行系统集成方法与集成系统的研究，所研究的集成 CSAE 环境可以加快开发复杂信息系统的速度，确保用户软件开发成功，提高软件质量，降低投资成本和开发风险。所出现的一系列集成的 CASE 软件产品，被用以实现需求管理、应用程序分析设计和建模、编码、软件质量保证和测试、过程和项目管理及文档生成管理等软件开发工作的规范化、工程化和自动化。

软件开发环境的最终目标是提高软件开发的生产率和软件产品的质量。理想的软件开发环境是能支持整个软件生存期阶段的开发活动，并能支持各种处理模型的软件方法学，同时实现这些开发方法的自动化。比较一致的观点是认为软件开发环境的基本要求如下：

1）软件开发环境应是高度集成的一体化的系统。其含义是：应该支持软件生存期各个阶段的活动，从需求分析、系统设计、编码和调试、测试验收到维护等各阶段工作；应该支持软件生存期各个阶段的管理和开发两方面的工作；应该协调一致地支持各个阶段和各方面的工作，并具有统一形式的内部数据表示；整个系统具有一致的用户接口和统一的文档报表生成系统。

2）软件开发环境应具有高度的通用性。其含义是：能适应最常用的几种语言；能适应和支持不同的开发方法；能适应不同的计算机硬件及其系统软件，对这些方面应具有最小的依赖性（尤其是对硬件）；能适应开发不同类型的软件；能适应并考虑到不同用户的需要（如程序员、系统分析员、项目经理、质量保证人员、初学者与熟练人员）。

3）软件开发环境应易于定制、裁剪或扩充以符合用户要求，即软件开发环境应具有高度的适应性和灵活性。定制是指软件开发环境应能符合项目特性、过程和用户的需求。裁剪是指环境应能自动按用户需要建立子环境，即构成适合具体硬件环境、精巧的、很少冗余的工作环境。扩充是指环境能“向上”扩展，根据用户新的需求或软件技术的新发展（例如加入新工具、引入智能新机制）对原有的环境进行更新和扩充。

4）软件开发环境不但可应用性要好，而且是易使用的、经济高效的系统。为此，它应该易学、易用、响应时间合理和受用户喜爱；能支持自然语言处理；能支持交互式和分布式协作开发；降低用户和环境本身的资源花费。

5）软件开发环境应有辅助开发向半自动开发和自动开发逐步过渡的系统。半自动和自动开发指的是：各个阶段的文档之间要能半自动或自动地变换和跟踪；应该注重使用形式化技术；不同程度地、逐步地采用“软件构件”的集成组装技术，并建立起可扩充的、可再用的“软件构件”库；采用人工智能技术，逐步引入支持软件开发的专家系统。

软件开发环境是与软件生存周期、软件开发方法和软件生存周期模型紧密相关的。其分类方法很多，本节按解决的问题、软件开发环境的演变趋向与集成化程度进行分类。

1）按解决的问题分类：①程序设计环境。程序设计环境解决如何将规范说明转换成可工作的程序问题，它包括两个重要部分：方法与工具。②系统合成环境。系统合成环境主要考虑把很多子系统集成为一个大系统的问题。所有大型软件系统都有两个基本特点：它们是由一些较小的、较易理解的子系统组成的，因此，需要有一个系统合成环境来辅助控制子系统及其向大系统的集成。③项目管理环境。大型软件系统的开发和维护必然会有许多人员在一段时间内协同工作，这就需要对人与人之间的交流和合作进行管理。项目管理环境的责任是解决由于软件产品的规模大、生存期长、人们的交往多而造成的问题。

2）按软件开发环境的演变趋向分类：①以语言为中心的环境。以语言为中心的环境的特点包括强调支持某特定语言的编程；包含支持某特定语言编程所需的工具集；环境采取高度的交互方式；仅支持与编程有关的功能（如编码和调试），不支持项目管理等功能。这类环境的例子有 InterLisp（Lisp 语言），SmallTalk-80（SmallTalk 语言），POS（Pascal 语言）和 Ada（Ada 语言）。以语言为中心的程序设计环境是最早被人们开发并使用的环境，也是目前使用最多的环境。这类环境的特点包括支持软件生存期后期活动，特别强调对编程、调试和测试活动的支持。这类环境的特点依赖于程序设计语言（高级语言）。这类环境感兴趣的研究领域是增量开发方法（Incremental Development）。②工具箱环境。工具箱环境的特点是由一整套工具组成，供程序设计选择之用，如有窗口管理系统、各种编辑系统、通用绘图系统、电子邮件系统、文件传输系统及用户界面生成系统等。用户可以根据个人需要对整个环境的工具进行裁剪，以产生符合自己需要的个人系统环境。此外，这类环境是独立于语言的。这类环境的例子有：UNIX，Windows，APSE 的接口集 CAIS 和 SPICE 等。③基于方法的环境。基于方法的环境专门用于支持特定的软件开发方法。这些方法包括支持软件开发周期特定阶段的管理与开发过程。前者包括需求说明、设计、确认、验证和重用，后者又可细分为支持产品管理与支持开发和维护产品的过程管理。产品管理包括版本管理和配置管理。开发过程管理包括项目计划和控制、任务管理等。这类环境的例子有 Cornell 程序综合器（支持结构化方法）和 SmallTalk-80（支持面向对象方法）。

3）按集成化程度分类：环境的形成与发展主要体现在各工具的集成化程度上，当前国内外软件工程把软件开发环境分为 3 代。第 1 代建立在操作系统之上，工具是通过一个公用框架集成的，工具不经修改即可由调用过程来使用；工具所使用的文件结构不变，而且成为环境库的一部分。人机界面图形能力差，多使用菜单技术。例如 20 世纪 70 年代 UNIX 环境以文件库为集成核心。第 2 代具有真正的数据库，而不是文件库。多采用 E-R 模式，在更低层次集成工具，工具和文件都作为实体保存在数据库中，现有工具要作适当修改或定制方可加入。人机界面采用图形、窗口等。例如 Ada 程序设计环境（APSE）以数据库为集成核心。第 3 代建立在知识库系统上，出现集成化工具集，用户不用在任务之间切换不同的工具，采用形式化方法和软件重用等技术，采用多窗口技术。这一代软件集成度最高，利用这些工具，实现了软件开发的自动化，大大提高了软件开发的质量和生产率，缩短了软件开发的周期，并可降低软件的开发成本。例如 20 世纪 80 年代的 CASE 与目前的 CASE 集成化产品。

集成型开发环境是一种把支持多种软件开发方法和过程模型的软件工具集成到一起的软件开发环境，集成型开发环境由环境集成机制和工具集组成。环境集成机制包括数据集成机制、控制集成机制和界面集成机制。数据集成机制：为各种相互协作的工具提供统一的数据接口规范。控制集成机制：支持各个工具或开发活动之间的通信、切换、调度和协同工作，并支持软件开发过程的描述、执行与转接。界面集成机制：支持工具界面的集成和应用系统的界面开发，统一界面风格。

本章小结

本章从软件的相关概念出发，介绍了软件的分类、规模、特点以及软件危机及其产生的原因和解决的办法。引出了软件工程的概念，并且详细介绍了软件工程中的基本原理，着重对软件生存周期进行了阐述。根据不同软件开发的特点和需求，着重介绍了几种典型的软件过程模型：瀑布模型、原型模型、螺旋模型、喷泉模型，简要介绍了其他软件开发模型。还介绍了软件文档的重要性、种类及写作要求和软件工程工具及开发环境等。

习　题

1. 什么是软件，软件有哪些特点？
2. 什么是软件工程，软件工程的基本原理有哪些？
3. 试说明“软件生存周期”的概念。
4. 简述瀑布模型、快速原型模型、螺旋模型、喷泉模型，并说明每种模型适用的范围。
5. 比较几种软件开发方法的特点。

第2章 软件过程

过程是活动的集合，活动是任务的集合。所有人类的活动都是一个过程，这些活动产生一个表示或示例，或可被很多人反复使用，或可用于其他背景上（即产品能被自己或他人复用）。同理，软件过程是软件生存周期中的一系列相关的过程。

软件过程有3层含义：①个体含义，即指软件产品或系统在生存周期中的某一类活动的集合，如软件开发过程、软件管理过程等；②整体含义，即指软件产品或系统在所有上述含义下的软件过程的总体；③工程含义，即指解决软件过程的工程，它应用软件工程的原则、方法来构造软件过程模型，并结合软件产品的具体要求将其进行实例化，以及在用户环境下的运作，以此进一步提高软件生产率，降低成本。

软件工程强调系统的、规范的、可度量的软件开发和维护过程。软件工程追求的目标是，在合同规定的预算和期限内，按照客户的需求，高质量地交付软件及其相关产品。软件工程的实施除了采用先进的方法、工具，按照项目需要组成软件开发经验丰富、训练有素的团队外，实践中还需要严格的组织管理，而这一切都依附于大型软件开发组织。软件开发组织的能力直接影响着软件产品的质量、工程的进度和预算的执行情况。

软件开发组织为了提高软件开发能力，取得更多的软件项目订单，开发出更多的高质量软件产品，取得更高的经济和社会效益，必须加强自身建设，不断提高队伍、技术、环境、文化和管理等诸方面的水平，最终提高软件开发能力。软件开发组织的能力成熟度的度量十分重要。软件开发组织希望通过软件能力成熟度的度量找到自己的优势和差距，为提高自身的软件开发能力提供科学的依据。软件客户也希望通过软件组织的能力成熟度的度量科学地考量软件开发组织，以期寻求承制软件项目的适宜伙伴。

软件质量是个模糊的概念。常常听说：某软件好用，某软件不好用；某软件功能全、结构合理；某软件功能单一、操作困难等。这些模糊的语言不能算作是软件质量评价，更不能算作是软件质量科学的定量的评价。软件质量，乃至于任何产品质量，都是一个很复杂的事物性质和行为。产品质量，包括软件质量，是人们实践产物的属性和行为，是可以认识，可以科学地描述的。可以通过一些方法和人类活动来改进质量。

软件过程是人们用以开发和维护软件及其相关产品（例如项目计划、设计文档、代码、测试用例、用户手册等）的一系列方法、实践、活动和转换，包括软件工程活动和软件管理活动。

近年来，软件过程越来越成为人们关注的焦点，正在打破过去人们已经习惯的面向任务的思维方式，逐渐加强面向过程的思考，软件开发和维护的运作以过程为中心的方式在进行。正如软件工程领域领袖级人物、能力成熟度模型（CMM）奠基人瓦茨·汉弗莱（Watts Humphrey）所说，“要解决软件危机，首要的任务是把软件活动视作可控的、可度量的和可改进的过程”。

下面通过“七人分粥”这个小故事，就能很清楚地说明软件过程的重要性。

曾经有7个人住在一起，每天分一大桶粥。问题是，粥每天都是不够的。

一开始，指定一人负责分粥事宜，大家很快发现，这个人为自己分的粥最多最好，于是大家改为推选出一个道德高尚的人来分粥。结果，大家开始挖空心思去讨好他，搞得整个小团体乌烟瘴气，显然这个方法行不通。

后来，他们指定一个人分粥，一个人监督，起初比较公平，但到后来分粥的人与监督的人从“权力制约”走向“权力合作”，于是只有这两个人能吃饱，这种方法也失败了。

谁也信不过，干脆大家轮流主持分粥，每人 1 天。虽然看起来平等了，但是每人在一周中只有 1 天吃得饱，其余 6 天都吃不饱，而且每天粥还有剩的，这种方法造成了资源浪费。

于是，大家民主选举出一个 3 人分粥委员会和一个 4 人监督委员会，实行集体领导。公平是做到了，但是监督委员会经常提出各种议案，分粥委员会据理力争，等分完时，粥早就凉了，这种方法效率太低。

最后想出来一个方法——每个人轮流值日分粥，但分粥的那个人要最后一个领粥。令人惊奇的是，结果 7 只碗里的粥每次都是一样多，就像用科学仪器量过一样。因为，每个主持分粥的人都认识到，如果每只碗里的粥不相同，他无疑将拿到那份最少的。

同样是 7 个人，不同的流程和方法，就会造成迥然不同的结果，包括效率、成本上的差异。从这个故事可以看出，有什么流程，就有什么结果，流程决定结果，过程管理可以化腐朽为神奇。

一般的软件过程包括问题提出、软件需求说明、软件设计、软件实现、软件确认和软件演化等基本活动。

1）问题提出。开展技术探索和市场调查等活动，研究系统的可行性和可能的解决方案，确定待开发系统的总体目标和范围。

2）软件需求说明。分析、整理和提炼所收集到的用户需求，建立完整的分析模型，编写软件需求规格说明和初步的用户手册。通过评审软件需求规格说明，确保对用户需求达到共同的理解与认识。

3）软件设计。根据软件需求规格说明文档，确定软件的体系结构，再进一步设计每个系统部件的实现算法、数据结构和接口等，编写软件设计说明书，并组织进行设计评审。

4）软件实现。将所设计的各个子系统编写成计算机可接受的程序代码。

5）软件确认。在设计测试用例的基础上，测试软件的各个组成模块，并将各个模块集成起来，测试整个产品的功能和性能是否满足已有的需求规格说明书。

6）软件演化。整个软件过程是一个不断演化的过程，软件开发覆盖从概念的提出到形成一个可运行系统的整个过程，软件维护则是系统投入使用后所产生的修改。

软件过程的不同阶段会产生不同的软件制品，如需求规格说明书、设计说明书、源程序代码与构件、测试用例、用户手册以及各种开发管理文档等。

软件过程模型就是一种开发策略，这种策略针对软件工程的各个阶段提供了一套范型，使工程的进展达到预期的目的。一个软件的开发，无论其大小，都要选择一个合适的软件过程模型，这种选择基于项目和应用的性质、采用的方法、需要的控制以及要交付的产品的特点。一个错误模型的选择将会使开发者迷失开发方向。

2.1　软件过程规范

“规范”一词被解释为“明文规定或约定俗成的标准”，或理解为“用来控制或治理一个团队的一系列准则与章程，以及团队成员必须遵守的相关的规章制度。”

软件过程规范就是对软件的输入/输出等活动所构成的过程制定明文规定或约定俗成的标准。软件过程规范是软件开发组织行动的准则与指南，软件开发组织可以依据上述各类过程的特点建立相应的规范，例如软件基本过程规范、软件支持过程规范和软件组织过程规范。

软件过程是为了获得高质量的软件产品所需要完成的一系列任务的框架，它规定了完成各项任务的工作步骤。由于没有一个适用于所有软件项目的任务集合，科学、有效的软件过程应该定义一组适合于所承担项目的特点的任务集合。在具体的软件工程过程中，开发和维护软件及其相关产品，例如项目计划、设计文档、代码测试用例和用户手册等的一系列有序的活动，包括“工程活动”和“管理活动”两方面。工程活动包括需求分析、软件设计、编码、测试等。管理活动包括制订计划、项目跟踪和监督、质量保证等。

软件过程将人员、工具、方法和规程有机地结合在一起。规程：有哪些活动，这些活动间的关系。方法：如何来实施这些活动。人员：谁来实施这些活动。工具：人员利用什么工具来实施活动。

国际系统工程委员会（International Council on Systems Engineering，INCOSE）基于各种工程标准为评估系统工程能力建立了对照表。该对照表发展为成熟的能力模型，称为系统工程能力评估模型（Systems Engineering Capability Assessment Model，SECAM）。SECAM 扩充了连续式模型——软件过程改进和能力确定模型（Software Process Improvement and Capability Determination，SPICE）的概念，但是比 SE-CMM（System Engineering CMM，系统工程能力成熟度模型）更加明确地注重于系统工程实践，它采用 EIA632 标准作为过程模型设计参考的基础。软件过程标准主要有 ISO/IEC 标准体系和 IEEE 标准体系。其标准体系全貌图如图 2-1 所示。

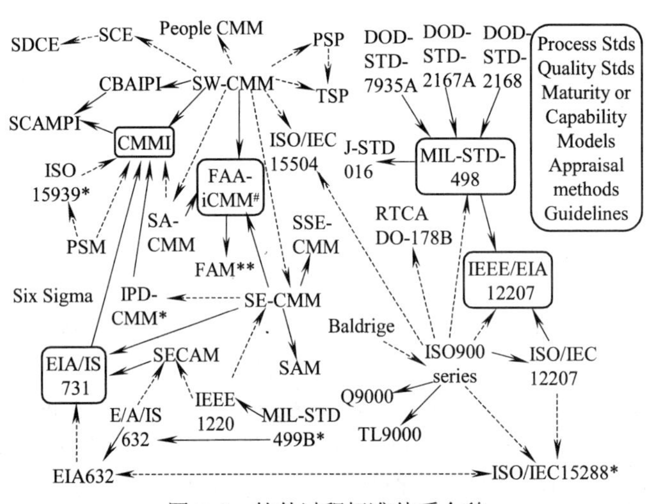

图 2-1　软件过程标准体系全貌

ISO/IEC 12207 标准为软件生存期过程建立了一个公共框架，它提供了一组标准的过程、活动和任务。对于一个软件项目，开发者可根据其具体情况对标准的过程、活动和任务进行剪裁，即删除不适用的过程、活动和任务。

ISO/IEC 12207 标准的过程规定了在针对该标准进行剪裁时所需要的基本活动（包括明确项目环境，请求输入，选择过程、活动和任务，把剪裁决定和理由写成文档），剪裁过程的输出是：剪裁决定和理由记录。新的国际标准（IEC 12207）定义的软件生存期过程如图 2-2 所示。

软件工程过程没有规定一个特定的生存周期模型或软件开发方法，各软件开发机构可为其开发项目选择一种生存周期模型，并将软件工程过程所包含的过程、活动和任务映射到该模型中，也可以选择和使用软件开发方法来执行适合于其软件项目的活动和任务。软件工程过程包含如下几种过程。

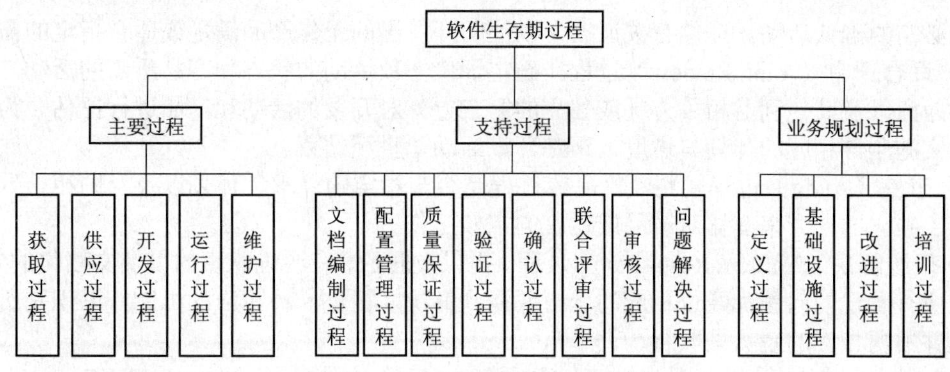

图 2-2 IEC12207 软件生存期过程

（1）主要过程

1）获取过程（Acquisition）。获取过程为用户按合同获取一个系统、软件产品或服务的活动。

2）供应过程（Supply）。供应过程为开发方向用户提供合同中的系统、软件产品或服务所需的活动。

3）开发过程（Development）。开发过程为开发者和机构为了定义和开发软件或服务所需的活动。开发过程包括需求分析、设计、编码、集成、测试、软件安装和验收等活动。

4）运行过程（Operation）。运行过程又称操作过程，是操作者和机构为了在规定的运行环境中为其用户运行一个计算机系统所需要的活动。

5）维护过程（Maintenance）。维护过程为维护者和机构为了管理软件的修改，使它处于良好运行状态所需要的活动。

（2）支持过程（Supporting）

支持过程对项目的生存周期过程给予支持。它有助于项目的成功并能提高项目的质量，包括以下过程：

1）文档编制（Documentation）过程。确定记录生存周期过程产生的信息所需的活动。明确并定义文档开发中所采用的标准、软件过程中所需要的各类文档。详细说明所有文档的内容、目的及相关的输出产品。根据定义的标准与已确定的计划来编写、审查、修改和发布所有文档。按已定义的标准和具体的规则维护文档。

2）配置管理（Configuration Management）过程。确定配置管理活动。软件过程或项目中的配置项（如程序、文件和数据等有关内容）被标识、定义。根据已定义的配置项建立基线，以便对更改与发布进行有效的控制，并控制配置项的存储、处理与分发，确保配置项的完全性与一致性。记录并报告配置项的状态以及已发生变更的需求。

3）质量保证（Quality Assurance）过程。确定客观地保证软件和过程符合规定的要求以及已建立的计划所需的活动。针对过程或项目确定质量保证活动、制订出相应的计划与进度表。确定质量保证活动的有关标准、方法、规程与工具。确定进行质量保证活动所需的资源、组织及其组织成员的职责。有足够的能力确保必要的质量保证活动独立于管理者以及过程实际执行者之外进行开展和实施。在与各类相关的计划进度保持一致的前提下，实施所制订的质量保证活动。

4）验证（Verification）过程。根据软件项目要求，按不同深度确定验证软件所需的活动。根据需要验证的工作产品所制定的规范（如产品规格说明书）实施必要的检验活动，即有效地发现各类阶段性产品所存在的缺陷，并跟踪和消除缺陷。

5）确认（Validation）过程。根据客户的实际需求，确认所有工作产品相应的质量准则，并实施必需的确认活动。提供有关证据，以证明开发出的工作产品满足或适合指定的需求。

6）联合评审（Joint Review）过程。确定评价一项活动的状态和产品所需的活动。与客户、供应商以及其他利益相关方（或独立的第三方）对开发的活动和产品进行评估。为联合评审的实施制订相应的计划与进度，跟踪评审活动，直至结束。

7）审核（Audit）过程。判断产品或过程是否与指定的需求、计划以及合同相一致。由合适的、独立的一方来安排对产品或过程的审核工作。

8）问题解决（Problem Resolution）过程。提供及时的、有明确职责的以及文档化的方式，以确保所有发现的问题都经过相应的分析并得到解决。提供一种相应的机制，以识别所发现的问题并根据相应的趋势采取行动。

（3）业务规划过程

业务规划过程是为组织与项目成员提供对远景的描述以及企业文化的介绍，从而使项目成员能更有效地工作。

1）定义过程是建立一个可重复使用的过程定义库，从而对其他过程等提供指导、约束和支持。

2）改进过程是为了满足业务变化的需要，提高过程的效率与有效性，而对软件过程进行持续的评估、度量、控制和改善的过程。

3）培训过程为项目或其他组织过程提供培训合格的人员所需的活动。

4）基础设施过程是建立生存周期过程的基础结构、为其他过程建立和维护所需基础设施的过程。

软件工程过程规定了获取、供应、开发、操作和维护软件时，要实施的过程、活动和任务。其目的是为各种人员提供一个公共的框架，以便用相同的语言进行交流。

软件开发的风险之所以大，是由于软件过程能力低，其中最关键的问题在于软件开发组织不能很好地管理其软件过程，从而使一些好的开发方法和技术起不到预期的作用。而且项目的成功也是通过工作组的杰出努力，所以仅仅建立在特定人员上的成功不能为全组织的生产和质量的长期提高打下基础，必须在建立有效的软件管理工程实践和管理实践的基础设施方面坚持不懈地努力、不断改进，才能持续地成功。

软件管理过程包括项目管理过程、 质量管理过程、风险管理过程和合同商管理过程。

1）项目管理过程是计划、跟踪和协调项目执行及生产所需资源的管理过程。项目管理过程的活动，包括软件基本过程的范围确定、策划、执行和控制、评审和评价等。

2）质量管理过程是对项目产品和服务的质量加以管理，从而获得最大的客户满意度。此过程包括在项目以及组织层次上建立对产品和过程质量管理的关注。

3）风险管理过程，在整个项目的生命周期中对风险不断的识别、诊断和分析，回避风险、降低风险或消除风险，并在项目以及组织层次上建立有效的风险管理机制。

4）合同商管理过程，选择合格的合同商并对其进行管理的过程。

2.2 软件过程成熟度模型

1986 年 11 月，美国卡内基梅隆大学软件工程研究所（SEI/CMU）在 Mitre 公司的支持下着手开发支持软件开发组织改进软件过程的“软件过程成熟度框架”。美国国防部提出，希望“软件过程成熟度框架”能用于评估软件开发组织承制软件的能力。SEI/CMU 的瓦茨·汉弗莱领导的小组，经过大量的调查、研究，于 1987 年开发了“软件过程评估”和“软件成熟度评价”两个模型，并进行了广泛的问卷调查。1991 年 8 月，他们公开发布了软件能力成熟度模型（Capability Maturity Model for Software，CMM）v1.0。此模型在建立和发展之初，旨在提供一种评价软件承接方能力的方法，为大型软件项目的招、投标活动提供一种全面而客观的评审依据，后来又同时被软件组织用于改进其软件过程。

CMM 是对于软件组织在定义、实施、度量、控制和改善其软件过程的实践中各个发展阶段的描述。CMM 的核心是把软件开发视为一个过程，并根据这一原则对软件开发和维护进行过程监控和研究，以使其更加科学化、标准化，使企业能够更好地实现商业目标。CMM 公布后的若干年内，工程环境更加复杂，工程规模更大，参与工程项目的组织和人员更多，范围更广泛，工程的施工涉及多学科、交叉学科、并行工程及更多的国际标准。这些新的变化促使美国国防部、美国国防工业协会和 SEI/CMU 共同开发一种新的模型—CMMI（Capability Maturity Model Integration，能力成熟度模型集成）。CMMI 认证是由美国软件工程学会（Software Engineering Institute，SEI）制定的一套专门针对软件产品的质量管理和质量保证标准。

当某一组织通过了某一等级过程域中的全部过程，即意味着该组织的成熟度达到了这一等级。随着组织自身建设的加强，相关过程域成熟度的逐步提高，组织的成熟度等级通过评估也得到相应的提高。利用阶段式模型对组织进行成熟度度量，概念清晰、易于理解、便于操作。

近年来，CMM 在我国获得了各界越来越多的关注，业界有过多次关于 CMM 的讨论，2000 年 6 月国务院印发的《鼓励软件产业和集成电路产业发展的若干政策》对中国软件企业申请 CMM 认证给予了积极的支持和推动作用该通知的第十七条规定“对软件出口型企业 CMM 认证费用予以适当支持。”2000 年，中关村电脑节上的 CMM 专题论坛吸引了众多业内人士。鼎新、东大阿尔派、联想、方正、金蝶、用友、浪潮、创智、华为等大型集团或企业等都在 1997～2000 年开始进行研究、实验或实施预评估。其中，鼎新公司从 1997 年着手进行 CMM 认证工作，并于 1999 年 7 月通过第三方认证机构的 CMM2 认证。东大阿尔派公司于 2000 年 10 月通过第三方认证机构的 CMM2 认证。2001 年 1 月，联想软件经过英国路透集团的严格评估，顺利通过 CMM2 认证。2001 年 6 月 26 日，沈阳东软软件股份有限公司（即原沈阳东大阿尔派软件股份有限公司）正式通过了 CMM3 级认证，成为中国首家通过 CMM3 级的软件企业。

总体上讲，国内对软件过程理论的讨论与实践正在展开，目标是使软件的质量管理和控制达到国际先进水平，使中国的软件产业获得可持续发展的能力。专家分析，在未来两三年内，国内软件业势必将出现实施 CMM 的高潮。从这一趋势看，中国的软件企业已经开始走上标准化、规范化、国际化的发展道路，中国软件业已经处于一个整体突破的时代。

但是应该看到，目前国内对软件管理工程存在的最大问题是认识不足。管理实际上是“一把手”工程，需要高层管理人员的足够重视。而且软件过程的重大修改也必须由高层管理部门启动，这是软件过程改善能否进行到底的关键。此外，软件过程的改善还有待于全体有关人员的积极参与。

除了要认识到过程改善工作是“一把手”工程这个关键因素外，还应认识到软件过程成熟度的升级本身就是一个过程，且有一个生命周期。过程改善工作需要循序渐进，不能一蹴而就；需要持续改善，不能停滞不前；需要联系实际，不能照本宣科；需要适应变革，不能凝滞不变。一个有效的途径是自顶向下的课程培训，即从高层主管依次普及到下面的工程师。

软件过程能力低，不能按预定计划开发出客户满意的产品，项目拖延、费用大大超出预算已成惯例。软件过程能力通常是指软件开发过程中所采用的软件技术、软件工具和抽象层次等因素对开发目标所起的作用。软件过程能力是一种相对概念，当产品的规模和复杂程度改变时，同样的技术工具、抽象层次就呈现出不同的作用；当产品特征不变时，不同的技术、工具、抽象层次也将呈现出不同的作用。显然，要求软件产品来适应软件能力是不能接受的，只能是软件能力去适应软件产品的变化。

进入 20 世纪 90 年代，硬件的发展水平十分迅速，软件系统在规模与复杂程度上都在不断提高，而软件与硬件能力的差距却相当于至少两代处理器发展水平。这种差距还在继续扩大，传统的软件工具、软件技术和抽象层次越来越难于适应大规模复杂软件系统的开发特点。因此软件能力问题已经成为制约软件发展的因素。

软件形式化开发的研究是从 20 世纪 70 年代中期开始的。当时以 Balzer 为代表的一批研究人员把软件的自动化生产作为目标，用形式化方法描述需求，将这样的描述通过多次反馈和必要的人工干预来转换成设计，进而实现程序的自动生成。

这一工作已进行了一段时间，其间还引入了人工智能的许多技术，并取得了许多重要的成果。但是由于种种原因（其中主要是由于人们对程序设计本质的认识还处于探索阶段），程序设计的形式化系统对软件开发还没有发展到像数学对物理学那样完备的支持，因而至今还没有得到真正使用。

1．不成熟的软件组织

软件过程一般并不预先计划，而是在项目进行中由实际工作人员及管理员临时计划。有时，即使软件过程已计划好，仍不按计划执行。没有一个客观的标准来判断产品质量，或解决产品和过程中的问题。软件组织对软件过程步骤如何影响软件质量一无所知，产品质量得不到保证。而且，一些提高质量的环节（如检查、测试等）经常由于要赶进度而被减少或取消。产品在交付前，对客户来说，一切都是不可见的。没有长远目标，管理员通常只关注解决任何当前的危机。由于没有实事求是地估计进度、预算，因此他们经常超支、超时。当最后期限临近，他们往往在功能性和质量上妥协，或以加班加点方式赶进度。

2．成熟的软件组织

成熟的软件组织具有全面而充分地组织和管理软件开发和维护过程的能力。管理员监视软件产品的质量以及生产这些产品的过程，并制订了一系列客观标准来判别产品质量，并分析产品和过程中的问题。进度和预算可以按照以前积累的经验来制订，结果可行。预期的成本、进度、功能与性能和质量都能实现，并达到目的。能准确及时地向工作人员通报实际软件过程，并按照计划有规则地、前后一致、不互相矛盾地工作。凡规定的过程都编成文档。软件过程和实际工作方法相吻合。必要时，过程定义会及时更新，通过测试或者通过成本-效益分析来改进过程。全体人员普遍积极地参与改进软件过程的活动。在组织内部的各项目中，每人在软件过程中的职责都十分清晰而明确，每人各司其职，协同工作，有条不紊，甚至能预见和防范问题的发生。

CMM 描述一条从无序的、混乱的过程到成熟的、有纪律的过程的改进途径，描绘出软件组织如何增加对软件开发和维护的过程控制，如何向软件工程和管理的优秀文化演变等方面的指导。

关键过程域（Key Process Area）描述软件过程的属性，通过完成一组相互关联的活动，实现一组对建立过程能力至关重要的目标。关键过程域是 SEI 标识的，帮助确定软件开发组织的软件过程能力，评估软件成熟度的基本单元。关键过程域用具有固定结构和语句的框架表示。关键过程域的目标（Goals）是指导和评估组织或组织的项目有效实践关键过程域的指南，是关键过程域应完成的任务和进行关键实践的概括描述。要达到关键过程域的目标不仅需要一系列关键实践活动的支持，而且还要依赖较低级别关键过程域的实现。图 2-3 为能力成熟度级别与关键过程域的关系。

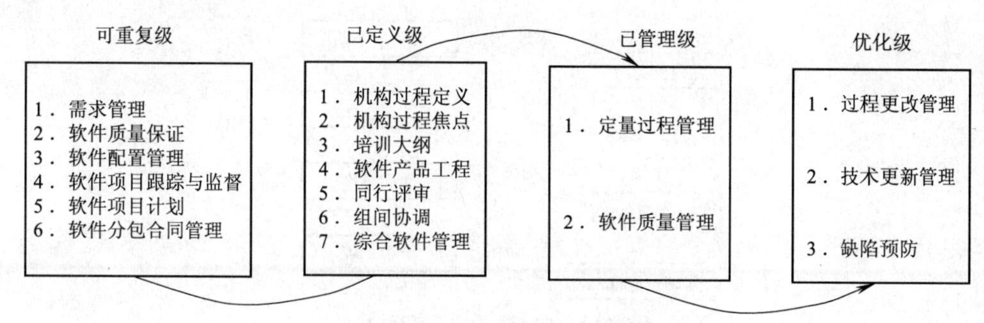

图 2-3 能力成熟度级别与关键过程域的关系

CMM 的关键实践（Key Practices）是指对关键过程域的有效实施和制度化起重要作用的基础设施和活动，如组织结构、策略、标准、培训、设备、工具等，它与具体的组织和实现无关。下面将对 CMM 每一级涉及的关键过程域、目标和为达到这一目标必须完成的关键实践逐步展开讨论。

共同特性将描述关键过程域的关键实践组织起来。共同特性是一些属性，指明一个关键过程域的执行和规范化是否有效、可重复和可持续，包括执行约定，执行能力，执行活动，测量和分析以及验证实现。

1）执行约定。执行约定描述机构为确保过程的建立和持续而必须采取的一些措施。其典型内容包括建立机构策略和领导关系。

2）执行能力。执行能力描述了项目或机构完整地实现软件过程所必须具备的先决条件。其典型内容包括资源、机构结构和培训。

3）执行活动。执行活动描述了执行一个关键过程域所必需的活动、任务和规程。其典型内容包括制订计划和规程、执行和跟踪以及必要时采取纠正措施。

4）测量和分析。测量和分析描述了为确定与过程有关的状态所需的基本测量实践。这些测量可用来控制和改进过程。其典型内容包括可能采用的测量实例。

5）验证实现。验证实现描述了为确保执行的活动与已建立的过程一致所采取的步骤。其典型内容包括管理部门和软件质量保证组实施的评审和审核。

成熟度等级表明了一个软件组织的过程能力的水平。除初始级外，每个成熟度等级都包含若干个关键过程域。每个关键过程域都有一组对改进过程能力非常重要的目标，并确定了一组相应的关键实践。要达到某个成熟度级别，该级别（以及较低级别）的所有关键过程域都必须得到满足，并且过程必须实现制度化。

目标说明了每一个关键过程域的范围、界限和意义。关键实践描述了建立一个过程能力必须完成的活动和必须具备的基础设施，完成了这些关键实践就达到了相应关键过程域的目标，该关键过程域也就得到了满足。

在执行活动这个共同特性中的实践描述了建立一个过程能力所必须完成的活动。所有其他实践共同形成了一个使机构能将执行活动中描述的实践进行规范化的基础。CMM 的内容和结构如图 2-4 所示。

CMM 提供了一个阶梯式的进化框架，将软件过程改进的进化步骤组织成 5 个成熟等级，为过程的不断改进奠定了循序渐进的基础。5 个成熟度等级定义了一个有序的尺度，用来测量一个组织的软件过程成熟和评价其软件过程能力，这些等级还能帮助组织自己针对改进工作排出优先次序。成熟度等级是已得到确切定义的，也是在向成熟软件组织前进途中的平台。

每一个成熟度等级为连续改进提供一个台基。

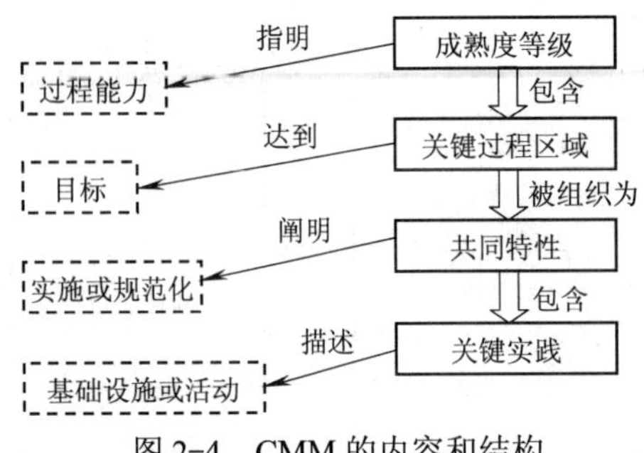

图 2-4　CMM 的内容和结构

每一等级包含一组过程目标，通过实施相应的一组关键过程域达到这一组过程目标，当目标满足时，能使软件过程的一个重要成分稳定。每达到成熟框架的一个等级，就建立起软件过程的一个相应成分，导致组织能力一定程度的增大。

如果要用简单的一句话来表达从 1 级到高一级所需要的努力，可以描述为：

从 1 级到 2 级的转化：规范化过程；

从 2 级到 3 级的转化：标准化、稳定的过程；

从 3 级到 4 级的转化：可预测的过程；

从 4 级到 5 级的转化：持续改进过程。

CMM 体系不主张跨越级别的进化，因为从第 2 级起，每一个低级别实现均是高级别实现的基础。其层次结构如图 2-5 所示。

除第 1 级外，每一级是按完全相同的结构构成的。每一级包含了实现这一级目标的若干关键过程域（KPA），每个 KPA 进一步包含若干关键实施活动（KP），无论哪个 KPA，它们的实施活动都统一按 5 个公共属性进行组织，即每一个 KPA 都包含 5 类 KP：执行约定、执行能力、执行活动、测量和分析以及验证实现。

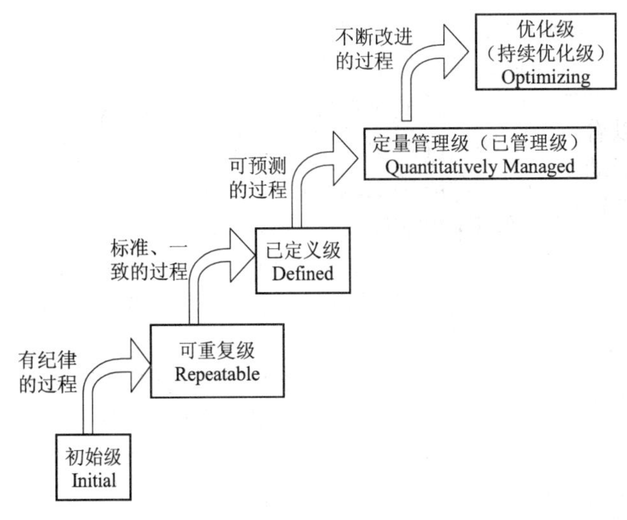

图 2-5　CMM 的层次结构

目标每一个 KPA 都确定了一组目标。若这组目标在每一个项目都能实现，则说明企业满足了该 KPA 要求。若满足了一个级别的所有 KPA 要求，则表明达到了这个级别所要求的能力。

实施保证是企业为建立和实施相应 KPA 所必须采取的活动，这些活动主要包括制定企业范围的政策和高层管理的责任。

实施能力是企业实施 KPA 的前提条件。企业必须采取措施，在满足了这些前提条件后，才有可能执行 KPA 的执行活动。实施能力一般包括资源保证、人员培训等内容。表 2-1 给出了 CMM 模型的概要，其中的 5 个等级各有其不同的行为特征。通过描述不同等级组织的行为特征，即一个组织为建立或改进软件过程所进行的活动，对每个项目所进行的活动和所产生的横跨各项目的过程能力进行评定，见表 2-1。

表 2-1 CMM 模型的概要

过程能力等级	特　点	关键过程域
1. 初始级	软件过程是无序的，有时甚至是混乱的，对过程几乎没有定义，成功取决于个人努力。管理是反应式（消防式）	
2. 可重复级	建立了基本的项目管理过程来跟踪费用、进度和功能特性。制定了必要的过程纪律，能通过重复早先类似应用项目取得成功	需求管理 软件项目计划 软件项目跟踪和监督 软件子合同管理 软件质量保证 软件配置管理
3. 已定义级	已将软件管理和工程文档化、标准化，并综合成该组织的标准软件过程。所有项目均使用经批准、剪裁的标准软件过程来开发和维护软件	组织过程定义 组织过程焦点 培训程序 集成软件管理 软件产品工程 组间协调 同级评审
4. 已管理级	收集对软件过程和产品质量的详细度量，对软件过程和产品都有定量的理解与控制	定量过程管理 软件质量管理
5. 优化级	过程的量化反馈和先进的新思想、新技术促进过程不断改进	缺陷预防 技术变更管理 过程变更管理

通过表 2-1 可以看到每个成熟度级的关键过程域，每个关键过程域包括一系列相关活动，只有全部完成这些活动，才能达到过程能力目标。为了达到这些相关目标，必须实施相应的关键实践，其中关键过程域共 18 个。

执行活动和执行过程描述了执行 KPA 所需要的必要角色和步骤。在 5 个公共属性中，执行活动是唯一与项目执行相关的属性，其余 4 个属性则涉及企业 CMM 能力基础设施的建立。执行活动一般包括计划、执行的任务、任务执行的跟踪等。

度量分析描述了过程的度量和度量分析的要求。典型的过程的度量和度量分析的要求是确定执行活动的状态和执行活动的有效性。

实施验证是验证执行活动是否与所建立的过程一致。实施验证涉及管理方面的评审和审计以及质量保证活动。在实施 CMM 时，软件开发组织可以根据组织软件过程存在问题的不同程度确定实现 KPA 的次序，然后按所确定次序逐步建立、实施相应过程。在执行某一个 KPA 时，对其目标组也可采用逐步满足的方式。过程进化和逐步走向成熟是 CMM 体系的宗旨。

2.2.1 初始级

初始级（Initial）的软件过程是未加定义的随意过程，项目的执行是随意甚至是混乱的。也许，有些软件组织制定了一些软件工程规范，但若这些规范未能覆盖基本的关键过程要求，且执行没有政策、资源等方面的保证时，那么它仍然被视为初始级。

初始级的特点是：软件工程管理制度缺乏，过程缺乏定义、混乱无序；成功依靠的是个人的才能和经验，经常由于缺乏管理和计划导致时间、费用超支；管理方式属于反应式，主要用来应付危机；过程不可预测，难以重复。初始级具有明显的不成熟过程的特点。

在初始级，组织一般不具备稳定的软件开发与维护的环境，常常在遇到问题时，放弃原定的计划而只专注于编程与测试。处于这一等级的组织，成功与否在很大程度上取决于有无杰出的项目经理与经验丰富的开发团队。因此，能否雇用到能干的员工成了关键问题。项目成功与否非常不确定。虽然产品一般来说是可用的，但是往往有超经费与不能按期完成等问题。

初始级的特征见表 2-2。

表 2-2 初始级的特征

类 型	内 容
过程特征	没有为软件开发维护工作提供一个稳定的环境，项目的执行是无序甚至混乱的 一旦遇到危机常放弃或改变项目计划，直接进行编码和测试 成果依赖于个人的能力、经验、知识和进取心 软件过程能力体现在个人身上，而不是组织中稳定的过程能力。一旦此类人员离去，软件组织的稳定作用不复存在 软件过程不可视、不确定。软件过程在项目进行过程中常常改变。软件的进度、花费及产品质量不可见，因此难以控制 各种规章制度不健全、不合理甚至相互矛盾 人员处于“救火”状态，疲于应付开发过程中的各种危机 在不熟悉的项目或新技术的引进方面由于没有严格的保障机制，因此有很大的风险
工作组度量	可能会建立一些工作组，如软件开发组、项目工程组等 不进行数据搜集或分析工作
改进方向	要建立项目的规范化过程管理，保障项目承诺 要实行需求管理，建立用户与项目组之间的沟通与规范，使产品真正体现用户要求 要建立各种项目计划，如软件开发计划、软件质量保证计划、软件配置管理计划、软件测试计划、风险管理计划及过程改进计划等 要实施质量保证活动

2.2.2 可重复级

可重复级（Repeatable）基于类似项目中的经验，建立了基本的项目管理制度，采取了一定的措施控制费用和时间。管理人员可及时发现问题，采取措施。一定程度上可重复类似项目的软件开发。

根据多年的经验和教训，人们总结出软件开发的首要问题不是技术问题而是管理问题。因此，第 2 级的焦点集中在软件管理过程上。一个可管理的过程则是一个可重复的过程，一个可重复的过程则能逐渐进化和成熟。

可重复级建立了管理软件项目的方针和实施这些方针的规程，使软件项目的有效管理过程制度化，有能力去跟踪成本、进度和质量。一个有效过程可特征化为一个已文档化的、已实施的、可培训的和可测量的软件过程。

可重复级的焦点开始集中在软件过程的管理上，一个受管理的过程是一个可重复的过程。从管理角度可以看到一个按计划执行的并且阶段可控的、规范化的软件开发过程。

在这一级，企业基于过往的项目的经验来计划与管理新的项目，实行了基本的管理控制。符合实际的项目承诺是基于以往项目以及新项目的具体要求做出的。项目经理不断监视成本、进度和产品功能，及时发现及解决问题以便实现所作的各项承诺。

通过具体地实施这一级的各个关键过程领域的要求，企业实现了过程的规范化、稳定化。因而，曾经取得的成功成为可重复达到的目标。

为了跟踪软件开发过程的进度、成本和产品功能，可重复级的软件开发组织，根据自身的经验和实际情况建立了基本的项目管理体系，制订了基本的软件过程管理和控制措施。这些措施包括必要的规章制度和纪律、软件开发过程的论证和定义、人员的分工和培训、软件过程的阶段评审以及用评审结果指导下一步的工作等。软件开发组织能够重复以前开发类似软件项目取得的成功。

可重复级的特征见表 2-3。

表 2-3　可重复级的特征

类　型	内　容
过程特征	建立了软件项目管理的策略和实施这些策略的规程 软件开发与维护过程相对稳定，已有的成功经验可以被复用。基于以往的成功经验对同类项目进行管理 过程管理的策略主要是针对项目建立的，而非针对整个组织 软件项目经理负责跟踪成本、进度和软件功能，对其中的问题有能力识别和纠正，其承诺可以实现 定义了软件的标准，能保证项目准确地执行它 通过与转包商合作建立有效的供求关系 项目的成功不仅依赖于个人的努力，重视并依靠管理 重视人员的培训工作 建立技术支持活动，并有了稳定的计划
工作组	系统测试组 软件评估组 软件质量保证组 软件配置管理组 合同管理组 文档支持组 培训组
度量	每个项目建立资源计划。主要关心成本、产品和进度。有相应的管理数据
改进方向	依据以往项目的成功经验，使软件过程规范化，把经验作为组织的标准。把改进组织的软件过程能力活动，作为组织的责任 确定全组织的标准软件过程，把软件工程及管理活动集成到一个稳固确定的软件过程中，从而可以跨项目改进软件过程效果，也可以作为软件过程剪裁的基础 建立软件工程过程组，承担评估与调整软件过程的任务，以适应未来软件项目的需求 建立组织的软件过程库及软件过程的相关文档库 进一步增强培训，保证项目过程成熟的人力资源需求

可重复级包含 6 个 KPA，主要涉及建立软件项目管理控制方面的内容。可重复级的关键过程域包括：需求管理、软件项目计划、软件项目跟踪和监督、软件分包合同管理、软件质量保证和软件配置管理。下面介绍各关键过程域要达到的目标和关键实践活动。

1）需求管理（Requirements Management）：建立客户的软件项目需求，并使项目开发人员与客户对软件需求产生一致的理解。这一点很重要，因为它是软件项目管理和开发的基础，在很多场合还需要软件需求工程的支持，是指对分配需求进行管理，即要在客户和实现客户的软件项目之间达成共识；控制系统软件需求，为软件工程和管理建立基线；保持软件计划、产品和活动与系统软件的一致性。

2）软件项目计划（Software Project Planning）：制订实施软件工程与管理软件项目的工作计划。主要工作包括明确任务，估算软件产品的规模、所需资源、约束条件，估算存在的风险、产生项目计划文档等。软件项目计划是管理软件项目所必需的文件和工具，是为软件工程的动作和软件项目活动的管理提供一个合理的基础和可行的工作计划的过程。其目的是为执行软件工程和管理软件项目制定合理的计划。

3）软件项目跟踪和监督（Software Project Tracking and Oversight）：根据软件开发计划管理软件项目，随时掌握软件项目的实际开发过程。按照项目计划对软件开发的进度和阶段产品进行跟踪和评审，当软件项目的执行状况与软件项目计划发生较大偏差时，管理机构必须采取有效控制措施，必要时根据项目的实际完成情况和结果，修订项目计划。

4）软件分包合同管理（Subcontract Management）：根据商业联盟、过程能力和技术等因素选择高质量的软件承制方，承制软件项目的部分子项目。制订子项目承制方的工作任务和项目计划文档，它是主承制方跟踪检查和监督子项目过程和产品的依据。其目的是选择合格的软件分承包商和对分承包合同的有效管理。此项工作对大型的软件项目十分重要。

5）软件质量保证（Quality Assurance），评审软件产品和活动，检验它们是否与应用的标准和规程保持一致，对发现的问题应采取必要措施予以解决。目的是对软件项目和软件产品质量进行监督和控制，向用户和社会提供满意的高质量产品，它和一般的质量保证活动一些，是确保软件产品从生产到消亡为止的所有阶段达到需要的软件质量而进行的所有有计划、有系统的管理活动。

6）软件配置管理（Configuration Management）：保证软件项目生成的产品在软件生命周期中的完整性。在给定时间点上确定软件配置，例如工作产品及其说明。系统地控制软件配置的变化，并在整个软件生命周期中维护配置的完整性和可跟踪性。系统地控制对配置的更改，这里的配置是指软件或硬件所具有的功能特征和物理特征，这些特征可能是技术文档中所描述的或产品所实现的特征。

2.2.3 已定义级

初始级仅定义了管理的基本过程，而没有定义执行的步骤标准。已定义级（Defined）将软件过程文档化、标准化，可按需要改进开发过程，采用评审方法保证软件质量。可借助 CASE 工具提高质量和效率。

第 2 级仅定义了管理的基本过程，而没有定义执行的步骤标准，而且无论是管理还是工程开发都需要一套文档化的标准，并需要将这些标准集成到企业软件开发标准过程中去。所有开发的项目须根据这个标准过程，剪裁出与项目适宜的过程，并执行这些过程。过程的剪裁不是随意的，在使用前须经过企业有关人员的批准。

已定义级包含一组协调的、集成的、适度定义的软件工程过程和管理过程，具有良好的文档化、标准化特征，使软件过程具有可视性、一致性、稳定性和可重复性，软件过程被集成为一个有机的整体，通过裁剪组织的标准软件过程来建立自定义的软件过程。用于管理和工程活动的软件过程已经文档化、标准化，并与整个组织的软件过程相集成。所有项目都使用文档化的、组织认可的过程来开发和维护软件。本级包含了第 2 级的所有特征。

在这一级，有关软件工程与管理工程的一个特定的、面对整个组织的软件开发与维护的过程的文件将被制订出来。同时，这些过程集成到一个协调的整体，这就称为组织的标准软件过程。

这些标准的过程是用于帮助管理人员与一般成员工作得更有效率。如果有适当的需要，也可以加以修改。在这个把过程标准化的努力当中，企业开发出有效的软件工程的各种实践活动。同时，一个在整个企业内施行的培训方案将确保工作人员与管理人员都具备他们所需要的知识与技能。非常重要的一点是，项目小组要根据该项目的特点去改编企业的标准软件过程来制订出为本项目而定义的过程。

一个定义得很清楚的过程应当包括准备妥当的定义，输入，完成工作的标准和步骤，审核的方法，输出和完成的判断依据。因为过程被定义得很清楚，所以管理层就能对所有项目的技术过程有透彻的了解。在这一级，建立了基本的项目管理过程来跟踪费用、进度和功能特性。制定了必要的过程纪律，能重复早先类似应用项目取得的成功。

软件开发组织已建立自己的软件过程标准，该组织承制的所有软件项目都使用自己的软件过程标准或根据项目需要剪裁一个子集。项目使用的软件过程标准称为项目定义的软件过程。已定义级的软件组织进行的软件过程应该是标准的、一致的和稳定的，在软件开发过程中能对项目的成本、进度和产品的功能、质量进行跟踪和控制。

已定义级包含7个KPA，主要涉及项目和组织的策略，使软件组织建立起对项目中的有效计划和管理过程。内容包括组织级过程焦点、组织级过程定义、培训大纲、综合软件管理、软件产品工程、小组协调和同行评审。

1）组织级过程焦点（Organization Process Focus）：不断提高对组织软件过程和项目软件过程的认识和理解，围绕过程定义和过程改进目标及时采取措施，协调、评估、开发、维护过程改进活动。帮助软件组织规定在软件过程中组织应承担的责任，加强改进软件组织的软件过程能力。在软件过程中，组织级过程焦点集中了各项目的活动和运作的要点，可以给组织过程定义提供一组有用的基础。这种基础可以在软件项目中得到发展，并在集成软件管理中定义。

2）组织级过程定义（Organization Process Definition）：描述软件生命周期，制订过程剪裁准则和指南，建立组织级的软件过程数据库及相关的文档库，确定定量过程管理需要的数据，形成稳定的准则支持组织制定各项规章制度等。在软件过程中开发和维护的一系列操作，利用它们可以对软件项目进行改进，这些操作也建立了一种可以在培训等活动中起到良好指导作用的机制，其目标是制订和维护组织的标准软件过程，收集、评审和使用有关软件项目使用组织标准软件过程的信息。

3）培训大纲（Training Program）：通过培训提高组织成员个人的知识水平和技能，内容针对组织、项目和个人的实际需要，根据培训需求制订培训大纲。其目标是提高软件开发者的经验和知识，以便使他们可以更加高效和高质量地完成自己的任务。

4）集成化的软件管理（Integrated Software Management）：集成化的软件管理基础是，可重复级的需求管理、软件项目计划、软件项目跟踪和监督3个关键过程。满足集成化的软件管理的组织意味着，能够按照组织严格定义的过程来计划和管理一个软件项目。把软件的开发和管理活动集中到持续的和确定的软件过程中来，它主要包括组织的标准软件过程和与这相关的操作，这些在组织过程定义中已有描述。当然，这种组织方式与该项目的商业环境和具体的技术需求有关。

5）软件产品工程（Software Product Engineering）：按照软件工程过程的定义，有效地开发出稳定的软件工作产品。软件工作产品指描述软件过程的文档、计划、规程、计算机程序、数据等，其中的一部分或全部将交付客户或最终用户。其目标是提供一个完整定义的软件过程，能够集中所有软件过程的不同活动以便产生出良好的、有效的软件产品。软件产品工程描述了项目中具体的技术活动，如需求分析、设计、编码和测试等。

6）组间协调（Intergroup Coordination）：软件过程必须有严格的分工和密切的协作。软件工程小组应特别注意系统需求、测试等方面的问题，以便更好地满足客户需求。它是为了软件工作组能够与其他的工作组良好地分担工作而设计的一种途径。对于一个软件项目来说，一般要设置若干工程组，例如软件工程组、系统测试组、软件质量保证组、软件配置管理组、软件工程过程组、培训组等。这些工程组只有全力协作、互相支持，才能使项目在各方面更好地满足客户的需要，组间协调关键过程域的目的就在于此。

7）同行评审（Peer Reviews）：同行评审的方式有检查、代码走查等。评审能够加深对软件工作产品的理解，能够尽早地、有效地排除软件产品的缺陷。同行评审是指处于同一级别其他软件人员对该软件项目产品系统地检测，其目的是为了能够较早和有效地发现软件产品中存在的错误并改正它们。它是软件产品工程中一种非常重要和有效的工程方法。

已定义级的特征见表 2-4。

表 2-4　已定义级的特征

类　型	内　容
过程特征	组织采用综合管理及工程过程管理。软件工程及管理活动稳定、可重复并具有连续性 组织的管理及软件工程过程都已标准化、文档化，并综合成有机的整体，成为组织的标准软件过程 软件过程标准应用于组织的所有项目中，可依据项目的实际情况对标准过程进行适当剪裁 项目的开发过程、花费、计划、产品功能以及软件质量都是可以控制的，使项目的风险减到最小 建立了软件工程过程组，启动和保持过程变更，对软件过程运作提供支持 在全组织范围内安排培训 组织成员对软件过程活动、任务有深入理解，加强了过程能力 建立了定性评估技术
工作组	除具备前一级工作组外，增加了以下工作组： 软件工程过程组 软件工程活动组 软件估计组
度量	在全过程中收集使用数据 在全项目中共享数据
改进方向	进行软件过程的定量分析，精确控制软件项目 通过软件质量管理确保软件质量目标

2.2.4　已管理级

已管理级（Managed）针对实际情况制订质量和效率目标，并收集、测量相应指标；利用统计工具分析并采取改进措施，对软件过程和产品质量有定量的理解和控制。

第 4 级的管理是量化的管理。所有过程须建立相应的度量方式，所有产品的质量（包括工作产品和提交给用户的产品）须有明确的度量指标。这些度量应是详尽的，且可用于理解和控制软件过程和产品。量化控制将使软件开发真正变成一种工业生产活动。

在已定义级的基础上，已管理级可以建立有关软件过程和产品质量一致的度量体系，采集详细的数据进行分析，从而对软件产品和过程进行有效的定量控制和管理，对软件产品的质量、开发进度和其他开发目标进行有效的评估和预测。

管理级软件过程和产品质量的详细度量数据被收集，通过这些度量数据，软件过程和产品能够被定量地理解和控制。本级包含了第 3 级的所有特征。

在这一级，企业对产品与过程建立起定量的质量目标，同时在过程中加入规定得很清楚的连续的度量。作为企业的度量方案，要对所有项目的重要的过程活动进行生产率和质量的度量。软件产品因此具有可预期的高质量。

在这一级，一个企业范围的数据库被用于收集与分析来自各项目过程的数据。这些度量建立起了一个评价项目的过程与产品的定量的依据。项目小组可以通过缩小它们的效能表现的偏差使之处于可接受的定量界限之内，从而达到对过程与产品进行控制的目的。

因为过程是稳定的和经过度量的，所以在有意外情况发生时，企业能够很快找出特殊的原因并加以处理。

已管理级重视软件度量、注意采集软件过程和产品质量的度量值、对软件过程和产品有定量的理解，并以此为基础进行决策和控制。可管理级包含 2 个 KPA，其主要任务是为软件过程和软件产品建立一种可以理解的定量的方式。关键过程域包括定量的过程管理和软件质量管理。

1）定量的过程管理（Quantitative Process Management）：定量地控制项目的软件过程能够达到的实际结果，从而得到一个稳定的、可定量预测的过程。在软件项目中定量控制软件过程表现，这种软件过程表现代表了实施软件过程后的实际结果。当过程稳定于可接受的范围内时，软件项目所涉及的软件过程、相对应的度量以及度量可接受的范围就被认可为一条基准，并用来定量地控制过程表现。

2）软件质量管理（Software Quality Management）：软件质量管理以产品为中心。其目标是定量地评价软件产品的质量，实现具体的质量目标，满足客户和最终用户的需要。软件质量管理涉及确定软件产品的质量目标；制订实现这些目标的计划；监控及调整软件计划、软件工作产品、活动和质量目标，以满足客户和最终用户对高质量产品的需要和期望。

已管理级的特征见表 2-5。

表 2-5 已管理级的特征

类 型	内 容
过程特征	制定了软件过程和产品质量的详细而具体的度量标准。软件过程和产品质量都可以被理解与控制 可以预见软件过程和产品质量的一些趋势。一旦质量经度量后超出这些标准或是有所违反，可以采用一些方法改正 开始定量认识软件过程。软件过程被明确的度量标准所度量和操作，软件组织的能力是可预见的。软件质量可以预见与控制 组织的度量工程保证所有项目对生产率和质量进行度量
	具有良好定义及一致的度量标准来指导软件过程，并作为评价软件过程及产品的定量基础 开发组织内已建立软件过程数据库，保存收集到的数据可用于各项目的软件过程 软件过程的变化在可接受范围之内 项目中存在强烈的群体工作意识。每个人都应了解个人的作用与组织的关系 不断地在定量基础上评估新技术
工作组	除具备前一级工作组外，增加了以下工作组： 软件相关组 定量过程管理组
度量	在全组织内进行数据收集与确定 度量标准化 数据用于定量理解软件过程及稳定软件过程
改进方向	缺陷防范。不仅在发现问题时能及时改进，而且应采取特定行动防止将来出现这类缺陷 主动进行技术改革管理，标示、选择和评价新技术，使有效的新技术能在开发组织中施行 进行过程变更管理。定义过程改进的目的，经常不断地进行过程改进

2.2.5 优化级

优化级（Optimizing）基于统计质量和过程控制工具，持续改进软件过程，使得质量和效率稳步改进。

优化级（第 5 级）的目标是达到一个持续改善的境界。所谓持续改善是指可根据过程执行的反馈信息来改善下一步的执行过程，即优化执行步骤。如果一个企业达到了这一级，那么表明该企业能够根据实际的项目性质、技术等因素，不断调整软件生产过程以求达到最佳。

优化级不断改善组织的软件过程能力和项目的过程性能，利用来自过程和来自新思想、新技术的先导性试验的定量反馈信息，使持续过程改进成为可能。为了预防缺陷出现，组织有办法识别出弱点并预先针对性地加强过程。

在这一级，整个企业将会把重点放在对过程不断的优化上。企业会主动找出过程的弱点与长处，以达到预防缺陷的目标。同时，分析有关过程的有效性的资料，做出对新技术的成本与收益的分析，以及提出对过程进行修改的建议。整个企业都致力于探索最佳软件工程实践的创新。

在这一级，项目组分析引起缺陷的原因，对过程进行评审与改进，以便预防已发生的缺陷再度发生。同时，也把从中学到的经验教训“传授”给其他项目。降低浪费与消耗也是这一级的一个重点。

处于这一等级的企业的软件过程能力可被归纳为“不断的改进与优化”。它们以两种形式进行：一种是逐渐地提升现存过程，另一种是对技术与方法的创新。虽然在其他能力成熟度等级中，这些活动也可能发生，但是在优化级，技术与过程的改进是作为常规的工作，有计划地在管理之下实行的。

优化级的焦点是软件过程的持续改进，通过定量的反馈进行不断的过程改进，这些反馈来自于过程或通过测试新的想法和技术得到。本级包含了第 4 级的所有特征。

优化级加强了定量分析，通过来自过程质量反馈和来自新观念、新技术的反馈使过程能持续不断地改进。

优化级包含 3 个 KPA，主要涉及软件组织和项目中如何实现持续的过程改进问题。重视并利用软件开发和维护过程中的反馈值进行过程和产品质量的定量控制，关键过程域包括缺陷的预防、技术更新管理和过程变更管理。

缺陷的预防（Defect Prevention）：分析软件项目的缺陷，确定原因，并采取相应措施预防它们再次发生。缺陷预防措施常常涉及软件过程的定义、管理和技术的进步等。为了能够识别缺陷，一方面要分析以前所遇到的问题和隐患，另一方面还要对各种可能出现缺陷的情况加以分析和跟踪，从中找出有可能出现和重复发生的缺陷类型，并对缺陷产生的根本原因进行确认，同时针对未来的活动预测可能产生的错误趋势。

1）技术更新管理（Technology Change Management）：选择、评价和确定新技术，如工具、方法和过程，并将有效的技术引入到软件开发组织。同时，对由此而所引起的各种标准变化（例如，组织的标准软件过程和项目定义软件过程进行处理，使之适应工作的需要）。

2）过程变更管理（Process Change Management）：不断改进和创新组织中使用的软件过程。组织的成熟度级别越高，软件开发能力越强、产品质量越好、效率越高、成本越低。过程变更管理是本着改进软件质量、提高生产率和缩短软件产品开发周期的宗旨，不断改进组织中所用软件过程的实践活动。过程变更管理活动包括定义过程改进目标、不断地改进和完善组织的标准软件过程和项目定义软件过程。制订培训和激励性的计划，以促使组织中的每个人参与过程改进活动。

优化级的特征见表 2-6。

表 2-6　优化级的特征

类　型	内　容
过程特征	整个组织特别关注软件过程改进的持续性、预见性及增强自身。防止缺陷及问题的发生。不断提高它们的过程能力 加强定量分析，通过来自过程的质量反馈和吸收新观念、新科技，使软件过程能不断地得到改进 根据软件过程的效果，进行成本/利润分析，从成功的软件过程实践中吸取经验，把最好的创新成绩迅速向全组织转移。对失败的案例，由软件过程小组进行分析以找出原因 找出过程的不足，并预先改进。把失败的教训告知全组织以防止重复的错误出现 在全组织内推广对软件过程的评价和对标准软件过程的改进 不断地改进软件过程 消除“公共”的无效率根源，防止浪费。尽管各个级别都存在这些问题，但这是第五级焦点 整个组织都存在自觉的强烈的团队意识 每个人都致力于过程改进，力求减少错误率 追求新技术，利用新技术。实现软件开发方法与技术的革新 防止出现错误，不断提高产品的质量和生产率
工作组	除具备前一级工作组外，增加了以下工作组： 软件相关组 缺陷防范活动协调组 技术改革管理活动组 软件过程改进组
度量	利用数据评估，选择过程改进
改进方向	保持持续不断的软件过程改进

2.3　软件过程管理案例

应该注意的是，并非实施了 CMM 软件项目的质量就能有所保障。CMM 是一种资质认证，它可以证明一个软件企业对整个软件开发过程的控制能力。按照 CMM 的思想进行管理与通过 CMM 认证并不能画等号。CMM 认证并不仅仅是评估软件企业的生产能力，整个评估过程同时还在帮助企业完善已经按照 CMM 建立的科学工作流程，发现企业在软件质量、生产进度以及成本控制等方面可能存在的问题，并且及时予以纠正。

设计 CMM 的初衷是为了用以支持美国国防部对软件组织的能力进行评定。因此，从 1987 年 SEI 开发出 CMM 的雏形——软件成熟度框架后，美国国防部便把它用于对软件组织的评估，以支持选择承包商时的决策。后来，随着 CMM 研制和试用工作的推进，设计者、参与者和支持者们发现了它的巨大应用潜力，于是，CMM 的研制目标扩大为：以实践为基础；反映最好的实践经验；反映那些从事软件过程改进、软件过程评价和软件能力评估的人士的需要；形成书面文件；供大众使用。

总之，CMM 主要用途有两大类：过程改进（过程评价）与能力评估，而这两种主要用途又归结为软件过程评价和软件能力评价两种评定方法。

由于接受并且通过 CMM 评估可给企业在合同竞争中带来的好处，CMM 很快在美国和美国以外那些希望得到美国的软件开发项目合同的企业中传播开来。由于 CMM 评估需求大大增加，1994 年，在美国国防部的支持下，“软件过程改进（SPI）服务部”设立了，并明码标价对外提供各种 CMM 相关服务。现在，美国已有多家咨询/服务机构获得授权开展此项服务业务，以应付日益增多的 CMM 应用需要。

正式发表的 CMM 建立了一套准则，供大众用于描述成熟软件组织的特性。这些准则可以由软件组织用于改进它们的开发和维护软件的过程，也可以由政府或商业组织用来对它们在打算与某公司签订软件项目合同时涉及的风险进行评价。

CMM 用于软件过程改进时，是通过按 CMM 给出的准则对软件过程实施评价，从而为做出改进决策和实施改进提供支持的。所以，往往又把 CMM 在过程改进方面的应用看做是过程评价。

1）软件过程评价（Software Process Assessment，SPA）。其目的是确定一个组织的当前软件过程的状态，找出组织所面临的急需解决的与软件过程有关问题，进而有步骤地实施软件过程改进，使组织的软件过程能力不断提高。因此，软件过程评价关注一个组织的软件过程有哪些需要改进之处及其轻重缓急。评估组采用 CMM 来指导他们进行调查、分析和排优先次序。组织可利用这些调查结果，参照 CMM 中的关键实践所提供的指导，规划本组织软件过程的改进策略。

2）软件能力评估（Software Capability Evaluation，SCE）。其目的是识别合格的能完成软件工程项目的承包商，或者监控承包商现有软件工作中软件过程的状态，进而提出承包商应改进之处。软件能力评估关注于识别一个特定项目在进度要求和预算限制内构造出高质量软件所面临的风险。用户在采购过程中可以对投标者进行软件能力评价。评估的结果可用于确定在挑选承包商的风险，也可对现存的合同进行评价以便监控方的过程实施，从而识别出承包商的软件过程中潜在的可改进之处。

CMM 是软件过程评价和软件能力评估的公共基础。不过，两种用法的目的不同，而且具体用法也有很大差异。软件过程评价侧重于确定本组织软件过程改进的轻重缓急；软件能力评估侧重于确定在选择软件项目承包商时可能碰到的风险，或者说是确定软件组织在软件能力方面的置信程度。后面这一点正是许多软件组织青睐按 CMM 评定等级的原因。软件过程评价与软件能力评估在动机、目标、范围以及审核结果所有权等方面都有所不同。

由于软件过程评价和软件能力评估是完全不同的两种应用，因此所用的具体方法有明显差异，但是两者都以 CMM 模型及其衍生产品为基础，实施的几个大步骤基本相同。选定评价/评估组后的步骤如下：

1）以成熟度调查问卷作为现场访问的出发点。

2）用 CMM 作为指导现场调查研究的路线图。

3）针对 CMM 中的关键过程方面指出反映该组织软件过程的强、弱之点。

4）根据所了解到的该组织达到 CMM 关键过程方面目标的情况描绘出该组织的软件过程的概貌。

5）向被审核者说明评估结果。

CMM 仅仅是模型，为了保证可靠且一致地使用它，美国卡内基梅隆大学软件工程研究所围绕 CMM 拟制了一系列支持性文件（包括相应的评价框架、方法描述和实施指南）以及各种工具。使用 CMM 的大致思路如下：

1）围绕 CMM 拟制出 CMM 评估框架（CAF），从 CAF 中归类出各类要求。

2）针对各类要求进行相应准备。

3）按对象及其需求采用适当的方法进行评定。

实施 CMM 对软件企业的发展起着至关重要的作用。CMM 过程本身就是对软件企业发展历程的一个完整而准确的描述，企业通过实施 CMM，可以更好地规范软件生产和管理流程，使企业组织规范化。

CMM 的成功与否，与一个组织内部有关人员的积极参与和创造性活动密不可分，而且 CMM 并未提供实现有关子过程域所需要的具体知识和技能。在国内要想取得过程改进成功，必须做好以下的几点：软件过程改进必须有高级主管的支持与委托，并积极地管理过程改进的进展；中层管理的积极支持；责任分明，过程改进小组的威望高；基层的支持与参与极端重要；利用定量的可观察数据，尽快使过程改进成果可见，从而激发参与者的兴趣；将实施CMM 与实施个人软件过程（PSP）和小组软件过程（TSP）有机地结合起来，如图 2-6 所示；为企业的商业利益服务，并同时要求相符的企业文化变革。

过程改善工作具有一切过程所具有的固有特征，即需要循序渐进，不能一蹴而就；需要持续改善，不能停滞不前；需要联系实际，不能照本宣读；需要适应变革，不能固定不变。将 CMM/PSP/TSP 引入软件企业首先要对单位主管和主要开发人员进行系统的培训。另一个有效的途径是进行自顶向下的课程培训，即从高层主管依次普及到下面的工程师。培训包括最基本的软件工程和 CMM 培训知识，专业领域知识等方面的培训以及软件过程方面的培训。

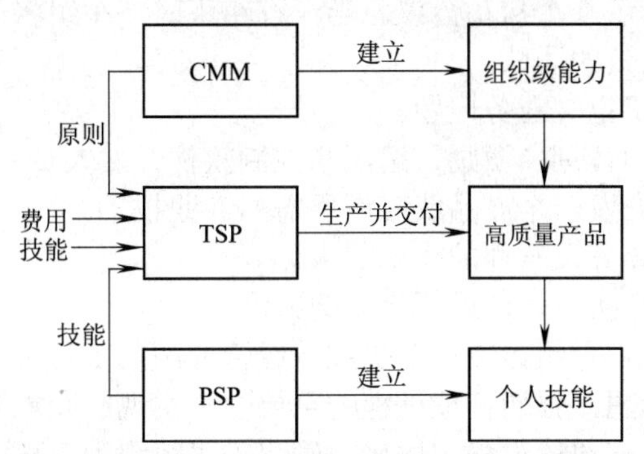

图 2-6　CMM 与个人软件过程和小组软件过程的关系

如果过程很弱，最终产品不可避免会出问题。大约每隔 5～10 年，软件界就会重定义“问题”，将其焦点从产品转移到过程。正如钟摆的自然倾向是停在两个极端之间的中间点，软件界的焦点也在不断转移，因为上一次摆动停止后，就要加新的力。这些“摆动”是有害的，因为它们彻底改变了完成工作的方法，使普通的软件开发人员迷失方向，更不用说要很好地使用它了。

因此，在软件开发中迅速普及复用的目标，可能会提高软件开发者从他们的工作中得到的满足感，也增加了接受产品和过程的二元性的紧迫感。仅从产品或仅从过程考虑一个可复用的事物，或者会模糊了它的使用范围和方式，或者会隐藏了某个事实：每一次使用它均会产生新的产品，该产品反过来又可用做某个其他的软件开发活动的输入。仅考虑其中一方面，会急剧降低复用的机会，也就失去了提高工作满足感的机会。

人们从创造的过程中得到了与从最终产品中相比同样甚至更多的满足感。一个艺术家从挥笔的过程和完成的画中会得到同样的享受；一个作家从冥思苦想一个合适的比喻和写完的书中会得到同样的享受；一个有创造力的软件专业人员也会从过程和最终的产品中得到同样的满足感。

软件人员的工作随着时间的推移会发生改变。产品和过程的二元性是一个重要的因素，使得当从程序设计最终转移到软件工程的过程中，能够一直保持人的创造力。任何组织和企业的成功，都是靠团队而不是靠个人。

TSP 解决的主要问题：如何规划和管理一个软件开发团队；如何制订团队工作所需要的策略；如何定义和确定团队中每个角色的职责；如何为团队中每个成员分配不同的角色；团队及其不同角色在整个开发过程的不同阶段应该做些什么，如何更好地发挥作用；如何协调团队成员之间的任务，并跟踪报告团队整体的任务进度；采用哪些方法提高团队的协作能力。具体的工作启动流程如图 2-7 所示。

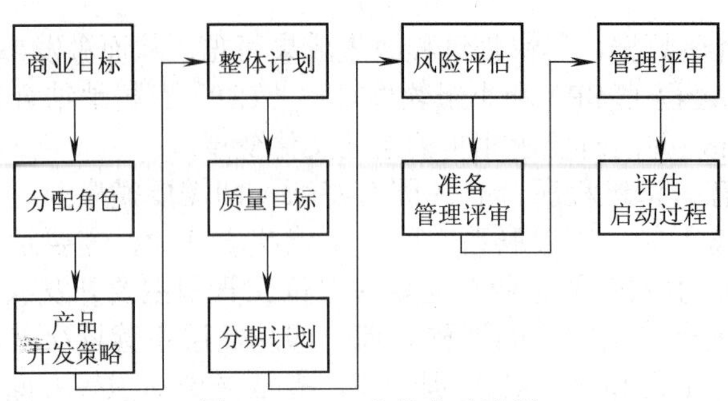

图 2-7　TSP 小组启动流程

整个启动流程共包含了 9 个启动会议。当流程结束时，小组将创建详细的工作计划，并形成一个团结一致的、高效的团队。

1）高级管理者：负责定义业务问题。

2）项目管理者：必须计划、激励、组织和控制软件开发人员。

3）开发人员：负责开发一个产品或应用所需的专业技术。

4）客户：负责说明要开发软件的需求的人。

5）最终用户：最终直接与软件进行交互的人。

许多企业通过业务流程重组拯救了自己或从经营业绩的低谷走出来。业务流程重组就是改变过去纯目标管理的思想，强调管理过程的重要性，实现从职能管理到面向业务流程管理的转变。业务流程重组注重整体流程的优化，确定了“组织为流程而定，而不是流程为组织而定”的指导思想，充分发挥每个人在整个业务流程中的作用。

软件过程管理体现在过程模型、规范、问题处理方法和具体实践等一系列内容之上，但首先体现在组织的文化中，即建立过程管理的先进理念：“以客户为导向、以过程为中心”。好的过程就能产生好的产品，尊重流程、自上而下、依赖流程，只关注质量过程而不是质量结果。

软件过程管理的先进文化一旦在组织中建立起来，其他问题就迎刃而解。软件过程管理存在的最大障碍可能不在于究竟用什么过程模型或过程管理系统，而是在于软件企业自身传统的管理理念和思维方式。树立和保持企业全体人员的正确的、先进的理念，比推广一个管理工具要难得多。所以，软件过程管理的关键是建立正确的过程管理文化。

只要一个软件企业在开发产品，它就一定有一个软件过程，可能只是没有记录下来。如果这个过程不能很好地适应开发工作的要求，就需要进行软件过程改进。就成熟度升级而言，美国 CMM 评估业界和软件业界认为，从拟订出软件过程改进大纲算起，至少要 18～24 个月才能真正完成改进，并且随着软件项目开发的启动往往要“冻结”各项相关的软件过程，也就是说，在软件开发过程中一般不会去更改该项目开发涉及的软件过程。

此外，所处水平越高，升级越难。CMM 的设计也融入了这种思想。因此，尽管距 CMM 1.1 版的发布之日已逾 20 年，即使在美国本土接受并通过 CMM 第 4 级或第 5 级评估的主要还是那些在制定出 CMM 之前就有很强软件能力的公司（如 IBM、波音、洛克希德、休斯、摩托罗拉等）里的软件组织。

1）改进的一般步骤。把要想达到的状态与目前的状态作比较，找出所有差距；决定要改变哪一些（注意不一定是全部）差距，要改变到什么程度（可分阶段改）；制订具体的行动计划；执行计划，同时在执行过程中对行动计划按情况进行调整（以最佳效果为目标）；总结这一轮改进的经验，开始下一轮改进。

2）IDEAL 模型。根据 SEI 的 IDEAL 集成软件过程改进模型，过程改进将由下列阶段组成。

I：Initiating（初始）。为成功地进行过程改进打好基础：①明确改进动机；②确定改进范围以及获取支持；③建立改进基础设施。

D：Diagnosing（诊断）。找出相对于你要达到的位置，你现在在何处：①评估当前实践情况；②提出建议并记录阶段成果。

E：Establishing（建立）。计划你如何达到你的目的：①确定改进战略和优先级；②建立过程行动组；③制订行动计划。

A：Acting（行动）。按计划进行工作：①制订、执行和跟踪试行方案；②改进试行方案；③实施最终方案。

L：Leveraging（扩充）。从经验中学习和改进你在将来采用新技术的能力：①总结经验教训；②规划未来行动计划。

软件工程研究所开发的软件成熟度模型 CMM 和国际标准化组织 ISO 开发的 ISO 9000 标准系列，都共同着眼于质量和过程的管理。二者都是为了解决同样的问题，直观上是相关的，但二者也有明显的差别。

在当今互联网蓬勃发展的时代，软件企业面临着巨大的挑战。客户需求瞬息万变、全球性竞争环境和技术创新不断加速等，导致产品生命周期不断缩短、商业模式不稳定，软件过程管理必须适应这种变化。CMM 没有几年前那么火热而开始受到了的一些冷落，敏捷过程管理越来越受到推崇。同时，IBM-Rational 的统一过程（RUP）管理和微软的过程管理框架（MSF）在保持其核心内容的前提下，也在不断进行调整，加入新的内容，以适应软件商业模式和开发模式的变化。所以，从这个意义上说，没有一成不变的软件过程管理模式，也没有放之四海皆准的、通用的软件过程管理模式。软件过程管理模式应该是在不断发展的，每个具体的软件组织和企业，应该选择适合自己的过程管理模式，并且也可能不只是选择一种模式，而是选择多种模式，以一种模式为主，对其他模式兼收并蓄，形成更有效的软件过程自定义模式。

本书以某高校的教学管理系统为案例，按照软件开发过程中的有关要求和所涉及的文档介绍软件设计的基本过程和方法。读者可以参考给出的示例文档，在软件设计开发过程中进行软件设计和文档编写工作。关于软件设计和开发各阶段的主要任务及方法请参阅相关章节，本项目的组织结构如图 2-8 所示。

拟开发项目严格按照组织定义的软件过程进行开发，过程评审的具体依据参照企业的过程规范，以保证项目中的所有过程活动都在实施范围内。每次评审之后，要对评审结果做出明确的决策并形成评审记录。评审可采取文件传阅、评审会等形式。

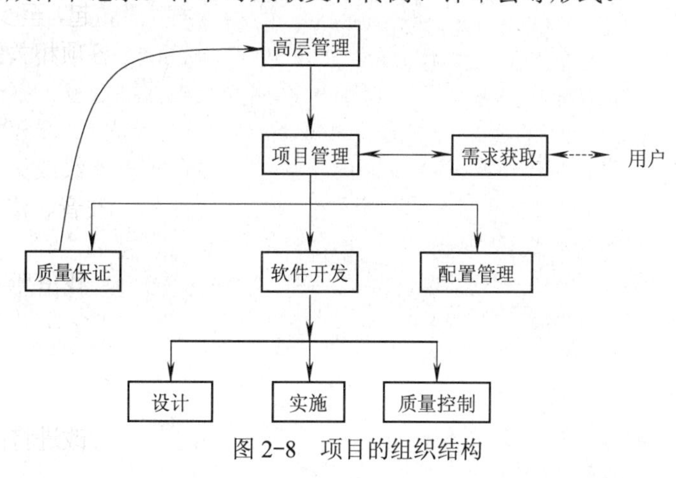

图 2-8　项目的组织结构

质量保证人员负责对项目过程进行监督，发现的问题和解决的情况在每周的例会上进行通报，对没有解决的问题进行讨论，对不能解决的问题提交高级管理者处理。

每个周末进行一次配置管理审核，确认配置管理工作是否正常进行，并进行相关的跟踪和工作记录。

根据相关的质量保证体系和本项目的具体特点，确定项目执行过程如下：项目规划过程及产品标准、项目跟踪管理过程、需求分析过程及产品标准、系统设计过程及产品标准、详细设计过程及产品标准、调试运行过程及产品标准、代码走查过程及代码编写标准、产品集成测试过程及产品标准、开发环境中的执行规则、测试环境中的执行规则、质量保证过程及其标准、配置管理过程及其标准。

本章小结

软件过程是为了获得高质量的软件产品所需要完成的一系列任务的框架，它规定了完成各项任务的工作步骤。软件能力成熟度模型（CMM）是对软件组织在定义、实施、度量、控制和改善其软件过程的实践中各个发展阶段的描述。

习　题

1. 简述软件过程的 3 层含义。
2. 简述 CMM 的发展历程。
3. 共同特性将描述关键过程域的关键实践组织起来，请列举 5 个共同特性并简述之。
4. 简述 CMM 的 5 个等级。

第 3 章　项目管理和软件项目计划

项目管理就是以项目为对象的系统管理方法，通过一个临时性的、专门的柔性组织，运用相关的知识、技术和手段，对项目进行高效率的计划、组织、指导和控制，以实现对项目全过程的动态管理和对项目目标的综合协调与优化。

随着软件规模的不断增大，开发人员也随之增多，开发时间也相应持续增长，这些都增加了软件工程管理的难度，同时也突出了软件工程管理的必要性与重要性。事实证明，由管理失误造成的后果要比程序错误造成的后果更为严重。很少有软件项目的实施进程能准确地符合预定目标、进度和预算的，这也就足以说明软件工程管理的重要。

软件工程管理目前还没有引起人们的足够重视。其原因有二：一方面是人的传统观念，即工程管理不为人们所重视；另一方面软件工程是一个新兴的科学领域，软件工程管理问题提出较晚。同时，由于软件产品的特殊性，使软件工程管理涉及很多学科，如系统工程学、标准化、管理学、逻辑学及数学等。因此，人们对软件工程管理还缺乏经验和技术。在实际工作中，不管是否正式提出管理问题，人们都在自觉或不自觉地进行着管理，只不过管理的程度不同而已。

由软件危机引出软件工程，这是计算机发展史上的一个重大进展。为了应对大型复杂的软件系统的开发，须采用传统的“分解”方法。软件工程的分解是从横向和纵向（即空间和时间）两个方面进行的。横向分解就是把一个大系统分解为若干个小系统，一个小系统分解为若干个子系统，一个子系统分解为若干个模块，一个模块分解为若干个过程。纵向分解就是生存期，把软件开发分为几个阶段，每个阶段有不同的任务、特点和方法。为此，软件工程管理需要有相应的管理策略。

软件项目管理是软件工程和项目管理的交叉学科，是项目管理的原理和方法在软件工程领域的应用。与一般的工程项目相比，软件项目有其特殊性，主要体现在软件产品的抽象性上，因此软件项目管理的难度要比一般的工程项目管理的难度大，同时软件项目失败的概率也相对要高。

软件项目管理必须从项目的开头介入，并贯穿于整个软件生存周期的全过程。有效的项目管理集中于 3 个 P 上：人员（People）、问题（Problem）和过程（Process）。其顺序不是任意的。任何管理者如果忘记了软件工程是人的智力密集的劳动，他就永远不可能在项目管理上得到成功；任何管理者如果在项目开发早期没有支持有效的用户通信，他就不可能为错误的问题建造一个不错的解决方案。对过程不在意的管理者有可能把有效的技术方法和工具插入到真空中的风险。

软件危机后的普遍性结论：软件项目成功率非常低的原因是项目管理能力太弱。软件项目管理是指软件生存周期中软件管理者所进行的一系列活动，其目的是在一定的时间和预设范围内，有效地利用人力、资源、技术和工具，使软件系统或软件产品按原定计划和质量要求如期完成。

软件项目管理的定义：对软件项目开发过程中所涉及的过程、人员、产品、成本和进度等要素进行度量、分析、规划、组织和控制的过程，以确保软件项目按照预定的成本、进度、质量要求顺利完成。

软件项目管理的主要任务包括软件项目的成本管理、软件质量管理和软件配置管理。成本管理是指估算软件项目的成本，作为立项和签合同的依据之一，并在软件开发过程中按计划管理经费的使用；质量管理是指制订软件质量保证计划，按照质量评价体系控制软件质量要素，对阶段性的软件产品进行评审，对最终软件产品进行确认，确保软件质量；配置管理是指制订配置管理计划，对程序、数据、文档的各种版本进行管理，确保软件的完整性和一致性。

1．开发人员

软件开发人员一般分为项目负责人、系统分析员、高级程序员、程序员、初级程序员、资料员等人员。根据项目规模的大小，有可能一人身兼数职，但职责必须明确。不同职责的人，要求的素质有所不同。如项目负责人需要有组织能力、判断能力和对重大问题能做出决策的能力，他的管理能力是项目成败的关键；系统分析员需要有概括能力、分析能力和社交活动能力；程序员需要有熟练的编程能力等。人员要少而精，人员选择要慎重。软件生存期各个阶段的活动既要有分工又要互相联系。要求选择各类人员既能胜任本职工作，又能相互配合，没有一个和谐的工作环境很难完成一个复杂的软件项目。

1）项目管理人员：负责软件项目的管理工作，其负责人通常称为项目经理。

2）高级管理人员：可以是领域专家，负责提出项目的目标并对业务问题进行定义。

3）开发人员：掌握了开发一个产品或应用所需的专门技术的人，负责进行包括需求分析、设计、编码、测试、发布等各种相关的开发。

2．组织机构

组织机构不是开发人员的简单集合，构建优秀的开发团队、合理的人员分工、有效的通信对成功地完成软件项目极为重要。软件开发的组织机构现有以下3种形式：

1）主程序员组织机构。由一位高级工程师（即主程序员）主持计划、协调和复审全部技术活动；一位辅助工程师或辅助程序员协助主程序员工作，并在必要时可代替主程序员工作；若干名技术人员（即程序员）负责分析和开发活动；可以有一位或几位专家和一位资料员协助软件开发机构的工作，突出主程序员的领导地位。资料员非常重要，负责保管和维护软件文档资料，帮助收集软件的数据，并在研究、分析和评价文档资料的准备方面进行协助工作。主程序员组织机构的制度突出了主程序员的领导，责任集中在少数人身上，有利于提高软件质量。

2）专家组组织机构。由若干专家组成一个开发机构，强调每个专家的才能，充分发挥每个专家的作用。这种组织机构虽然能发挥所有工作人员的积极性，但往往有可能出现协调上的困难。

3）民主制组织机构。组内成员之间可以平等地交流，工作轮流担任组长。很显然，这种组织机构对调动积极性和个人的创造性是很值得称道的，适用于研发时间长、开发难度大的项目。

3．用户

软件是为特定用户开发的，在开发过程中必须得到用户的密切合作和支持。客户是指一组可说明待开发软件的需求的人，也包括与项目目标有关的其他风险承担者。最终用户是产品或应用提交后与产品/应用进行交互的人。作为项目负责人，要特别注意与用户保持联系，及时掌握用户的心理和动态，防止来自用户的各种干扰和阻力。其干扰和阻力主要有：

1）不积极配合。指当用户对采用先进技术持怀疑态度，或担心失去自己现有的工作时，可能有抵触情绪，可能在行动上表现为消极、漠不关心，有时不配合。在需求分析阶段，做好这部分人的工作是很重要的，通过其中的业务骨干，才能真正了解到用户的需求。

2）求快求全。指对使用计算机持积极态度的用户，他们中的一部分人急切希望马上就能用上软件系统。要让他们认识到开发一个软件项目不是一朝一夕就能完成的，软件工程不是靠“人海战术”就能加快的工程；同时还要认识到计算机并不是万能的，有些杂乱无章的、随机的和没有规律的事物用计算机是无法处理的。即使计算机能够处理的事情，系统也不能一下子包罗万象，贪大求全，应按计划进行系统的管理和设计。

3）功能变化。指在软件开发过程中，用户会不断提出新的需求和修改以前提出的要求。从软件开发的角度，不希望有这种变化。但实际上，不允许用户提出变动的要求是不可能的，因为一方面每个人对新事物的认识有一个过程，不可能一下子提出全面的、正确的要求；另一方面还要考虑到与用户的关系。对来自用户的这种变化需求要正确对待，要向用户解释软件工程的规律，并在可能的条件下，部分或有条件地满足用户的合理需求变更。

4．控制

控制包括进度控制、人员控制、经费控制和质量控制。为保证软件开发按预定的计划进行，对开发过程要实施以计划为基础。由于软件产品的特殊性和软件工程的不成熟，制订软件进度计划比较困难。通常把一个大的开发任务分为若干期工程，例如分一期工程、二期工程等。然后再制订各期工程的具体计划，这样才能保证计划实际可行，便于控制。在制订计划时要适当留有余地。

5．文档资料

软件工程管理很大程度上是通过对文档资料的管理来实现的。因此，要把开发过程中的一切初步设计、中间过程和最后结果建成一套完整的文档资料。文档标准化是文档管理的一个重要方面。

软件开发涉及许多相互关联的过程，这些活动的实施直接关系到软件项目的成本和进度：需求分析、软件设计、编码、测试等。

在软件项目实施过程中会产生大量软件产品，这些软件产品相互关联、具有不同的抽象层次，主要包括软件需求规格说明书、软件设计规格说明书、源程序代码、可执行代码、测试用例等。

1）管理软件开发过程：明确过程活动、估算各个的工作量和成本、制订计划，跟踪过程，风险控制。

2）管理软件产品：有哪些产品，呈什么形式（即规范文档），如何保证它们的质量，如何控制它们的变化。

3）管理软件开发人员：如何组建一个好的团队、调动团队成员的积极性和激情、严明团队的纪律、促进人员之间的协调与合作。

相互关联的管理要素可以简略成3个W问题。过程管理，即怎么做（How）；人员管理，即谁来做（Who）；产品管理，即结果（What）。项目管理是通过项目经理和项目组织的努力，运用系统理论的方法对项目及其资源进行计划、组织、协调、控制，旨在实现项目的特定目标的管理方法体系。软件项目管理的基本内容包括项目定义、项目计划、项目执行、项目控制和项目结束。

经过可行性研究后，若一个项目是值得开发的，则接下来应制订项目开发计划。软件项目开发计划是软件工程中的一种管理性文档，主要是对开发的软件项目的费用、时间、进度、人员组织、硬件设备的配置、软件开发环境和运行环境的配置等进行说明和规划，是项目管理人员对项目进行管理的依据。项目管理人员据此对项目的费用、进度和资源进行控制和管理。

项目开发计划是一个管理性的文档，它的主要内容如下：

1）项目概述。说明项目的各项主要工作；说明软件的功能、性能；为完成项目应具备的条件；用户及合同承包者承担的工作、完成期限及其他条件限制；应交付的程序名称，所使用的语言及存储形式；应交付的文档。

2）实施计划。说明任务的划分，各项任务的责任人；说明项目进度，按阶段应完成的任务，用图表说明每项任务的开始时间和完成时间；说明项目的预算，各阶段的费用支出预算。

3）人员组织及分工。说明开发该项目所需人员的类型、组成结构和数量等。

4）交付期限。说明项目最后完工交付的日期。

3.1 对估算的观察

目前在基于计算机的系统中，软件开发成本占系统总成本的比例很大。在项目立项和项目管理工作中，客户和项目管理人员都十分重视软件项目的成本估算。软件是逻辑产品，成本估算涉及人、技术、环境、政策等多种因素，在项目完成之前，很难精确地估算出项目的开销。

对软件工程项目的规模、成本、产品质量等属性进行定量的描述，可以帮助项目管理人员和开发者制订有效的项目计划，监控项目的风险、进度和阶段产品的质量，并为调整过程活动和做出重要决策提供依据。

在计算机发展的早期，软件成本在整个计算机系统的成本中仅占很小的比例。软件成本估算中即使出现了数量级的误差也几乎没有什么影响。今天，在大多数计算机系统中，软件已经变成开销最大的部分。一个大的成本估算误差会造成营利及亏损间的巨大差别。而超支对于开发者而言是一场灾难。

软件成本及工作量估算永远不是一门精确的科学。其中的变化包括人员、技术、环境、策略，这些影响了软件的最终成本及开发所需的工作量。软件项目估算可以运用测量、度量和估算的方法，估算出可接受的风险。

1）测量（measure）：对产品或过程的某个属性的范围、数量、维度、容量或大小提供一个定量的指示。

2）度量（metric）：对系统、部件或过程的某一特性所具有的程度进行的量化测量，如软件质量度量等。

3）估算（estimation）：对软件产品、过程、资源等使用历史资料或经验公式等进行预测，如工作量、成本、完成期限等。估算一般用于立项、签订合同、制订工作计划等。

常用的估算方法：①参照已经完成的类似项目估算待开发项目的成本和工作量；②将大的项目分解成若干子项目，在估算出每个子项目成本和工作量之后，再估算整个项目；③将软件项目按软件生存周期分解，分别估算出软件项目在软件开发各个阶段的工作量和成本，然后再把这些工作量和成本汇总估算整个项目；④根据实验或历史数据给出软件项目工作量或成本的经验估算公式。

以上 4 种方法可以同时、单独或组合使用，以便取长补短，提高项目估算的精度和可靠性。采用分解技术估算软件项目应考虑系统集成时需要的工作量。为了实现软件项目估算，实践中开发了大量的软件项目自动估算工具，用以支持软件工作量或成本估算。

软件项目估算的准确性取决于若干因素：①计划者适当地估算待建造产品的规模的程度；②把规模估算转换成人的工作量、时间及成本的能力是一个来自以前项目的可靠软件度量的可用性函数；③项目计划反映软件项目组能力的程度；④产品需求的稳定性及支持软件工程工作的环境。

软件度量可分为直接度量和间接度量两类：

1）直接度量。对不依赖于其他属性的简单属性的测量，如软件的模块数、程序的代码行数、操作符的个数，工作量、成本等。

2）间接度量。对涉及若干个其他属性的软件要素、准则或属性的度量。因为它们必须通过建立一定的度量方法或模型才能间接推断而获得，如软件的功能性、复杂性、可靠性、可维护性等。

软件开发成本主要表现为人力消耗乘以平均工资则得到开发费用。成本估计不是精确的科学，因此应该使用几种不同的估计技术以便相互校验。下面简单介绍几种估算技术。

1. 代码行技术

代码行技术（Line of Code，LOC）是比较简单的定量估算方法，它把开发每个软件功能的成本和实现这个功能需要用的源代码行数联系起来。通常根据经验和历史数据估计实现一个功能需要的源程序行数。当有以往开发类似工程的历史数据可供参考时，这个方法是非常有效的。

一旦估计出源代码行数以后，用每行代码的平均成本乘以行数就可以确定软件的成本。每行代码的平均成本主要取决于软件的复杂程度和开发人员的工资水平。

2. 任务分解技术

任务分解技术是指首先把软件开发工程分解为若干个相对独立的任务，其次分别估计每个单独的开发任务的成本，最后累加起来得出软件开发工程的总成本。估计每个任务的成本时，通常先估计完成该项任务需要用的人力，以人月为单位，再乘以每人每月的平均工资，最后得出每个任务的成本。

最常用的办法是按开发阶段划分任务。如果软件系统很复杂，由若干个子系统组成，则可以把每个子系统再按开发阶段进一步划分成更小的任务。

典型环境下各个开发阶段需要使用的人力的百分比见表 3-1。当然，应该针对每个开发工程的具体特点，并且参照以往的经验尽可能准确地估计每个阶段实际需要使用的人力。

表 3-1　使用的人力的百分比

任　　务	人力（%）
可行性研究	5
需求分析	10
设计	25
编码和单元测试	20
综合测试	40
总计	100

3. 自动估计成本技术

自动估算工具实现一种或多种分解技术或经验模型。如果与交互式人机界面结合起来，在进行估算时，自动工具将是一种很有吸引力的选择。在这类系统中，要描述开发组织的特性，如经验、环境及待开发软件的性质。成本及工作量估算可由这些数据导出。

每一个选择来估算可用软件成本的参量取决于用于估算的历史数据。如果没有历史数据存在，则成本估算将建立在一个很不稳定的基础之上。

采用自动估计成本的软件工具可以减轻人的劳动，并且使得估计的结果更客观。但是，采用这种技术必须以长期搜集的大量历史数据为基础，并且需要有良好的数据库系统支持。

成本/效益分析首先要估计开发成本、运行费用和新系统将带来的经济效益。运行费用取决于系统的操作费用，包括操作员人数，工作时间，消耗的物资和维护费用等。系统的经济效益等于因使用新系统而增加的收入加上使用新系统可以节省的运行费用。因为运行费用和经济效益两者在软件的整个生命周期内都存在，而总的效益和生命周期的长度有关，所以应该合理地估计软件的寿命。虽然许多系统在开发时预期生命周期都很长，但是时间越长系统被废弃的可能性也越大，为了保险起见，通常在进行成本/效益分析时一律假设生命周期为 5 年。此外，应该比较新系统的开发成本和经济效益，以便从经济角度判断这个系统是否值得投资，但是，投资是现在进行的，效益是将来获得的，不能简单地比较成本和效益，还应该考虑货币的时间价值。

通常用投资回收期衡量一项开发工程的价值。所谓投资回收期就是使累计的经济效益等于最初投资所需要的时间。显然，投资回收期越短就能越快获得利润，这项工程也就越值得投资。投资回收期仅仅是一项经济指标，为了衡量一项开发工程的价值，还应该考虑其他经济指标。

衡量开发工程价值的另一项经济指标是工程的纯收入，也就是在整个生命周期之内系统的累计经济效益与投资之差。这相当于比较投资开发一个软件系统和把钱存在银行中或贷给其他企业这两种方案的优劣。如果纯收入为零，则工程的预期效益和在银行存款一样，但是开发一个系统要冒风险，因此从经济观点看这项工程可能是不值得投资的。如果纯收入小于零，那么这项工程显然不值得投资。

把资金存入银行或贷给其他企业能够获得利息，通常用年利率衡量利息多少。类似地也可以计算投资回收率，用它衡量投资效益的大小，并且可以把它和年利率相比较，在衡量工程的经济效益时，投资回收率是最重要的参考数据。

已知现在的投资额，并且已经估计出将来每年可以获得的经济效益，那么，给定软件的使用寿命之后，怎样计算投资回收率呢？设想把数量等于投资额的资金存入银行，每年年底从银行取回的钱等于系统每年预期可以获得的效益，在时间等于系统寿命时，正好把在银行中的存款全部取光，那么就可以计算出年利率这个假想的年利率就等于投资回收率。

开发一个软件系统是一种投资，期望将来获得更大的经济效益。通常表现为减少运行费用和增加收入。投资开发新系统往往要冒一定风险，系统的开发成本可能比预计的高，效益可能比预期的低。效益分析的目的正是要从经济角度分析开发一个特定的新系统是否有经济效益，从而帮助客户组织的负责人正确地做出是否投资于这项开发工程的决定。

4. 面向规模的度量

软件规模通常是指软件的大小（size），一般用代码行度量。面向规模的度量是对软件和软件开发过程的直接度量。

设：L 表示软件的代码行数，单位为 KLOC（千行代码）或 LOC；E 表示开发软件所需工作量，单位为人月（PM）或人年（PY）；S 表示软件成本，单位为美元或元；N 表示错误个数；Pd 表示软件文档的页数；M 表示开发所用的人数。则有：

软件开发的生产率 P（即平均每人月开发的代码行数，以 LOC/PM 为单位）为

$$P=L/E \tag{3-1}$$

开发每行代码的平均成本 C（以美元/LOC 或元/LOC 为单位）为

$$C=S/L \tag{3-2}$$

代码出错率 EQR（即每千行代码的平均错误数，以个/KLOC 为单位）为

$$EQR=N/L \tag{3-3}$$

软件的文档率 D（即平均每千行代码的文档页数，以页/KLOC 为单位）为：

$$D=Pd/L \tag{3-4}$$

例 已知有一个国外典型的软件项目的记录，开发人员 M=6 人，其代码行数=20.2KLOC，工作量 E=43PM，成本 S=314 000 美元，错误数 N=64，文档页数 Pd=1 050 页。试计算开发该软件项目的生产率 P、平均成本 C、代码出错率 EQR 和文档率 D。

解：根据给出的已知数据，可得

$$P=L/E=20.2\text{KLOC}/43\text{PM}=0.47\text{KLOC/PM}$$

=470LOC/PM

C=S/L=314 000 美元/20. 2KLOC

=15.54 美元/LOC

EQR=N/L=64 个/20. 2KLOC=3. 17 个/KLOC

D=Pd/L=1 050 页/20. 2KLOC=51. 98 页/KLOC

基于代码行，面向规模的度量方法的优点：简单、直接。缺点：该度量方法依赖于程序设计语言的功能和表达等特征，在开发初期很难准确估算出代码行数，对设计水平高的软件项目产生不利影响。

适用范围：适合于过程式程序设计语言和事后度量。

5．面向功能的度量

1979 年，Albrecht 首先提出了简单功能点（FP）度量方法。这是一种面向功能的间接度量方法，即从软件定义的基本功能出发，估算软件系统的规模。因此，该方法可以在软件开发项目的初期，在软件定义过程中即可预测待开发软件的规模。

它是一种针对软件的功能特性进行度量的方法，主要考虑软件系统的“功能性”和“实用性”。基于软件信息域的特征（可直接测量）和软件复杂性进行规模度量。

简单功能点度量方法步骤：①计算信息域特征的值 CT；②计算复杂度调整值；③计算功能点 FP。

功能点 FP 的度量公式如下：

$$FP=CT\times TCF=CT[0.65+0.01\sum_{i=1}^{14}F_i]$$

其中 CT 是基本功能点的 5 个信息量的加权因子，取值表示：

1）用户输入数。用户为软件系统提供的输入参数的个数（不包括查询）。

2）用户输出数。软件为用户提供的输出参数（报告、屏幕帧、错误信息等）的个数。

3）用户查询数。一次联机输入导致软件以联机输出方式实时产生一个响应的个数。

4）文件数。逻辑主文件的个数。

5）外部接口数。机器可读的接口（如磁盘或磁带上的数据文件等）的个数。

在 FP 度量公式中，TCF——技术复杂性调节因子。

0.65 和 0.01——经验数据。

F_i（i=1，2，…，14）——复杂性调节值。F_i 所代表的因素即 1～14 号问题，每个 F_i 可根据实际情况取 0、1、2、3、4、5 中的一个值。

其中：0—没有影响、1—偶然的、2—适中、3—普通、4—重要、5—极重要的影响。

F_i 对应的 1～14 号问题如下：

1）系统需要可靠的备份和复原吗？

2）需要数据通信吗？

3）有分布处理功能吗？

4）性能是关键吗？

5）系统是否在一个已有的、很实用的操作环境中运行？

6）系统需要联机数据入口吗？

7）联机数据入口需要在多屏幕或多操作之间切换以完成输入吗？

8）系统需要联机更新主文件吗？

9）系统的输入、输出、文件或查询复杂吗？

10）系统内部处理过程复杂吗？

11）代码需要被设计成可复用的吗？

12）设计中要包括转换及安装吗？

13）系统设计支持不同组织的多次安装吗？

14）系统设计有利于用户修改和使用吗？

TCF 取值范围：0.65～1.35。

简单功能点度量方法没有直接考虑软件本身的算法的复杂性问题，所以它仅适用于度量算法简单的事务处理等系统。

1986 年，Jones 对简单功能点度量进行了推广，在计算软件系统的基本功能点 CT 时，引入了算法复杂性因素。这种推广的度量方法被称为功能点度量。

这两种方法对一般的事务处理系统等算法简单的软件系统计算出来的 FP 值基本相同，但对于较复杂的软件系统，功能点度量方法比简单功能点度量方法计算出来的 FP 值要高 20%～35%。

用功能点计算软件项目的有关参考量如下。

1）生产率 P（平均每人月开发的功能点数，以功能点/PM 为单位）：

$$P=FP/E \tag{3-5}$$

2）平均成本 C（以美元/功能点或元/功能点为单位）：

$$C=S/FP \tag{3-6}$$

3）代码出错率 EQR（即每功能点的平均错误数，以个/功能点为单位）：

$$EQR=N/FP \tag{3-7}$$

4）软件的文档率 D（即平均每功能点的文档页数，以页/功能点为单位）：

$$D=Pd/FP \tag{3-8}$$

功能点度量方法的优点：可用于软件项目开发的初期阶段的项目估算，因为在可行性研究阶段和需求分析阶段已能基本确定输入、输出等各个参考量；与程序设计语言无关；适用于过程或非过程式语言。

功能点度量方法的缺点：某些参考量的收集有一定困难；度量值的主观因素较多，如 F_i 取值；功能点 FP 本身没有直观的物理意义。

代码行度量依赖于程序设计语言，而功能点度量不依赖于程序设计语言。Albrecht 和 Jones 等人对若干软件采用事后处理的方式，分别统计出不同程序设计语言每个功能点与代码行数的关系，用 LOC/FP 的平均值表示。一行 Ada 语言代码的“功能”平均是一行 Fortran 语言代码“功能”的 1.4 倍。一行四代语言代码的“功能”平均是一行传统程序设计语言代码“功能”的 3～5 倍。

3.2　项目计划目标

在软件项目管理过程中，一个关键的活动是制订项目计划，它是软件开发工作的第一步。项目计划的目标是为项目负责人提供一个框架，使之能合理地估算软件项目开发所需资源、经费和开发进度，并控制软件项目开发过程按此计划进行。

软件项目计划是由系统分析员与用户共同经过“可行性研究与计划”阶段后制订的，所以软件项目计划是可行性研究阶段的管理文档。但由于可行性研究是在高层次进行系统分析，未能考虑软件系统开发的细节情况，因此软件项目计划一般在需求分析阶段完成后才能定稿。任务明确以后，软件项目计划的第二项任务是对完成该软件项目所需的资源进行估算。

软件项目计划包括研究与估算两个任务，即通过研究确定该软件项目的主要功能、性能和系统界面。在做计划时，开发者必须就需要的人力、项目持续时间及成本做出估算。这种估算大多是参考以前的花费做出的。

估算是指在软件项目开发前，估算项目开发所需的经费、所要使用的资源以及开发进度。在做软件项目估算时往往存在某些不确定性，使得软件项目管理人员无法正常进行管理而导致产品迟迟不能完成。现在所使用的技术是时间和工作量估算。

因为估算是所有其他项目计划活动的基石，且项目计划又为软件工程过程提供了工作方向，所以不能没有计划就开始着手开发，否则将会使开发陷入盲目性。

项目计划是项目组织根据软件项目的目标及范围，对项目实施中进行的各项活动进行周密的计划。项目计划根据项目目标确定项目的各项任务、安排任务进度、编制完成任务所需的资源预算等。项目计划包括工作计划、人员组织计划、设备采购计划、变更控制计划、进度控制计划、财务计划、文件控制计划、应急计划等。

制订和文档化软件项目计划，确保软件开发计划是可行、科学、符合实际的。主要实现：要对软件开发过程中的哪些方面制订计划？制订软件项目的计划的基础和依据是什么？要考虑哪些方面的问题？如何确保计划是科学的和可行的？软件度量如何描述计划？利用哪些工具可辅助计划的制订？

项目生命周期中有 3 个与时间相关的重要概念，这 3 个概念分别是：检查点（Checkpoint）、里程碑（Mile Stone）和基线（Base Line），它们一起描述了在什么时候对项目进行什么样控制。

1）检查点。指在规定的时间间隔内对项目进行检查，比较实际与计划之间的差异，并根据差异进行调整。可将检查点看做是一个固定“采样”时点，而时间间隔根据项目周期长短不同而不同，频度过小会失去意义，频度过大会增加管理成本。常见的间隔是每周一次，项目经理需要召开例会并上交周报。

2）里程碑。完成阶段性工作的标志，不同类型的项目里程碑不同。里程碑在项目管理中具有重要意义，下面用一个例子说明。

第一种方式：让一个程序员一周内编写一个模块，前 3 天可能很悠闲，可后 2 天就得拼命加班编写程序了，而到周末时又发现系统有错误和遗漏，必须修改和返工，于是周末又得加班了。

第二种方式：周一与程序员一起列出所有需求，并请业务人员评审，这时就可能发现遗漏并及时修改；周二要求程序员完成模块设计并确认，如果没有大问题，周三、周四就可以编写程序了。同时自己准备测试案例，周五完成测试；一般经过需求、设计确认，如果程序合格则不会有太大问题，周末可以休息了。

第二种方式增加了“需求”和“设计”两个里程碑，这看似增加了额外工作，但其实有很大意义：首先，对一些复杂的项目，需要逐步逼近目标，里程碑产出的中间“交付物”是每一步逼近的结果，也是控制的对象。如果没有里程碑，中间想知道做得怎么样了是很困难的。其次，可以降低项目风险。通过早期评审可以提前发现需求和设计中的问题，降低后期修改和返工的可能性。另外，还可根据每个阶段产出结果分期确认收入，避免血本无归。第三，一般人在工作时都有“前松后紧”的习惯，而里程碑强制规定在某段时间做什么，从而合理分配工作，细化管理“粒度”。

3）基线。指一个（或一组）配置项在项目生命周期的不同时间点上，通过正式评审而进入正式受控的一种状态。基线其实是一些重要的里程碑，但相关“交付物”要通过正式评审，并作为后续工作的基准和出发点。基线一旦建立后，其变化需要受控制。

重要的检查点是里程碑，重要的需要客户确认的里程碑，就是基线。在实际的项目中，周例会是检查点的表现形式，高层的阶段汇报会是基线的表现形式。

首先，定义项目前景：所有涉众都从共同认同的项目前景出发，理解和描述问题域及需求。其次，定义业务需求和能够满足需求的高层解决方案，包括业务目标、目的，高层业务功能，每个高层业务功能所关联的高层数据，每个功能相关的项目涉众等。

例如，对一个配有嵌入式软件的售货机而言，销售机开发者的业务目标为：向零售商出售或出租售货机，并由此获利；通过售货机向顾客销售消费品；引起客户对商品的兴趣；生产出多种类型的售货机。

零售商的业务目标为：将单位营业面积的收益最大化；吸引更多的顾客来商店购买；用售货机替代人工，带来销量和利润的增长。

可能产生的矛盾：开发者重技术、零售商要求简单可直接投入使用、顾客希望方便和功能性。

现实世界是复杂的，从不同的角度观察，会看到不同的内容。例如，对桌子，木匠、商人、考古学家、工艺学家等观察到的内容是不一样的。

因此，如何保证项目涉众以符合项目需要的角度描述现实世界？描述哪些事物和事件才会尽可能地符合项目的需要？项目计划的目标是通过一个信息发现的过程实现的，该过程最终导致能够进行合理的估算。

软件项目计划的目标是提供一个框架，使得管理者能够对资源、成本及进度进行合理的估算。这些估算是软件项目开始时在一个限定的时间框架内做的，并且随着项目的进展不断更新。此外，估算应该定义“最好的情况”及“最坏的情况”，使得项目的结果能够被限制在一定范围内。

3.3 软件范围

软件项目计划的第一个活动是确定软件范围。在系统工程阶段应该对分配给软件的功能及性能加以评估，以建立一个项目范围，该范围在管理级及技术级均是无二义性的和可理解的。

软件范围描述了功能、性能、约束条件、接口及可靠性。在范围说明中给出的功能被评估，并在某些情况下被进一步精化，以便在估算开始之前提供更多的细节。因为成本及进度估算都是面向功能的，所以某种程度上的分解常常是很有用的。性能方面要考虑包括加工及响应时间在内的要求。约束条件标识了外部硬件、可用内存或其他已有系统等对软件的限制。

在软件项目开始时，事情总是有某种程度的模糊不清。虽然已经定义了需求，并确立了基本的目标及目的，但定义软件范围所需的信息却还没有被定义。

在用户和开发者之间建立通信的桥梁，并使通信过程顺利开始的最常用的技术是进行一个初步的会议或访谈。软件工程师（即分析员）和用户之间的第一次会议可能就像青年男女的第一次约会那么尴尬：双方都不知道说什么或问什么；双方都担心对方所说的话会被误解；双方都在想会有什么结果；双方都希望事情赶快结束；但同时，双方都希望能够成功。

软件与基于计算机系统的其他组成成分之间进行交互。计划者考虑每一个接口的性质及复杂性，以确定它们对开发资源、成本及进度的影响。接口的概念是指：运行软件的硬件，如处理器、外设以及不直接由软件控制的设备如机器、显示器；已有的且必须与新软件连接的软件，如数据库访问例程、可复用软件构件、操作系统；通过键盘或其他 I/O 设备使用软件的人；在软件之前或之后共同作为一个顺序操作系列的程序，在每种情况下，通过接口传送的信息必须能被清楚地理解。

关于软件范围的最不精确的方面是对可靠性的讨论。软件可靠性测量确实已经存在，但它们很少在项目的这一阶段中使用。典型的硬件可靠性，如平均失败间隔时间，难以转换到软件领域使用。不过，软件的一般性质可能引发某些特殊的考虑来保证“可靠性”。例如，航空交通控制系统或穿梭号宇宙飞船的软件一定不能失败，否则就会出人命；而一个库存控制系统或字处理软件原则上也不应该失败，但如果失败，其影响要小得多。虽然不可能在范围说明中精确地量化软件可靠性，但可以利用项目的性质来辅助工作量及成本的估算，以保证可靠性。

软件范围是对软件项目的综合描述，定义其所要做的工作以及性能限制，它包括以下几个内容：

1）项目目标。说明项目的目标与要求。

2）主要功能。给出该软件的重要功能描述。该描述只涉及高层及较高层的系统逻辑模型。

3）性能限制。描述总的性能特征及其他约束条件，如主存、数据库、通信速率和负荷限制等。

4）系统接口。描述与此项目有关的其他系统成分及其关系。

5）特殊要求。指对可靠性、实时性等方面的特殊要求。

6）开发概述。概括说明软件开始过程各阶段的工作，重点集中于需求定义、设计和维护。

3.4 软件项目估算

为了使开发项目能够在规定的时间内完成，而且不超出预算，成本预算和管理控制是关键。对于一个大型的软件项目，由于项目的复杂性，开发成本的估算不是一件简单的事，要进行一系列的估算处理。一个项目是否开发，从经济上来说是否可行，归根结底取决于对成本的估算。

1. 成本估算方法

成本估算方法主要包括自顶向下估算方法、自底向上估算方法、差别估算方法等。

1）自顶向下估算方法。估算人员参照以前完成的项目所耗费的总成本或总工作量，来推算将要开发的软件的总成本或总工作量，然后把它们按阶段、步骤和工作单元进行分配，这种方法称为自顶向下估算方法。自顶向下估算方法的主要优点是对系统级工作的重视，所以估算中不会遗漏系统级的诸如集成、用户手册和配置管理之类的事务的成本估算，且估算工作量小、速度快。它的缺点是往往不清楚低层次上的技术性困难问题，而往往这些困难将会导致成本上升。

2）自底向上估算方法。这种方法的优点是将每一部分的估算工作交给负责该部分工作的人来做，所以估算较为准确。其缺点是其估算往往缺少与软件开发有关的系统级工作量，如集成、配置管理、质量管理和项目管理等，所以估算往往偏低。

3）差别估算方法。差别估算是将开发项目与一个或多个已完成的类似项目进行比较，找出与某个相类似项目的若干不同之处，并估算每个不同之处对成本的影响，最终导出开发项目的总成本。该方法的优点是可以提高估算的准确度，缺点是不容易明确“差别”的界限。

除以上方法外，还有许多方法，大致包括专家、类推和算式估算法。

1）专家估算法。依靠一个或多个专家对要求的项目做出估算，其精确性取决于专家对估算项目的定性参数的了解和开发项目的经验。

2）类推估算法。自顶向下的方法中，类推是将估算项目的总体参数与类似项目进行直接比较得到结果。自底向上方法中，类推是在两个具有相似条件的工作单元之间进行。

3）算式估算法。专家估算法和类推估算法的缺点在于，它们依靠带有一定盲目和主观的猜测对项目进行估算。算式估算法则是企图避免主观因素的影响。

用于估算的方法有两种基本类型：①由理论导出或由经验得出；②基于经验估算模型的估算。典型的经验估算模型有结构性成本模型（CoCoMo）、Putnam 模型和 IBM 估算模型。上述方法可以组合使用以提高估算的精度。支持大多数估算模型的经验数据是来源于一个有限的项目样品集。因此，没有任何估算模型能够适用于所有类型的软件及所有开发环境。所以，从这种模型中得到的结果必须谨慎地使用。一般来讲，一个估算模型应能根据当前项目情况加以调整。该模型是根据已完成项目的结果导出的。由该模型预测的数据应该与实际的结果进行比较，并针对当前情况评估该模型的功效。如果两个数据之间有较大偏差，则模型的指数及系数必须使用当前项目的数据进行重新计算。

2. 成本估算模型

（1）CoCoMo

CoCoMo（Constructive Cost Mode，结构性成本模型）是最精确、最易于使用的成本估算方法之一。该模型分为：①基本 CoCoMo，它是一个静态单变量模型，对整个软件系统进行估算；②中级 CoCoMo，它是一个静态多变量模型，将软件系统模型分为系统和部件两个层次，系统是由部件构成的，它把软件开发所需人力即成本看做是程序大小和一系列“成本驱动属性”的函数，用于部件级的估算，更精确些；③详细 CoCoMo，将软件系统模型分为系统、子系统和模块 3 个层次，它除包括中级模型中所考虑的因素外，还考虑了在需求分析、软件设计等每一步的成本驱动属性的影响。

基本 CoCoMo 估算公式：

$$E=a(KLOC)\exp(b)$$
$$D=c(E)\exp(d) \tag{3-9}$$

式（3-9）中 E 为开发所需的人力（人/月），D 为所需的开发时间（月），KLOC 为估计提交的代码行，表示千代码行。a，b，c 和 d 是指不同软件开发方式的值，取值见表 3-2。

表 3-2　基本 CoCoMo 参数

项目类型	a	b	c	d
组织型	2.4	1.05	2.5	0.38
半独立型	3.0	1.12	2.5	0.35
嵌入型	3.6	1.20	2.5	0.32

组织型即指在本机内部的开发环境中的小规模产品。嵌入式计算机开发环境往往受到严格限制，例如时间与空间的限制，因此对同样的软件规模，其开发难度要大些，估算工作量要大得多，生产率将低得多。半独立方式介于组织型与嵌入方式之间。

$$生产率=(KLOC)/E（代码行/人月）$$
$$人员数=E/D \tag{3-10}$$

中级 CoCoMo 先产生一个与基本 CoCoMo 一样形式的估算公式，然后对 15 个“成本驱动属性”进行打分，定出“乘法因子”，对公式进行修正。每个调节因子的取值分为很低、低、正常、高、很高、极高 6 级，乘法因子取值见表 3-3。

表 3-3 乘法因子

成本驱动属性	工作量因素 F_i	很低	低	正常	高	很高	极高
产品因素	软件可靠性	0.75	0.88	1.00	1.15	1.40	
	数据库规模		0.94	1.00	1.08	1.16	
	产品复杂性	0.70	0.85	1.00	1.15	1.30	1.65
计算机因素	执行时间限制			1.00	1.11	1.30	1.66
	存储限制			1.00	1.06	1.21	1.56
	虚拟机易变性		0.87	1.00	1.15	1.30	
	环境周转时间		0.87	1.00	1.07	1.15	
人员的因素	分析员能力应用领		1.46	1.00	0.86		
	域实际经验	1.29	1.13	1.00	0.91	0.71	
	程序员能力（软硬件结合）	1.42	1.17	1.00	0.86	0.82	
	虚拟机使用经验	1.21	1.10	1.00	0.90	0.70	
	程序语言使用经验	1.41	1.07	1.00	0.95		
项目因素	现代程序设计技术	1.24	1.10	1.00	0.91	0.82	
	软件工具的使用	1.24	1.10	1.00	0.91	0.83	
	开发进度限制	1.23	1.08	1.00	1.04	1.10	

15 个成本驱动属性分成如下 4 组：

1）产品因素：指所需软件可靠性、数据库规模及产品复杂性。

2）计算机因素：指执行时间、存储限制、虚拟机易变性及环境周转时间。

3）人员因素：指分析员能力、应用领域实际经验、程序员能力、虚拟机使用经验及程序语言使用经验。

4）项目因素：指现代程序设计技术、软件工具的使用及开发进度限制。

（2）Putnam成本估算经验模型

1978 年，Putnam 提出了大型软件项目的动态多变量估算模型。该模型以工作量在 30 人/年以上的大型软件项目的实测数据为依据，推导出了工作量分布曲线，如图 3-1 所示。图 3-1 中的工作量分布曲线的形状与著名的 Rayleigh-Norden 曲线相似。

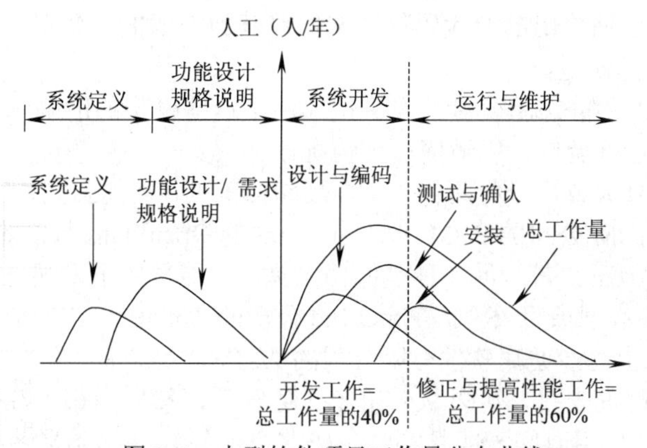

图 3-1 大型软件项目工作量分布曲线

根据曲线导出关于提交的代码行数 L，人力 K（人/年）和开发时间 t_d（年）之间的估算公式为。

$$L=C_k E^{1/3} t_d^{4/3} \qquad (3-11)$$

其中：L 为源代码行数（以 LOC 计）；E 为开发与维护的工作量（以人/年计）；t_d 为开发时间（以年计）；C_k 为技术状态常数，与开发环境有关。

C_k=2000——较差，没有方法学的支持，缺乏文档和评审，采用批处理方式。

C_k=8000——一般，有方法学的支持，有适当的文档和评审，采用交互处理方式。

C_k=11000——较好，有集成化的 CASE 工具和环境。

由式（3-11）可以得出估算工作量的式子：

$$E=L^3/（C_k^3 t_d^4） \qquad （3-12）$$

工作量估算出来之后，就可以估算软件项目的成本。式（3-12）中的 t_d 是对应于软件交付时的时间，它正好是工作量曲线的峰值，说明此时的工作量最大、参加项目的人最多。

软件计划的第二个任务是估算完成软件开发工作所需的资源。每一类资源都由 4 个特征来说明：资源描述、可用性说明、需要该资源的时间及该资源被使用的持续时间。后两个特征可以看做是时间窗口。对于一个特定的时间窗口而言，资源的可用性必须在开发的最初期就建立起来。

根据 Putnam 得出的软件项目开发工作量与开发时间的 4 次方成反比的结论，得出软件开发的人员-时间折中定律：在时间允许的情况下，适当减少人员会提高工作效率，降低软件开发成本。F.Brooks 从大量的软件开发实践中发现："向一个已经延期的软件项目，追加开发人员可能使项目完成得更晚"。

软件开发宁可时间长一点，人员少一点，这样可以减少人员之间的通信开销，工作效率会更高。

（3）IBM模型

1977 年，IBM 公司对 60 个软件项目的数据利用最小二乘法拟合，得到的经验估算公式：

$$E=5.2\times L^{0.91} \qquad （3-13）$$

$$D=4.1\times L^{0.36}=2.136\times E^{0.3956} \qquad （3-14）$$

$$S=0.54\times E^{0.6} \qquad （3-15）$$

$$DOC=49\times L^{1.01} \qquad （3-16）$$

其中：E 为工作量（PM）；L 为源代码行数（KLOC）；D 为项目持续的时间（以月为单位）；S 为人员需要量（人）；DOC 为文档数量（页）。

IBM 模型是根据已估算出的源代码行数来估算其他资源的需要量的，因此该模型是面向 LOC 的静态单变量估算模型。

还有一些面向 FP 的静态单变量估算模型。由于这些模型的准确度不高，在实际应用中必须对公式中的参数进行调整，以适应目前情况。

软件项目管理工具大致可分为两种，一种是高档工具，功能强大，但是价格不菲。例如，Primavera 公司的 P3、IBM 公司的 RPM、Welcom 公司的 OpenPlan、北京梦龙公司的智能 PERT 系统、Gores 公司的 Artemis 等。另一种是低档工具，功能虽然不是很强大，但是价格比较便宜，可以应用于一些中小型项目。例如，TimeLine 公司的 TimeLine、Scitor 的 Project Scheduler、Microsoft 的 Project、上海沙迪克软件有限公司的 ALESH 等。

任务之间的具体时间安排，可以从一组子任务入手，然后为每一项任务输入工作量、持续时间和开始时间（可以用时间表即甘特图完成这个任务）。大多数项目进度安排工具都会生成项目进度表，包括所有项目任务，计划开始与结束日期，实际开始与结束日期，人员分配，工作量分配等。

项目进度表应定义在项目进展过程中必须被跟踪和控制的任务及里程碑，通过以下列方式实现：定期举行项目状态会议，由项目组中的各成员分别报告进度和问题；评估所有在软件过程中所进行的评审结果；确定里程碑是否预期完成；比较项目表中的计划时间和实际时间；与开发人员进行非正式会谈，获取项目的进展和可能出现的问题。

3.5　项目管理实验

为了更好地理解和掌握项目管理的知识，项目管理需要完成一些实验，本次案例是通过使用 IBM Rational Portfolio Manager（RPM）完成项目管理的一些工作，目的是了解项目工具的使用和项目管理的相关知识。实验内容和步骤如下：

（1）登录IBM RPM

1）在桌面上双击 RPM 客户端快捷方式，或选择开始菜单→所有程序→IBM Rational→IBM Rational Portfolio Manager→Rational Portfolio Manager，打开 RPM 客户端。

2）配置客户端。在 RPM 登录界面上单击“Configuration”按钮，如图 3-2 所示。

图 3-2　配置客户端

在“Profile Configuration”对话框中单击“Add”按钮添加新的 profile，输入 profile 信息，如图 3-3 所示。

Profile Name：给新的 profile 起一个名字。

Server Name：localhost：9080/webapp/IBMRPM。

Connection Type：http。

Application Name：IBMRPM。

单击“OK”按钮确认，如图 3-4 所示。

Profile Name	Server Name	Connection Type	Application Name
6.2	9.186.64.93:9080/webapp/IBMR	http	IBMRPM
demo	9.186.117.220:9080/webapp/IBI	http	IBMRPM
PMOR2	www.ibm.com/services/outsourci	https	PMOR2
pmotest	pmotest.mtllab.ibm.com:8080/we	http	IBMRPM70
QA	pmogta.mtllab.ibm.com:9080/wel	http	IBMRPM
requirement	pmoentdev.mtllab.ibm.com/weba	http	IBMRPM60
local	localhost:9080/webapp/IBMRPM	http	IBMRPM

图 3-3　添加新的 profile

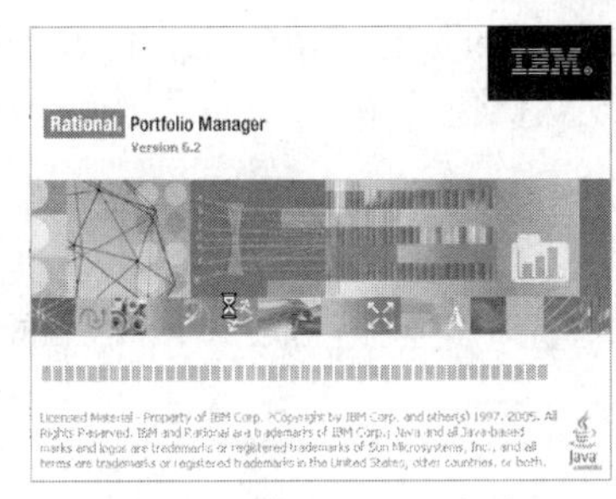

图 3-4　完成 profile 添加

3）登录 RPM。选择刚才新建的 profile，输入用户名和密码，单击“Sign In”登录。RPM 界面如图 3-5 所示。

图 3-5　RPM 界面

（2）创建项目案例

1）登录 RPM，选择“Work Management”视图。

2）在工具栏中选择“Proposal”图标 Proposal，并将其拖动到工作区的适当位置，如图 3-6 所示。

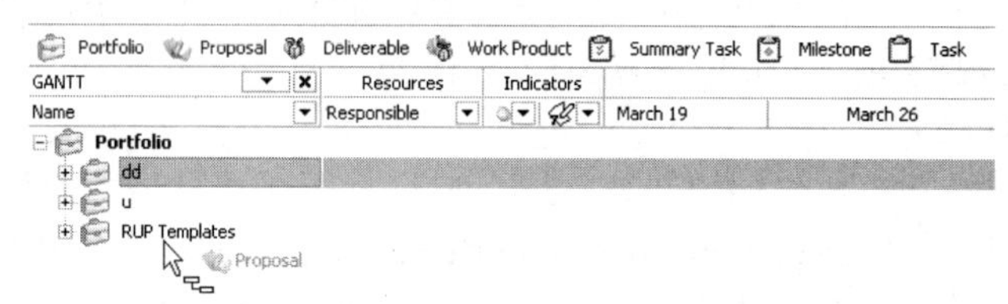

图 3-6　拖动“Proposal”图标

3）输入案例名字，如图 3-7 所示。

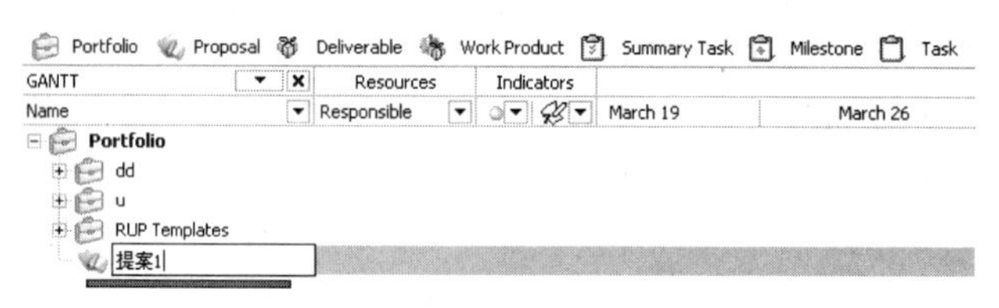

图 3-7　输入案例名字

4）按“Enter”键或单击工作区其他位置，将弹出“New Proposal”对话框，在其中输入内容或修改默认值，单击“OK”按钮即可创建一个新的项目案例，如图 3-8 所示。

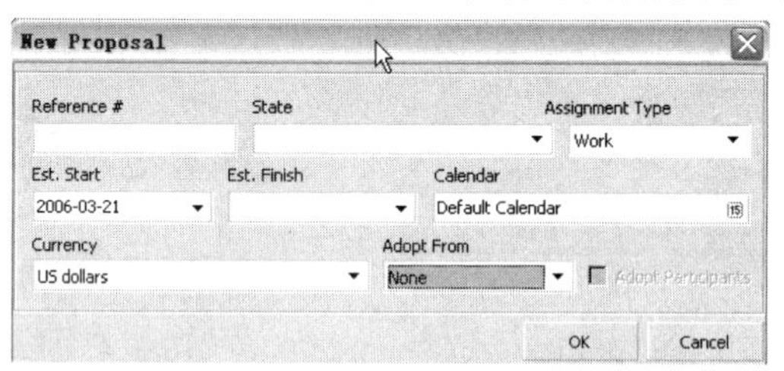

图 3-8　创建一个新的项目案例

5）若在“New Proposal”对话框的“Adopt From”下拉列表中选择“Template”，将弹出模板选择窗口，可以选择适当的模板创建案例，如图 3-9 所示。

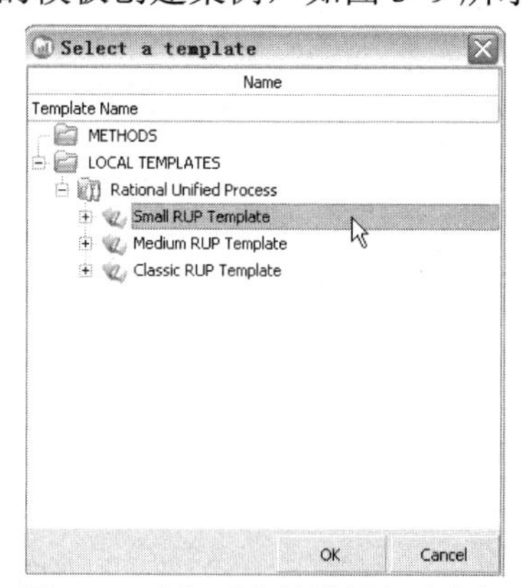

图 3-9　选择适当的模板创建案例

6）双击新建的案例或选定新建的案例后，单击工具栏中的“Description”按钮 Description 打开案例的描述视图，单击右上角的箭头按钮可以将案例签出进行修改，如图 3-10 所示。

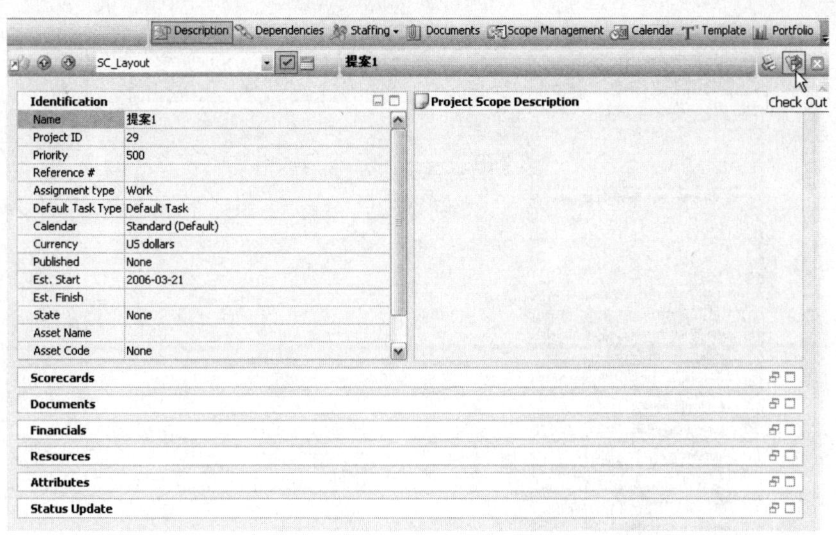

图 3-10　将案例签出进行修改

（3）文档管理

1）在描述视图中，最大化“Documents” portlet 打开文档管理视图，从工具栏拖动合适的图标到视图中即可创建相应类型的文档。

输入文档名字，如图 3-11 所示。

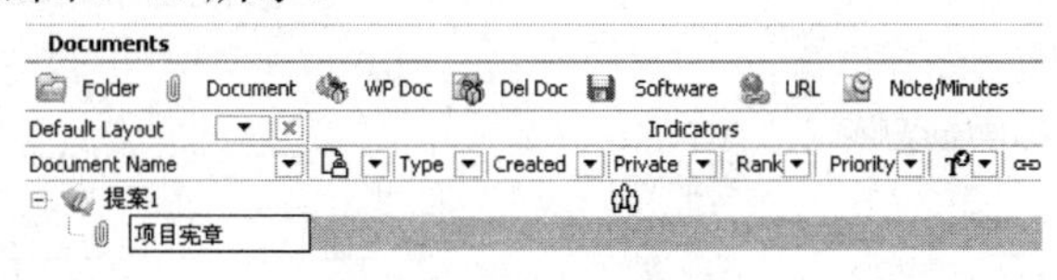

图 3-11　输入文档名字

按“Enter”键后将弹出文档属性对话框，可以在此添加文档附件或设置其他属性，如图 3-12 所示。

图 3-12　文档属性对话框

单击“OK”按钮保存修改并上传文档附件。

2）修改完毕，可以单击右上角的按钮，将所做的修改签入数据库，或单击按钮放弃修改。

（4）创建资源池和资源

1）登录 RPM，选择“Resource Management”视图，如图 3-13 所示。

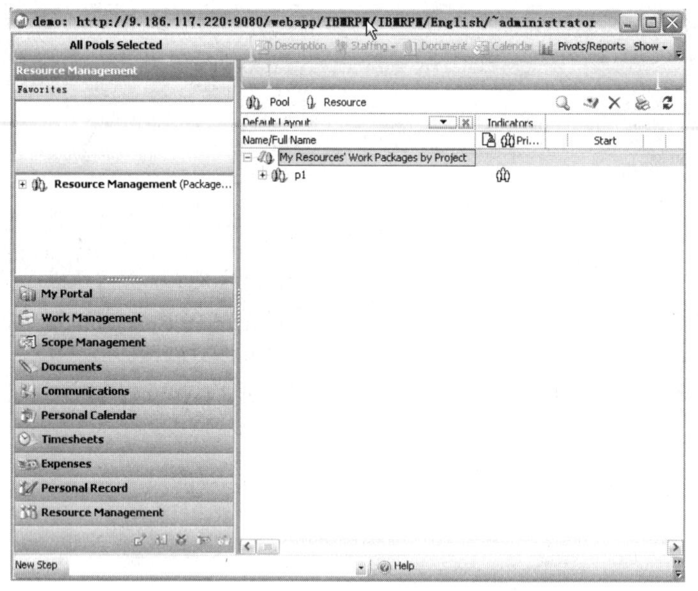

图 3-13 “Resource Management”视图

2）从工具栏选择“资源池”图标 Pool，并将其拖动到工作区的适当位置，如图 3-14 所示。

3）输入资源池名字即可创建一个新的资源池，如图 3-15 所示。

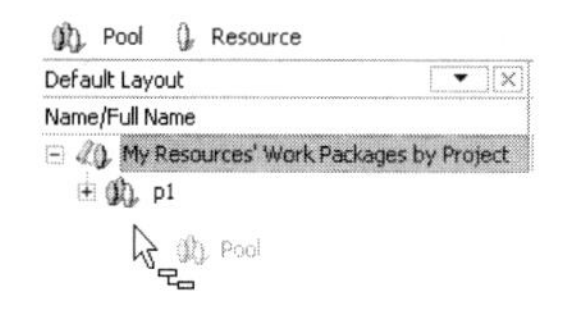

图 3-14 拖动资源池图标

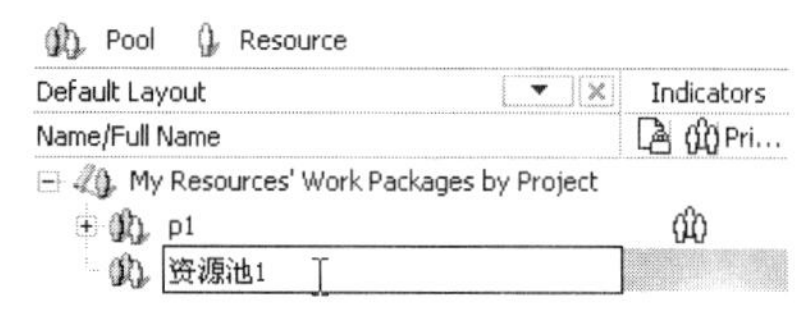

图 3-15 输入资源池名字

4）双击资源池，打开描述视图，编辑资源池属性，如图 3-16 所示。

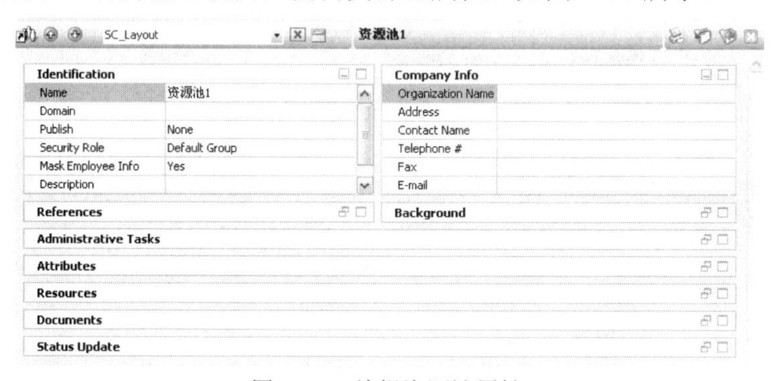

图 3-16 编辑资源池属性

5）在工具栏中选择“Resource”图标 Resource，并将其拖动到新建的资源池下方，即可创建新的资源记录，如图 3-17 所示。

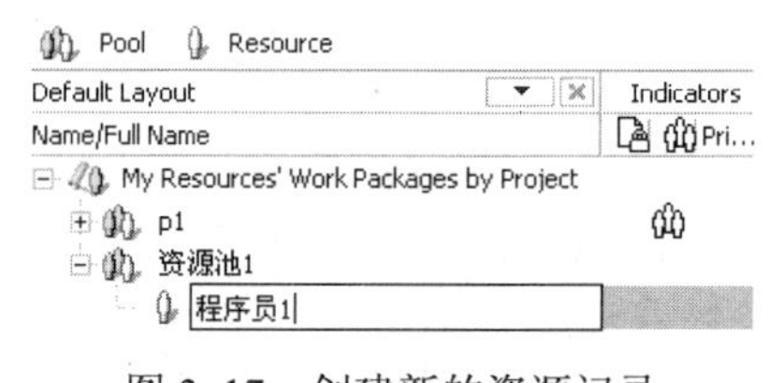

图 3-17 创建新的资源记录

6）打开资源描述视图，编辑资源属性。其中 Username 即为新的资源登录 RPM 系统的登录名。此外，必须为新建的资源选择一个合适的日历（Calender），如图 3-18 所示。

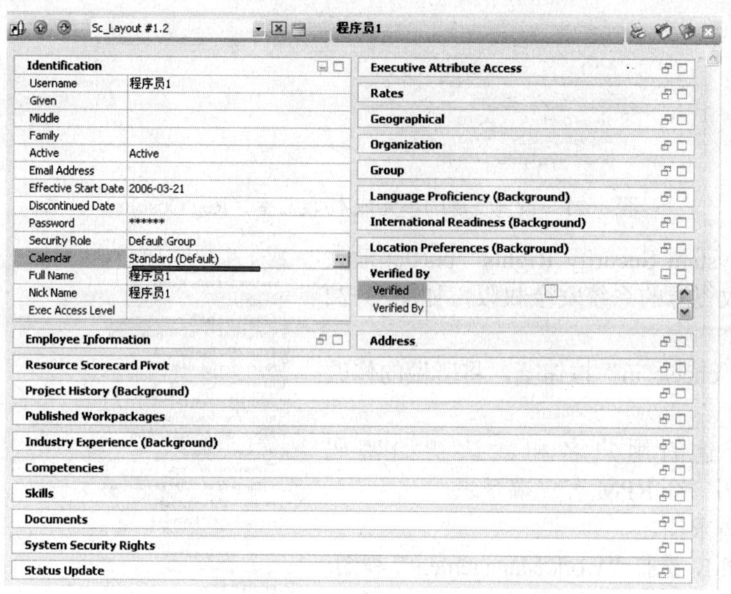

图 3-18　编辑资源属性

7）将“Competencies”portlet 最大化，为资源选择合适的职务（Role），如图 3-19 所示。

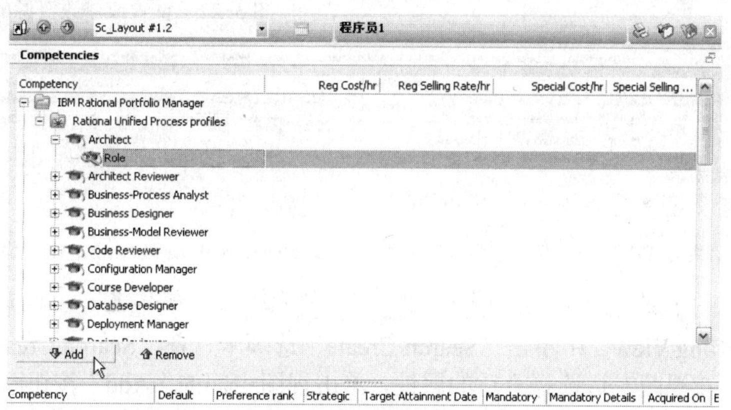

图 3-19　为资源选择合适的职务（Role）

8）将“Skills”portlet 最大化，为资源设置技能及其等级信息，如图 3-20 所示。

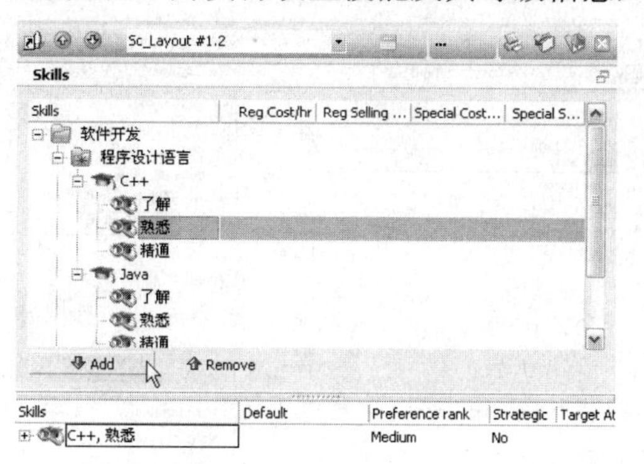

图 3-20　为资源设置技能及其等级信息

9）将“Rates”portlet 最大化，设置资源的单元成本/收益率（Reg Cost/hr），如图 3-21 所示。

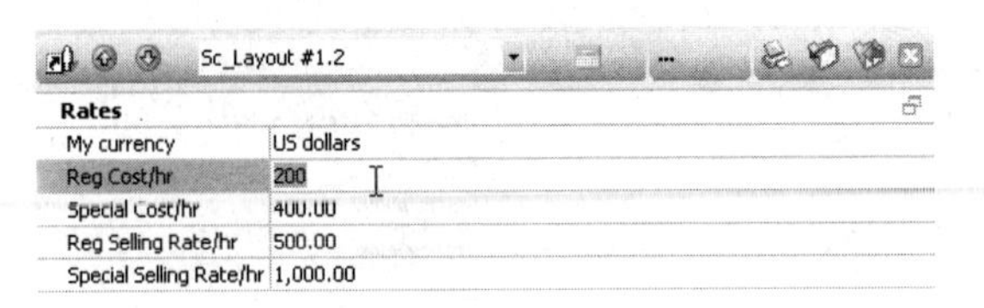

图 3-21　设置资源的单元成本/收益率（Reg Cost/hr）

10）将“System Security Rights”portlet 最大化，设置或修改资源的系统安全权限，如图 3-22 所示。

11）单击“check in”按钮，将所做的修改签入数据库。

12）以新建的用户名和默认初始密码“ibmrpm”从另一个 RPM 客户端登录。

（5）资源需求描述

1）登录 RPM，选择“Work Management”视图。

2）选中一个项目案例，选择“Staffing”→“Search/Assign”命令，打开人员配备视图，如图 3-23 所示。

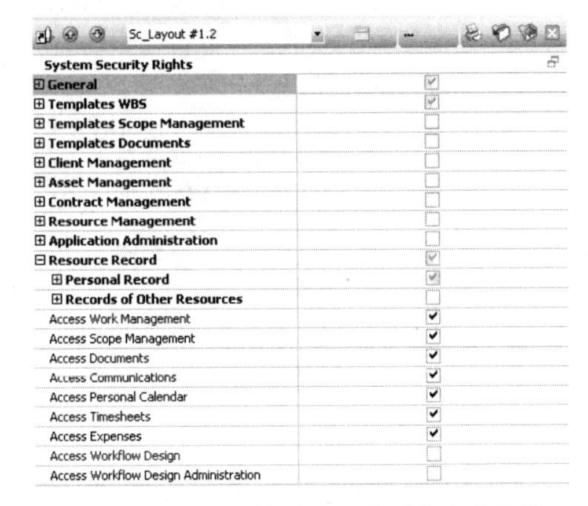

图 3-22　设置或修改资源的系统安全权限

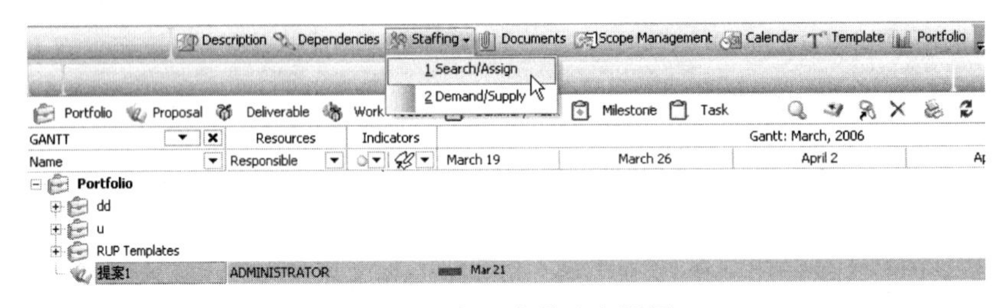

图 3-23　打开人员配备视图

3）在“Staffing View”中单击“Search/Create”选项卡，在“Search/Create”下列列表中选择“Profile”，在视图左边选择合适的属性，单击视图中间的“Add”按钮添加为选定标准，设置期望的工作量，单击“Create Profile”按钮即可创建新的资源概要文件，如图 3-24 所示。

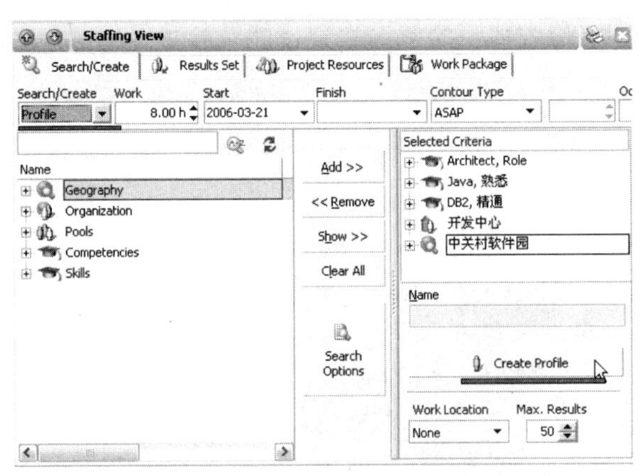

图 3-24　创建新的资源概要文件

4）将新建的资源概要文件添加到项目中，如图 3-25 所示。

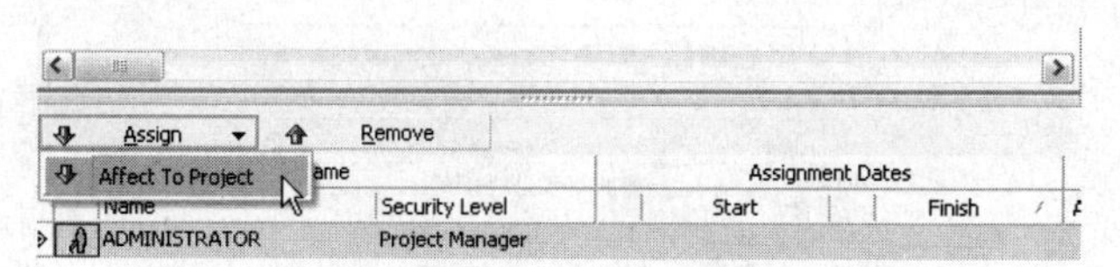

图 3-25 将新建的资源概要文件添加到项目中

（6）需求管理

1）登录 RPM，进入“Scope Management”视图。

2）在工具栏中选择“Requirement”图标，并将其拖动到与案例名字对应的文件夹下方，如图 3-26 所示。

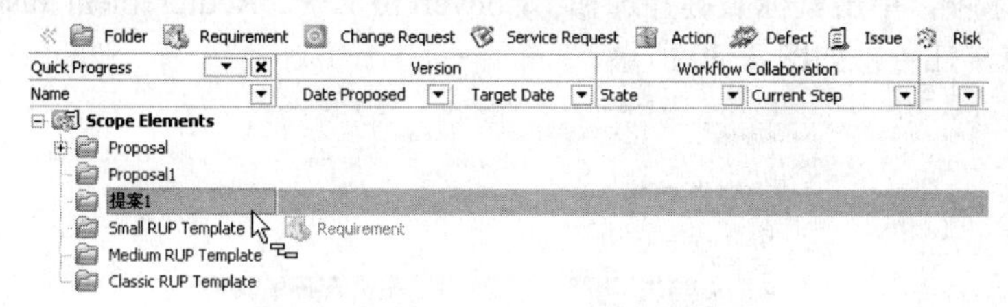

图 3-26 拖动“Requirement”图标

输入需求名称即可创建一个新的需求记录。

3）双击新建的需求打开描述视图，修改需求的属性，如图 3-27 所示。

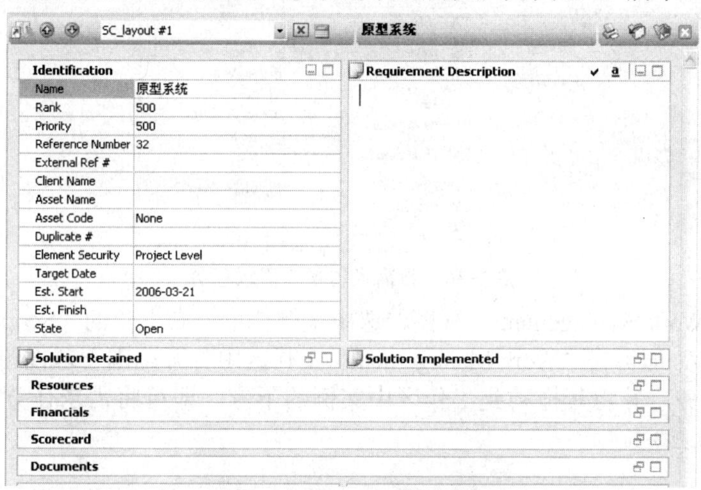

图 3-27 修改需求的属性

4）最大化“Requirement Description”portlet 编辑需求描述，如图 3-28 所示。

图 3-28 编辑需求描述

单击右上角的“a”按钮可以打开或隐藏格式工具栏。单击右上角的“✔”按钮可以插入当前日期时间。

5）在“Documents”portlet 中可以添加外部参考文档或 URL。

6）在“Financials”portlet 中可以对需求进行财务估计。

7）在“Resources”portlet 中可以为需求安排适当的资源。

8）最大化“Attributes”portlet 可以为需求设置不同的属性值，如图 3-29 所示。

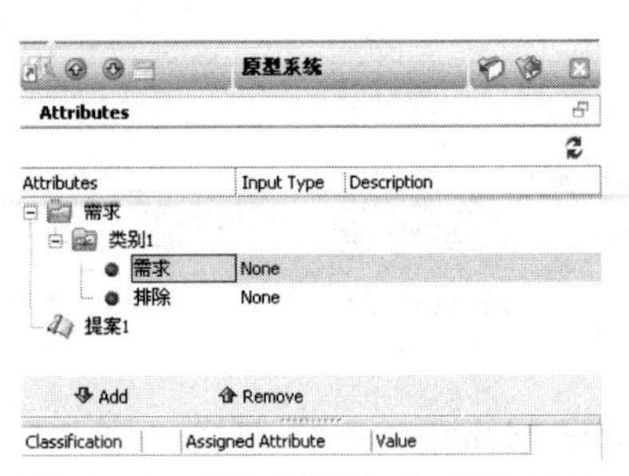

图 3-29　为需求设置不同的属性值

9）选中需求项，单击鼠标右键并选择“Convert to”→“Requirement Task”命令，可以将需求转换为需求任务，如图 3-30 所示。

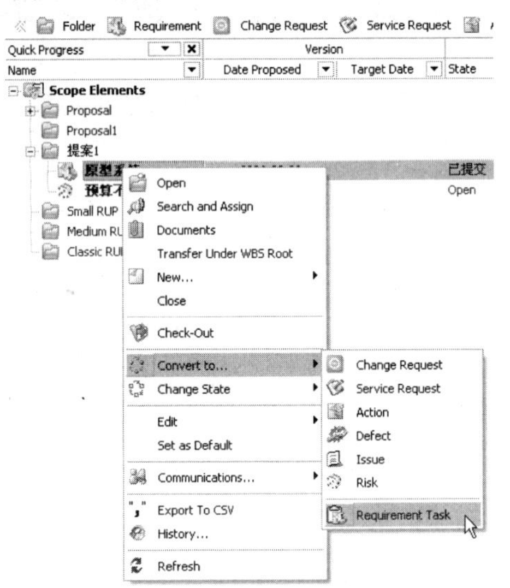

图 3-30　将需求转换为需求任务

10）进入“Work Management”视图，选中案例后单击右上角的“Scope Management”按钮 Scope Management，即可在“Work Management”工作区中打开范围管理视图，从范围管理视图中选中需求任务，并将其拖动到工作区中案例的下方，即可将需求任务加入项目案例的 WBS，如图 3-31 所示。

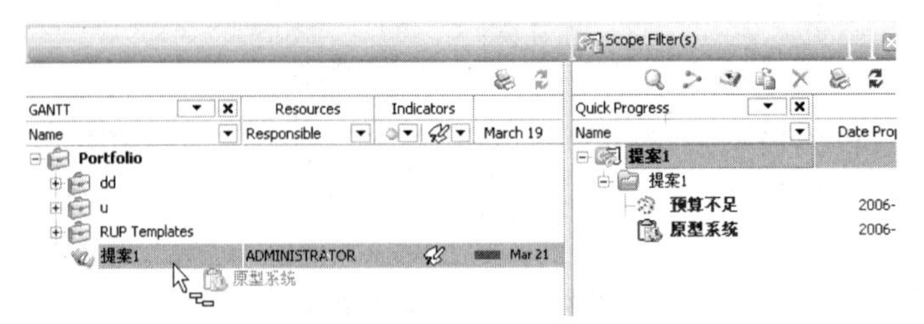

图 3-31　将需求任务加入项目案例的 WBS

（7）创建WBS

1）登录 RPM，选择“Work Management”视图。

2）在工具栏中选择想要创建的任务图标，并将其拖动到工作区中适当项目/任务的下方，即可在该项目/任务下创建一个子任务，依此类推创建项目 WBS。

3）在工作管理视图中，单击右上角的“Template”按钮 Template 打开模板浏览器。

选择想要的项目模板或 WBS 模板片断，并将其拖动到工作区中适当的项目/任务的下方即可根据模板创建 WBS，如图 3-32 所示。

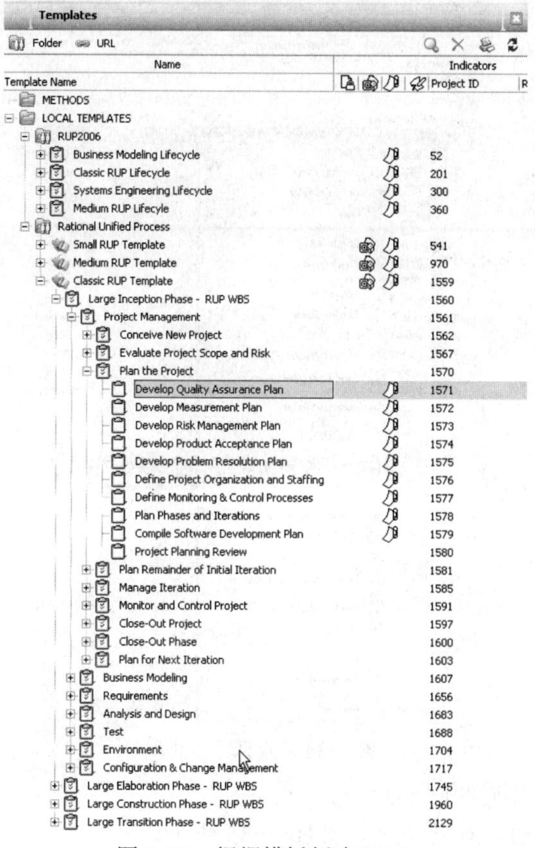

图 3-32　根据模板创建 WBS

4）选择一个任务，打开描述视图，最大化“Schedule Dates”portlet，设置任务的工期或开始/结束时间，设置结束后最小化 portlet 回到描述视图。

5）最大化“Constraints”portlet，设置任务的约束类型/约束日期，如图 3-33 所示。

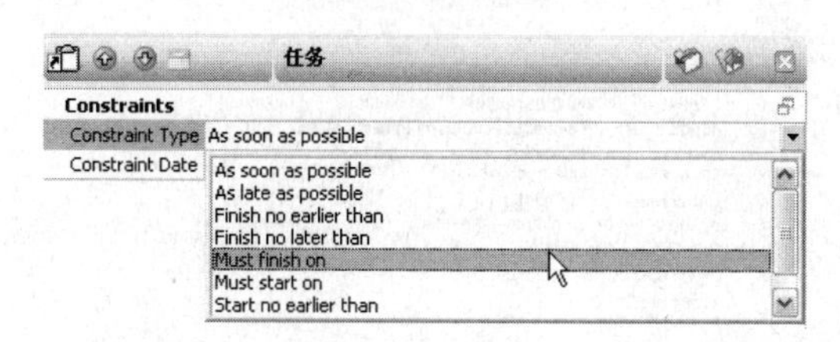

图 3-33　设置任务的约束类型/约束日期

6）将所做的修改签入数据库，关闭描述视图。

7）重复步骤 2～4 可以设置其他任务的进度。

8）在工作区中选中一个任务，单击右上角的“Dependencies”按钮 Dependencies 打开依赖关系视图，从最上面一栏选择项目/任务，单击“Add”按钮将其添加为当前工作区中选中的任务的前置任务，修改依赖关系类型和 lead/lag 时间。

9）设置完所有依赖关系以后回到“Work Management”工作区，选中项目案例并单击鼠标右键，选择“Calculate/Level”→“Calculate”命令，系统将自动根据设置的工作量、约束条件、依赖关系等计算项目进度，如图 3-34 所示。

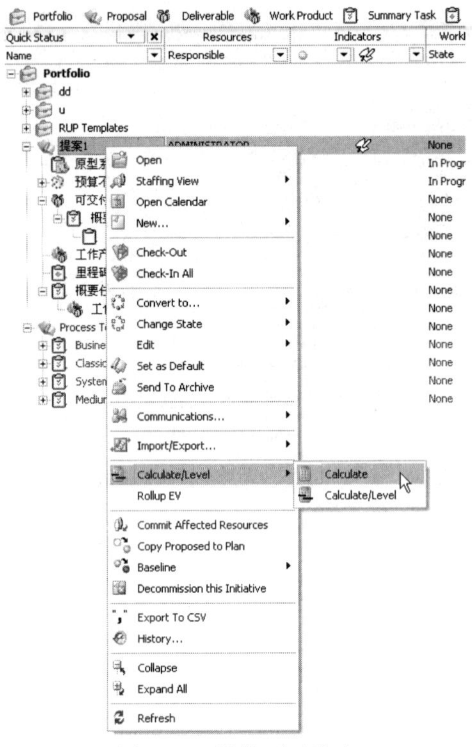

图 3-34　计算项目进度

选择一个日期作为计算的起始时间。

10）在沟通视图中查看计算进度，如图 3-35 所示。

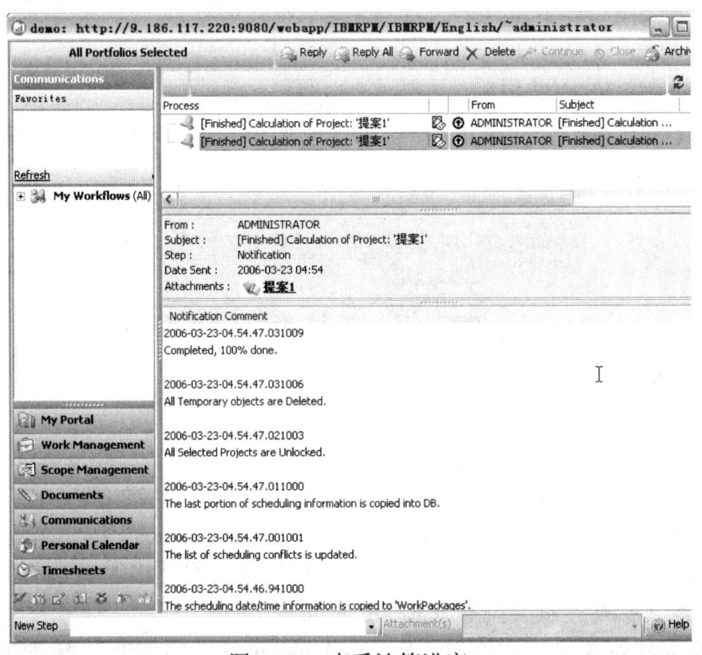

图 3-35　查看计算进度

11）计算完成后回到工作视图，在布局栏中选择“Calc/Level View”查看计算结果，如图 3-36 所示。

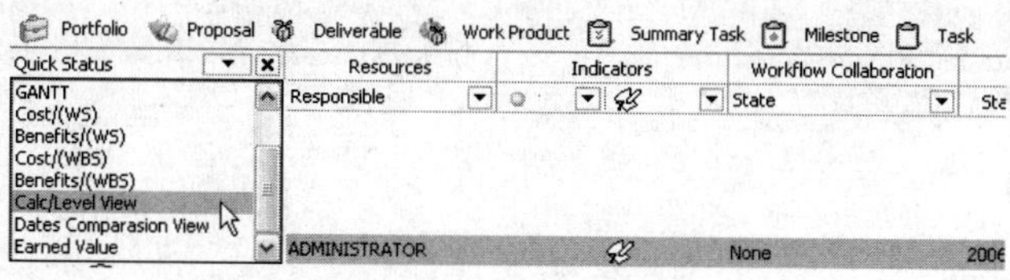

图 3-36　查看计算结果

12）在布局栏中选择“GANTT”可以查看甘特图，如图 3-37 所示。

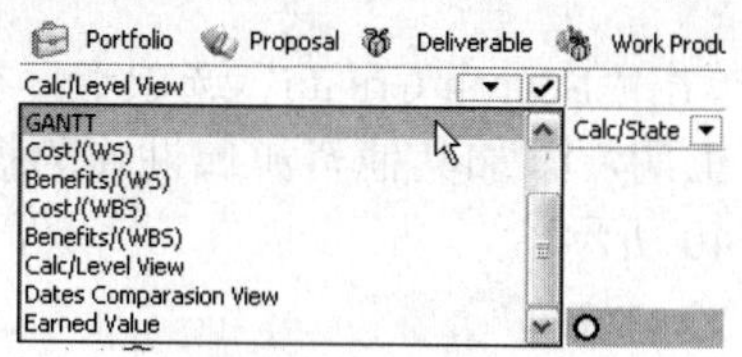

图 3-37　查看甘特图

右击甘特图，在弹出的快捷菜单中选择“Today”命令可以将甘特图滚动到当前日期。在快捷菜单中还可以对甘特图进行缩放或其他设置操作，选择“Show Calc/Level”命令可以在甘特图中显示计算结果，如图 3-38 所示。

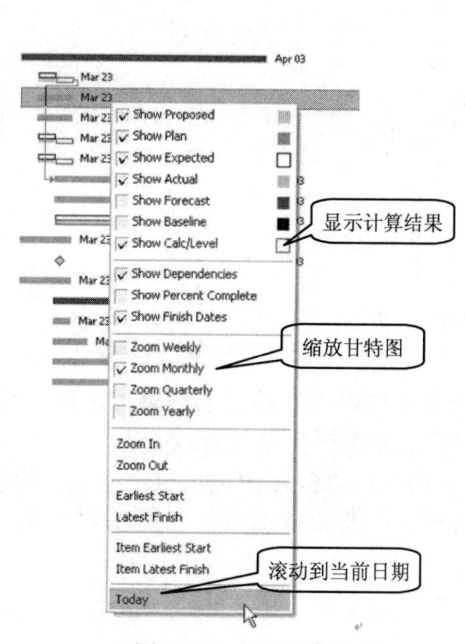

图 3-38　显示计算结果

13）在工作区中选中项目案例并单击鼠标右键，选择“Calculate/Level”→“Copy Calculated Results”命令将计算结果复制到项目计划。

（8）项目人员配备

1）登录 RPM，选择“Work Management”视图。

2）选中一个项目案例，选择“Staffing”→“Search/Assign”命令打开人员配备视图，如图 3-39 所示。

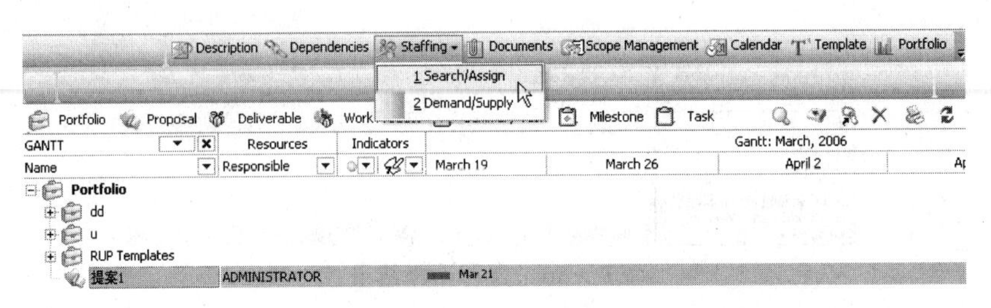

图 3-39　打开人员配备视图

3）在“Staffing View”中单击“Search/Create”选项卡，在“Search/Create”下拉列表中选择“Resource”，设置期望的工期，添加其他资源属性作为搜索标准，单击“Search”按钮搜索满足条件的资源，如图 3-40 所示。

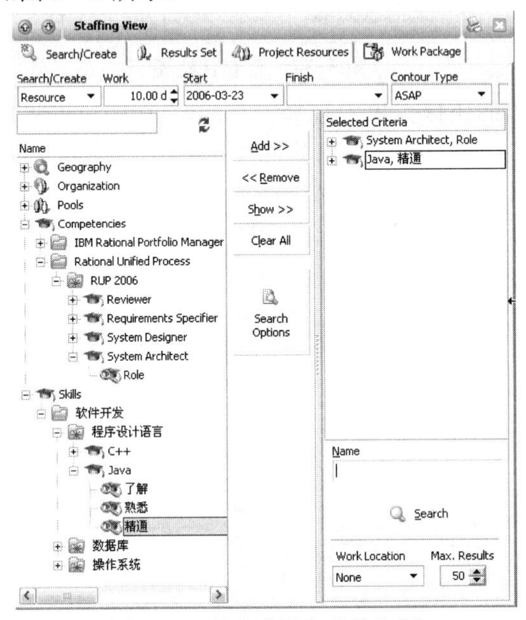

图 3-40　搜索满足条件的资源

4）在“Results Set”选项卡中可以查看搜索的结果。选择合适的资源，单击“Assign”按钮可以将资源预留到项目中或添加为项目参与者。

在“Security Level”选项卡中可以修改资源在项目中的安全角色，在“Cost/Selling Rate”选项卡中可以查看和修改资源的单元成本/收益率，如图 3-41 所示。

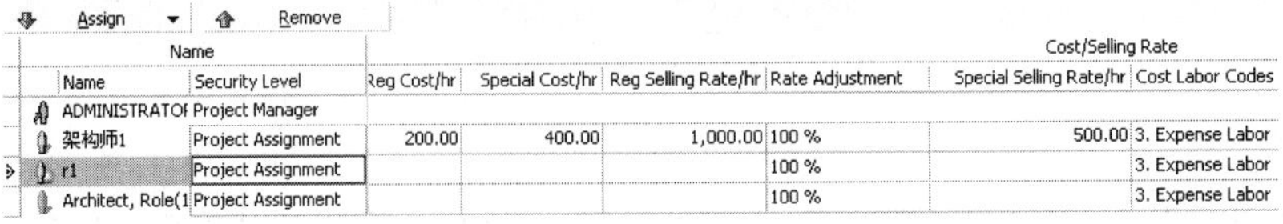

Assign　Remove

Name		Cost/Selling Rate					
Name	Security Level	Reg Cost/hr	Special Cost/hr	Reg Selling Rate/hr	Rate Adjustment	Special Selling Rate/hr	Cost Labor Codes
ADMINISTRATOI	Project Manager						
架构师1	Project Assignment	200.00	400.00	1,000.00	100 %	500.00	3. Expense Labor
r1	Project Assignment				100 %		3. Expense Labor
Architect, Role(1	Project Assignment				100 %		3. Expense Labor

图 3-41　查看和修改资源的单元成本/收益率

5）关闭人员配备视图回到“Work Management”工作区，选中一个项目案例，选择“Staffing”→“Search/Assign”命令打开人员配备视图。

6）选中一个资源概要文件，单击右上角的按钮打开资源概要文件替换视图。

在“Search/Create”选项卡中可以看到在资源概要文件中设置的工期和其他资源属性已经自动作为搜索标准，单击“Search”按钮搜索满足条件的资源，如图 3-42 所示。

在“Results Set”选项卡中可以查看搜索的结果，选中合适的资源，单击“Replace”按钮即可将项目中的资源概要文件替换为真实的资源。

在替换资源概要文件时可以选择是否使用资源的成本/收益率，如图 3-43 所示。

7）在“Work Management”工作区中选中一个项目案例，在弹出的快捷菜单中选择发起一个人员配备请求，如图 3-44 所示。

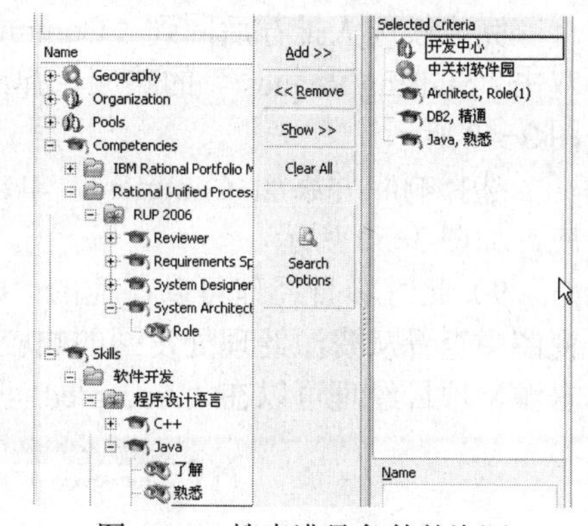

图 3-42　搜索满足条件的资源

图 3-43　选择是否使用资源的成本/收益率

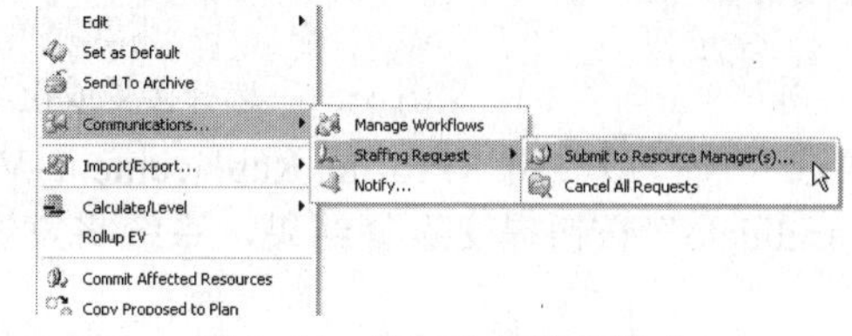

图 3-44　发起人员配备请求

在弹出的“Staffing Request”对话框中，单击右侧的浏览按钮，弹出“Directory”对话框，如图 3-45 所示。

在“Directory”对话框中可以搜索或选择资源经理，如图 3-46 所示。

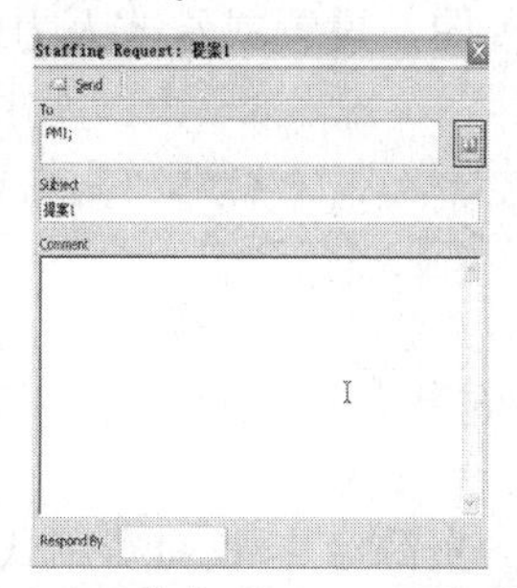

图 3-45　弹出“Directory”对话框

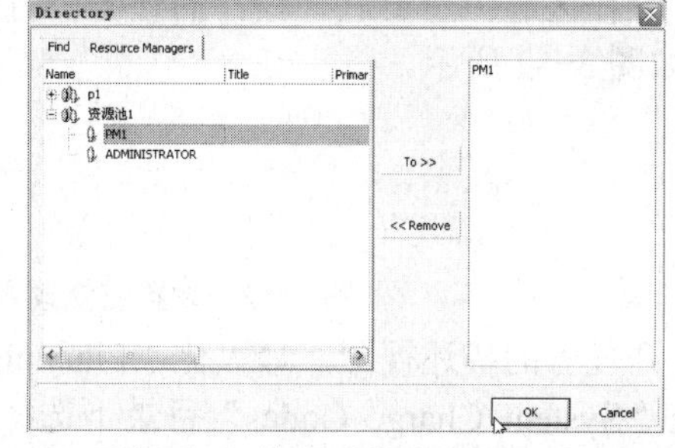

图 3-46　搜索或选择资源经理

在“Staffing Request”对话框中添加文本描述、设置期望的响应日期，单击上方的 Send 按钮发送人员配备请求。

8）以刚才选中的资源经理身份登录 RPM，在“Communications”视图中查看人员配备请求，如图 3-47 所示。

单击附件连接就可以打开人员配备视图。

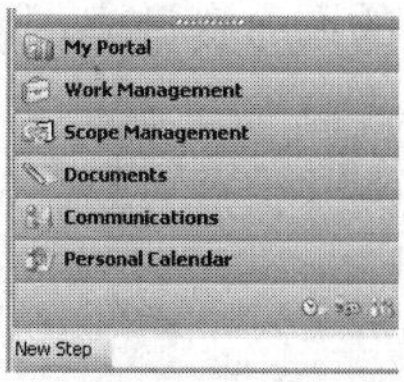

图 3-47　查看人员配备请求

类似地，选中一个资源概要文件，单击右上角的按钮打开资源概要文件替换视图。搜索合适的资源，在结果集中单击“Suggest”按钮将资源推荐为候选人，如图 3-48 所示。

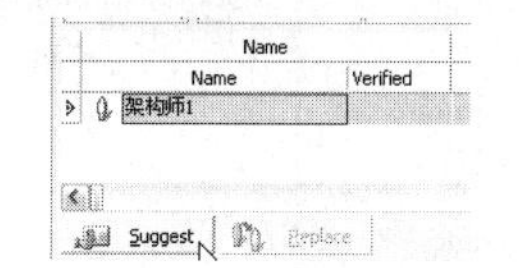

图 3-48　将资源推荐为候选人

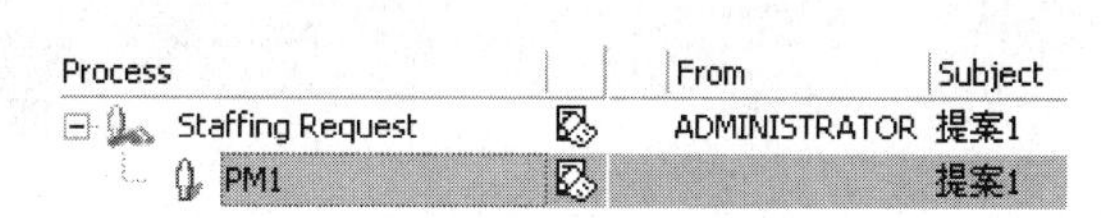

图 3-49　弹出响应对话框

完成候选人推荐后回到“Communications”视图，双击“Staffing Request”的响应栏弹出响应对话框，如图 3-49 所示。

选择响应并添加 Comment，单击“Send”发送响应，如图 3-50 所示。

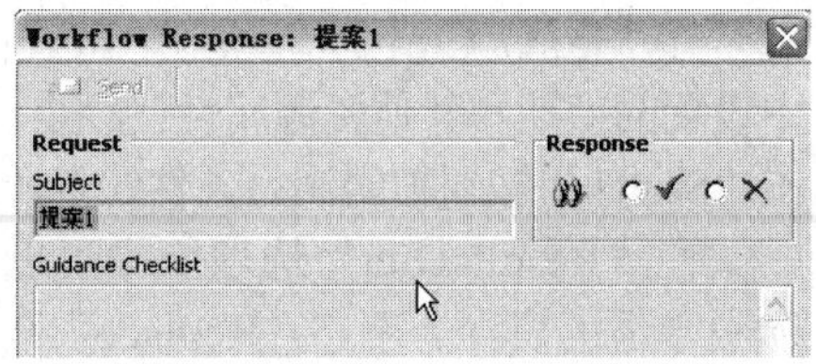

图 3-50　发送响应

9）此时项目经理可以在他的“Communications”视图中查看从资源经理处发回的响应并单击附件连接打开概要文件替换视图，对于每个候选资源，项目经理可以在“Accepted”下拉列表中选择接受或拒绝，如图 3-51 所示。

Profile Replacement View

Search/Create | Results Set | Project Resources | Work Package | Candidates

Name			Cost/Selling Rate		
Name	Employee Status	Accepted	Reg Cost/hr	Special Cost/hr	Reg Sellir
架构师1		Accepted / Rejected			

图 3-51　选择接受或拒绝候选资源

完成候选人选择后关闭“Profile Replacement View”回到人员配备视图，单击“Submit Accepted Candidate”按钮提交选择结果，系统将发送一个“Resource Assignment”请求给资源经理。

此时，根据权限设置，项目经理或资源经理可以在资源概要文件替换视图中单击“Replace”按钮将资源概要文件替换为真实的资源。

（9）项目任务的财务估算

1）登录 RPM，选择“Work Management”视图。

2）在工作区选中想要进行估计的任务，打开人员配备视图，设置或修改人力资源成本/收益率，如图 3-52 所示。

Assign　Remove　Constrain Task To: As soon as possible

Name		Cost/Selling Rate				
Name	Security Level	Reg Cost/hr	Special Cost/hr	Reg Selling Rate/hr	Rate Adjustment	Special Selling Rate/hr
任务						
Architect, Role(1)	Task Team Member	200.00	400.00	500.00	100 %	1,000.00
架构师1	Task Responsible	200.00	400.00	500.00	100 %	1,000.00

图 3-52　设置或修改人力资源成本/收益率

3）打开任务的描述视图，最大化“Financials”portlet。

4）在“System Charge Codes”目录下选择预定义的人力资源成本/收益费用代码并单击“Add”按钮进行添加。在下面的 WBS 栏中可以看见系统已根据工作量和在人员配备视图中设置的人力资源成本/收益率自动计算人工成本/收益，如图 3-53 所示。

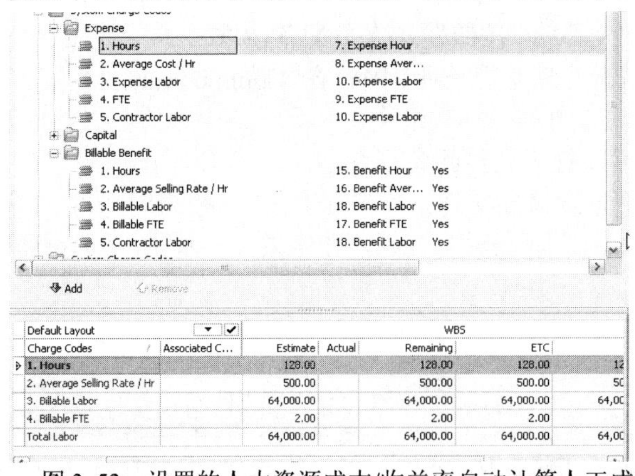

Charge Codes	Associated C...	Estimate	Actual	Remaining	ETC
1. Hours		128.00		128.00	128.00
2. Average Selling Rate / Hr		500.00		500.00	500.00
3. Billable Labor		64,000.00		64,000.00	64,000.00
4. Billable FTE		2.00		2.00	2.00
Total Labor		64,000.00		64,000.00	64,000.00

图 3-53　设置的人力资源成本/收益率自动计算人工成本/收益

5）类似步骤 4，在“Custom Charge Codes”目录下选择非人工花费，单击“Add”按钮进行添加，在视图下部的“Estimate”列中输入估计数值，如图 3-54 所示。

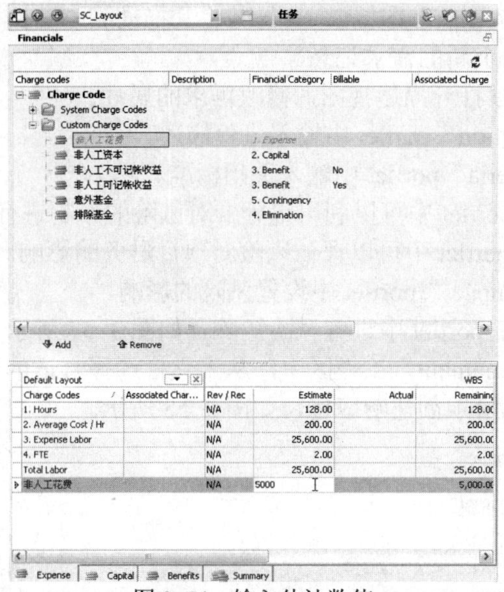

图 3-54　输入估计数值

6）在“Summary”选项卡中可以查看汇总数据以及自动计算的利润指标，如图 3-55 所示。

Default Layout	WBS				
Charge Codes	Estimate	Actual	Remaining	ETC	EAC
Expense & Capital Costs					
Labor Costs	25,600.00		25,600.00	25,600.00	25,600.00
Non-Labor Expense	5,000.00		5,000.00	5,000.00	5,000.00
Non-Labor Capital					
Contingency					
Total Cost	**30,600.00**		**30,600.00**	**30,600.00**	**30,600.00**
Billable & Non-Billable Benefits					
Labor Revenue	64,000.00		64,000.00	64,000.00	64,000.00
Non-Billable Benefits					
Total Benefits	**64,000.00**		**64,000.00**	**64,000.00**	**64,000.00**
Profit					
GP/Savings ($)(W/ Contingency)	33,400.00		33,400.00	33,400.00	33,400.00
GP/Savings ($)(n/i Contingency)	33,400.00		33,400.00	33,400.00	33,400.00
GP/Savings (%)(W/ Contingency)	52.19		52.19	52.19	52.19

图 3-55　查看汇总数据及利润指标

7）重复上述步骤，设置其他任务的财务估计数值。

8）在项目案例或概要任务的“Financials”portlet 中可以查看汇总的数据，在“Time-Phased”选项卡中可以查看根据工期设置自动计算的分时间段财务估计数据，如图 3-56 所示。

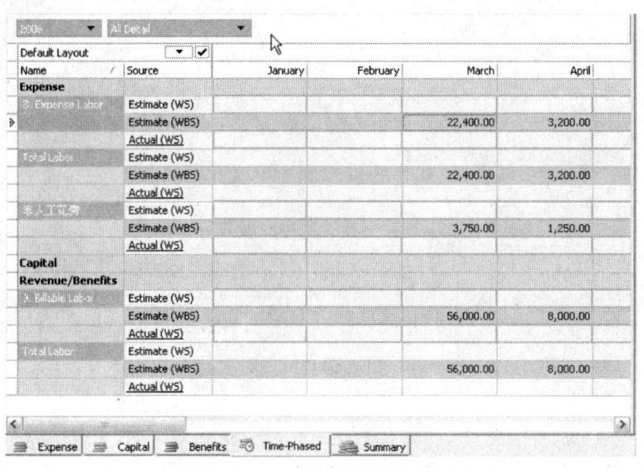

图 3-56　查看汇总的数据

（10）风险分析

1）登录 RPM，进入“Scope Management”视图。

2）从工具栏中选择“Risk”图标 Risk，并将其拖动到与案例名字对应的文件夹下方，输入需求名称即可创建一个新的需求记录。

3）双击新建的风险项打开描述视图，修改需求的属性。

4）在“Risk Description”portlet 中输入风险描述。

5）在“Closure Criteria”portlet 中输入关闭标准。

6）在“Scorecard”portlet 中可以利用记分卡对风险的影响进行量化评估。

7）在“Financials”portlet 中可以评估风险对项目财务的影响。

8）在“Mitigation/Impact”portlet 中设置风险的影响。

9）在“Risk Matrix”portlet 中设置风险矩阵，如图 3-57 所示。

10）在“Scope Management”工作区中，从工具栏选择合适的任务图标，并将其拖动到风险项的下方，即可为风险项创建响应包，如图 3-58 所示。

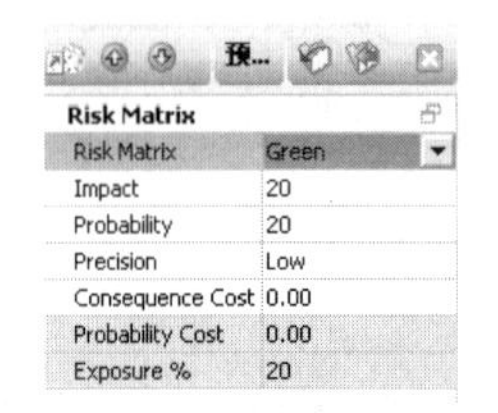

图 3-57　设置风险矩阵

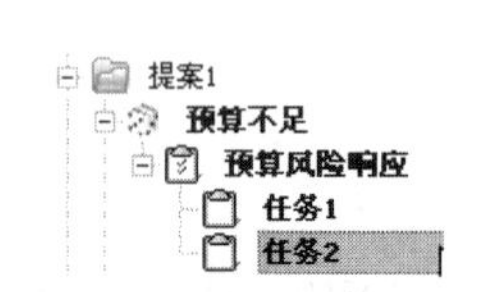

图 3-58　为风险项创建响应包

11）进入“Work Management”视图，选中案例后单击右上角的“Scope Management”按钮 Scope Management 即可在“Work Management”工作区中打开范围管理视图，从范围管理视图中选中风险项并将其拖动到工作区中案例的下方即可将风险响应包加入项目案例的 WBS，如图 3-59 所示。

图 3-59　风险响应包加入项目案例的 WBS

（11）创建工作流

1）登录 RPM，选择“Workflow Design”视图。

2）在工具栏中选择“Process”图标 Process，并将其拖动到工作区中“Project”的下方，输入工作流名字创建一个新的工作流，如图 3-60 所示。

3）双击新建的工作流打开工作流设计视图。

4）单击工具栏上的“Steps”按钮 Steps，然后单击设计工作区的适当位置创建一个新的步骤，如图 3-61 所示。

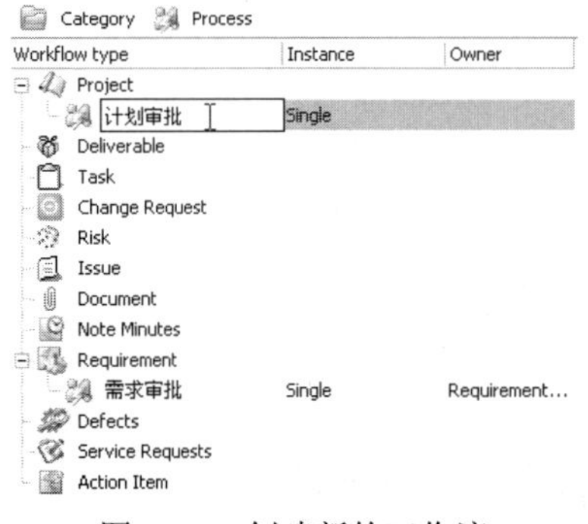

图 3-60　创建新的工作流

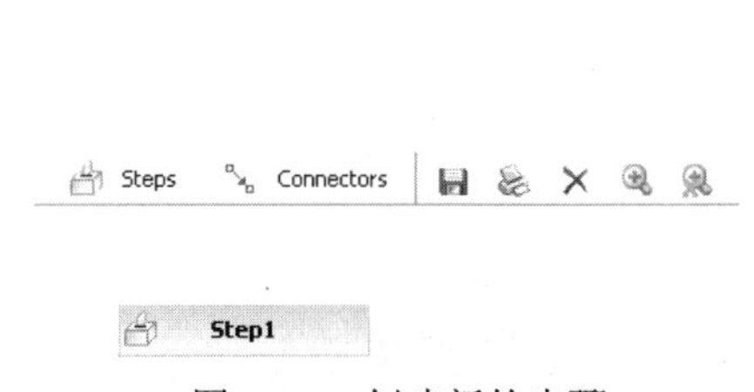

图 3-61　创建新的步骤

5）双击新建的步骤，弹出步骤配置对话框，在“General”选项卡中设置步骤名称、步骤描述、所处的状态以及权限控制，如图 3-62 所示。

6）在“Attachments”选项卡中选择需要与步骤通知同时发送的附件连接，如图 3-63 所示。

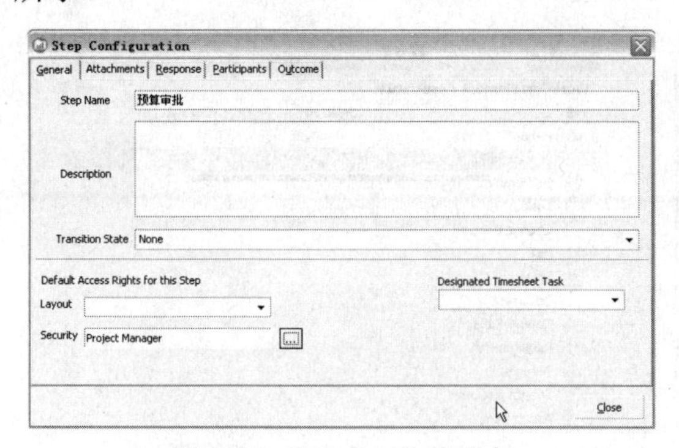

图 3-62　“General”选项卡

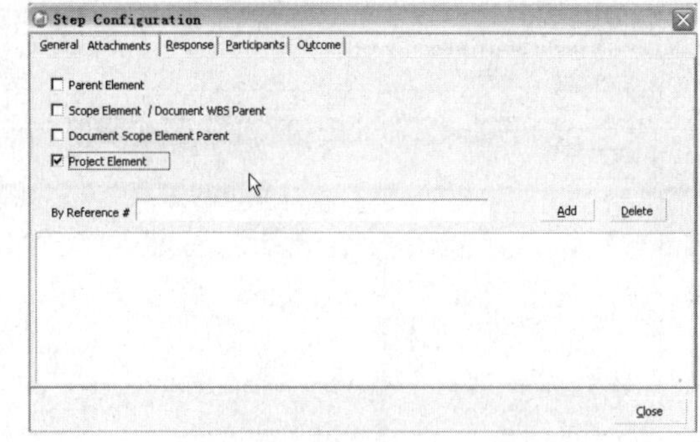

图 3-63　“Attachments”选项卡

7）在“Response”选项卡中首先选择响应类型，不同类型的响应需要设置不同的内容，如图 3-64 所示。

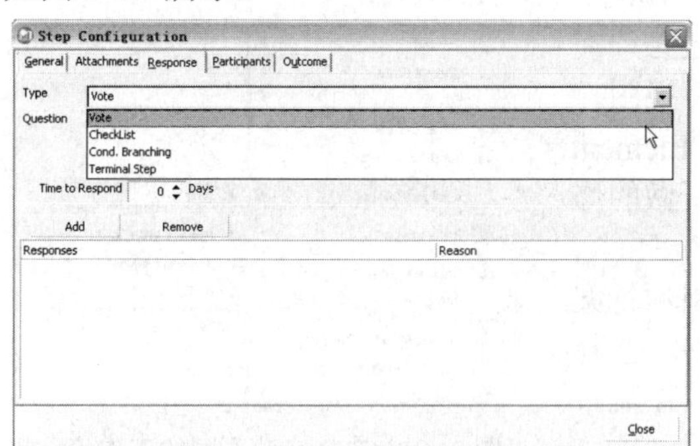

图 3-64　“Response”选项卡

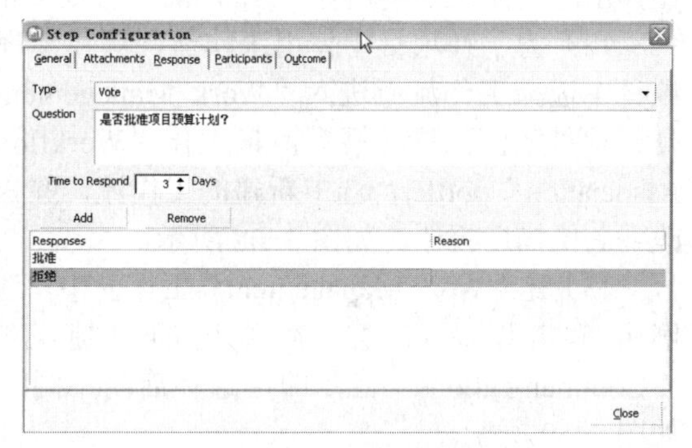

图 3-65　设置表决类型

8）对于表决类型，要设置表决的问题，期望的响应时间以及可能的响应；对“CheckList”类型则需要指定一系列应该完成的任务，如图 3-65 所示。

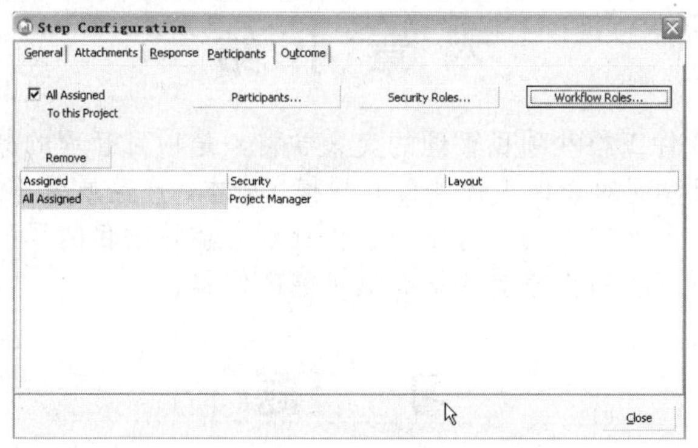

图 3-66　“Participants”选项卡

9）对于表决类型和“CheckList”类型还需要在“Participants”选项卡中指定参与者：可以指定所有项目团队成员参与；或单击“Participants”按钮搜索指定的人员参与；或单击“Security Roles”按钮选择具有指定安全权限的人员参与；或单击“Workflow Roles”按钮指

定特定的工作流角色（项目经理可以将工作流角色映射到不同的团队成员），如图 3-66 所示。

10）在“Outcome”选项卡中设置步骤结果。步骤包括两个部分即条件和结果，条件可以是表决结果或其他状态条件，结果可以是跳转到另一个步骤、变为新的状态、启动新的工作流或其他更复杂的动作，如图 3-67 所示。

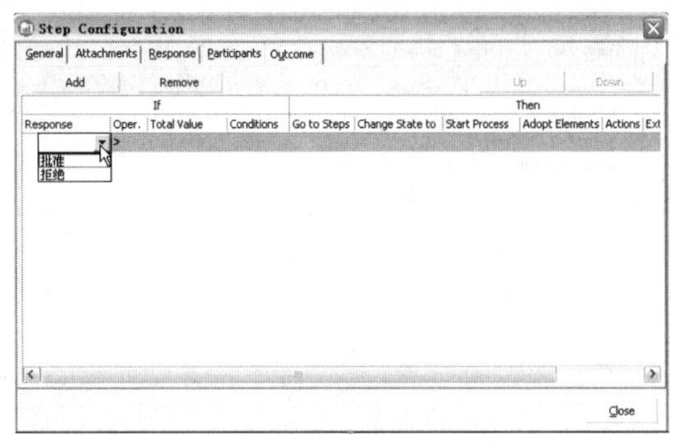

图 3-67 “Outcome”选项卡

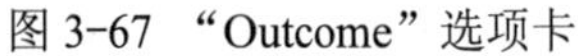

图 3-68 签入所做的修改

11）设计完所有步骤以后关闭设计视图回到工作区，选中新建的工作流并单击鼠标右键，在弹出的快捷菜单中选择“Activate”命令激活工作流。

12）为了在项目中使用工作流，项目经理还必须在项目中选择工作流：进入“Work Management”视图，打开项目案例的描述视图，最大化“Workflow Element Association”portlet，选中新建的工作流，签入所做的修改并关闭描述视图，如图 3-68 所示。

13）在“Work Management”工作区中，选中项目案例并单击鼠标右键，在弹出的快捷菜单中选择“Communications”命令即可选择启动不同的工作流，如图 3-69 所示。

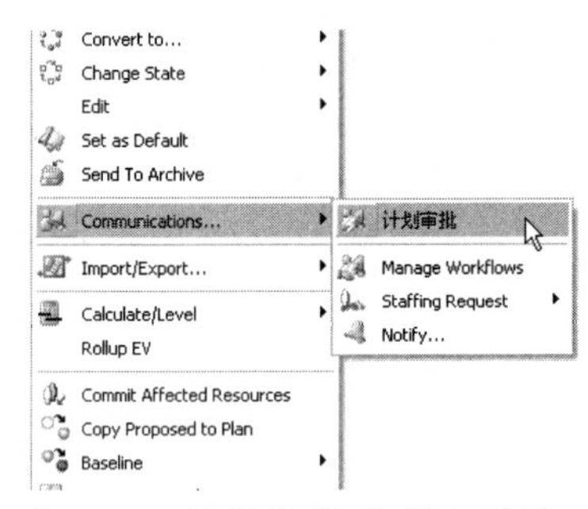

图 3-69 选择启动不同的工作流

14）工作流启动以后，每个参与者都可以在“Communications”视图中查看到正在进行的步骤并进行响应。

本章小结

软件项目管理是软件工程和项目管理的交叉学科，是项目管理的原理和方法在软件工程领域的应用。软件项目管理对软件工程项目的规模、成本、产品质量等属性进行定量的描述，可以帮助项目管理人员和开发者制订有效的项目计划，监控项目的风险、进度和阶段产品的质量，并为调整过程活动和做出重要决策提供可靠的依据。

习　题

1. 什么是项目管理？
2. 请列举项目生命周期中的 3 个与时间相关的重要概念，并作简要阐释。
3. 简述软件项目计划的目标。
4. 简述项目成本估算的方法。

第4章　项目进度安排及跟踪

具体的软件项目都要求制订一个进度安排，需要考虑的是预先对进度进行计划，工作怎样分配，怎样识别定义好的任务，管理人员对结束时间如何掌握，如何识别和控制关键路径以确保时间可行，对进展如何度量，以及如何建立分割任务的里程碑等的问题。软件项目的进度安排与任何一个工程项目的进度安排没有实质上的不同。首先识别一组项目任务，建立任务之间的相互关联，其次估算各个任务的工作量，分配人力和其他资源，制定进度时序，建立分隔任务的里程碑，确定关键路径，分配人力和其他资源。

项目进度管理包括下面几个管理过程：

1）活动定义。确认一些特定的工作，通过完成这些活动就完成了工程项目的各项目细目。

2）活动排序。明确各活动之间的顺序等相互依赖关系，并形成文件。

3）活动资源估算。估算每一活动所需要的材料、人员、设备以及其他物品的种类与数量。

4）活动历时估算。估算完成各项计划活动所需工时单位数。

5）制订进度表。分析活动顺序、历时、资源需求和进度约束来编制项目的进度计划。

6）进度控制。监控项目状态、维护项目进度及必要时管理进度变更。

各个过程彼此相互影响，同时也与外界的过程交互影响。基于项目的需要，每一过程都涉及一人、多人或者多个小组的努力。每一过程在每一项目中至少出现一次。如果这个项目被划分成几个阶段，每一过程会在一个或多个项目阶段出现。虽然这几个过程在这里作为界限分明的独立过程，但在实践中，它们是重叠和相互影响的。

有些项目，尤其是有较小范围的项目，其活动定义、活动排序、活动资源估算、活动历时估算和制订进度过程是如此紧密地联系在一起，以至于被看做是能在较短时间内由一个人完成的单一过程。

在执行项目进度管理的6个过程之前，项目管理团队已经付出努力开展了计划制订工作。这个计划制订工作是制订项目管理计划过程的一部分，即制订项目进度管理计划。这个项目进度管理计划选择了进度编制方法、进度编制工具以及确定并规范制订进度过程和控制项目进度过程的准则。

项目进度管理过程及其相关的工具和技术应写入进度管理计划。进度管理计划包含在项目整体管理计划之内，是整体管理计划的一个分计划。它可能是正式的或者非正式的，可能非常详细或者相当概括，基于项目的需要以及适当的控制而定。

除非编制项目管理计划过程已经确定编制进度的方法，否则由组织过程来确定编制进度的方法，由事业环境因素来选择编制进度的工具。

制订项目进度时会使用进度管理前几个过程的结果：活动定义、活动排序、活动资源估算和活动历时估算，同时使用进度编制工具来制订进度计划。当项目进度管理计划定稿并获批准后，项目团队已经制订并完成了用于进度控制过程的项目进度基准。当实施项目活动时，进度管理知识域中的主要成果大多用于进度控制过程，进度控制过程提供了及时完成项目的手段。

编制进度计划的 3 个步骤：项目分解、项目规模估算以及资源和进度安排。计划是通向项目成功的路线图，进度计划是最重要的计划。

进度是对执行的活动和里程碑制订的工作计划日期表，按时完成项目是项目经理面临的最大挑战之一，时间是项目规划中灵活性最小的因素，进度问题是项目冲突的主要原因，尤其在项目的后期。

进度安排：将项目划分成可管理的子项目、任务和活动；确定任务之间的依赖关系，找出影响项目按期完成的关键任务；为每个任务分配时间、工作量以及指定责任人，定义每个任务的输出结果及其关联的里程碑；在项目实施过程中将在进度计划基础上跟踪实际执行情况，从而及时发现偏差并采取措施加以调整以确保项目按期完成。

项目分解的目的是明确项目所包含的各项工作，其结果就是 WBS（任务分解结构）图，如图 4-1 所示。若软件项目有多人参加，多个开发者的活动将并行进行，在需求分析完成并进行复审后，概要设计和制订测试计划可以并行进行；各模块的详细设计、编码与单元测试可以并行进行等。由于软件工程活动的并行性，并行任务是异步进行的，因此为保证开发任务的顺利进行，制订开发进度计划和制定任务之间的依赖关系是十分重要的。项目经理必须了解处于关键路径上的任务进展的情况，如果这些任务能及时完成，那么整个项目就可以按计划完成。

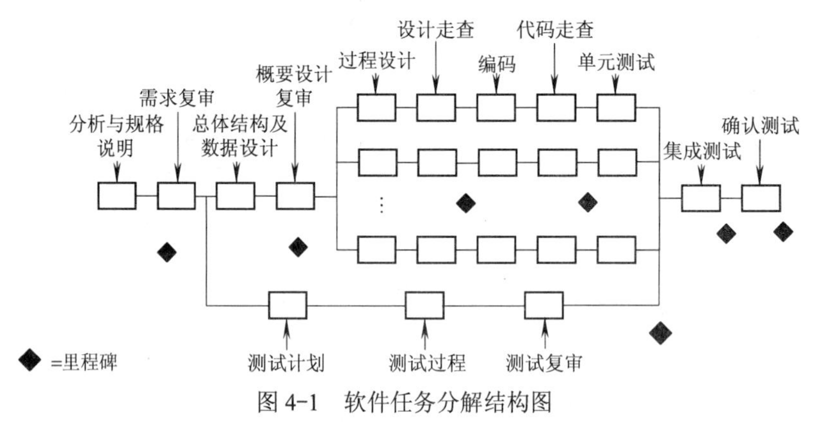

图 4-1　软件任务分解结构图

项目分解的意义是实施项目、创造最终产品或服务所必须进行的全部活动的一张清单，也是进度计划、人员分配、预算计划的基础。WBS 是以可交付成果为导向对项目要素进一步分组，它归纳和定义了项目的整个工作范围，每下降一层代表对项目工作的更详细定义。工作分解结构总是处于计划过程的中心，也是制订进度计划、资源需求、成本预算、风险管理计划和采购计划等的重要基础。工作分解结构同时也是控制项目变更的重要基础。项目范围是由工作分解结构定义的，所以工作分解结构也是一个项目的综合工具。工作分解结构具有 4 个主要用途：

1）工作分解结构是一个展现项目全貌，详细说明为完成项目所必须完成的各项工作的计划工具。

2）工作分解结构是一个清晰地表示各项目工作之间的相互联系的结构设计工具。

3）工作分解结构是一个帮助项目经理和项目团队确定和有效地管理项目（特别在项目发生变更时）所涉及工作的基本依据。

4）工作分解结构定义了里程碑事件，可以向高级管理层和客户报告项目完成情况，作为项目状况的报告工具。

活动定义过程处于工作分解结构的最下层，叫做工作组合的可交付成果。项目工作组合被有计划地分解成更小的部分，叫做计划活动，为估算、安排进度执行、监控等工作奠定基础。

项目分解就是先把复杂的项目逐步分解成一层一层的要素（工作），直到具体明确为止。

项目分解的工具是工作分解结构 WBS 原理，它是一个分级的树型结构，是一个对项目工作由粗到细的分解过程。

WBS 主要是将一个项目分解成易于管理的几个部分或几个细目，以便确保找出完成项目工作范围所需的所有工作要素，它是一种在项目全范围内分解和定义各层次工作包的方法。WBS 结构层次越往下层，则项目组成部分的定义越详细，WBS 最后构成一份层次清晰，可以具体作为组织项目实施的工作依据。

WBS 通常是一种面向“成果”的“树”，其最底层是细化后的“可交付成果”，该树组织确定了项目的整个范围。但 WBS 的形式并不限于“树”状，还有多种形式。

进度安排的好坏往往会影响整个项目的按期完成，因此这一环节是十分必要的，其主要方法有工程网络图、甘特图和任务资源表等方法。工作分解要遵循：任务分配、人力资源分配、时间分配要与工程进度相协调；任务分解与并行化处理原则；工作量分布的“40-20-40”分布原则，如图 4-2 所示。工程进度安排应使用程序评估与审查技术（PERT）或关键路径方法（CPM）生成任务网络图。

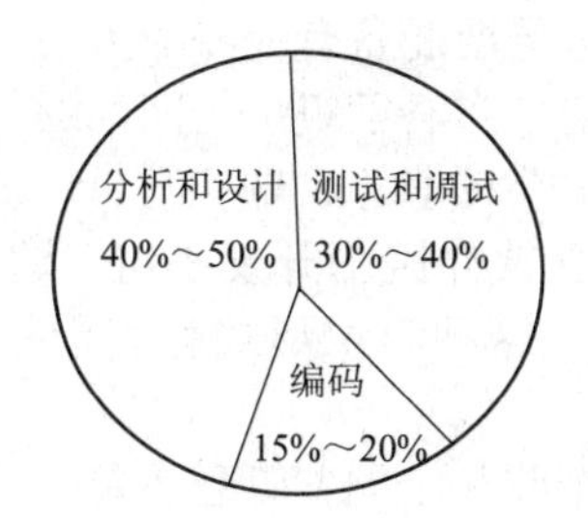

图 4-2　软件开发工作量分布

4.1　人员与工作量之间的关系

项目组织形式不仅要考虑软件项目的特点，还需要考虑参与人员的素质。

软件项目的组织原则：尽早落实责任，在软件项目开始组织时，要尽早指定专人负责，使其有权进行管理，并对任务的完成负全责；减少接口，一个组织的生产率随完成任务中存在通信路径数目的增加而降低；要有合理的人员分工、好的组织结构、有效的通信，以减少不必要的生产率的损失；责权均衡，软件经理人员所负的责任不应比委任给他的权力还大。

按项目划分的模式，按项目将开发人员组织成项目组，项目组的成员共同完成该项目的所有开发任务，包括项目的定义、需求分析、设计、编码、测试、评审以及所有文档的编制，甚至包括该项目的维护。

按职能划分的模式，按软件过程中所反映的各种职能将项目的参与者组织成相应的专业组，如开发组、测试组、质量保证组、维护组等。

矩阵形模式，即上述两种模式的复合，每个软件人员既属于某个专业组，又属于某个项目组。

软件开发人员的组织结构与软件项目开发模式和软件产品的结构相对应做到软件开发

方法、工具与人的统一。降低管理系统的复杂性有利于软件开发过程的管理与质量控制。按树形结构组织软件开发人员，“树”的“根”是软件项目经理和技术负责人。人员的选择、分配、组织涉及软件开发效率、软件开发进度、软件开发过程管理和软件产品质量，必须引起项目负责人的高度重视。“树”的“节点”是程序员小组，为了减少系统的复杂性、便于项目管理，“树”的“节点”每层不要超过 7 个，在此基础上尽量降低树的层数。程序员小组的人数应视任务的大小和完成任务的时间而定，一般是 2～5 人。

人员之间的交流开销：一个由 n 个人组成的项目组内共存在 $n(n-1)/2$ 条通信路径。对于生产率的影响：增加一个人并不等于净增了一个人的工作量，应扣除相应的通信代价；每个开发小组的成员不宜太多，应通过合理的组织减少组内的通信路径数；在开发过程中尽量不要中途增加人员，以避免太多的生产率损失。参与项目的人员数与整体生产率之间的关系并非是线性的。

为降低系统开发过程的复杂性，程序员小组之间、小组内程序员之间的任务界面必须清楚并尽量简化。按“主程序员”组织软件开发小组是一条比较成功的经验。“主程序员”是“超级程序员”。小组其他成员，包括程序员、后备工程师等，是主程序员的助手。主程序员负责规划、协调、审查小组的全部技术活动。程序员负责软件的分析和开发。后备工程师是主程序员的助手，必要时能代替主程序员领导小组的工作，保持工作的连续性。

软件开发小组还可以根据任务需要配备有关专业人员，如数据库设计人员、远程通信专家等。组内成员都对主程序员负责，省略了组员之间的通信和协调，提高了工作效率。软件项目或软件开发小组可以配置若干个秘书、软件工具员、测试员、编辑和律师等。

按“无我程序设计”原则建立软件民主开发小组。这种组织形式强调组内成员人人平等，组内问题均由集体讨论决定。这种组织形式有利于集思广益、取长补短，但工作效率比较低。

大型软件项目需专门配置一个或几个配置管理人员，专门负责软件项目的程序、文档和数据的各种版本控制，保证软件系统的一致性与完整性。

软件开发小组内部和小组之间应经常交流情况和信息，以便减少误解，消除软件中的个人特征，提高软件的质量。软件开发各阶段需要的技术人员类型、层次和数量是不同的。

人员资源：要求的人员包括系统分析员、高级程序员、程序员、操作员、资料员和测试员；各类人员工作的时间阶段。人员参加程度如图 4-3 所示。

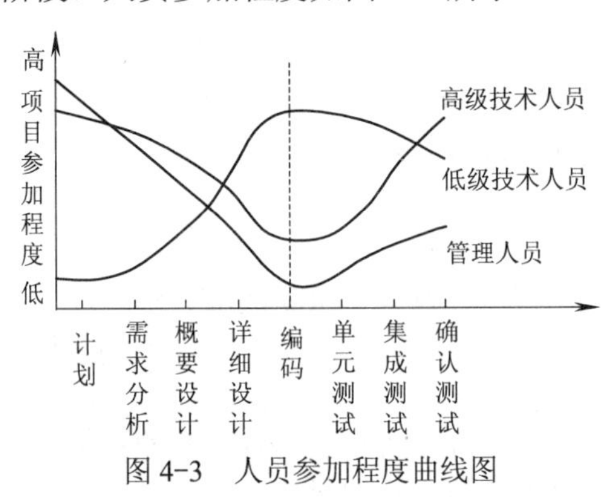

图 4-3　人员参加程度曲线图

人员分配的几个经验：不能在项目后期增加人员，因为会增加人员间通讯的成本开销；人员间的通信（即沟通）会提高软件生产率和质量；适当地延长开发周期，可以减少人力。

4.2　为软件项目定义任务集合

活动是实施项目时安排工作的最基本的工作单元。活动定义过程就是要把完成项目的所有活动都找出来。工作分解结构的最底层是工作包，把工作包分解成一个个的活动是活动定义过程的最基本的任务，除此之外还要根据项目的实际情况，从项目的范围说明书中组织的过程资产中去找一个个的活动。

活动定义除识别出项目的所有活动外，还要对这些活动进一步定义，如名称、前序活动、后继活动、资源要求、是否有强制日期等，最后把所有活动归档到活动清单中。定义这些活动的最终目的是为了完成项目的目标。项目的渐近明细特点在活动定义过程中得到了体现。通过对活动的具体定义，原来泛泛的项目目标经分解后更明确、更具体。活动定义后得到的活动，为进度安排、成本估算、项目执行、项目监控和控制提供了基础。毫无疑问，在活动定义过程中通过定义和计划项目的活动，将得以实现项目的目标。项目管理计划中包括进度制订计划，进度制订计划是活动定义的指南。活动定义的输出包括以下内容：

（1）活动清单

活动清单内容全面，包括项目将要进行的所有计划活动。活动清单不包括任何不必成为项目范围一部分的计划活动。活动清单应当有活动标识，并对每一计划活动工作范围给予详细的说明，以保证项目团队成员能够理解要完成的是什么样的工作，即工作内容、目标、结果、负责人和日期。计划活动的工作范围可有实体数量，如应安装的管道长度、在指定部位浇筑的混凝土、图纸张数、计算机程序语句行数或书籍的章数。活动清单在进度模型中使用，属于项目管理计划的一部分。计划活动是项目进度表的单个组成部分，不是工作分解结构的组成部分。

（2）活动属性

活动属性是活动清单中的活动的属性扩展，指出每一计划活动具有的多个属性。每一计划活动的属性包括活动标示、活动编号、活动名称、先行活动、后继活动、逻辑关系、提前与滞后时间量、资源要求、强制性日期、制约因素和假设。活动属性还可以包括工作执行负责人、实施工作的地区或地点，以及计划活动的类型，如投入的水平、可分投入与分摊的投入。这些属性用于制订项目进度表，在报告中以各种各样方式选择列入计划的计划活动，确定其顺序并将其分类。属性的数目因应用领域而异。活动属性被用于进度模型。

（3）里程碑清单

在活动定义时，产生了大量的控制点，即里程碑。里程碑在项目生命周期中是时间轴上的一个时刻，在该时刻应对项目特意关注和控制，通常指一个主要可交付成果的完成，也可以没有交付物而仅仅是控制。里程碑显示了项目为达到最终目标而必须经过的条件或状态序列，描述了在每一阶段项目要达到什么状态。作为活动定义过程的成果之一，里程碑清单标明了所有里程碑，并且说明里程碑是否是强制性需要订立合同的，或者是基于历史信息而有选择性的。里程碑清单为后期的项目控制提供了基础。

一个项目中应该有几个达到里程碑程度的关键事件。一个好的里程碑最突出的特征是：达到此里程碑的标准毫无歧义。里程碑计划的编制可以从一个里程碑即项目的终结点开始，反向进行：先确定最后一个里程碑，再依次逆向确定各个里程碑。对各个里程碑，应检查界限是否明确、是否无异议、是否与其他里程碑内容不重叠以及是否符合因果规律等。在确定项目的里程碑时，开发者可以使用“头脑风暴法”。

（4）请求的变更

活动定义过程可能提出影响项目范围说明与工作分解结构的变更请求。请求的变更通过整体变更控制过程审查与处置。项目进度管理的目标是保证项目按期和保质地交付。

4.2.1　严格度

即使是单一的项目类型，也会有许多因素影响任务集合的选择。将这些因素综合考虑，就会构成一个称为“严格度”的指示量，它将应用于所采用的软件过程中。即使只考虑某种特定类型的项目，所采用的软件过程的严格度也会相当不同。严格度是众多项目特性的函数。例如，小型的非主要商业性质的项目的严格度一般可以小于大型复杂的主要业务应用程序。但是应该注意到，所有项目都必须以一种能够按时得到高质量的发布产品的方式来实施。开发者可以定义如下 4 种不同程度的严格度：

1）随意的。使用了所有过程框架活动，但只需要一个最小的任务集合。一般情况下，将保护性任务最小化，并将文档需求降低。所有基本的软件工程原则仍然都是适用的。

2）结构化的。在项目中将使用过程框架。框架活动和适用于这种项目类型的相关任务，以及为保证高质量所需的保护性活动将得到应用。SQA、SCM、文档和度量任务将以一种经过优化的有效方式进行。

3）严格的。整个过程将按照一种能够确保高质量的严格规程要求应用于项目之中。所有保护性活动都将被采用，且要建立健壮的文档。

4）快速反应的。该项目将使用过程框架，但是由于某种紧急情况的出现，只应用了那些为保持软件系统质量所必须完成的任务。在应用程序/产品交付给客户之后再完成“回填工作”，即开发一套完整的文档，进行额外的复审。

项目管理者必须开发一种系统化的方法用以选择适用于特定项目的严格度。为了做到这一点，需要定义项目适应性准则并计算“任务集合选择因子”的值。按照项目的分类和严格度，考虑任务的集合，没有一个普遍适用于所有软件项目的任务集合。项目的分类为：概念开发项目，为探索新的商业概念和某种新技术；新应用开发项目，为特定的客户需求；应用增强项目，对现有软件进行用户可察觉的功能或性能修改；应用维护项目，以用户不可察觉的方式进行软件扩充或修改；再工程项目，全部或部分重建现有的系统。

4.2.2　定义适应准则

适应准则：根据项目的特征，选择适用软件过程活动的程度。共 5 个级别：每一条适应性准则都被赋予一定的等级分数，取值在 1～5 之间，1 级表示适用于简单过程任务和简单文档，且整体的方法学及文档需求为最小的项目；5 级表示适用于全部过程任务和较高文档的规范。

任务选择因子 TSS=平均值（$\sum$适应准则的等级分$_i$×权值$_i$×某类型相关度$_i$）　　（4-1）

其中，等级分是适应准则的等级分。任务选择因子对照表 4-1。

表 4-1　任务选择因子

因子值	严格度
TSS<1.2	选择随意的任务形式
1.0<TSS<3.0	选择结构化的任务形式
TSS>2.4	选择严格的任务形式

4.2.3 计算任务集合选择因子的值

类型相关与否：项目类型与适应准则相关为1，否则为0。权值：表示项目类型对于适应准则的重要性。任务适应准则的计算方法：根据任务的选择因子，决定采用任务的严格形式。

一个新开发应用：为某项目选择任务形式而计算任务因子的例子，见表4-2。

表4-2 计算任务因子

适应准则		权值	项目类型乘数					乘积
项目特征	等级分		概念	新开发	增强	维护	再工程	
项目的规模	2	1.2	—	1	—	—	—	2.4
潜在用户的数量	3	1.1	—	1	—	—	—	3.3
业务关键性	4	1.1	—	1	—	—	—	4.4
应用程序的寿命	3	0.9	—	1	—	—	—	2.7
需求的稳定性	2	1.2	—	1	—	—	—	2.4
客户与开发者易于通信	2	0.9	—	1	—	—	—	1.8
可应用技术的成熟度	2	0.9	—	1	—	—	—	1.8
性能约束	3	0.8	—	1	—	—	—	2.4
嵌入式/非嵌入式特性	3	1.2	—	1	—	—	—	3.6
项目人员配置	2	1.0	—	1	—	—	—	2.0
互操作	4	1.1	—	1	—	—	—	4.4
再工程因素	1	1.2	—	0	—	—	—	0.0
任务选择因子（TSS）	平均值（$\sum$适应准则的等级分$_i$×权值$_i$×某类型相关度$_i$）							2.8

结果TSS>2.4，所以应选择严格的任务形式。任务适应的准则包括：

（1）分解

就活动定义过程而言，分解技术指把项目工作组合进一步分解为更小、更易于管理的称作计划活动的组成部分。活动定义确定的最终成果是计划活动，而不是制作工作分解结构过程的可交付成果。活动清单、工作分解结构与工作分解结构词汇表既可以分先后完成，亦可同时制订，它们均为确定编制活动清单的基础。工作分解结构中的每一个工作组合都分解成为提交工作组合而必需的计划活动。活动定义通常由负责这一工作组合的项目团队成员完成。

（2）模板

标准的或以前项目活动清单的一部分，往往可当做新项目的模板使用。模板中的有关活动属性信息还可能包含资源技能，以及所需时间的清单、风险识别、预期的可交付成果和其他文字说明资料。

模板还可以用来识别典型的进度里程碑。

（3）滚动式规划

工作分解结构与工作分解结构词汇表反映了随着项目范围一直具体到工作组合的程度而变得越来越详细的演变过程。滚动式规划是规划逐步完善的一种表现形式，近期要完成的工作在工作分解结构最下层详细规划，而计划在远期完成的工作分解结构组成部分的工作，在工作分解结构较高层规划。最近一两个报告期要进行的工作应在本期工作接近完成时详细规划。所以，项目计划活动在项目生命期内可以处于不同的详细水平。在信息不够确定的早期战略规划期，活动的详细程度可能仅达到里程碑的水平。

（4）专家判断

擅长制订详细项目范围说明书、工作分解结构和项目进度表并富有经验的项目团队成员或专家，可以提供活动定义方面的专业判断。

（5）规划组成部分

当项目范围说明书不够充分，不能将工作分解结构某分支向下分解到工作组合水平时，该分支最后分解到的组成部分可用来制订这一组成部分的高层次项目进度表。项目团队选择并利用这些规划组成部分来规划处于工作分解结构较高层次的各种未来工作的进度。这些规划组成部分的计划活动可以是无法用于项目工作详细估算、进度安排、执行、监控的概括性活动。两个规划组成部分如下：

1）控制账户。高层管理人员的控制点可以设在工作分解结构工作组合层次以上选定的管理点上。在尚未规划有关的工作组合时，这些控制点用做规划的基础。在控制账户内完成的所有工作与付出的所有努力，记载于某一控制账户计划中。

2）规划组合。规划组合是在工作分解结构中控制账户以下，但在工作组合层次以上的工作分解结构组成部分。这个组成部分的用途是规划无详细计划活动的已知工作内容。

4.3 主要任务的求精

活动排序指识别与记载计划活动之间的逻辑关系。活动并不是孤立存在的，而是有着某种依赖关系，这里的依赖关系是指时间顺序上的关系。

按逻辑关系为计划的活动排序。除第一个和最后一个之外的每一个活动和里程碑，都至少与一个前序活动和一个后继活动相关联。在活动之间的逻辑关系中可使用“提前时间”或者“滞后时间”，以便制订符合实际和可以实现的项目进度。排序可以由项目管理软件、手动或者自动化工具来完成。

1. 确定依赖关系

在确定活动之间的先后顺序时有 3 种依赖关系：

1）强制性依赖关系。项目管理团队在确定活动先后顺序的过程中，要明确哪些依赖关系是属于强制性的。强制性依赖关系指工作性质所固有的依赖关系。它们往往涉及一些实际的限制。例如在施工项目中，只有在基础完成之后，才能开始上部结构的施工；在电子项目中，必须先制作原型机，然后才能进行测试。强制性依赖关系又称硬逻辑关系。

2）可斟酌处理的依赖关系。项目管理团队在确定活动先后顺序的过程中，要明确哪些依赖关系是属于可斟酌处理的。可斟酌处理的依赖关系要有完整的文字记载，因为它们会造成总时差不确定、失去控制并限制今后进度安排方案的选择。可斟酌处理的依赖关系有时叫做优先选用逻辑关系、优先逻辑关系或者软逻辑关系。可斟酌处理的依赖关系通常根据对具体应用领域内部最好做法或者项目某些非寻常方面的了解而确定。项目的这些非寻常方面导致即使有其他顺序可以采纳，但也希望按照某种特殊的顺序安排。根据某些可斟酌处理的依赖关系，包括根据以前完成同类型工作的成功项目所取得的经验，选定计划活动顺序。

3）外部依赖关系。项目管理团队在确定活动先后顺序的过程中，要明确哪些依赖关系是属于外部依赖的。外部依赖关系指涉及项目活动和非项目活动之间关系的依赖关系。例如，软件项目测试活动的进度可能取决于来自外部的硬件是否到货；施工项目的场地是否平整，可能要在环境听证会之后才能动工。活动排序的这种依据可能要依靠以前性质类似的项目历史信息或者合同和建议。

2. 进度压缩

进度压缩指在不改变项目范围、进度制约条件、强加日期或其他进度目标的前提下缩短项目的进度时间。进度压缩的技术有以下两种：

1）赶进度。对费用和进度进行权衡，确定如何在尽量少增加费用的前提下最大限度地缩短项目所需时间。赶进度并非总能产生可行的方案，反而常常增加费用。

2）快速跟进。这种进度压缩技术通常同时进行按先后顺序的阶段或活动。例如，建筑物在所有建筑设计图纸完成之前就开始基础施工。快速跟进往往造成返工，并通常会增加风险。这种办法可能要求在取得完整、详细的信息之前就开始进行，如工程设计图纸。其结果是以增加费用为代价换取时间，并因缩短项目进度时间而增加风险。

3．假设情景分析

假设情景分析就是对“情景×出现时应当如何处理”这样的问题进行分析。进度网络分析是利用进度模型计算各种各样的情景，如推迟某大型部件的交货日期，延长具体设计工作的时间等。假设情景分析的结果可用于估计项目进度计划在不利条件下的可行性，用于制订克服或减轻由于出乎意料的局面造成的后果的应急和应对计划。模拟指对活动做出多种假设，计算项目多种持续时间。假设情景分析最常用的技术是蒙特卡洛分析，这种分析为每一计划活动确定一种活动持续时间概率分布，然后利用这些分布计算出整个项目持续时间可能结果的概率分布。

4．关键路线法（Critical Path Method）

关键路线是指从起始任务开始，到结束任务为止的、具有最长长度的路径，是利用进度模型时使用的一种进度网络分析技术。关键路线法沿着项目进度网络路线进行正向与反向分析，从而计算出所有计划活动理论上的最早开始与完成日期、最迟开始与完成日期，不考虑任何资源限制。由此计算而得到的最早开始与完成日期、最迟开始与完成日期不一定是项目的进度表，它们只不过指明计划活动在给定的活动持续时间、逻辑关系、时间提前与滞后量，以及其他已知制约条件下应当安排的时间段与长短。

由于构成进度灵活余地的总时差可能为正、负或零值，最早开始与完成日期、最迟开始与完成日期的计算值可能在所有路线上都相同，也可能不同。在任何网络路线上，进度余地的大小由最早与最迟日期两者之间正的差值决定，该差值叫做“总时差”。关键路线有零或负值总时差，在关键路线上的计划活动叫做“关键活动”。为了使路线总时差为零或正值，有必要调整活动持续时间、逻辑关系、时间提前与滞后量或其他进度制约因素。一旦路线总时差为零或正值，则还能确定自由时差。自由时差就是在不延误同一网络路线上任何直接后继活动最早开始时间的条件下，计划活动可以推迟的时间。

关键路线法是项目时间管理中的最常用技术，是以网络图为基础的计划模型。它是把完成任务需要进行的工作进行分解，估计每个任务的工期，然后在任务间建立相关性，形成一个“网络”，通过网络计算，找到最长的路线即主要矛盾，再进行优化的计划方法。关键路线法的优化策略是：确定出项目各工作最早、最迟的开始和结束时间，通过最早、最迟时间的时间差，可以分析每一项工作相对时间紧迫程度及工作的重要程度，这种最早和最迟时间的差额称为机动时间，机动时间为零的工作通常称为关键工作。关键路线法的主要目的，就是确定项目中的关键工作，以保证实施过程中能对其重点关照，从而保证项目按期完成。而自由时间则表示可调节的空间。

5．资源平衡

资源平衡是一种进度网络分析技术，用于已经利用关键路线法分析过的进度模型之中。资源平衡的用途是调整时间安排需要满足规定交工日期的计划活动，处理只有在某些时间才能动用或只能动用有限数量的必要的共用或关键资源的局面，或者用于在项目工作具体时间段按照某种水平均匀地使用选定资源。这种均匀使用资源的办法可能会改变原来的关键路线。

关键路线法的计算结果是初步的最早开始与完成日期、最迟开始与完成日期进度表，这种进度表在某些时间段要求使用的资源可能比实际可供使用的数量多，或者要求改变资源水平，或者对资源水平改变的要求超出了项目团队的管理能力。将稀缺资源首先分配给关键路线上的活动，这种做法可以用来制订反映上述制约因素的项目进度表。资源平衡的结果经常是项目的预计持续时间比初步项目进度表长。这种技术有时候叫做“资源决定法”，当利用进度优化项目管理软件进行资源平衡时尤其如此。

将资源从非关键活动重新分配到关键活动的做法，是使项目自始至终尽可能接近原来为其设定的整体持续时间而经常采用的方式。也可以考虑根据不同的资源日历，利用延长工作时间、周末或选定资源多班次工作的办法，缩短关键活动的持续时间。提高资源生产率是另外一种缩短延长项目初步进度时间的持续时间的办法。不同的技术或机器，如计算机源程序的复用、自动焊接，以及自动化生产线都可提高资源的生产率。某些项目可能拥有数量有限但关键的项目资源，遇到这种情况，资源可以从项目的结束日期开始反向安排，这种做法叫做按资源分配倒排进度法，但不一定能制订出最优项目进度表。资源平衡技术提出的资源限制进度表，有时候叫做资源制约进度表，开始日期与完成日期都是计划开始日期与计划完成日期。

6. 项目管理软件

项目管理进度安排软件已经成为普遍应用的进度表制订手段。其他项目管理软件也能够直接或间接地同项目管理软件配合起来，体现其他知识领域的要求，如根据时间段进行费用估算，定量风险分析中的进度模拟。这些产品自动进行正向与反向关键路线分析和资源平衡的数学计算，这样一来，就能够迅速地考虑许多种进度安排方案。它们还被广泛地用于打印或显示制订完备的进度表成果。

7. 应用日历

应用日历的作用是标明可以工作的时间段。例如，项目日历和资源日历标明了可达工作的时间段。项目日历影响到所有活动。例如，因为天气原因，一年当中某些时间段现场工作是不可能进行的。资源日历影响到某种具体资源或资源种类。资源日历反映了某些资源是如何只能在正常营业时间工作的，而另外一些资源分三班整天工作，或者项目团队成员正在休假或参加培训而无法调用，或者某一劳动合同限制某些工人一个星期工作的天数。

8. 调整时间提前量与滞后量

时间提前量与滞后量使用不当会造成项目进度表不合理，在进度网络分析过程中调整提前与滞后时间量，以便提出合理、可行的项目进度表。

9. 进度模型、进度数据和信息经过整理，用于项目进度模型之中

在进行进度网络分析和制订项目进度表时，将进度模型工具与相应的进度模型数据同手工方法或项目管理软件结合在一起使用。

项目管理团队在活动排序的过程中应识别外部依赖关系。与活动定义的情况一样，项目关系人一起讨论并定义项目中的活动依赖关系是很重要的。一些组织根据类似项目的活动依赖关系，制定了一些指导原则；有的组织则依靠项目中工作的有专门技术的人才以及与该领域其他员工和同事的联系；有人喜欢将每一个活动名称写在一张“即时贴”或其他一些纸上来确定依赖关系或排序；还有一些人直接用项目管理软件来建立关系。如果不定义活动顺序的话，就无法制订进度计划。

项目管理团队要确定可能要求加入时间提前量与滞后量的依赖关系，以便准确地确定逻辑关系。时间提前量与滞后量以及有关的假设要形成文件。利用时间提前量可以提前开始后继活动。例如，技术文件编写小组可以在写完长篇文件初稿整体之前15天着手第二稿。

利用时间滞后量可以推迟后继活动。例如，为了保证混凝土有10天养护期，可以在完成的开始关系中加入10天的滞后时间，这样一来，后继活动就只能在先行活动完成之后开始了。

4.4 进度安排

制订项目进度表是一个反复多次的过程，这一过程确定项目活动计划的开始与完成日期。制订进度表可能要求对历时估算与资源估算进行审查与修改，以便进度表在批准之后能够当做跟踪项目绩效的基准使用。制订进度表过程随着工作的绩效、项目管理计划的改变，以及预期的风险发生或消失，或识别出新风险而贯穿于项目的始终。

活动排序的输入：项目范围说明书，项目范围说明书中有产品说明书，产品说明书中有产品常常影响活动顺序的特征，如待建厂房的空间布局或软件项目的子系统界面。这些影响虽然可在活动清单中看出，但为了准确，通常要审查产品范围说明书、活动清单、活动属性、里程碑清单、批准的变更请求等。一旦发现某个任务，特别是关键路径上的任务未在计划进度规定的时间范围内完成，那么就要采取措施进行调整，例如增加额外的资源、增加新的员工或调整项目进度表。

进度控制管理是采用科学的方法确定进度目标，制订进度计划与资源供应计划，进行进度控制，在与质量、费用、安全目标协调的基础上，实现工期目标。

进度计划实施过程中目标明确，但资源有限，不确定因素多，干扰因素多，这些因素有客观的、主观的，主客观条件的不断变化，计划也因此随着改变。

制订进度计划所采用的主要技术和工具包括如下几种。

1. 甘特图

甘特（Gantt）图也叫做线条图或横道图，它是以横线来表示每项活动的起止时间，注明了活动的开始与结束日期，以及活动的预期持续时间。甘特图容易看懂，经常用于向管理层介绍情况。为了控制与管理沟通的方便，里程碑或多个互相依赖的工作细目之间加入内容更多、更综合的概括性活动，并在报告中以甘特图的形式表现出来。这种概括性活动称为汇总活动。

甘特图的优点是简单、明了、直观，易于编制，因此到目前为止仍然是小型项目中常用的工具。即使在大型工程项目中，它也是高级管理层了解全局、基层安排进度时有用的工具。在甘特图上，开发者可以看出各项活动的开始和终了时间。在绘制各项活动的起止时间时，开发者也要考虑它们的先后顺序。但各项活动之间的关系却没有表示出来，同时也没有指出影响项目生命周期的关键所在。因此，对于复杂的项目来说，甘特图就显得不足以适应。

先把任务分解成子任务，然后用水平线段来描述各个任务及子任务的进度安排。甘特图表示方法简单易懂，一目了然，动态反映软件开发进度情况，它是进度计划和进度管理的有力工具，在子任务之间依赖关系不复杂的情况下常使用此种方法。甘特图的示例如图4-4所示，该图可以表示将任务分解成子任务的情况。软件工程是特殊的工程，甘特图也可以特殊化，每个任务的开始和结束时间均先用空心三角形表示，两者用横线相连。当活动开始时，左边三角形涂黑，当活动结束时，再将右边三角形涂黑。用三角形表示每个子任务的开始时间和完成时间，线段的长度表示子任务完成所需要的时间；任务条目表示子任务之间的并行和串行关系。

甘特图只能表示任务之间的并行与串行的关系，难以反映多个任务之间存在的复杂关系，不能直观表示任务之间相互依赖制约关系以及哪些任务是关键子任务等信息，因此仅仅用甘特图作为进度的安排是不够的。

任务	负责人	2012年												2013年					
		1	2	3	4	5	6	7	8	9	10	11	12	1	2	3	4	5	6
分析		▲	—	—	▲														
测试计划			▲	—	▲														
总体设计					▲	—	△												
详细设计						▲	—	—	△										
编码									△	—	—	—	△						
模块测试										△	—	△							
集成测试												△	—	—	△				
验收测试															△	—	△		
文档					▲	—	—	—	—	—	—	—	—	—	—	—	△		

图 4-4　甘特图的示例

2. 工程网络图

关键路线法（Critical Path Method，CPM）和计划评审技术（Program Evaluation and Review Technique，PERT）是 20 世纪 50 年代后期几乎同时出现的两种计划方法。随着科学技术和生产的迅速发展，许多庞大而复杂的科研和工程项目出现了，它们工序繁多，协作面广，常常需要动用大量人力、物力和财力。因此，如何合理而有效地把它们组织起来，使之相互协调，在有限资源下，以最短的时间和最低费用，最好地完成整个项目就成为一个突出的重要问题。CPM 和 PERT 就是在这种背景下出现的。这两种计划方法是分别独立发展起来的，但其基本原理是一致的，即用网络图来表达项目中各项活动的进度和它们之间的相互关系，并在此基础上，进行网络分析，计算网络中各项时间，确定关键活动与关键路线，利用时差不断地调整与优化网络，以求得最短周期。然后，还可将成本与资源问题考虑进去，以求得综合优化的项目计划方案。因这两种方法都是通过网络图和相应的计算来反映整个项目的全貌，所以又被称为工程网络计划技术或工程网络图。

工程网络图用于展示项目中的各个活动以及活动之间的逻辑关系。网络图是活动排序的一个输出，可以表达活动的历时。常用工程网路图有 PDM 网络图和 ADM 网络图。

前导图法（Precedence Diagramming Meffiad，PDM）是用于编制项目进度网络图的一种方法，它使用方框或者长方形（被称作节点）代表活动，它们之间用箭头连接，显示它们彼此之间存在的逻辑关系。图 4-5 所示为一个用 PDM 法绘制的简单项目进度网络图。这种方法也被称作单代号网络图法（Active On the Node，AON），为大多数项目管理软件所采用。

前导图法包括活动之间存在的 4 种类型的依赖关系：

1）结束-开始的关系（F-S 型）。前序活动结束后，后续活动才能开始。

2）结束-结束的关系（F-F 型）。前序活动结束后，后续活动才能结束。

3）开始-开始的关系（S-S 型）。前序活动开始后，后续活动才能开始。

4）开始-结束的关系（S-F 型）。前序活动开始后，后续活动才能结束。

在 PDM 中，结束-开始的关系是最普遍使用的一类依赖关系。开始-结束的关系很少被使用。前导图的 4 种关系如图 4-6 所示。

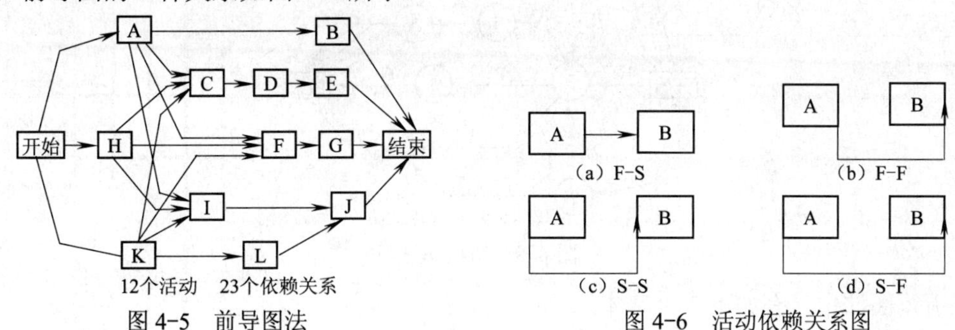

图 4-5　前导图法　　　　图 4-6　活动依赖关系图

在前导图法中，每项活动有唯一的活动号，每项活动都注明了预计工期。通常，每个节点的活动会有如下几个时间：最早开始时间（ES）、最迟开始时间（LS）、最早结束时间（EF）和最迟结束时间（LF）。

EF 是指某一活动能够完成的最早时间，它可以在这项活动最早开始时间的基础上加上这项活动的工期估计来计算出。EF=ES+工期估计。

LF 是指为了使项目在要求完工时间内完成，某项活动必须完成的最迟时间。LS 是指为了使项目在要求完工的时间内完成，某项活动必须开始的最迟时间。LS=LF–工期估计。

如果最迟开始时间与最早开始时间不同，那么该活动的开始时间就可以浮动，称之为时差。

时差=最迟开始时间–最早开始时间；时差=最迟结束时间–最早结束时间。

计划时间是在最早和最迟时间之间的，选择用以完成工作的时间。这几个时间点通常作为每个节点的组成部分，如图 4-7 所示。

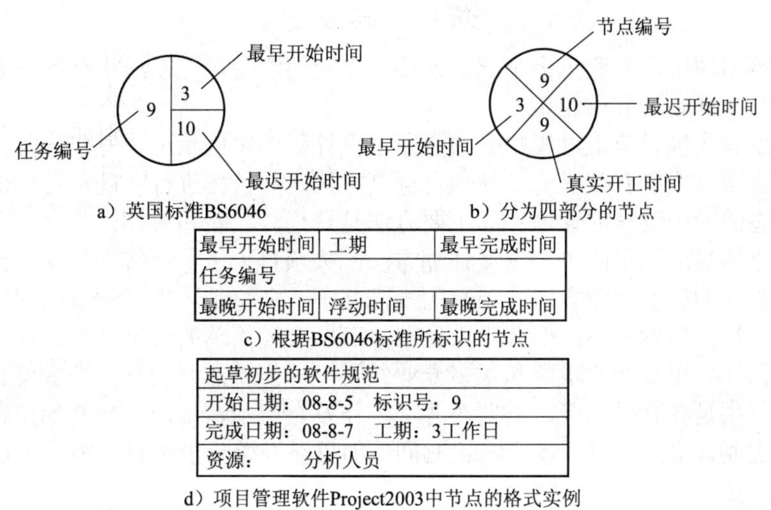

图 4-7　节点表示法

箭线图法（Arrow Diagramming Method，ADM）是用箭线表示活动、节点表示事件的一种网络图绘制方法，这种方法又叫做双代号网络图法（Active On the Arrow，AOA），如图4-8 所示。在箭线图法中，给每个事件（而不是每项活动）指定一个唯一的代号。活动的开始（箭尾）事件叫做该活动的紧前事件（Precede Event），活动的结束（箭头）事件叫该活动的紧随事件（Successor Event）。

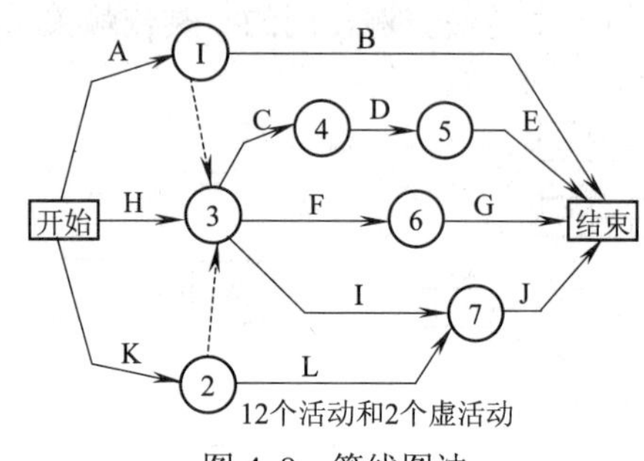

图 4-8　箭线图法

在箭线图法中，有如下 3 个基本原则：

1）网络图中每一事件必须有唯一的一个代号，即网络图中不会有相同的代号。

2）任两项活动的紧前事件和紧随事件代号至少有一个不相同，节点代号沿箭线方向越来越大。

3）流入/流出同一节点的活动，均有共同的后继活动或前序活动。

为了绘图的方便，人们引入了一种额外的、特殊的活动，叫做虚活动（Dummy Activity）。它不消耗时间，在网络图中由一个虚箭线表示。借助虚活动，开发者可以更好地、更清楚地表达活动之间的关系，如图 4-9 所示。注：活动 A 和 B 可以同时进行；只有活动 A 和 B 都完成后，活动 C 才能开始。

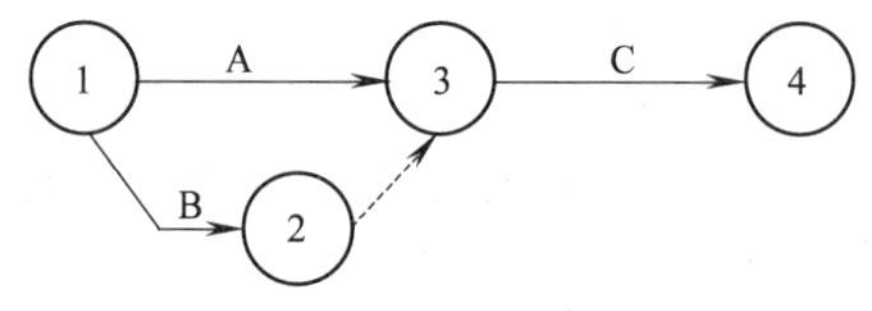

图 4-9　虚活动

在复杂的网络图中，为避免多个起点或终点引起的混淆，可以用虚活动来解决，即用虚活动与所有能立即开始的节点连接。

因此，开发者在项目施工过程中必须不断掌握计划的实施状况，并将实际情况与计划进行对比分析，必要时采取有效措施，使项目进度按预定的目标进行，确保目标的实现。进度控制管理是动态的、全过程的管理，其主要方法是规划、控制和协调。

很显然，小项目应采用简单的进度计划方法，大项目为了保证按期按质达到项目目标，就须考虑用较复杂的进度计划方法。项目的规模并不一定总是与项目的复杂程度成正比。例如修一条公路，规模虽然不小，但并不太复杂，可以用较简单的进度计划方法。而研制一个小型的电子仪器，要很复杂的步骤和很多专业知识，可能就需要较复杂的进度计划方法。在项目急需进行特别是在开始阶段，需要对各项工作发布指示，以便尽早开始工作，此时，如果用很长时间去制订进度计划，就会延误时间。如果在开始阶段项目的细节无法说明，CPM 和 PERT 法就无法应用。

其次，总进度是否由一、两项关键事项所决定。如果项目进行过程中有一两项活动需要花费很长时间，而这期间可把其他准备工作都安排好，那么对其他工作就不必制订详细复杂的进度计划了。如有无相应的技术力量和设备。例如，没有计算机，CPM和PERT进度计划方法有时就难以应用。而如果没有受过良好训练的合格的技术人员，也无法胜任用复杂的方法制订进度计划。

此外，根据情况不同，还须考虑客户的要求，能够用在进度计划上的预算等因素。到底采用哪种方法来制订进度计划，要全面考虑以上各个因素。

制订软件项目进度表有两种方式：软件开发小组根据提供软件产品的最后期限从后往前安排时间；软件项目开发组织根据项目和资源情况制订软件项目开发的初步计划和交付软件产品的日期。

软件开发组织希望按照第二种方式安排工作进度。但多数场合采用的都是比较被动的第一种方式，对软件项目的进度安排比对软件成本的估算要求更高。成本的增加可以通过提高产品定价或通过大批量销售得到补偿，而项目进度安排不当会引起客户不满，影响市场销售。

计划要起到应有的效应，就必须采取措施，使之得以顺利实施，措施主要有组织措施、技术措施、经济措施和管理措施。组织措施包括落实各层次的控制人员、具体任务和工作责任；建立进度控制的组织系统，确定事前控制、事中控制、事后控制、协调会议、集体决策等进度控制工作制度；监测计划的执行情况，分析与控制计划执行情况等。经济措施包括实现项目进度计划的资金保证措施，资源供应及时的措施，实施激励机制。技术措施包括采取加快项目进度的技术方法。管理措施包括加强合同管理、信息管理、沟通管理、资料管理等综合管理，协调参与项目的各有关单位、部门和人员之间的利益关系，使之有利于项目进展。

项目实施过程中要对施工进展状态进行观测，掌握进展动态，对项目进展状态的观测通常采用日常观测和定期观测方法。日常观测法是指随着项目的进展，不断观测记录每一项工作的实际开始时间、实际完成时间、实际进展时间、实际消耗的资源、目前状况等内容，以此作为进度控制的依据。定期观测是指每隔一定时间对项目进度计划执行情况进行一次较为全面的观测、检查；检查各工作之间逻辑关系的变化，检查各工作的进度和关键路线的变化情况，以便更好地发掘潜力，调整或优化资源。

进度控制的核心就是将项目的实际进度与计划进度进行不断分析比较，不断进行进度计划的更新。进度分析比较的方法主要采用甘特图比较法，就是将在项目进展中通过观测、检查、搜集到的信息，经整理后直接用横道图并列标于原计划的横道线一起，进行直观比较，通过分析比较，分析进度偏差的影响，找出原因，以保证工期不变、保证质量安全和所耗费用最少为目标，制订对策，指定专人负责落实，并对项目进度计划进行适当调整更新。调整更新主要是关键工作的调整、非关键工作的调整、改变某些工作的逻辑关系、重新制订计划、资源调整等。

开发者可以通过以下方式来实现项目跟踪：定期举行项目状态会议，由项目组中的各个成员分别报告进度和问题；评价在软件工程过程中产生的所有评审结果；确定正式的项目里程碑是否在预定日期内完成；比较项目表中列出的各项任务的实际开始日期与计划开始日期；非正式与开发人员进行会谈，获取对项目进展及可能出现的问题的客观评价。

4.5 软件项目计划案例

教学管理系统软件项目开发计划文档示例：

一、引言

1.1 编写目的

软件项目开发计划的主要作用是确定各个项目模块的开发情况和主要负责人，供各项目模块的负责人阅读，做到及时协调，有序地进行项目的开发，减少开发中的不必要损失。

具体步骤：拟定开发计划书，分配项目工作，安排项目进度。

计划对象：教学管理系统开发小组。

1.2 项目背景

目前网络应用已经越来越普及，各地的学校纷纷建设自己的校园网，但是很多学校在投巨资建设校园网之后，未能高效地利用校园网的资源。本系统提供了有效利用校园网，实现学校管理的信息化的方法。待开发的软件系统的名称：教学管理系统。

1.3 定义（略）

1.4 参考资料（略）

二、项目概述

2.1 工作内容

各工作小组根据时间先后安排，分别对项目进行开发。

各项主要工作：

- 需求分析小组对学校管理等内容进行调研（为期 20 天）。
- 软件开发小组对调查结果进行分析，拟订实现方案。
- 软件编程小组对软件进行集中开发。
- 软件审核小组对软件进行评定、审核。

2.2 条件与限制

2.2.1 完成项目应具备的条件

- 资金
- 调研环境
- 开发平台
- 开发基础设施
- 开发人员
- 维护人员

2.2.2 开发单位已具备的条件

- 开发平台
- 开发基础设施

2.2.3 尚需创造的条件

略。

2.3 产品

2.3.1 程序

程序名称：教学管理系统。

使用语言和数据库系统：略。

2.3.2 文档

需提交的文档：

- 《项目开发计划》
- 《资金分配方案》

- 《系统使用手册》
- 《系统维护手册》
- 《详细技术资料》

2.3.3　服务

开发单位向用户提供的服务：

人员培训，系统安装，硬件保修（3 年），软件维护（5 年）。

2.3.4　验收标准

略。

2.4　运行环境

2.4.1　硬件运行环境

略。

2.4.2　软件运行环境

略。

三、实施计划

3.1　任务分解（见表 4-3）

表 4-3　任务分解

分析阶段（20 天）	调研小组
设计阶段（20 天）	设计小组
编写代码及单元测试阶段（40 天）	开发小组
总测试及修改阶段（20 天）	测试小组
维护阶段（长期）	维护小组

3.2　进度

20 天进行调研。

60 天进行设计及编码实现。

20 天进行测试，维护。

10 天进行运行实践。

3.3　预算（见表 4-4）

表 4-4　各阶段预算

分析阶段	1000 元
设计阶段	4000 元
写代码及单元测试阶段	8000 元
总测试及修改阶段	2000 元

3.4　关键问题

关键的问题是如何做到大容量，多并发，快速及时的计算能力和部分故障不停机的能力。此外，开发本项目需要承担一定的风险，主要是学籍管理制度变动的风险，详细的分析参见《可行性研究报告》。

大多数技术问题都能通过数据库解决，所以选择好的数据库是保证开发完整的前提。

四、人员组织及分工

调研小组：3 人
设计小组：3 人
开发小组：6 人
测试小组：3 人
维护小组：3 人

五、交付期限

最迟交付期限：两个月

六、专题计划要点

教学管理系统的全部功能分成通用功能和日常业务管理功能两大类，因此可以先基于通用功能做出一个最小的使用版本，再逐步添加其余的功能。这样一来，用户可在先试用最小版本的同时，提出更多明确的需求，这有助于下一阶段的开发，大大减小了开发的风险。

在教学管理系统需求规格中，要求系统有可扩充性。使用增量模型可以保证系统的可扩充性。用户明确了需求的大部分，但也存在不够详尽的地方。这样只有等到一个可用的产品出来，通过客户使用，然后进行评估，将评估结果作为下一个增量开发计划，下一个增量发布一些新增的功能和特性，直至产生最终完善的产品。

本章小结

项目进度管理过程及其相关的工具和技术应写入进度管理计划。进度管理计划包含在项目整体管理计划之内，是整体管理计划的一个分计划。项目管理计划中包括进度制订计划，进度制订计划是活动定义的指南。制订项目进度表是一个反复多次的过程，这一过程确定项目活动计划的开始与完成日期。

习题

1. 介绍软件项目的组织原则。
2. 简述工作分解结构具有 4 个主要用途。
3. 简述项目进度管理包括的几个管理过程及它们相互间的关系。
4. 简述进度控制的核心。

第 5 章　软件工程的需求工程

需求是指用户对软件的功能和性能的要求，就是用户希望软件能做什么事情、完成什么样的功能、达到什么性能。

需求工程是应用已证实有效的技术、方法进行需求分析，确定客户需求，帮助分析人员理解问题并定义目标系统的所有外部特征的一门学科，是对系统应该提供的服务和所受到的约束进行理解、分析、建立文档、检验的过程。

需求工程是系统工程及软件工程的重要分支。需求工程旨在了解软件系统设计的真实意图、具体功用及限制条件，精确定义这些因素与系统行为的关系及系统随时间和产品线变化而发生的各种演化。需求工程也叫需求过程或需求阶段，包括需求开发和需求管理。需求工程的基本活动如图 5-1 所示。

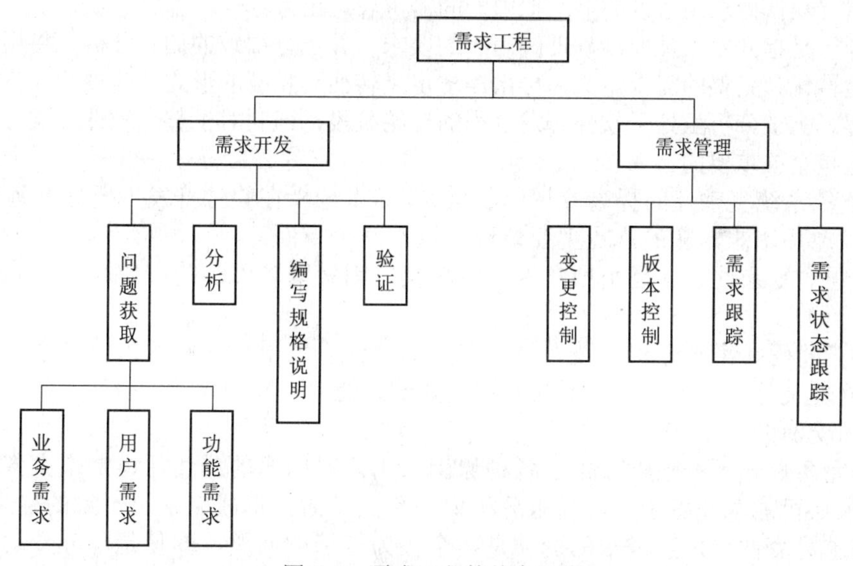

图 5-1　需求工程的基本活动

需求工程通过合适的工具和记号系统地描述待开发系统及其行为特征和相关约束，形成需求文档，并对用户不断变化的需求演进给予支持。和所有其他工程学科一样，需求工程并不是以零星偶发的、随机的或无计划的方式进行，而是采用已证明方法的系统化应用。

需求开发包括需求获取、需求分析、编写需求规格说明和验证需求 4 个阶段。在这 4 个阶段执行以下活动：确定产品所期望的用户类；获取每个用户类的需求；了解实际用户任务和目标以及这些任务所支持的业务需求；分析源于用户的信息以区别业务需求、功能需求、质量属性、业务规则，建议解决的方法和附加的信息；分解需求，并将需求中的一部分分配给软件组件；了解相关属性的重要性；划分实施优先级；编写需求规格说明和模型；评审需求规格，验证对用户需求的正确理解和认识。

软件需求规格说明阐述一个软件系统必须提供的功能和性能以及所要考虑的限制条件，它不仅是系统测试和用户文档的基础，也是所有子系列项目规划、设计和编码的基础。需求分析完成的标志是提交一份完整的软件需求规格说明书（Software Requirements Specification，SRS）。软件需求规格说明作为产品需求的最终成果必须包括所有需求。开发人员的组织要为编写软件需求文档定义一种标准模板。

需求分析是软件定义时期的最后一个阶段，它的基本任务是准确地回答"系统必须做什么？"这个问题。需求分析的任务还不是确定系统怎样完成它的工作，而仅仅是确定系统必须完成哪些工作，也就是对目标系统提出完整、准确、清晰、具体的要求。在需求分析阶段结束之前，系统分析员应该写出软件需求规格说明书，以书面形式准确地描述软件需求。

软件需求分析，是对应用问题及环境的理解和分析，为问题涉及的信息、功能及系统行为建立模型，将用户需求精确化、完全化，最终形成需求规格说明书。

需求分析的任务是以需求模型为基础，借助于当前系统的逻辑模型导出目标系统的逻辑模型，撰写目标系统的初步用户手册。主要包括两个任务：①通过对问题及其环境的理解、分析和综合，建立分析模型（Analysis Model）；②在完全弄清用户对软件系统的确切要求的基础上，用《软件需求规格说明书》把用户的需求表达出来。

需求分析是指开发人员要准确理解用户的要求，并进行细致的调查分析，将用户非形式的需求陈述转化为完整的需求定义，再由需求定义转换到相应的形式功能规约（需求规格说明）的过程。需求分析虽处于软件开发过程的开始阶段，但它对于整个软件开发过程以及软件产品质量是至关重要的。

随着软件系统复杂性的提高及规模的扩大，需求分析在软件开发中所处的地位愈加突出，从而也愈加困难，它的难点主要体现在以下几个方面：

1）问题的复杂性。这是由用户需求所涉及的因素繁多引起的，如运行环境和系统功能等。

2）交流障碍。需求分析涉及人员较多，如软件系统用户、问题领域专家、需求工程师和项目管理员等，这些人具备不同的背景知识，处于不同的角度，扮演不同角色，造成了相互之间交流的困难。

3）不完备性和不一致性。由于各种原因，用户对问题的描述往往是不完备的，其各方面的需求还可能存在着矛盾，需求分析要消除其矛盾，形成完备及一致的定义。

4）需求易变性。用户需求的变动是一个极为普遍的问题，即使是部分变动，也往往会影响到需求分析的全部，从而导致需求的不一致性和不完备性。

传统的软件工程方法没有充分考虑变化，而是依赖软件生命周期的理想的观点，即"分析的开始阶段，需求就已经冻结了"，其余的过程则投入到设计和构建方案中。这是可以理解的，如果当在忙于解决问题时，问题却又改变了，人们会担心到底应该做什么。在这之前，学科发展中的第一个阶段是要为描述和解决要修改的问题开发合理的技术。但是现在随着基本软件工程技术的就绪，在认知和处理这个中心议题时，需求已经变得不可或缺。在软件发展中变化是普遍的：需求的变化，需求理解的变化，运算法则的变化，数据表示的变化以及技术实施的变化。

在分析软件需求和书写软件需求规格说明书的过程中，系统分析员和用户都起着关键的、必不可少的作用。只有用户才真正知道自己需要什么，但是他们并不知道怎样用软件实现自己的需求，用户必须把他们对软件的需求尽量准确、具体地描述出来；系统分析员知道怎样用软件实现人们的需求，但是在需求分析开始时他们对用户的需求并不十分清楚，必须通过与用户沟通获取用户对软件的需求。各方面的需求理解差异如图 5-2 所示。

图 5-2　各方面的需求理解差异

需求分析和规格说明是一项十分艰巨复杂的工作。用户与系统分析员之间需要沟通的内容非常多，在双方交流信息的过程中很容易出现误解或遗漏，也可能存在二义性。因此，不仅在整个需求分析过程中应该采用行之有效的通信技术，集中精力过细地工作，而且必须严格审查、验证需求分析的结果。尽管目前有许多不同的用于需求分析的结构化分析方法，但是，所有这些分析方法都遵守下述准则：

1）必须理解并描述问题的信息域，根据这条准则应该建立数据模型。

2）必须定义软件应完成的功能，这条准则要求建立功能模型。

3）必须描述作为外部事件结果的软件行为，这条准则要求建立行为模型。

4）必须对描述信息、功能和行为的模型进行分解，用层次的方式展示细节。

IEEE 软件工程标准词汇表（1997 年）中将需求定义为：用户解决问题或达到目标所需的条件或能力（Capability）；系统或系统部件要满足合同、标准、规范或其他正式规定文档所需具有的条件或能力；一种反映条件或能力的文档说明。

软件需求层次包括业务需求（Business Requirement）、用户需求（User Requirement）和功能需求（Functional Requirement）等，如图 5-3 所示。

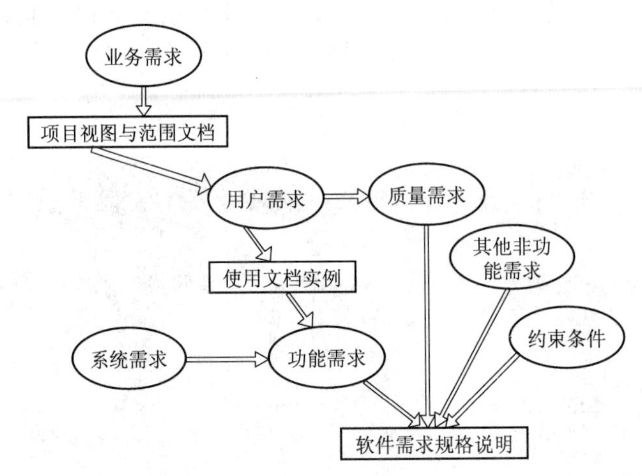

图 5-3 软件需求层次

业务需求反映了组织机构或客户对系统、产品的概括的目标要求，它应在项目视图与范围文档中予以说明。业务需求的主要目的是对企业目前的业务流程进行评估，并得出一个业务前景。业务需求的确定对后面的用户需求和功能需求起到了限制作用。管理人员或市场分析人员确定软件的业务需求，使公司运作更加高效或具有很强的市场竞争力。

用户需求文档描述了用户使用系统而完成的任务的集合，用户需求在用户案例（User Case）文档或方案脚本中予以说明。收集和分析用户需求是不容易的，因为很多需求是隐形的，很难获取，更难保证需求完整，而需求又是易变的，这就要求用户和开发人员进行充分地交流。所有用户需求必须与业务需求一致。用户需求使需求分析者能从中总结出功能需求以满足用户对产品的要求从而完成其任务，而开发人员则根据功能需求来设计软件以实现必需的功能。

功能需求定义了开发人员必须实现的软件功能，它源于用户需求。功能需求是软件需求说明书中最重要的部分之一，它在开发、测试、质量保证、项目管理以及相关项目功能中都起到了重要的作用。非功能需求描述了系统展现给用户的行为和执行的操作等，包括要遵从的业务规则、人机接口、安全性和可靠性等要求，同时也包括非功能需求、软件需求规格说明（SRS）等。对一个复杂的产品来说，软件功能需求也许只是系统需求的一个子集，另外一些可能属于软件部件。

需求分析的原则：能够表达和理解问题的信息域和功能域；能够对问题进行分解和不断细化，建立问题的层次结构；需要给出系统的逻辑视图和物理视图。

需求分析的主要方法：面向数据流的分析、面向数据的分析和面向对象的分析。

需求的 4 项基本标准：明确（Clear）、完整（Complete）、一致（Consistent）、可测试（Testable）。

结构化分析模型和面向对象分析模型是分析和建模中最常用的两种模型。具体来说，结构化分析模型就是用抽象模型的概念，按照软件内部数据传递、变换的关系，自顶向下逐层分解，直到找到满足功能要求的所有可实现的软件为止。面向对象分析模型的核心是“使用实例”（Use Case），简称“用例”。当通过小组获得软件的需求后，软件分析员即可据此创建一组“场景”（Scenario），每个场景包含一个使用实例。从这些用例出发，进一步抽取和定义面向对象分析（Object-Oriented Analysis，OOA）模型的 3 种模型：

1）类-对象模型。描述系统所涉及的全部类-对象，每一个类-对象都通过属性、操作和协作者来进行进一步描述。

2）对象-关系模型。描述对象之间的静态关系，同时定义了系统中所有重要的消息路径，它也可以具体化到对象的属性、操作和协作者。

3）对象-行为模型。描述了系统的动态行为，即对象在特定的状态下如何反映外界的事件。

与结构化分析模型相类似，上述3种模型大体上相当于E-R图、DFD图和STD图，分别起到描述数据模型、功能模型与行为模型的作用。

软件需求作为软件生命周期的第一个阶段，其重要性越来越突出，到20世纪80年代中期，逐步形成了软件工程的子领域——需求工程。

20世纪90年代后，需求工程成为软件界研究的重点之一。从1993年起，每两年举办一次需求工程国际研讨会（ISRE）；从1994年起，每两年举办一次需求工程国际会议（ICRE）。一些关于需求工程的工作小组相继成立，使需求工程的研究得到了迅速进展。

需求说明书是需求分析阶段最重要的技术文档之一。它描述了用户与开发人员对开发软件的共同理解，其作用相当于用户与开发单位之间的技术合同，是今后各阶段设计工作的基础，也是本阶段评审和测试阶段确认与验收的依据。需求说明书的主要内容如下：

1）前言。包括说明项目的目的、范围，所用术语的定义；用到的缩略语和缩写词；参考资料。

2）项目概述。包括产品的描述；产品的功能；用户的特点；一般的约束等。

3）具体需求。包括说明每个功能的输入、处理和输出；外部接口需求，包括用户接口、软件接口、硬件接口和通信接口；性能需求；设计约束；其他需求，包括数据库、操作等。

5.1 软件工程需求分析案例

任何一个软件系统本质上都是信息处理系统，系统必须处理的信息和系统应该产生的信息在很大程度上决定了系统的面貌，对软件设计有深远影响，因此，必须分析系统的数据要求，这是软件需求分析的一个重要任务。分析系统的数据要求通常采用建立数据模型的方法。

例如，高校的教学管理系统是对学校教务和教学活动进行综合管理的平台系统，是基于Internet环境的综合信息系统，它可满足学校管理层、教师等日常工作以及学生和家长学习、管理、咨询等工作。其目的是共享学校各种资源、提高学校的工作效率、规范学校的工作流程、便于校内外的交流。系统具有标准化、分布式存储和检索、易用、易维护、开放等特点。

教学管理系统需求规格说明书示例：

一、引言

1.1 编写目的

需求规格说明书的编写目的在于描述教学管理系统软件的开发途径和应用方法、具体功能和性能的要求。系统建设成功的前提是深入了解、分析和把握高校系统内教师和学生以及各部门对于该系统的确切要求。各业务部门提出的要求都是以现在的日常业务为基础，从方便工作、提高效率的角度提出的。根据现阶段计算机网络技术的发展水平，按照分步实施、逐渐提高的原则，对各项要求进行分类整理。

本文档是系统的部署、开发设计和实施的指导性文件。本文档是教学管理系统建设项目最终验收的指导性文档。

本文档的预期读者包括需求文档的评审人员；系统的部署人员；系统的定制开发人员；系统建设项目监理方。

1.2 背景

目前网络应用已经越来越普及，各地的学校纷纷建设自己的校园网，但是很多学校在投巨资建设校园网之后，未能高效利用校园网的资源。本系统提供了有效利用校园网，实现学校管理信息化的方法与途径。

待开发的软件系统的名称：教学管理系统。

1.3 定义

略。

1.4 参考资料

略。

二、任务概述

2.1 目标

通过本系统软件，能帮助高校的教学人员、行政人员利用计算机快速方便地对高校信息进行管理，完成输入、输出、查找等所需操作。学生可以登录网站浏览信息、查找信息和下载文件。教师可以登录网站输入课程简介、上传课件文件、发布消息、修改和更新消息以及实现成绩管理。系统管理员可以对页面维护以及批准用户的注册申请。通过计算机完成高校学籍管理：用计算机快速从大量的日常教学活动中提取相关信息，以反映教学情况；数据在网上传递，可以实现数据共享，避免重复劳动，规范教学管理行为，从而提高了管理效率和水平；通过管理教务管理所需的信息，把管理人员从繁琐的数据计算处理中解脱出来，使其有更多的精力从事教务管理政策的研究实施，教学计划的制订执行和教学质量的监督检查，从而全面提高教学质量。

2.2 用户的特点

软件的最终用户是高校学生和教学管理人员。操作人员、维护人员的教育水平比较高，具有一定的技术专长。本软件的预期使用频度比较高。这些是软件设计工作的重要约束。

2.3 假定和约束

软件开发工作的假定和约束，例如经费受限制会导致开发期限不能保证。

三、需求规定

3.1 对功能的规定

学生可以登录网站浏览信息、查找信息和下载文件。教师可以登录网站输入课程简介、上传课件文件、发布消息、修改和更新消息、实现成绩管理。系统管理员可以对页面维护以及批准用户的注册申请。教学管理系统的结构如图 1 所示。

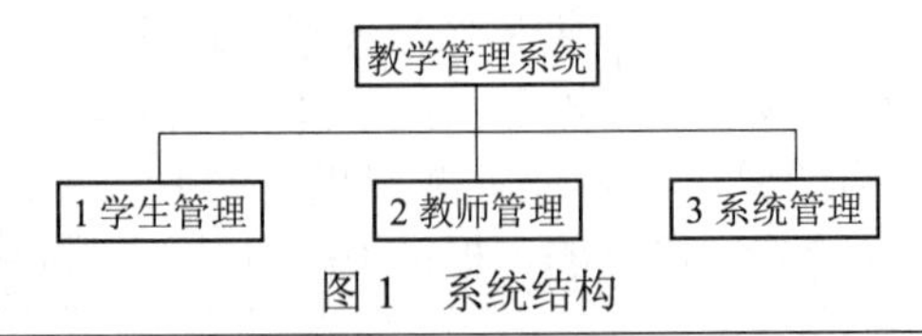

图 1　系统结构

3.1.1　学生管理子系统

学生管理子系统包括学生档案管理、毕业生管理、学籍处理和成绩管理。该子系统能实现学生在校信息的管理，如图 2 所示。

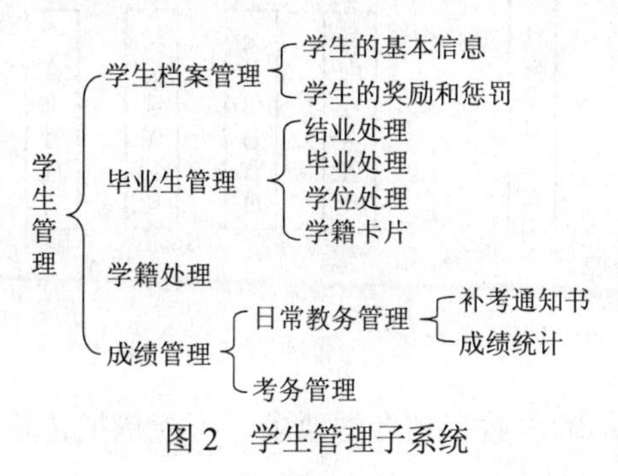

图 2　学生管理子系统

1．学生档案管理

该子系统主要负责学生的档案管理，包括学生的基本信息、学生的奖励和惩罚，主要由学生处负责管理。学生处有权修改，学校的其他部门不可以访问学生的档案。学生档案管理模块是为了满足教学人员、行政人员对学生档案管理的方便，使其以现代化的创新思维模式去工作。该子系统主要面向学生管理相关人员设计开发。

2．毕业生管理

学生最终要毕业，所以学生毕业处理必不可少。该子系统主要根据学生在整个大学生活中的各种表现和成绩，依据教学文件对学生进行结业处理、毕业处理、学位处理以及学籍卡片处理。

3．学籍处理

该子系统主要处理学生的留级、降级、休学、复学、退学等，主要由教务科进行管理。但由于学生留级、降级、休学、退学的原因有很多，因此本子系统涉及较多部门的处理信息，比较复杂。

4．成绩管理

该子系统包括日常教务管理和考务管理。日常教务管理主要处理教学过程中的事务，因此本子系统主要处理学生的成绩管理。根据成绩管理子系统中的成绩表和教学文件，给学生发通知书、补考通知书等，进行学生学习成绩的各种分类统计等。

高校里学生的考务处理包括学生参加的一些等级（如英语四级）考试以及专业方面的技术、认证考试等。涉及该系统的主要是教务科。由各系把各个老师交上来的成绩信息收集起来，一起交给教务科，由教务科来进行学生成绩的管理。

3.1.2　教师管理子系统

教师可以登录网站输入课程简介、上传课件文件、发布消息、修改和更新消息、实现成绩管理。该子系统主要包括教师信息管理、课程公共信息、本学期课程管理和任课信息发布等 4 个模块，如图 3 所示。

3.1.3　系统管理子系统

系统管理员可以对页面维护以及批准用户的注册申请。管理员登录系统可以对系统进行管理，主要对学生、教师、课程和班级的基本信息进行维护。该子系统包括毕业生管理、用户管理、课程管理、查询管理、学生选课管理、公共信息管理和教师任务管理等 7 个模式，如图 4 所示。

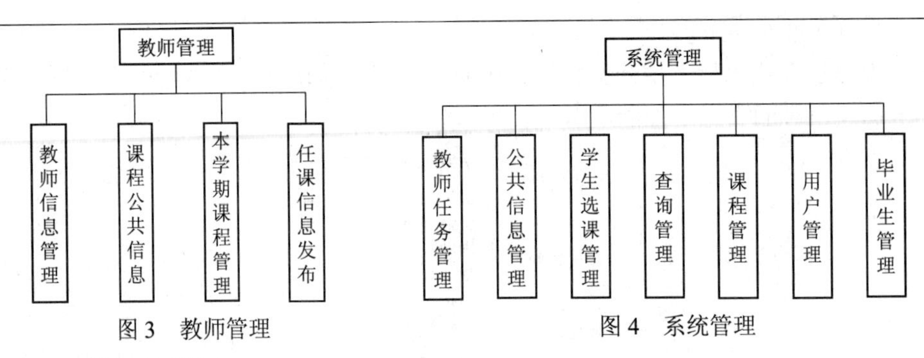

图 3　教师管理　　　　图 4　系统管理

3.2　对性能的规定

3.2.1　精度

说明对该软件的输入、输出数据精度的要求，可能包括传输过程中的精度。

3.2.2　时间特性要求

说明对于该软件的时间特性要求，如对响应时间、更新处理时间、数据的转换和传送时间、解题时间等的要求。

3.2.3　灵活性

说明对该软件的灵活性的要求，即当需求发生某些变化时，该软件对这些变化的适应能力，如操作方式上的变化、运行环境的变化、同其他软件的接口的变化、精度和有效时限的变化、计划的变化或改进。

对于为了提供这些灵活性而进行的专门设计的部分应该加以标明。

3.3　输入输出要求

解释各输入输出数据类型，并逐项说明其媒体、格式、数值范围、精度等。对软件的数据输出及必须标明的控制输出量进行解释并举例，包括对硬拷贝报告（正常结果输出、状态输出及异常输出）以及图形或显示报告的描述。

3.4　数据管理能力要求

说明需要管理的文件和记录的个数以及表和文件的大小规模，要按可预见的增长对数据及其分量的存储要求做出估算。

3.5　故障处理要求

列出可能的软件、硬件故障以及对各项性能而言所产生的后果和对故障处理的要求。

3.6　其他专门要求

如用户单位对安全保密的要求，对使用方便的要求，对可维护性、可补充性、易读性、可靠性、运行环境可转换性的特殊要求等。

四、运行环境规定

4.1　设备

列出运行该软件所需要的硬件设备。说明其中的新型设备及其专门功能，包括处理器型号及内存容量；外存容量、联机或脱机、媒体及其存储格式，设备的型号及数量；输入及输出设备的型号和数量，联机或脱机；数据通信设备的型号和数量；功能键及其他专用硬件。

4.2　支持软件

列出支持软件，包括要用到的操作系统、编译（或汇编）程序、测试支持软件等。

4.3　接口

说明该软件同其他软件之间的接口、数据通信协议等。

4.4　控制

说明控制该软件运行的方法和控制信号，并说明这些控制信号的来源。

5.2　需求分析的基本内容

需求分析的基本任务是要准确地定义系统的目标，为了满足用户需要，回答系统必须“做什么”的问题。在可行性研究和项目开发计划阶段，对这个问题的回答是概括的、粗略的。

首先进行问题识别，即双方确定对问题的综合需求。这些需求包括：①功能需求，所开发的软件必须具备什么样的功能，这是最重要的；②性能需求，待开发软件的技术性能指标，如存储容量、运行时间等限制；③环境需求，软件运行时所需要的软、硬件，如机型、外设、操作系统和数据库管理系统等的要求；④用户界面需求，人机交互方式、输入输出数据格式等。另外还有可靠性、安全性、保密性、可移植性和可维护性等方面的需求，这些需求一般通过双方交流、调查研究来获取，并得到共同的理解。

其次进行分析与综合，并导出软件的逻辑模型。分析人员对获取的需求进行一致性的分析检查，在分析、综合中逐步细分软件功能，划分成各个子功能。这里也包括对数据域进行分解，并分配到各个子功能上，以确定系统的构成及主要成分，并用图文结合的形式，建立起新系统的逻辑模型。

编写文档的步骤如下：

1）编写《需求说明书》，把双方共同的理解与分析结果用规范的方式描述出来，作为今后各项工作的基础。

2）编写《初步用户使用手册》，着重反映被开发软件的用户功能界面和用户使用的具体要求，用户手册能强制分析人员从用户使用的观点考虑软件的设计。

3）编写《确认测试计划》，作为今后确认和验收的依据。

4）修改完善项目开发计划。在需求分析阶段对开发的系统有了更进一步的了解，所以能更准确地估计开发成本、进度及资源要求，因此对原计划要进行适当修正。

需求分析方法又包括功能分解方法、结构化分析方法、信息建模方法和面向对象分析方法等。

（1）功能分解方法

功能分解方法是将一个系统看成是由若干功能构成的一个集合，每个功能又可划分成若干个加工（即子功能），一个加工又进一步分解成若干加工步骤（即子加工）。这样，功能分解方法有功能、子功能和功能接口3个组成要素。它的关键策略是利用已有的经验，对一个新系统预先设定加工和加工步骤，着眼点放在“这个新系统需要进行什么样的加工”上。

功能分解方法本质上是用过程抽象的观点来看待系统需求，符合传统程序设计人员的思维特征，而且分解的结果一般已经是系统程序结构的一个雏形。实际上，它已经很难与软件设计明确分离。

这种方法存在一些问题，它需要人工来完成从问题空间到功能和子功能的映射，即没有显式地将问题空间表现出来，也就无法对表现的准确程度进行验证，而问题空间中的一些重要细节更是无法表现出来。功能分解方法缺乏对客观世界中相对稳定的实体结构进行描述，而基点放在相对不稳定的实体行为上，因此，基点是不稳定的，难以适应需求的变化。

（2）结构化分析方法

结构化分析方法是一种从问题空间到某种表示的映射方法，它由数据流图（DFD）表示，是结构化方法中重要的被普遍采用的方法，由数据流图和数据字典（DD）构成。这种方法简单实用，适用于数据处理领域问题。

该方法沿现实世界中的数据流进行分析，把数据流映射到分析结果中。但现实世界中的有些要求不是以数据流为主干的，因此就不能用此方法。如果分析是在现有系统的基础上进行的，则应先除去原来物理上的特性，增加新的逻辑要求，再追加新的物理上的考虑。这时，分析面对的并不是问题空间本身，而是过去对问题空间的某一映射，在这种焦点已经错位的前提下进行分析显然是十分困难的。该方法的一个难点是确定数据流之间的变换，而且数据词典的规模也是一个问题，且它对数据结构的强调很少。

（3）信息建模方法

信息建模方法是从数据的角度来对现实世界建立模型的，它对问题空间的认识是很有帮助的。该方法的基本工具是 E-R 图，其基本要素由实体、属性和联系构成。该方法的基本策略是从现实世界中找出实体，然后再用属性来描述这些实体。

信息模型和语义数据模型是紧密相关的，有时被看做是数据库模型。在信息模型中，实体 E 是一个对象或一组对象。实体把信息收集在其中，关系 R 是实体之间的联系或交互作用。

有时在实体和关系之外，再加上属性。实体和关系形成一个网络，描述系统的信息状况，给出系统的信息模型。

信息建模和面向对象分析很接近，但仍有很大差距。在 E-R 图中，数据不封闭，每个实体和它的属性的处理需求不是组合在同一实体中，没有继承性和消息传递机制来支持模型。但 E-R 图是面向对象分析的基础。

（4）面向对象的分析方法

面向对象的分析方法是把 E-R 图中的概念与面向对象程序设计语言中的主要概念结合在一起而形成的一种分析方法。开发者可以通过建立应用领域的面向对象模型，识别出的对象可以反映与待解决问题相关的一些实体及操作。利用面向对象的概念和方法来构建软件需求系统，更加关注对象的内在性质以及对象的关系与行为。

在该方法中采用了实体、关系和属性等信息模型中的概念。这有利于对问题及系统责任的理解；强调从问题域中的实际事物及与系统责任有关的概念出发来构造系统模型；有利于对人员之间的交流；与问题域具有一致的概念和术语，并使用符合人类思维方式来认识和描述问题域；对需求变化有较强的适应性；将容易变化的成分封装在对象中，具有稳定性；支持软件复用；面向对象中的继承对复用起着重要作用；类具有独立性，是实现复用的重要条件。

5.2.1 需求分析的必要性

对大多数人来说，若要建一幢 20 万美元的房子，一定会与建房者详细讨论各种细节，因为都明白完工以后的修改会造成损失，以及变更细节的危害性。然而，涉及软件开发，人们却变得“大大咧咧”起来。软件项目中 40%～60%的问题都是在需求分析阶段埋下的“祸根”。

问题的严重性：目前对软件的依赖不断增加、软件项目失败带来的巨大浪费、软件质量认证的高成本、需求的频繁变化。软件需求无疑是当前软件工程中的关键问题，没有需求就没有软件。通过分析失败的原因发现，与需求过程相关的原因占了 45%，而其中缺乏最终用户的参与以及不完整的需求又是两大首要原因，各占 13%和 12%。软件需求是软件工程中最复杂的过程之一。

非功能性需求建模技术的缺乏及其与功能性需求有着错综复杂的联系，大大增加了需求工程的复杂性。沟通上的困难，由于系统分析员、需求分析员等各方面人员有不同的着眼点和不同的知识背景，给需求工程的实施增加了人为的难度。

作为功能需求的补充，软件需求规格说明还应包括非功能需求，它描述了系统展现给用户的行为和执行的操作等。它包括产品必须遵从的标准、规范和合约；外部界面的具体细节；性能要求；设计或实现的约束条件及质量属性。所谓约束是指对开发人员在软件产品设计和构造上的限制。质量属性是通过多种角度对产品的特点进行描述，从而反映产品功能。

多角度描述产品对用户和开发人员都极为重要。下面以一个字处理程序为例来说明需求的不同种类。业务需求可能是“用户能有效地纠正文档中的拼写错误”，该产品的包装盒封面上可能会标明这是个满足业务需求的拼写检查器。而对应的用户需求可能是“找出文档中的拼写错误并通过一个提供的替换项列表来供选择替换拼错的词”。同时，该拼写检查器还有许多功能需求，如找到并高亮度提示错词的操作；显示提供替换词的对话框以及实现整个文档范围的替换。管理人员或市场分析人员则会确定软件的业务需求，这使公司运作更加高效或具有很强的市场竞争力。

所有用户需求必须与业务需求一致。用户需求使需求分析者能从中总结出功能需求以满足用户对产品的要求从而完成其任务，而开发人员则根据功能需求来设计软件以实现必需的功能。从以上定义可以发现，需求并未包括设计细节、实现细节、项目计划信息或测试信息。需求与这些没有关系，它关注的是“充分说明究竟想开发什么”。项目也有其他方面的需求，如开发环境需求或发布产品及移植到支撑环境的需求。

需求分析的必要性主要体现在：是软件开发的基础和前提，只有在明确了软件需求之后才能开展有针对性的软件开发工作；制订软件开发计划的基础，没有需求无法进行设计和编码；只有知道想做什么，才能知道做这些东西需要多少工作量；不知道软件需求也就不知道工作量的大小，因而不能制订计划；最终目标软件系统验收的标准；只有知道想做什么，才能知道最终是否做好了；没有定义明确的需求，就不知道最终基于什么进行验收。

5.2.2 需求分析的原则

近年来许多软件需求分析与说明的方法被提出，如结构化分析方法和面向对象分析方法，每一种分析方法都有其独特的观点和表示法，但都适用下面的基本原则：

1）必须能够表达和理解问题的数据域和功能域。数据域包括数据流（即数据通过一个系统时的变化方式）、数据内容和数据结构，而功能域反映这3个方面的控制信息。

2）可以把一个复杂问题按功能进行分解并可逐层细化。通常软件要处理的问题如果太大太复杂就很难理解，若将其划分成几部分，并确定各部分间的接口，仍可完成整体功能。在需求分析过程中，软件领域中的数据、功能和行为都可划分。

3）建模。模型可以帮助分析人员更好地理解软件系统的信息、功能和行为，这些模型也是软件设计的基础。

结构化分析方法和面向对象分析方法都遵循以上原则。通过对应用问题及其环境的理解和分析，准确、一致和完全地描述用户需求，并达成一致，形成软件需求规格说明书。

需求获取的主要目的是从宏观上把握用户的具体需求方向和趋势，了解现有的组织架构、业务流程、系统环境等，对任务进行分析，从而开发、捕获和修订用户的需求，以建立良好的沟通渠道和方式。

需求获取需要执行以下活动：确定需求开发过程；编写项目视图和范围文档；获取涉众请求；选择每类用户的产品代表；建立典型的以用户为核心的队伍；让用户代表确定用例；召开应用程序开发联席会议；分析用户工作流程；确定质量属性和其他非功能需求。

需求分析包括提炼、分析和仔细审查已收集到的需求，为最终用户所看到的系统建立一个概念模型以确保所有风险承担者都明白其含义，并找出其中的错误、遗漏或其他不足的地方。

分析用户需求应该执行以下活动：绘制系统关联图；创建用户接口原型；分析需求可行性；确定需求的优先级别；为需求建立模型；建立数据字典；使用质量功能调配。需求分析是极为重要的，也是困难和复杂的，用户需求经常性的变更是也正常的。为了保证软件需求的质量，开发者必须对需求分析的人、过程和产品进行有效管理，需求管理的不善将会导致严重后果。

开发者应预先估计系统可能达到的目标，从信息流和信息结构出发，逐步细化所有软件功能，找出系统各元素之间的联系、接口特性和设计上的约束，分析它们是否满足功能要求、是否合理；剔除其不合理的部分，增加其需要部分，最终综合成系统的解决方案，给出目标系统的详细逻辑模型。

5.2.3 需求的类型

通常意义下，客户是指直接或间接从产品中获得利益的个人或组织。软件客户包括提出要求、支付款项、选择、具体说明或使用软件产品的项目利益相关者（stake holder）或是获得产品所产生的结果的人。代表支付、采购或投资软件产品的这类客户有义务说明业务需求，应阐明产品的高层次概念和将发布产品的主要业务内容。业务需求应说明客户、公司和想从该系统获利的利益相关者或从系统中取得结果的用户所要求的目标，为后继工作建立一个指导性的框架。其他任何说明都应遵从业务需求的规定。

然而业务需求并不能为开发人员提供许多开发所需的细节说明。下一层需求—用户需求—必须从使用产品的用户处收集，因此这些用户（通常被称作最终用户）构成了另一种软件客户。他们能说清楚要使用该产品完成什么任务和一些非功能性的特性，而这些特性对于使用户很好接受具有该特点的产品是非常重要的。

说明业务需求的客户有时将试图替代用户说话，但通常他们根本无法准确说明用户需求。因为对信息系统、合同（contract）或是客户应用程序的开发、业务需求应来自利益相关者，而用户需求则应来自产品的真正使用、操作者。

不幸的是，这两种客户可能都觉得他们没有时间与（收集、分析与编写需求说明）需求分析人员讨论。有时客户还希望分析人员或开发人员无须讨论和编写文档就能说出用户的需求。现实中，除非遇到的需求极为简单，否则不能这样做。如果组织希望软件成功，那必须要花上一些时间来消除需求中模糊不清的地方和一些使程序人员感到困惑的地方。

优秀的软件产品是建立在优秀的需求基础之上的。而高质量的需求来源于客户与开发人员之间有效的交流与合作。通常，开发人员与客户或客户代理人（如市场人员）间反而会形成一种对立关系。因为双方的管理者都只想着自己的利益而搁置用户提供的需求，摩擦从而产生了，这种情况不会给双方带来一点益处。

只有当双方参与者都明白自己需要什么，同时也应知道合作方需要什么时，才能建立起一种合作关系。由于项目压力与日俱增，所有风险承担者有着一个共同的目标这一点容易被遗忘。其实双方都想开发出一个既能实现商业价值，又能满足用户需要，还能使开发者感到满足的优秀软件产品。

需求确定对系统的综合要求，软件需求规格说明中说明的功能需求充分描述了软件系统所应具有的外部行为。

（1）功能需求

功能需求指定系统必须提供的服务。通过功能需求分析应该划分出系统必须完成的所有功能。

（2）性能需求

性能需求指定系统必须满足的定时约束或容量约束，通常包括速度（响应时间）、信息量速率、主存容量、磁盘容量、安全性等方面的需求。

（3）可靠性和可用性需求

可靠性需求定量地指定系统的可靠性。可用性需求与可靠性需求密切相关，它量化了用户可以使用系统的程度。

（4）出错处理需求

出错处理需求说明系统对环境错误应该怎样响应。例如，如果接收到从另一个系统发来的违反协议格式的消息，系统“应该做什么”。注意，上述这类错误并不是由该应用系统本身造成的。

在某些情况下，“出错处理”指的是当应用系统发现自己犯下一个错误时所采取的行动。但是，这类出错处理需求应该有选择地提出。出错处理需求的目的是开发出正确的系统，而不是用无休止的出错处理代码掩盖自己的错误。总之，对应用系统本身错误的检测应该仅限于系统的关键部分，而且应该尽可能少。

（5）接口需求

接口需求描述应用系统与它的环境通信的格式。常见的接口需求包括用户接口需求、硬件接口需求、软件接口需求和通信接口需求。

（6）约束

设计约束或实现约束描述在设计或实现应用系统时应遵守的限制条件。在需求分析阶段提出这类需求，并不是要取代设计或实现过程，只是用以说明用户或环境强加给项目的限制条件。常见的约束包括精度、工具和语言约束、设计约束、应该使用的标准和应该使用的硬件平台。

（7）逆向需求

逆向需求说明软件系统“不应该做什么”。理论上有无限多个逆向需求，开发者应该仅选取能澄清真实需求且能消除可能发生的误解的那些逆向需求。

（8）将来可能提出的要求

开发者应该明确地列出那些虽然不属于当前系统开发范畴，但是据分析将来很可能会提出来的要求。这样做的目的是，在设计过程中对系统将来可能的扩充和修改预做准备，以便一旦确实需要，就能比较容易地进行这种扩充和修改。

开发软件系统最为困难的部分就是准确说明开发什么。最为困难的概念性工作是编写出详细技术需求，这包括所有面向用户、面向机器和其他软件系统的接口。同时这也是一旦做错，最终会给系统带来极大损害的部分，并且以后再对它进行修改也是极为困难的。因此，分析人员应认真遵循需求分析的原因，以精益求精的态度做好软件的需求分析工作，为后期开发打下良好的基础。

5.2.4 需求分析的方法

1. 访谈

访谈是最早开始使用的获取用户需求的方法，也是迄今仍然广泛使用的需求分析方法。访谈有两种基本形式，分别是正式和非正式访谈。正式访谈时，分析员将提出一些事先准备好的具体问题。在非正式访谈中，分析员将提出一些用户可以自由回答的开放性问题，以鼓励被访问人员说出自己的想法。

当需要调查大量人员的意见时，向被调查人员分发调查表是一个十分有效的做法。经过仔细考虑写出的书面回答可能比被访者对问题的口头回答更准确。分析员仔细阅读收回的调查表，然后再有针对性地访问一些用户，以便向他们询问在分析调查表时发现的新问题。访谈和调研通常是适用于任何环境下的最重要最直接的方法之一。访谈的一个主要目标是确保访谈者的偏见或主观意识不会干扰自由的交流。

在访问用户的过程中，使用情景分析技术往往非常有效。所谓情景分析就是对用户将来使用目标系统解决某个具体问题的方法和结果进行具体分析。

2．面向数据流自顶向下求精的结构化分析方法

软件系统本质上是信息处理系统，而任何信息处理系统的基本功能都是把输入数据转变成需要的输出信息。数据决定了需要的处理和算法，即数据是需求分析的出发点。在可行性研究阶段，许多实际的数据元素被忽略了，当时分析员还不需要考虑这些细节，现在是定义这些数据元素的时候了。

结构化分析方法就是面向数据流自顶向下逐步求精地进行需求分析的方法。通过可行性研究已经得出了目标系统的高层数据流图，需求分析的目标之一就是把数据流和数据存储定义到元素级。为了达到这个目标，通常从数据流图的输出端着手分析，这是因为系统的基本功能是产生这些输出，输出数据决定了系统必须具有的最基本的组成元素。

输出数据是由哪些元素组成的呢？通过调查访问不难搞清楚这个问题。那么，每个输出数据元素又是从哪里来的呢？既然它们是系统的输出，显然它们或者是从外面输入到系统中来的，或者是通过计算由系统中产生出来的。沿数据流图从输出端往输入端回溯，应该能够确定每个数据元素的来源，与此同时也就初步定义了有关的算法。但是，可行性研究阶段产生的是高层数据流图，许多具体的细节没有被包括在内，因此沿数据流图回溯时常常遇到下述问题：为了得到某个数据元素需要用到数据流图中目前还没有的数据元素，或者得出这个数据元素需要用的算法尚不完全清楚。为了解决这些问题，往往需要向用户和其他有关人员请教，以使分析员对目标系统的认识更深入更具体，使系统中更多的数据元素被划分出来，更多的算法被搞清楚。通常把分析过程中得到的有关数据元素的信息记录在数据字典中，把对算法的简明描述记录在 IPO（Input Process Output）图中。通过分析补充的数据流、数据存储和处理，应该被添加到数据流图的适当位置上。

此外，用户须对上述分析过程中得出的结果进行仔细复查，数据流图是帮助复查的极好工具。从输入端开始，分析员借助数据流图、数据字典和 IPO 图向用户解释输入数据是怎样一步一步地转变成输出数据的。这些解释集中反映了通过前面的分析工作分析员所获得的对目标系统的认识。用户应该认真、仔细地倾听分析员的报告，并及时纠正和补充分析员的认识。复查过程验证了已知的元素，补充了未知的元素，填补了文档中的空白。

反复进行上述分析过程，分析员将越来越深入地定义系统中的数据和系统应该完成的功能。为了追踪更详细的数据流，分析员应该把数据流图扩展到更低的层次。通过功能分解可以完成数据流图的细化。对数据流图细化之后得到一组新的数据流图，不同系统元素之间的关系变得更清楚了。对这组新数据流图的分析追踪可能产生新的问题，这些问题的答案可能又在数据字典中增加一些新条目，并且可能引申出新的或精化的算法描述。随着分析过程的进展，经过问题和解答的反复循环，分析员越来越深入具体地定义了目标系统，最终得到对系统数据和功能要求的精确了解。图 5-4 粗略地概括了上述分析过程。

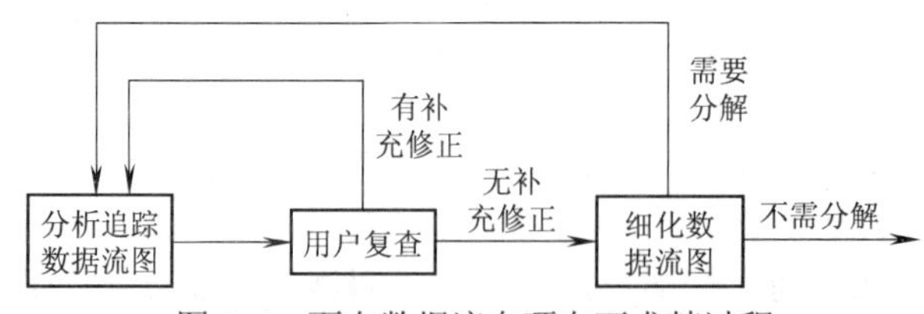

图 5-4　面向数据流自顶向下求精过程

3. 简易的应用规格说明方法

使用传统的访谈或面向数据流自顶向下求精的结构化方法定义需求时，用户常常处于被动地位而且往往有意无意地与开发者区分“彼此”。由于不能像同一个团队的人那样齐心协力地识别和精化需求，这两种方法的效果有时并不理想。为了解决上述问题，人们研究出一种面向团队的需求收集法，称为简易的应用规格说明技术。这种方法提倡用户与开发者密切合作，共同标识问题，提出解决方案要素，商讨不同方案并指定基本需求。简易的应用规格说明技术现已成为信息系统领域使用的主流技术。

使用简易的应用规格说明方法分析需求的典型过程如下：首先进行初步的访谈，通过用户对基本问题的回答，开发者初步确定待解决的问题的范围和解决方案；然后开发者和用户分别写出“产品需求”，双方选定会议的时间和地点，并选举一个负责主持会议的协调人；再邀请开发者和用户双方组织的代表出席会议，并在开会前预先把写好的产品需求分发给每位与会者。

要求每位与会者在开会的前几天认真审查产品需求，并且列出作为系统环境组成部分的对象、系统将产生的对象以及系统为了完成自己的功能将使用的对象。此外，还要求每位与会者列出操作这些对象或与这些对象交互的服务，即处理或功能。最后，还应该列出约束条件（如成本、规模、完成日期）和性能标准（如速度、容量）。每位与会者列出的内容不必是毫无遗漏的，但是应能准确地表达出每位与会者对目标系统的认识。

会议开始后，讨论的第一个问题是“是否需要这个新产品”。一旦大家都认为确实需要这个新产品，每位与会者就应该把他们在会前准备好的列表展示出来供大家讨论。理想的情况是，列表中的每一项都能单独移动，这样就能方便地删除或增添表项，或组合不同的列表。在这个阶段，严禁批评与争论。

在展示了每个人针对某个议题的列表内容之后，大家共同创建一张组合列表。该组合列表消去了冗余项，加入了在展示过程中产生的新想法，但是并不删除任何实质性内容。在针对每个议题的组合列表都建立起来之后，由协调人主持讨论这些列表。组合列表将被缩短、加长或重新修改，以便更准确地描述将被开发的产品。讨论的目标是，针对每个议题（对象、服务、约束和性能）都创建出一张意见一致的列表。一旦得出了意见一致的列表，协调人就把与会者分成更小的小组，每个小组的工作目标是为每张列表中的项目制订小型规格说明。小型规格说明是对列表中包含的单词或短语的准确说明。

然后，每个小组都向全体与会者展示他们制订的小型规格说明，供大家讨论。通过讨论可能会增加或删除一些内容，也可能进一步做些精化工作。在完成了小型规格说明之后，每个与会者都制定出产品的一整套确认标准，并把自己制定的标准提交会议讨论，以创建出意见一致的确认标准。最后，由一名或多名与会者根据会议成果起草完整的软件需求规格说明书。简易的应用规格说明技术并不是解决需求分析阶段遇到的所有问题的“万能灵药”，但是，这种面向团队的需求收集方法确实有许多突出优点，例如开发者与用户不分彼此，齐心协力，密切合作；即时讨论并求精；有能导出规格说明的具体步骤。它是一种可用于任何情况下的软件需求调研方法，目的是鼓励软件需求调研，并且在很短的时间内就讨论的问题达成一致。会议一般由开发团队的成员主持，主要讨论系统应具备的特征或者评审系统特性。会前的准备工作是能否成功举行会议的关键。

4. 快速建立软件原型的方法

快速建立软件原型是最准确、最有效、最强大的需求分析方法。快速原型就是快速建立起来的旨在演示目标系统主要功能的可运行的程序。构建原型的要点是，它应该实现用户看得见的功能，如屏幕显示或打印报表；省略目标系统的“隐含”功能，如修改文件。

快速原型应该具备的第一个特性是“快速”。快速原型的目的是尽快向用户提供一个可在计算机上运行的目标系统的模型，以便使用户和开发者在目标系统应该“做什么”这个问题上尽可能快地达成共识。因此，原型的某些缺陷是可以忽略的，只要这些缺陷不严重地损害原型的功能，不会使用户对产品的行为产生误解。

快速原型应该具备的第二个特性是“容易修改”。如果原型的第一版不是用户所需要的，就必须根据用户的意见迅速地修改它，构建出原型的第二版，以更好地满足用户需求。在实际开发软件产品时，原型的“修改—试用—反馈”过程可能重复多遍，如果修改耗时过多，则势必延误软件开发时间。

为了快速地构建和修改原型，通常使用下述方法和工具：

1）第四代技术（4GT）。包括众多数据库查询和报表语言、程序和应用系统生成器以及其他非常高级的非过程语言。第四代技术使得软件工程师能够快速地生成可执行的代码，是较理想的快速原型工具。

2）可重用的软件构件。另外一种快速构建原型的方法是使用一组已有的软件构件（也称为组件）来装配（而不是从头构造）原型。软件构件可以是数据结构（或数据库），可以是软件体系结构构件（即程序），也可以是过程构件（即模块）。软件构件须设计成能在不知其内部工作细节的条件下重用的样式。应该注意，现有软件可以被用做“新的或改进的”产品的原型。

3）形式化规格说明和原型环境。人们已经研究出许多形式化规格说明语言和工具，用于替代自然语言规格说明技术。如今，形式化语言的倡导者正在开发交互式环境，以便可以调用自动工具把基于形式语言的规格说明翻译成可执行的程序代码，用户能够使用可执行的原型代码去进一步精化形式化的规格说明。

4）脑力风暴。“脑力风暴”是一种对于获取新观点或创造性解决方案而言非常有用的方法。通常，专题讨论会的一部分时间是用于进行“脑力风暴”，即找出关于软件系统的新想法和新特征。“脑力风暴”包括两个阶段：想法产生阶段和想法精化阶段。

5）场景串联。场景串联的目的是为了尽早从用户那里得到他们对建议的系统功能的意见。场景串联提供了用户界面用以说明系统操作流程，它容易创建和修改，能让用户知道系统的操作方式和流程。根据与用户交互的方式，场景串联被分成 3 种模式：静态的场景串联、动态的场景串联以及交互的场景串联。选择提供哪种场景串联是根据系统的复杂性和需求缺陷的风险来确定的。

情景分析技术的用处主要体现在下述两个方面：

1）它能在某种程度上演示目标系统的行为，从而便于用户理解，而且还可能进一步揭示出一些分析员目前还不知道的需求。

2）由于情景分析易为用户所理解，使用这种技术能保证用户在需求分析过程中始终扮演一个积极主动的角色。需求分析的目标是获知用户的真实需求，而这一信息的唯一来源是用户，因此，让用户积极主动地发挥其作用对需求分析工作获得成功是至关重要的。

5.3 结构化分析的技巧

结构化分析方法（Structured Method，SM）是强调开发方法的结构合理性以及所开发软件的结构合理性的软件开发方法。其基本步骤为：需求分析、业务流程分析、数据流程分析和编制数据字典。

结构化分析模型的核心是数据字典（Data Dictionary，DD），它是系统所涉及的各种数据对象的总和。

从 DD 出发可以构建 3 种图，结构化分析模型的组成结构如图 5-5 所示。

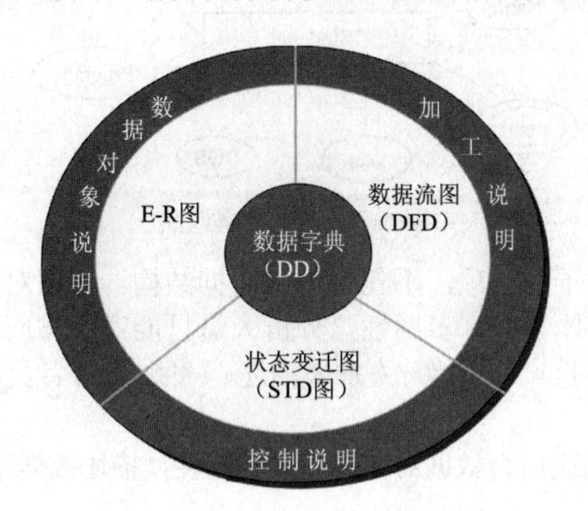

图 5-5　结构化分析模型的组成结构

1）实体关系图（Entity-Relation Diagram，E-R 图）。用于描述数据对象间的关系，它代表软件的数据模型。

2）数据流图（Data Flow Diagram，DFD）。用于指明系统中数据是如何流动和变换的，以及描述数据流进行变换的功能。在 DFD 中出现的每个功能的描述则写在加工规格说明（PSPEC）中，它们一起构成软件的功能模型。

3）状态变迁图（State Transition Diagram，STD）。用于指明系统在外部事件的作用下将会如何动作，表明了系统的各种状态以及各种状态之间的变迁，从而构成行为模型的基础，关于软件控制方面的附加信息则包含在控制规格说明（CSPEC）中。

早期模型仅包括 DD、DFD 和 PSPEC 等 3 个组成部分，主要用于描述软件的数据模型（用 DD）与功能模型（用 DFD 和 PSPEC）。

5.3.1　创建实体-关系图

需求分析的重要任务是，对复杂的数据及数据关系进行分析、建模。实体-关系图是数据模型的基础，它描述数据对象、属性及其关系。

实体是现实世界具有不同特征和属性的实体或事务的标识，是由计算机软件描述并处理的一组信息，如事件、行为、角色、组织、地点、结构等。

所研究问题的数据对象与其他数据对象存在各种形式的关联。数据模型包括 3 种互相关联的信息：数据对象、数据对象的属性以及数据对象之间的关系。基于数据的对象、属性与关系构成应用问题数据模型的基本要素。

数据对象只封装数据，包括数据流、数据源、外部实体的数据部分，不封装操作。数据对象是相互关联的。

数据对象的属性，用“标识符、符号串和值”标识，描述数据对象的性质。包括：命名，即标识数据对象；描述，即描述数据对象的性质；引用，即建立数据对象之间的联系。学生的属性图如图 5-6 所示。

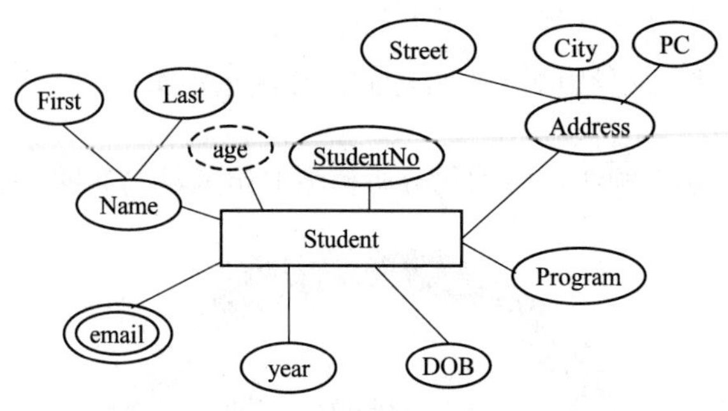

图 5-6 学生的属性图

数据对象的属性是原子数据项，不包含内部数据结构。数据对象的任何属性有且仅有一个属性值。现实世界的实体具有许多属性，分析人员只能考虑与应用问题有关的属性。数据对象按照某种关系相互连接，用对象-关系来描述。关系的命名及内涵应反映描述的问题，删除与问题无关的关系。

实体-关系图是描述系统所有数据对象的组成和属性，描述数据对象之间关系的图形语言。

1. 数据对象的基数和形态

基数是某一对象与另一对象关联个数的度量。取值如下：

1）“一对一”（1:1），一个对象 A 关联一个对象 B，反之，一个对象 B 关联一个对象 A，例如夫妻。

2）“一对多”（1:N），一个对象 A 关联多个对象 B，反之，一个对象 B 关联一个对象 A，例如父子。

3）“多对多”（N:M），一个对象 A 关联多个对象 B，反之，一个对象 B 关联多个对象 A，例如叔侄。

E-R 图中表示实体联系的符号如图 5-7 所示。

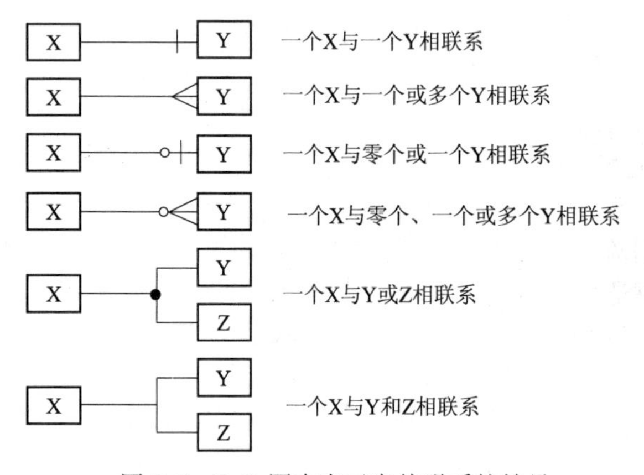

图 5-7 E-R 图中表示实体联系的符号

在 E-R 图中，每个方框表示实体型或属性，方框之间的连线表示实体之间，或实体与属性之间的联系。出现在连线上的短竖线可以看成是“1”，而圆圈隐含表示“0”。

2. 创建实体-关系图（E-R 图）

标识系统输入/输出的数据对象，定义对象的属性，描述对象间的关系。创建实体-关系图的过程如下：

1）客户列出业务过程中的事物对应一组输入/输出数据对象及生产/消费信息的外部实体。

2）系统分析员和客户逐个定义对象及对象间的连接。

3）根据对象间的连接标识对象-关系。

4）确定数据对象的基数和形态。

5）重复步骤 2～4 直至创建所有对象-关系。

6）描述实体属性。

7）复审实体-关系图。

8）重复步骤 1～7 完成数据建模。

例如，在教学管理中，一个教师可以教授零门、一门或多门课程，每位学生也需要学习多门课程。因此，教学管理中涉及的对象（实体型）有学生、教师和课程。

用 E-R 图描述它们之间的联系。其中，学生与课程是多对多的联系，而教师与课程的联系是零、一对多。

进一步确定属性。例如：学生具有学号、姓名、性别、年龄、专业（其他略）等属性；课程具有课程号、课程名、学分、学时数等属性；教师具有职工号、姓名、年龄、职称等属性。

此外，学生通过学号、分数与课程发生联系，如此可得教学实体模型，如图 5-8 所示。

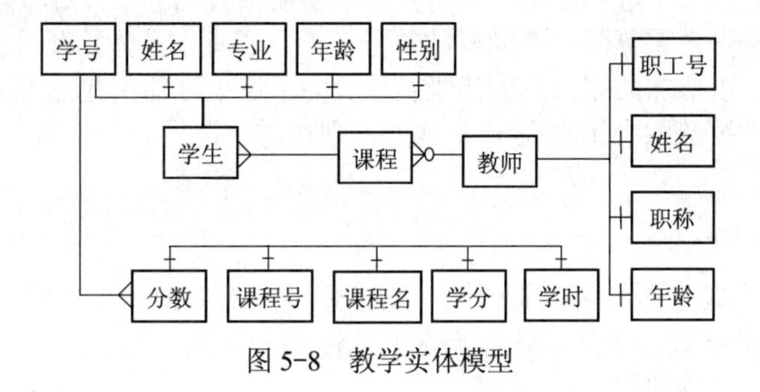

图 5-8　教学实体模型

5.3.2　创建数据流模型

数据流图（DFD）是一种图形化技术，它描绘信息流和数据从输入移动到输出的过程中所经受的变换。在数据流图中没有任何具体的物理部件，它只是描绘数据在软件中流动和被处理的逻辑过程。数据流图是系统逻辑功能的图形表示，即使不是专业的计算机技术人员也容易理解它，因此是系统分析员与用户之间极好的通信工具。此外，设计数据流图时只须考虑系统必须完成的基本逻辑功能，完全不需要考虑怎样具体地实现这些功能，所以它也是之后进行软件设计的很好的出发点。

1．符号表示

数据流图有 4 种基本符号（图 5-9）：正方形（或立方体）表示数据的源点或终点；圆角矩形（或圆形）代表变换处理的数据；开口矩形（或两条平行横线）代表数据存储；箭头表示数据流，即特定数据的流动方向。注意：数据流与程序流程图中用箭头表示的控制流有本质的不同，千万不要混淆。在数据流图中应该描绘所有可能的数据流向，而不应该描绘出现某个数据流的条件。

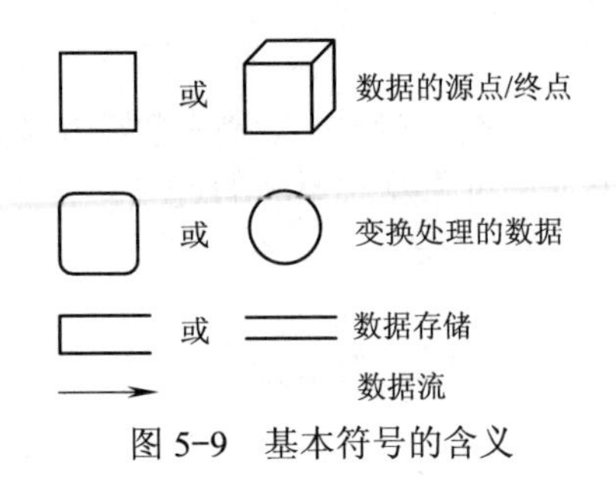

图 5-9　基本符号的含义

处理并不一定是一个程序。一个处理框可以代表一系列程序、单个程序或者程序的一个模块；它甚至可以代表用穿孔机穿孔或目视检查数据正确性等人工处理过程。一个数据存储也并不等同于一个文件，它可以表示一个文件、文件的一部分、数据库的元素或记录的一部分等；数据可以存储在磁盘、磁带、磁鼓、主存、微缩胶片、穿孔卡片及其他任何介质上。

数据存储和数据流都是数据，仅仅是所处的状态不同。数据存储是处于静止状态的数据，数据流是处于运动中的数据。

通常在数据流图中出错处理被忽略，诸如打开或关闭文件之类的内务处理也不被包括在内。数据流图的基本要点是描绘“做什么”而不考虑“怎样做”。

有时数据的源点和终点相同，如果只用一个符号代表数据的源点和终点，则至少将有两个箭头和这个符号相连，一个进一个出，可能其中一条箭头线相当长，这将降低数据流图的清晰度。另一种表示方法是再重复画一个同样的符号（正方形或立方体）表示数据的终点。有时数据存储也需要重复，以增加数据流图的清晰程度。为了避免可能引起的误解，如果代表同一个事物的同样符号在数据流图中出现在 n 个地方，则在这个符号的一个角上画（n–1）条短斜线做标记。

2．命名

数据流图中每个成分的命名是否恰当，直接影响数据流图的可理解性。因此，给这些成分起名字时应该仔细推敲。下面讲述在命名时应注意的问题。

（1）为数据流（或数据存储）命名

1）名字应代表整个数据流（或数据存储）的内容，而不是仅仅反映它的某些成分。

2）不要使用空洞的、缺乏具体含义的名字（如“数据”、“信息”或“输入”）。

3）如果在为某个数据流（或数据存储）起名字时遇到了困难，则很可能是由对数据流图分解不恰当造成的，应该尝试重新分解，看是否能克服这个困难。

（2）为处理命名

1）通常先为数据流命名，然后再为与之相关联的处理命名。这样命名比较容易，而且体现了人类习惯的“由表及里”的思考过程。

2）名字应该反映整个处理的功能，而不是它的一部分功能。

3）名字最好由一个具体的及物动词加上一个具体的宾语组成。应该尽量避免使用“加工”、“处理”等空洞笼统的动词作名字。

4）通常名字中仅包括一个动词，如果必须用两个动词才能描述整个处理的功能，则把这个处理再分解成两个处理可能更恰当些。

5）如果在为某个处理命名时遇到困难，则很可能是发现了分解不当的迹象，应考虑重新分解。

数据源点/终点并不需要在开发目标系统的过程中设计和实现，它并不属于数据流图的核心内容，只不过是目标系统的外围环境部分（可能是人员、计算机外部设备或传感器装置）。通常，为数据源点/终点命名时采用它们在问题域中习惯使用的名字。

3. 用途

画数据流图的基本目的是利用它作为交流信息的工具。系统分析员把对现有系统的认识或对目标系统的设想用数据流图描绘出来，供有关人员审查确认。由于在数据流图中通常仅仅使用 4 种基本符号，而且不包含任何有关物理实现的细节，因此，绝大多数用户都可以理解和评价它。

数据流图应该分层。当把功能级数据流图细化后得到的处理超过 9 个时，应该采用画分图的办法，也就是把每个主要功能都细化为一张数据流分图，而原有的功能级数据流图用来描绘系统的整体逻辑。

数据流图的另一个主要用途是作为分析和设计的工具。系统分析员在研究现有的系统时常用系统流程图表达对这个系统的认识，这种描绘方法形象具体，比较容易验证它的正确性。但是，开发工程的目标往往不是完全复制现有的系统，而是创造一个能够完成相同或类似功能的新系统。用系统流程图描绘一个系统时，系统的功能和实现每个功能的具体方案是混在一起的。因此，系统分析员希望以另一种方式进一步总结现有的系统，这种方式应该着重描绘系统所完成的功能而不是系统的物理实现方案。数据流图是实现这个目标的极好手段。

当用数据流图辅助物理系统的设计时，以图中不同处理的定时要求为指南，能够在数据流图上画出许多组自动化边界，每组自动化边界可能意味着一个不同的物理系统，因此可以根据系统的逻辑模型考虑系统的物理实现。

5.3.3　加工规范化

信息域分析需要确定数据的内容，每个数据项要用表格列出，最后组织成文件的逻辑结构，即面向应用而不是面向存储的结构。

为了便于数据库的设计，常常要对这种结构做一些简化，其中最常见的一种方法就是规范化技术。“规范化”将数据的逻辑结构归结为满足一定条件的二维表（关系）。表格中每个信息项必须是一个不可分割的数据项，不可是组项。表格中每一列（列表示属性）中所有信息项必须是同一类型，各列的名字（属性名）互异，列的次序任意。表格中各行（行表示元组）互不相同，行的次序任意。

不满足上述要求的二维表或关系，叫做非规范化关系。对于非规范化的关系，必须将其规范化，即利用更单纯、更规则的关系来代替原来的关系。

规范化的目的是：①消除数据冗余，即消除表格中数据的重复；②消除多义性，使关系中的属性含义清楚、单一；③使关系的“概念”单一化，让每个数据项只是一个简单的数或字符串，而不是一个组项或重复组；④方便操作，使数据的插入、删除与修改操作可行并方便；⑤使关系模式更灵活，易于实现接近自然语言的查询方式。

例如，案例中提到的 3 个实体型（课程、学生和教师），用 3 个关系保存它们的信息：

学生（学号，姓名，性别，年龄，专业，籍贯）

教师（职工号，姓名，年龄，职称，工资级别，工资）

课程（课程号，课程名，学分，学时，课程类型）

为表示实体型之间的联系，又建立两个关系：

选课（学号，课程号，听课出勤率，作业完成率，分数）

教课（职工号，课程号）

这 5 个关系组成了数据库的模型。在每个关系中，属性名下加下画线指明关键字。并规定关键字能唯一地标识一个元组。

设 *R* 是一个关系，*X* 和 *Y* 是 *R* 中的两个属性。若对于 *X* 的任一个值，*Y* 仅有一个值与之对应，则称 *R* 的属性 *Y* 函数依赖于属性 *X*。例如，

教师（职工号，姓名，年龄，……）

其中，属性“姓名”，“年龄”等函数依赖于属性“职工号”。属性 *X* 可以是复合属性，如：

选课（学号，课程号，听课出勤率，……）

如果属性 *Y* 函数依赖于复合属性 *X*，而不与 *X* 的任何真子集函数有依赖关系，则称属性 *Y* 完全函数依赖于复合属性 *X*。

例如，在“选课”关系中，属性“听课出勤率”、“作业完成率”和“分数”等表示某个学生学习某门课程时的学习情况。只有同时指定“学号”和“课程号”，才能准确说明是哪位学生学习哪门课程时的学习情况。

因此，“分数”等属性完全函数依赖于“学号”和“课程号”。

判断规范化程度的条件是：关系中所有属性都是“单纯域”，即不出现“表中有表”；非主属性完全函数依赖于关键字；非主属性相互独立，即任何非主属性间不存在函数依赖。

如果一个关系连条件都不满足，则这个关系是非规范化的。

结构化语言书写加工规约注意事项：语句力求精练；语句必须易读、易理解、无二义；主要使用祈使句，祈使句中的动词要明确表达要执行的动作；所有名字必须是数据字典中有定义的名字；不使用形容词、副词等修饰语；不使用含义相同的动词，如“修改”、“修正”等；可以使用常用的算术和关系运算符，总之结构化语言的书写要尽可能精确、无二义、简明扼要、易理解。

5.3.4 数据字典

数据字典描述系统中涉及的每个数据，是数据描述的集合，通常配合数据流图使用，用来描述数据流图中出现的各种数据和加工。

数据字典是关于数据的信息的集合，也就是对数据流图包含的所有元素的定义的集合。

任何字典的用途都是供人查阅对不了解的条目的解释，数据字典的用途也正是在软件分析和设计的过程中为开发者提供关于数据的描述信息。

数据流图和数据字典共同构成系统的逻辑模型，没有数据字典数据流图就不严格，没有数据流图数据字典也难于发挥作用。只有数据流图和数据字典，才能共同构成系统的规格说明。

1. 数据字典的内容

1）数据项，即数据元素。

2）数据流，即由数据项组成的数据流。

3）数据文件，表示对数据文件的存储。

一般说来，数据字典应该由对下列 4 类元素的定义组成：数据流、数据流分量（即数据元素）、数据存储和数据处理。

但是，对数据处理的定义用其他工具（如 IPO 图或 PDL 语言）描述更方便，因此数据字典将主要由对数据的定义组成，这样做可以使数据字典的内容更单纯，形式更统一。

除了数据定义之外，数据字典中还应该包含关于数据的一些其他信息。典型的情况是，

在数据字典中记录数据元素的下列信息：①一般信息（如名字，别名，描述等）；②定义（数据类型、长度、结构等）；③使用特点（如值的范围）、使用频率、使用方式（如输入、输出、本地、条件值等）；④控制信息（如来源、用户、使用它的程序、改变权、使用权等）；⑤分组信息（如父结构、从属结构、物理位置）。

数据元素的别名就是该元素的其他等价名字，出现别名主要有下述 3 个原因：①对于同样的数据，不同的用户使用了不同的名字；②一个系统分析员在不同时期对同一个数据使用了不同的名字；③两个分析员分别分析同一个数据流时，使用了不同的名字。虽然应该尽量减少出现别名，但是不可能完全消除别名。

2. 定义数据的方法

定义绝大多数复杂事物的方法，都是用被定义事物的成分的某种组合表示这个事物，这些组成成分又由更低层的成分的组合来定义。从这个意义上说，定义就是自顶向下的分解，所以数据字典中的定义就是对数据自顶向下的分解。那么应该把数据分解到什么程度呢？一般说来，当分解到不需要进一步定义，每个和工程有关的人也都清楚其含义的元素时，这种分解过程就完成了。

由数据元素组成数据的方式只有下述 3 种基本类型：

1）顺序，即以确定次序连接两个或多个分量。

2）选择，即从两个或多个可能的元素中选取一个。

3）重复，即把指定的分量重复零次或多次。

因此，开发者可以使用上述 3 种关系算符定义数据字典中的任何条目。为了说明重复次数，重复算符通常和重复次数的上下限同时使用（上下限相同表示重复次数固定）。当重复的上下限分别为 1 和 0 时，可以用重复算符表示某个分量是可选的。但是，“可选”是由数据元素组成数据时的一种常见方式，把它单独列为一种算符可以使数据字典更清晰一些。因此，增加了下述的第 4 种关系算符：

4）可选，即一个分量是可有可无的（重复零次或一次）。

虽然可以使用自然语言描述由数据元素组成数据的关系，但是为了更加清晰简洁，建议采用下列符号：

1）“=”意思是“等价于”（或“定义为”）。

2）“+”意思是“和”（即连接两个分量）。

3）“[ ]”意思是“或”（即从方括弧内列出的若干个分量中选择一个），通常用“|”号隔开供选择的分量。

4）“{ }”意思是“重复”（即重复花括弧内的分量）。

5）“( )”意思是“可选”（即圆括弧里的分量可有可无）。

常常使用上限和下限进一步注释表示重复的花括弧。一种注释方法是在开括弧的左边用上角标和下角标分别标明重复的上限和下限；另一种注释方法是在开括弧左侧标明重复的下限，在闭括弧的右侧标明重复的上限。

下面举例说明上述定义数据的符号的使用方法。

某程序设计语言规定：用户说明的标识符是长度不超过 8 个字符的字符串，其中第一个字符必须是字母字符，随后的字符既可以是字母字符也可以是数字字符。

使用定义数据的符号，开发者可以这样定义标识符：

标识符=字母字符+字母数字串

字母数字串=0｛字母或数字｝7

字母或数字=［字母字符 | 数字字符］

由于和项目有关的人都知道字母字符和数字字符的含义，因此，关于标识符的定义分解到这种程度就可以结束了。

数据字典的用途：数据字典最重要的用途是作为分析阶段的工具。在数据字典中建立一组严密一致的定义对于改进分析员和用户之间的通信很有帮助，从而可消除许多可能导致的误解。对数据的这一系列严密一致的定义也有助于改进不同的开发人员或不同的开发小组之间的通信。如果要求所有开发人员都根据公共的数据字典描述数据和设计模块，能避免出现许多麻烦的接口问题。

5.3.5 其他分析方法概述

1. 面向对象分析方法

面向对象分析（Object-Oriented Analysis，OOA）方法最初只是一种对系统的结构进行建模的方式，后来扩展到了内部设计，如今已经开始广泛应用于分析阶段。OOA 的基本思想是：如果把对象类的建模限定在需求问题域，那么面向对象的基本原理、模型以及表示法均可以用于分析。

OOA 算不上一种真正的需求方法，其起点是一份原有的需求文档，或者甚至是一份行为规格说明，并且隐含的假设问题域分析已经完成，即系统分析员已经了解了所要研究的事物。OOA 真正的本质意义是作为解系统的高层体系结构的设计，并且有利于系统的下一步开发设计。

OOA 的大致方法是：标识出问题域中的对象类；定义这些类的属性和方法；定义这些类的行为；对这些类间的关系建模。

2. 面向问题域分析方法

面向问题域的分析（Problem Domain Oriented Analysis，PDOA）是一种新技术，更多地强调描述，而较少强调建模。描述大致划分为两个部分：一部分关注于问题域，另一部分关注于解系统的待求行为。一般建议同时有两个单独文档：第一个文档含有对问题域相关部分的描述以及一个需求在该域中求解的问题列表（需求）；第二个文档（规格说明书）包含的是对解系统的待求行为的描述以解决需求。其中，第一个文档才是通过做分析产生的；第二个文档则推迟到后续的规格说明任务中。

PDOA 整个方法过程的基本步骤：①收集基本的信息并开发问题框架（即一种模型），以建立问题域的类型；②在问题框架类型的指导下，进一步收集详细信息并给出一个问题域相关的特性描述；③用文档说明新系统的需求。

问题框架是将问题域建模成一系列互相关联的子域。一个子域可以是那些可能算是精选出来的问题域的任一部分。问题框架的目标就是大量地捕获更多有关问题域的信息。

基于不同问题子域的本质及存在于问题子域间的关系，问题框架可分为如下几类。

1）工件系统：系统必须完成针对只存在于系统中的这些对象的直接操作。

2）控制系统：系统控制部分问题域的行为，包括待求行为框架和受控行为框架。

3）信息系统：系统将提供有关的问题域的信息，包括自动提供的信息和只在响应具体的请求时提供的信息。

4）转换系统：系统必须将某种特定格式的输入数据转换成相应的、另一种特定格式的输出。

5）连接系统：系统必须维持那些相互没有直接连接的子域间的通信。

问题框架在应用时，建议采用直截了当的策略。

抽象问题域：标识子域；标识子域间的交互；刻画每个子域的特征；生成一个上下文图；识别出相关的标准框架；调整框架，尽可能使之适用于问题；使用相关框架的内容技术表来指导进一步的需求分析与文档编制任务。

问题域的描述与必须满足的需求二者之间有着明显的区别，对新的解系统的行为创建与定义应单独处理并且推迟到下一步的规格说明阶段。

3．面向数据结构的设计方法

面向数据结构的设计方法（Jackson 方法）的基本特点是以数据结构作为软件设计的基础。在诸多应用领域中，信息有清晰的层次结构，输入数据、存储信息（即数据库）及输出数据都有各自的组织形式。

一般说来，重复出现的数据用循环控制结构的程序处理，选择出现的数据用分支控制结构的程序处理。开发者可以根据数据的组织形式确定使用和处理这些数据的程序的组织形式。面向数据结构的设计就是根据数据结构的表示获取软件表示。

面向数据结构的软件设计方法的目标是产生软件的过程性描述，而对程序的模块化结构不予特殊考虑。该方法一般都包括下列任务：①确定数据结构特征；②用顺序、选择和重复 3 种基本形式表示数据；③把数据结构表示映射为软件的控制结构；④用与具体方法配套的设计指南进一步精化控制结构；⑤开发软件的过程性描述。

该方法的步骤如下：

1）标识实体与动作。建立现实的模型，列出与系统有关的实体表及活动表。

2）生成实体结构图。分析实体表中实体之间的关系，形成实体结构图。

3）初建系统模型。根据现实世界，对实体与行为的组合建立进程模型。

4）扩充功能性过程。说明系统输出的功能，必要时在规格说明中加入附加的处理。

5）系统定时。开发者考虑进程调度的某些特征，这些特征可能影响系统功能所输出的结果的正确性及时间关系。

6）实现。开发者考虑运行系统的软硬件方面的问题，采用变换技术、调度技术、数据库定义技术等，以使系统能有效地运行。

前 3 个步骤主要在需求分析阶段完成，后 3 个步骤是软件设计的任务。实现是这一方法的最后一个步骤，它将系统功能说明适配到给定的软、硬件环境上，使其能高效运行并满足性能方面的约束。

4．面向数据结构的结构化数据系统开发方法

面向数据结构的结构化数据系统开发（Data Structured System Development，DSSD）方法是覆盖需求分析与软件设计两个阶段的方法和技术。DSSD 需求分析阶段产生的需求规格说明（即应用背景、功能描述和应用结果）将作为设计过程的输入信息。设计过程的输出为设计规格说明，具体包括输出数据结构、过程描述和设计约束 3 个方面内容。DSSD 设计分为逻辑设计和物理设计两个步骤，逻辑设计着重考虑软件的输出、界面及过程性表示，物理设计则在逻辑设计的基础上考虑如何满足性能、可维护性和其他一些设计约束。

DSSD 的逻辑设计步骤主要有两个：①推导输出数据的逻辑结构（Logical Output Structure，LOS）；②由 LOS 导出处理过程的逻辑结构（Logical Process Structure，LPS）。按简化方法，LOS 可分 4 步导出：①从问题描述本身或其他相关需求信息中找出所有不同的原子数据项（即

不可再分的数据项)；②说明每个原子数据项的出现频率；③找出那些可再分的一般数据项；④用 Warnier 图表示 LOS。

结构化分析及其相应的派生方法，曾一度风行了许多年头。它最初的版本主要是围绕对数据流以及问题域的数据结构进行建模，而现代的结构化分析（Structured Analysis，SA）则直接将重点放在开发解系统的模型。描述问题域的 SA 所产生的功效可以说是相当不错的。然而，它对其他方面的支持却不够完善，在处理一些其他类型问题时显得有些“笨拙”。

OOA 是当今主流的方法，其要求所有系统均可以按照对象的特点来建模，也继承了很多结构化分析的思想体系。OOA 不能对问题域有个清楚的了解，因而它的起点若是有一份原需求文档，便可大大简化问题域的分析。OOA 并不区分问题域描述与解系统描述之间的差异，而是直接交付出新的解系统的高层设计。

SA 和 OOA 还是有几点相同特性的：主要模型是结构模型；通常焦点集中在对解系统的建模上；两种方法都较少地应用于需求获取领域；分析与内部设计之间没有明显差异。

面向问题域分析被认为是一种较为理想的方法。PDOA 的特点是重新将重点定位在问题域及需求上，通过对问题域的分类，向系统分析人员提供具体问题的相关指南。并且它将规格说明作为另外的任务处理，其成果只是一份问题域的全面描述和一份需求列表而已。PDOA 丰富和完善了现今的“分析”方法，然而人们对它的了解和掌握还差一大段距离。

因地制宜地应用各种方法，不仅能够如实地认识问题域，创建出健全的解系统，还能够向用户和设计人员提供令其满意的需求文档。

本 章 小 结

需求工程是系统工程及软件工程的重要分支。需求工程旨在了解软件系统设计的真实意图、具体功用及限制条件。需求分析的基本任务是要准确地定义系统的目标，以及为了满足用户需要，回答系统必须“做什么”的问题。需求分析方法有功能分解方法、结构化分析方法、信息建模方法和面向对象的分析方法等。

习　　题

1. 什么是软件需求？
2. 软件需求包括哪些层次？
3. 软件需求开发包括哪 4 个阶段，在这 4 个阶段中哪些活动被执行？
4. 什么是软件需求规格说明？应如何编写软件需求规格说明？
5. 试分析需求分析建模方法的几种方法，并比较它们的优缺点。

第6章　软 件 设 计

软件设计主要解决待开发软件“怎么做”的问题。软件设计通常可分为系统设计（也称概要设计或总体设计）和详细设计。系统设计的任务是设计软件系统的体系结构，包括设计软件系统的组成成分、各成分的功能和接口、成分间的连接和通信等，同时还包括设计全局数据结构；详细设计的任务是设计各个组成成分的实现细节，包括设计局部数据结构和算法等。总体设计过程通常由两个主要阶段组成：①系统设计阶段，确定系统的具体实现方案；②结构设计阶段，确定软件结构。典型的总体设计过程包括下述9个步骤：

（1）设计可供选择的方案

在总体设计阶段，系统分析员应该考虑各种可能的实现方案，并且力求从中选出最佳方案。在总体设计阶段开始时只有系统的逻辑模型，系统分析员有充分的自由分析比较不同的物理实现方案，一旦选出了最佳方案，将能大大提高系统的性价比。

需求分析阶段得出的数据流图是总体设计的极好的出发点。

设想供选择方案的一种常用的方法是：设想把数据流图中处理分组的各种可能的方法，抛弃在技术上行不通的分组方法（如组内不同处理的执行时间不相容），余下的分组方法代表可能的实现策略，并且可以启示供选择的物理系统。

（2）选取合理的方案

应该从前一步得到的一系列供选择的方案中选取若干个合理的方案，通常至少选取低成本、中等成本和高成本的3种方案。在判断哪些方案合理时，系统分析员应该考虑在问题定义和可行性研究阶段确定的工程规模和目标，有时可能还需要进一步征求用户的意见。

对每个合理的方案，系统分析员都应该准备下列4份资料：

1）系统流程图。

2）组成系统的物理元素清单。

3）成本/效益分析。

4）实现这个系统的进度计划。

（3）推荐最佳方案

系统分析员应该综合分析对比各种合理方案的利弊，推荐一个最佳方案，并且为推荐的方案制订详细的实现计划。

用户和有关的技术专家应该认真审查系统分析员所推荐的最佳系统，如果该系统确实符合用户的需要，并且是在现有条件下完全能够实现的，则应该提请使用部门的负责人进一步审批。在使用部门的负责人也认可了系统分析员所推荐的方案之后，软件设计工作将进入到总体设计过程的下一个重要阶段（即结构设计）。

（4）功能分解

为了最终实现目标系统，软件设计人员必须设计出组成这个系统的所有程序和文件（或数据库）。针对程序（特别是复杂的大型程序）的设计，通常分为两个阶段完成：①进行结构设计；②进行过程设计。结构设计确定程序由哪些模块组成，以及这些模块之间的关系；过程设计确定每个模块的处理过程。结构设计是总体设计阶段的任务，过程设计是详细设计阶段的任务。

为确定软件结构，首先需要从实现角度把复杂的功能进一步分解。系统分析员结合算法描述仔细分析数据流图中的每个处理，如果一个处理的功能过于复杂，必须把它的功能适当地分解成一系列比较简单的功能。一般说来，经过分解应该使每个功能对大多数程序员而言都是明显易懂的。功能分解导致数据流图的进一步细化，同时还应该用 IPO 图或其他适当的工具简要描述细化后每个处理的算法。

（5）设计软件结构

通常，程序中的一个模块完成一个适当的子功能。软件设计人员应把模块组织成良好的层次系统，顶层模块通过调用它的下层模块来实现程序的完整功能，每个下层模块再调用更下层的模块，从而完成程序的一个子功能，最下层的模块完成最具体的功能。软件结构（即由模块组成的层次系统）可以用层次图或结构图来描绘。如果数据流图已经细化到适当的层次，则可以直接从数据流图映射出软件结构。

（6）设计数据库

对于需要使用数据库的那些应用系统，软件工程师应该在需求分析阶段所确定的系统数据需求的基础上，进一步设计数据库。

（7）制订测试计划

在软件开发的早期阶段考虑测试问题，能促使软件设计人员在设计时注意提高软件的可测试性。

（8）书写文档

软件设计人员应该用正式的文档记录总体设计的结果。在这个阶段应该完成的文档通常有下述几种：

1）系统说明。主要内容包括用系统流程图描绘的系统构成方案，组成系统的物理元素清单，成本/效益分析；对最佳方案的概括描述，精化的数据流图，用层次图或结构图描绘的软件结构，用 IPO 图或其他工具（如 PDL 语言）简要描述的各个模块的算法，模块间的接口关系，以及需求、功能和模块三者之间的交叉参照关系等。

2）用户手册。根据总体设计阶段的结果，修改更正在需求分析阶段产生的初步的用户手册。

3）测试计划。包括测试策略、测试方案、预期的测试结果、测试进度计划等。

4）详细的实现计划。

5）数据库设计结果。

（9）审查和复审

最后，软件设计人员应该对总体设计的结果进行严格的技术审查，在技术审查通过之后再提请使用部门负责人从管理角度进行复审。在该阶段，软件设计人员和使用部门负责人对设计部分是否完整地实现了需求中规定的功能、性能等要求，设计方案的可行性、关键的处理及内外部接口定义正确性、有效性以及各部分之间的一致性等问题，须一一进行评审。

6.1 设计和软件质量

不同的软件设计方法会产生不同的设计形式。数据设计把信息描述转换为实现软件所要求的数据结构。总体结构设计旨在确定软件各主要部件之间的关系。过程设计将软件体系结构的组成部件转变为对软件组件的过程性描述。接口设计根据数据流图定义软件内部各成分之间、软件与其他协同系统之间及软件与用户之间的交互机制。开发者根据这些设计结果编写代码。

设计阶段所做的决策直接影响软件质量，没有良好的设计就没有稳定的系统，也不会有易维护的软件。统计表明：设计、编码和测试这 3 个活动所产生的费用一般占整个软件开发费用（不包括维护阶段）的 75%以上。

本阶段使用一种设计方法，软件分析模型中通过数据、功能和行为模型所展示的软件需求的信息被传送给设计阶段，产生数据/类设计、体系结构设计、接口设计和部件级设计。

1）数据/类设计：将分析-类模型变换成类的实现和软件实现所需要的数据结构。

2）体系结构设计：体系结构设计定义了软件的整体结构。

3）接口设计：接口设计描述了软件内部、软件和协作系统之间以及软件和用户之间如何通信。

4）部件级设计：部件级设计将软件体系结构的结构性元素变换为对软件部件的过程性描述。

数据/类设计的过程：首先为在需求分析阶段所确定的数据对象选择逻辑表示，需要对不同结构进行算法分析，以便选择一个最有效的设计方案；其次，确定对逻辑数据结构所必需的那些操作的程序模块，以便限制或确定各个数据设计决策的影响范围。

设计出来的结构应是分层结构，从而建立软件成分之间的控制。设计应当模块化，从逻辑上将软件划分为完成特定功能或子功能的部件。设计应当既包含数据抽象，也包含过程抽象。设计应当建立具有独立功能特征的模块。设计应当建立能够降低模块与外部环境之间复杂连接的接口。设计应能根据软件需求分析获取的信息，建立可驱动、可重复的方法。

在结构化分析和设计方法时，部件被称为模块；在面向对象分析和设计时，部件被称为类；在基于构件的开发方法中，部件被称为构件。

在部件级设计阶段，软件设计人员主要完成如下工作：为每个部件确定采用的算法，选择某种适当的工具表达算法的过程，编写部件的详细过程性描述；确定每一部件内部使用的数据结构；在部件级设计结束时，应该把上述结果写入部件级设计说明书，并且通过复审形成正式文档，作为下一阶段（即编码阶段）的工作依据。

软件设计也可看做将需求规格说明逐步转换为软件源代码的过程。从工程管理的角度看，软件设计可分为概要设计和详细设计。概要设计是根据需求确定软件和数据的总体框架，详细设计是将其进一步精化成软件的算法表示和数据结构。概要设计和详细设计由若干活动组成，除总体结构设计、数据结构设计和过程设计外，许多现代应用软件还包括一个独立的界面设计活动。

软件设计的最终目标是要取得最佳方案，“最佳”是指从所有候选方案中，就节省开发费用、降低资源消耗、缩短开发时间等条件，选择能够赢得较高的生产率、较高的可靠性和可维护性的方案。

设计评审主要包括以下内容。

1）可追溯性：即分析该软件的系统结构、子系统结构，确认该软件设计是否覆盖了所有已确定的软件需求，软件每一成分是否可追溯到某一项需求。

2）接口：即分析软件各部分之间的联系，确认该软件的内部接口与外部接口是否已经被明确定义。部件是否满足高内聚和低耦合的要求。部件作用范围是否在其控制范围之内。

3）风险：即确认该软件设计在现有技术条件下和预算范围内是否能按时实现。

4）实用性：即确认该软件设计对于需求的解决方案是否实用。

5）技术清晰度：即确认该软件设计是否以一种易于翻译成代码的形式表达。

6）可维护性：从软件维护的角度出发，确认该软件设计是否考虑了方便未来的维护。

7）质量：即确认该软件设计是否表现出良好的质量特征。

8）各种选择方案：是否考虑过其他方案，比较各种选择方案的标准是什么。

9）限制：评估对该软件的限制是否现实，是否与需求一致。

10）其他具体问题：对文档、可测试性、设计过程等进行评估。

6.2 软件设计的演化

1. 面向数据流的结构化方法

面向数据流的结构化方法是由 E.Yourdon 和 L.L.Constantine 提出的，是 20 世纪 80 年代使用最广泛的软件开发方法。该方法建立在软件生存周期模型基础上，先采用结构化分析方法对软件进行分析，然后用结构化设计方法进行总体设计和详细设计，最后进行结构化编程。

结构化分析是以分析信息流为主，用数据流图来表示信息流，按照功能分解的原则，自顶向下，逐步求精，直到实现软件功能为止。在分析问题时，一般利用图表方式进行描述，使用的工具有数据流图、数据字典、问题描述语言、判定表和判定树等。其中，数据流图用来描述系统中数据的处理过程，可以是一个程序、一个模块或一系列程序，也可以是某个人工处理过程；数据字典用来查阅数据的定义；问题描述语言、判定表和判定树用来详细描述数据处理的细节问题。

结构化设计是以结构化分析为基础，将分析得到的数据流图转换为描述系统模块之间关系的结构图。一种较为流行的定义是：如果一个程序的代码块仅仅通过顺序、选择和循环这 3 种基本控制结构进行连接，并且每个代码块只有一个入口和一个出口，则称这个程序是结构化的。随着面向对象和软件复用等新的软件开发方法和技术的发展，更现实、更有效的开发途径可能是自顶向下和自底向上两种方法的有机结合。

面向数据流的结构化方法的主要问题是构造的系统不够稳定，它以功能分解为基础，而用户的功能需求是经常改变的，这必然会导致系统的框架结构不稳定。另外，数据流图与软件结构图之间的过渡有明显的断层，这会导致设计回溯到需求有一定困难。但由于方法简单、实用，该方法至今仍在使用。

2. 面向数据结构的方法（Jackson 方法）

1975 年，M. A. Jackson 提出了一类至今仍广泛使用的软件开发方法，即 Jackson 方法。该方法把每个问题分解为由 3 种基本结构相互组合而成的层次结构图。3 种基本的结构形式就是顺序、选择和重复。采用这一方法从目标系统的输入、输出数据结构入手，导出程序框架结构，再补充其他细节，就可得到完整的程序结构图。这一方法对输入、输出数据结构明确的中小型系统特别有效，例如商业应用中的文件表格处理。

Jackson 方法是一种面向数据结构的开发方法。因为一个问题的数据结构与处理该问题数据结构的控制结构有着惊人的相似之处，该方法就是根据这一思想形成了最初的 JSP（Jackson Structure Programming）方法。该方法首先描述问题的输入、输出数据结构，并分析其对应性，然后推出相应的程序结构，从而给出问题的软件过程描述。

JSP 方法是以数据结构为驱动的，适合于小规模的项目。当输入数据结构与输出数据结构无对应关系时，该方法难于应用。基于 JSP 方法的局限性，人们又推出了 JSD（Jackson System Development）方法，它是 JSP 方法的扩充。

JSD 方法是一个完整的系统开发方法。该方法首先建立现实世界的模型，然后确定系统的功能需求，对需求的描述特别强调了操作之间的时序性，它以事件作为驱动，是一种基于进程的开发方法，应用于时序特点较强的系统，包括数据处理系统和一些实时控制系统。

JSD 方法对客观世界及其同软件之间的关系认识不完整，所确立的软件系统实现结构过于复杂，软件结构说明的描述采用第三代语言，这不利于软件开发者对系统的理解及开发者之间的通信交流，这些缺陷在很大程度上削减了人们实际运用 JSD 方法的热情。

面向数据结构的方法是根据数据结构设计程序处理过程的方法，侧重数据结构而非数据流。在许多应用领域中，信息都有清楚的层次结构，输入信息、信息的内部存储、输出信息也都有一定的数据结构。而数据结构与程序结构紧密相关，即著名的公式：程序=算法+数据结构。可见，在程序设计中，算法和数据结构是紧密相连的，不同的数据结构往往决定了不同的算法结构。面向数据结构方法着重于问题数据结构到问题解的程序结构的转换，而不强调模块定义。因此，该方法先要充分了解所涉及的数据结构，而且要用工具清晰地描述数据结构，然后按一定的步骤根据数据结构，导出解决问题的程序结构，完成设计。

3. 面向对象的方法

人们对于面向对象方法的研究最早起源于面向对象编程语言。20 世纪 60 年代出现的 Simula 语言提供了比子程序更高的抽象机制。20 世纪 70 年代初期 Smalltalk 语言出现了，它引用了 Simula 中关于类的概念，应用了继承机制和动态连接，同时，它第一次提出了“面向对象”这一术语。之后，面向对象语言不断发展，目前，面向对象语言已经成为应用最广泛的程序设计语言。与此同时，人们对面向对象研究从编程语言开始向软件生存期的前期阶段发展。也就是说，人们对面向对象方法的研究与运用，不再局限于用于系统实现的编程语言，而是从系统分析和系统设计阶段就开始采用面向对象方法。这标志着面向对象已经逐步发展成一种完整的方法论。

20 世纪 90 年代以来，一些专家按照面向对象的思想，对面向对象的分析和设计（OOA/OOD）工作的步骤、方法、图形工具等进行了详细研究，提出了多种实施方案。据不完全统计有 50 多种，其中比较流行的有 10 多种。其中影响较大的方法如下：

1）Booch 方法。G. Booch 是面向对象方法最早的倡导者之一，他提出了面向对象软件工程的概念，并发明了 Booch 方法，该方法的分析能力较弱，是一种偏重设计的方法。

2）OMT 方法。OMT 方法即面向对象的建模技术（Object-Oriented Modeling Technique），是由 J. Rumbaugh 等人提出的。OMT 方法通过建立对象模型、动态模型、功能模型，来实现对整个系统分析和设计工作。

3）OOSE 方法。由 I. Jacobson 提出的面向对象的软件工程（Object-Oriented Software Engineering，OOSE）方法，其最大特点是用用例（Use Case）与外部角色的交互来表示系统功能，用例贯穿于整个开发过程，包括对系统的测试和验证。

4）Coad/Yourdon 的面向对象分析和设计方法。即 OOA 和 OOD 方法，它是最早的面向对象的分析和设计方法之一。该方法简单、易学，但处理能力有局限。

5）UML。G. Booch、J. Rumbaugh 和 I. Jacobson 合作研究，在 Booch 方法、OMT 方法和 OOSE 方法的基础上推出了统一建模语言（Unified Modeling Language，UML），随后不断对 UML 充实、完善，1997 年 11 月，国际对象管理组织（Object Management Group，OMG）已批准将 UML 1.1 作为面向对象技术的标准建模语言。

面向对象方法比其他软件开发方法更符合人类的思维方式。它通过将现实世界问题向面向对象解空间映射的方式，实现对现实世界的直接模拟。由于面向对象的软件系统的结构是根据实际问题域的模型建立起来的（它以数据为中心，而不是基于对功能的分解），因此，系统功能发生变化不会引起软件结构的整体变化，往往只须进行一些局部的修改，相对来说，软件的重用性、可靠性、可维护等特性都较好。

6.3 设计目标与任务

在进行软件设计的过程中，开发者要密切关注软件的质量因素。软件设计过程的目标：①设计必须实现分析模型中描述的所有显式需求，必须满足用户希望的所有隐式需求；②设计必须是可读、可理解的，使得将来易于编程、易于测试、易于维护；③设计应从实现角度出发，给出与数据、功能、行为相关的软件全貌；④设计出来的结构应是分层结构，从而建立软件成分之间的控制；⑤设计应当模块化，从逻辑上将软件划分为完成特定功能或子功能的部件；⑥设计应当既包含数据抽象，也包含过程抽象；⑦设计应当建立具有独立功能特征的模块；⑧设计应当建立能够降低模块与外部环境之间复杂连接的接口；⑨设计应能根据软件需求分析获取的信息，建立可驱动、可重复的方法。

软件概要设计的主要任务就是软件结构的设计，为了提高设计的质量，开发者必须根据软件设计的原理改进软件设计，并提出以下软件结构的设计优化准则。

（1）模块独立性准则

划分模块时，尽量做到高内聚、低耦合，保持模块相对独立性，并以此原则优化初始的软件结构。

如果若干模块之间耦合强度过高，而每个模块内功能不复杂，可将它们合并，以减少信息的传递和公共区的引用；如果有多个相关模块，应对它们的功能进行分析，消去重复功能。

（2）控制范围与作用范围之间的准则

一个模块的作用范围应在其控制范围之内，且条件判定所在的模块应与受其影响的模块在层次上尽量靠近。

在软件结构中，由于存在着不同事务处理的需要，某一层上的模块会存在着判断处理，这样可能影响其他层的模块处理。为了保证含有判定功能模块的软件设计的质量，模块的作用范围（或称影响范围）与控制范围的概念被引入了。

一个模块的作用范围指受该模块内一个判定影响的所有模块的集合。一个模块的控制范围指模块本身以及其所有下属模块（直接或间接从属于它的模块）的集合。

如图 6-1a（符号◇表示模块内有判定功能，阴影表示模块的作用范围）所示，模块 D 的作用范围是 C、D、E 和 F，模块 D 的控制范围是 D、E、F，作用范围超过了控制范围，这种结构最差。因为 D 的判定作用到了 C，必然有控制信息通过上层模块 B 传递到 C，这样增加了数据的传递量和模块间的耦合。若修改 D 模块，则会影响到不受它控制的 C 模块，这样不易理解与维护。再看图 6-1b，模块 TOP 的作用范围在控制范围之内，但是判定所在模块与受判定影响的模块位置太远，也存在着额外的数据传递（模块 B、D 并不需要这些数据），增加了接口的复杂性和耦合强度。这种结构虽符合设计原则，但并不理想。

最理想的结构图是图 6-1c（消除了额外的数据传递）。如果在设计过程中，开发者发现模块作用范围不在其控制范围之内，可以用以下方法加以改进：

1）上移判断点。如图 6-1a 所示，将模块 D 中的判断点上移到它的上层模块 B 中，或者将模块 D 合并到模块 B 中，使该判断的层次升高，以扩大它的控制范围。

2）下移受判断影响的模块。将受判断影响的模块下移到判断所在模块的控制范围内，如图 6-1a 所示，将模块 C 下移到模块 D 的下层。

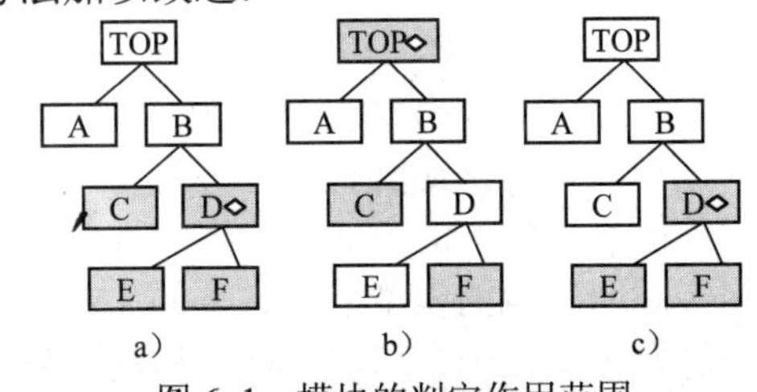

图 6-1　模块的判定作用范围

a）差的结构图　b）不理想的结构图　c）理想的结构图

(3) 软件结构的形态特征准则

软件结构的深度、宽度、扇入及扇出（是指应用程序之间的层次调用情况）应适当。深度是软件结构设计完成后观察到的情况，能粗略地反映系统的规模和复杂程度，宽度也能反映系统的复杂情况。

宽度与模块的扇出有关，一个模块的扇出太多，说明本模块过分复杂，缺少中间层。单一功能模块的扇入数大比较好，这说明本模块为上层几个模块共享的公用模块，重用率高。但是不能把彼此无关的功能凑在一起形成一个通用的超级模块，虽然它扇入高，但低内聚。因此非单一功能的模块扇入高时应重新分解，以消除控制耦合的情况。软件结构从形态上看，应是顶层扇出数较高一些，中间层扇出数较低一些，底层扇入数较高一些。

(4) 模块的大小准则

在考虑模块的独立性同时，为了增加可理解性，模块的大小最好在 50～150 条语句左右，可以用 1～2 页打印纸打印，便于人们阅读与研究。

(5) 模块的接口准则

模块的接口要简单、清晰且含义明确，要便于理解，易于实现、测试与维护。

软件概要设计的基本任务有：

(1) 设计软件系统结构

为了实现目标系统，开发者最终必须设计出组成这个系统的所有程序和数据库（文件），对于程序，则首先进行结构设计，具体方法如下：

1）采用某种设计方法，将一个复杂的系统按功能划分成模块。

2）确定每个模块的功能。

3）确定模块之间的调用关系。

4）确定模块之间的接口，即模块之间传递的信息。

5）评价模块结构的质量。

从以上内容看，软件结构的设计是以模块为基础的，在需求分析阶段，通过某种分析方法把系统分解成层次结构。在设计阶段，以需求分析的结果为依据，从实现的角度划分模块，并组成模块的层次结构。

软件结构的设计是概要设计关键的一步，直接影响到详细设计与编码的工作。软件系统的质量及一些整体特性都在软件结构的设计中决定。因此，应由经验丰富的人员进行此项工作，并采用一定的设计方法，选取合理的设计方案。

软件开发阶段由设计、编码和测试 3 个基本活动组成，其中“设计活动”是获取高质量、低耗费、易维护软件最重要的一个环节。需求分析阶段获得的需求规格说明书包括对欲实现系统的信息、功能和行为方面的描述，这是软件设计的基础。对此采用任一种软件设计方法都将产生系统的总体结构设计（Architectural Design）、系统的数据设计（Data Design）和系统的过程设计（Procedural Design），如图 6-2 所示。

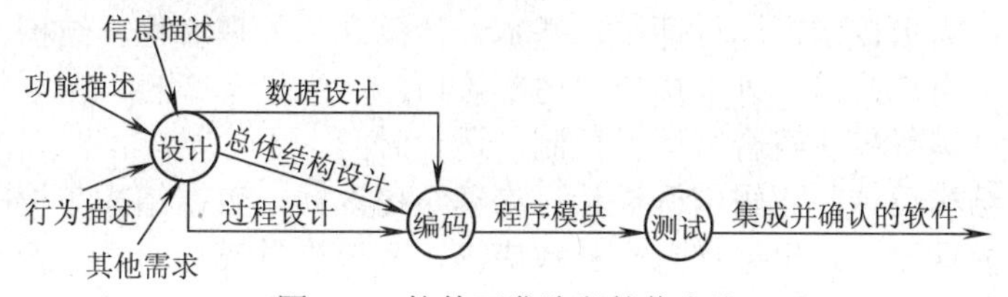

图 6-2 软件开发阶段的信息流

(2) 数据结构及数据库设计

对于大型数据处理的软件系统，除了系统结构的设计外，数据结构与数据库的设计也是很重要的。

逐步细化的方法也适用于数据结构的设计。在需求分析阶段，开发者可通过数据字典对数据的组成、操作约束和数据之间的关系等方面进行描述，确定数据的结构特性，在概要设计阶段要加以细化，详细设计则规定具体的实现细节；在概要设计阶段，宜使用抽象的数据类型，如“栈”是数据结构的概念模型，在详细设计中可用线性表和链表来实现“栈”。设计有效的数据结构，将大大简化软件模块处理过程的设计。

数据库的设计是指数据存储文件的设计，主要包括以下几方面的设计：

1）概念设计。在数据分析的基础上，从用户角度采用自底向上的方法进行视图设计。

一般用E-R模型来表示数据模型，这是一个概念模型。E-R模型既是设计数据库的基础，也是设计数据结构的基础。IDEF1x技术也支持概念模式，开发者可以用IDEF1x方法建立系统的信息模型，使模型具有一致性、可扩展性和可变性等特性，同样，该模型可作为数据库设计的主要依据。

2）逻辑设计。E-R模型或IDEF1x模型是独立于数据库管理系统（DBMS）的，因此开发者要结合具体的DBMS特征来建立数据库的逻辑结构。对于关系型的DBMS，开发者须将概念结构转换为数据模式、子模式并进行规范，要给出数据结构的定义，即定义所含的数据项、类型、长度及它们之间的层次或相互关系的表格等。

3）物理设计。对于不同的DBMS，物理环境不同，提供的存储结构与存取方法各不相同。物理设计就是设计数据模式的一些物理细节，如数据项存储要求、存取方式和索引的建立等。

数据库技术是一项专门的技术，本书不作详细的讨论。但开发者应注意到，在大型数据处理系统的功能分析与设计中，数据分析与数据设计同时要进行。数据库的“概念设计”与“逻辑设计”分别对应于系统开发中的“需求分析”与“概要设计”，而数据库的“物理设计”与模块的“详细设计”相对应。

（3）编写概要设计文档

概要设计文档包括：

1）概要设计说明书。

2）数据库设计说明书。主要给出所使用的DBMS简介，数据库的概念模型、逻辑设计和结果。

3）用户手册。对需求分析阶段编写的用户手册进行补充。

4）修订测试计划。对测试策略、方法和步骤提出明确要求。

概要设计说明书是概要设计阶段结束时提交的技术文档。GB8576—88（《计算机软件产品开发文件编制指南》）规定，软件设计文档可分为《概要设计说明书》、《详细设计说明书》和《数据库设计说明书》。

《概要设计说明书》的主要内容如下：

1）引言：编写目的，背景，定义，参考资料。

2）总体设计：需求规定，运行环境，基本设计概念和处理流程，结构。

3）接口设计：用户接口，外部接口，内部接口。

4）运行设计：运行模块组合，运行控制，运行时间。

5）系统数据结构设计：逻辑结构设计，物理结构设计，数据结构与程序的关系。

6）系统出错处理设计：出错信息，补救措施，系统恢复设计。

（4）可靠性设计（质量设计）

在运行过程中，为了适应环境的变化和用户新的要求，开发者须经常对软件进行改造和修正。在软件开发的一开始，开发者就要确定软件可靠性和其他质量指标，并要考虑相应措施，以使得软件易于修改和易于维护。

（5）评审

评审包括确认该设计是否覆盖了所有已确定的软件需求，软件每一成分是否可追溯到某一项需求；确认该软件的内部接口与外部接口是否已经被明确定义，模块是否满足高内聚和低耦合的要求；确认模块作用范围是否在其控制范围之内；确认该设计在现有技术条件下和预算范围内是否能按时实现；确认该设计对于需求的解决方案是否实用；确认该设计是否以一种易于翻译成代码的形式表达。

6.4 设计概念

6.4.1 抽象

人类在认识复杂现象的过程中使用的最强有力的思维工具是抽象。人们在实践中认识到，在现实世界中一定事物、状态或过程之间总存在着某些相似的方面（共性），把这些相似的方面集中和概括起来，暂时忽略它们之间的差异，这就是抽象。或者说抽象就是抽出事物的本质特性而暂时不考虑它们的细节。

由于人类思维能力的限制，如果每次面临的因素太多，是不可能做出精确思维的。处理复杂系统的唯一有效的方法是用层次的方式构造和分析它。一个复杂的动态系统首先可以用一些高级的抽象概念构造和理解，这些高级概念又可以用一些较低级的概念构造和理解，如此进行下去，直至最低层次的具体元素。

抽象是认识复杂现象过程中使用的思维工具，即抽出事物本质的共同特性而暂不考虑它的细节，不考虑其他因素。抽象的概念被广泛应用于计算机软件领域，在软件工程学中更是如此。软件工程实施中的每一步都可以看做是对软件抽象层次的一次细化。在系统定义阶段，软件可作为整个计算机系统的一个元素来对待；在软件需求分析阶段，软件的解决方案是使用问题环境中的术语来描述；从概要设计到详细设计阶段，抽象的层次逐步降低，将面向问题的术语与面向实现的术语结合起来描述解决方法，直到产生源程序时到达最低的抽象层次。这是软件工程整个过程的抽象层次。具体到软件设计阶段，又有不同的抽象层次，在进行软件设计时，抽象与逐步求精、模块化密切相关，可用以定义软件结构中模块的实体，由抽象到具体地分析和构造出软件的层次结构，提高软件的可理解性。

抽象是管理、控制复杂性的基本策略。“抽象”是心理学概念，它要求人们将注意力集中在某一层次上考虑问题，而忽略那些低层次的细节。

使用抽象技术便于人们用“问题域”的概念和术语描述问题，而无须过早地转换为那些不熟悉的结构。

软件设计过程是在不同抽象级别上考虑、处理问题的过程。其特征如下：

1）在最高抽象级别上，用面向问题域的语言叙述“问题”，概括“问题解”的形式。

2）不断地具体化，不断地用面向过程的语言描述问题。

3）在最低的抽象级别上给出可直接实现的“问题解”，即程序。

从概要设计过渡到详细设计时，抽象级再一次降低；编码完成后，抽象达到了最低级。由高级抽象到低级抽象的转换过程伴随着一连串的过程抽象和数据抽象。过程抽象把完成一个特定功能的动作序列抽象为一个过程名和参数表，通过指定过程名和实际参数调用此过程；数据抽象把一个数据对象的定义或描述抽象为一个数据类型名，用此类型名可定义多个具有相同性质的数据对象。

这种层次的思维和解题方式必须反映在定义动态系统的程序结构之中，每级的一个概念将以某种方式对应于程序的一组成分。

考虑对任何问题的模块化解法时，开发者可以提出许多抽象的层次。在抽象的最高层次使用问题环境的语言，以概括的方式叙述问题的解法；在抽象的较低层次采用更过程化的方法，把面向问题的术语和面向实现的术语结合起来叙述问题的解法；最后在抽象的最低层次用可直接实现的方式叙述问题的解法。

软件工程过程的每一步都是对软件解法的抽象层次的一次精化。在可行性研究阶段，软件作为系统的一个完整部件；在需求分析阶段，软件解法是使用在问题环境内熟悉的方式描述的；当由总体设计向详细设计过渡时，抽象的程度也就随之减少了；最后，当源程序写出来以后，抽象也就达到了最底层。

逐步求精和模块化的概念与抽象是紧密相关的。随着软件开发工程的进展，软件结构每一层中的模块，表示了对软件抽象层次的一次精化。事实上，软件结构顶层的模块，控制了系统的主要功能并且影响全局；在软件结构底层的模块，完成对数据的一个具体处理，用自顶向下由抽象到具体的方式分配控制，简化了软件的设计和实现，提高了软件的可理解性和可测试性，并且使软件更容易维护。

6.4.2 求精

由 N. Wirth 提出的“逐步求精”概念，与“抽象”密切相关，是早期的自顶向下设计策略。“逐步求精”的主要思想是：针对某个功能的宏观描述用逐步求精的方法不断地分解，逐步确立过程细节，直至该功能用程序语言描述的算法实现为止。求精的每一步都是用更为详细的描述替代上一层次的抽象描述，在整个设计过程中产生的，具有不同详细程度的各种描述组成系统的层次结构。层次结构的上一层是下一层的抽象，下一层是上一层的求精。过程求精伴随着数据求精，无论是过程还是数据，每个求精步都蕴含着某些设计决策，设计人员必须掌握一些基本的准则和各种可能的候选方法。

逐步求精是人类解决复杂问题时采用的基本方法，也是许多软件工程技术（如规格说明技术、设计和实现技术）的基础。逐步求精可以被定义为：为了能集中精力解决主要问题而尽量推迟对问题细节的考虑。

逐步求精之所以如此重要，是人类的认知过程遵守 Miller 法则：一个人在任何时候都只能把注意力集中在（7±2）个知识块上。

但是，在开发软件的过程中，软件工程师在一段时间内需要考虑的知识块数远远多于 7。例如，一个程序通常不止使用 7 个数据，一个用户也往往有不止 7 个方面的需求。逐步求精方法的强大作用就在于，它能帮助软件工程师把精力集中在与当前开发阶段最相关的那些方面上，而忽略那些对整体解决方案来说虽然是必要的，但是目前还不需要考虑的细节，这些细节将留到以后再考虑。Miller 法则是人类智力的基本局限，人类不可能战胜自己的自然本性，只能承认自身的局限性，并在这个前提下尽最大的努力工作。

事实上，逐步求精可以被看做是一项把一个时期内必须解决的种种问题按优先级排序的技术。逐步求精方法确保每个问题都将被解决，而且每个问题都将在适当的时候被解决，但是，在任何时候，一个人都不需要同时处理 7 个以上知识块。

逐步求精最初是由 N. Wirth 提出的一种自顶向下的设计策略。按照这种设计策略，程序的体系结构是通过逐步精化处理过程的层次而设计出来的。通过逐步分解对功能的宏观陈述而开发出层次结构，直至最终得出用程序设计语言表达的程序。

N. Wirth 本人对逐步求精策略曾做过这样的概括说明：“对付复杂问题的最重要的办法

是抽象，因此，解决一个复杂的问题不应该立刻用计算机指令、数字和逻辑符号来表示，而应该用较自然的抽象语句来表示，从而得出抽象程序。抽象程序对抽象的数据进行某些特定的运算并用某些合适的记号（可能是自然语言）来表示。然后对抽象程序做进一步的分解，并进入下一个抽象层次，这样的精细化过程一直进行下去，直到程序能被计算机接受为止。这时的程序可能是用某种高级语言或机器指令书写的。”

求精实际上是细化过程。从在高抽象级别定义的功能陈述（或信息描述）开始，也就是说，该陈述仅仅概念性地描述了功能或信息，但是并没有提供功能的内部工作情况或信息的内部结构。求精要求设计者细化原始陈述，随着每个后续求精（即细化）步骤的完成而提供越来越多的细节。

抽象与求精是一对互补的概念。抽象使得设计者能够说明过程和数据，同时却忽略低层细节。事实上，设计者可以把抽象看做是一种通过忽略多余的细节同时强调有关的细节，而实现逐步求精的方法。求精则帮助设计者在设计过程中逐步揭示出低层细节。这两个概念都有助于设计者在设计演化过程中创造出完整的设计模型。

6.4.3 模块化

模块化的概念在程序设计技术中就出现了。何为模块？模块在程序中是数据说明、可执行语句等程序对象的集合，或者是单独命名和编址的元素，如高级语言中的过程、函数和子程序等。在软件的体系结构中，模块是可组合、分解和更换的单元。模块具有以下几种基本属性：

1）接口。指模块的输入与输出。

2）功能。指模块实现什么功能。

3）逻辑。描述内部如何实现要求的功能及所需的数据。

4）状态。指该模块的运行环境，即模块的调用与被调用关系。

功能、状态与接口反映模块的外部特性，逻辑反映它的内部特性。模块化是指解决一个复杂问题时自顶向下逐层把软件系统划分成若干模块的过程。每个模块完成一个特定的子功能，所有模块按某种方法组装起来，成为一个整体，完成整个系统所要求的功能。在面向对象设计中，模块和模块化的概念将进一步扩充。模块化是软件解决复杂问题所具备的手段，为了说明这一点，可将问题的复杂性和工作量的关系进行推理。

设问题 x，表示它的复杂性函数为 C（x），解决它所需的工作量函数为 E（x）。对于问题 P1 和 P2；如果 C（P1）>C（P2），即 P1 比 P2 复杂，那么 E（P1）>E（P2），即问题越复杂，所需要的工作量越大。根据解决一般问题的经验，规律为：

$$C(P1+P2) > C(P1) + C(P2)$$

即一个问题由两个问题组合而成的复杂度大于分别考虑每个问题的复杂度之和。这样可以推出：

$$E(P1+P2) > E(P1) + E(P2)$$

由此可知，开发一个大而复杂的软件系统，将它进行适当的分解，不但可降低其复杂性，还可减少开发工作量，从而降低开发成本，提高软件生产率，这就是模块化的依据。但是否将系统无限制分解，最后开发软件的工作量就会趋于零？事实上，模块划分越多，虽然块内的工作量减少了，但模块之间接口的工作量增加了，如图 6-3 所示。从图 6-3 可以看出，此处存在着一个使软件开发成本最小区域的模块数 M，虽然目前还不能确

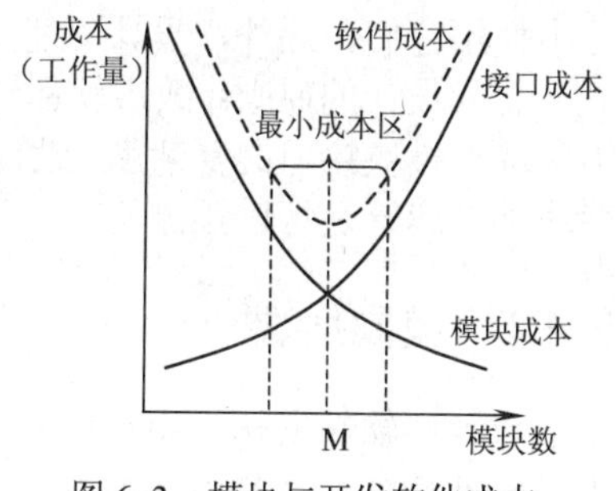

图 6-3　模块与开发软件成本

定M的准确数值，但在划分模块时，开发者应避免数目过多或过少，一个模块的规模应当取决于它的功能和用途，同时，应减少接口的代价，以提高模块的独立性。

理想的模块是每个模块只解决一个问题；每个模块的功能应该明确，易于理解；模块之间的联结关系简单，具有独立性；用理想模块构建的系统，易于理解，易于编程，易于测试，易于修改和维护。对用户来说，其感兴趣的是模块的功能，而不必理解模块内部的结构和原理。

模块是边界元素限定的相邻程序元素（如数据说明或可执行的语句的序列），而且有一个总体标识符代表它。按照模块的定义，过程、函数、子程序和宏等，都可作为模块。面向对象方法学中的对象是模块，对象内的方法也是模块。模块是构成程序的基本构件。

模块化就是把程序划分成独立命名且可独立访问的模块，每个模块完成一个子功能，把这些模块集成起来构成一个整体，可以完成指定的功能，满足用户的需求。

有人说，模块化是为了使一个复杂的大型程序能被人的智力所管理，模块应该具备的唯一属性。如果一个大型程序仅由一个模块组成，它将很难被人所理解。

采用模块化原理可以使软件结构清晰，既易于设计，又易于理解和阅读。因为程序错误通常局限在有关模块及它们之间的接口中，所以模块化使软件易于测试和调试，有助于提高软件的可靠性。因为变动往往只涉及少数几个模块，所以模块化能够提高软件的可修改性。模块化也有助于软件开发工程的组织管理，一个复杂的大型程序可以由许多程序员分工编写不同的模块，并且可以进一步由技术熟练的程序员编写较难的模块。

6.4.4 软件体系结构

从系统设计角度出发，软件设计方法的分类包括面向数据流的设计（过程驱动设计），以结构化设计方法（SD）为代表；面向数据结构的设计（数据驱动设计），以LCP（Logical Construction of Programs，程序逻辑构造）方法、Jackson系统开发方法和数据结构化系统开发（Data Structured System Development，DSSD）方法为代表；面向对象的设计方法。

软件体系结构的三要素：①由系统中所有过程性部件（模块）的层次结构，亦称为软件结构；②构件之间交互的方式；③数据的结构（输入输出数据结构）。

软件总体结构设计的目标是建立一个模块化的软件体系结构，并明确各模块之间的控制关系，此外还要通过定义界面说明程序的输入输出数据流，进一步协调软件结构和数据结构。

软件体系结构设计应保持的几个性质：

1）结构。体系结构设计应当定义系统的构件，以及这些构件打包的方式和相互交互的方式。例如，将对象打包以封装数据并操纵数据的处理，并通过相关操作的调用来进行交互。

2）附属的功能。体系结构设计应当描述设计出来的体系结构如何实现功能、性能、可靠性、安全性、适应性，以及其他系统需求。

3）可复用。体系结构设计应当被描述为一种可复用的模式，以便在类似的系统族的设计中使用它们。此外，设计应能复用体系结构中的构造块。

总体设计的原则：改进软件结构提高模块独立性；模块适当的深度、宽度、扇出和扇入；力争降低模块接口的复杂度；设计单入口单出口的模块；模块的作用范围应在控制范围之内；模块功能应该是可以预测的。

6.4.5 控制层次

设计出软件的初步结构以后，软件设计人员应该审查分析该结构，通过模块分解或合并，力求降低耦合、提高内聚。

例如，多个模块共有的一个子功能可以独立成一个模块，由这些模块调用；有时也可以通过分解或合并模块以减少信息传递对全局数据的引用，并降低接口的复杂性。

经验证明，一个设计好的软件结构，通常顶层扇出比较高，中层扇出比较少，底层有高扇入。模块接口的复杂度是软件发生错误的一个主要原因。软件设计人员应该仔细设计模块接口，使得信息传递简单并且和模块的功能一致。

接口复杂或不一致（即看起来传递的参数之间没有联系）是高耦合和低内聚的征兆，软件设计人员应该重新分析这个模块的独立性，力求使这个模块单入口、少出口。

6.4.6　结构划分

软件体系结构关注系统的一个或多个结构，包括软件构件、这些构件的对外可见的性质以及它们之间的关系。

Len Bass 提出体系结构重要的 3 个关键理由：①方便利益相关人员的交流；②有利于系统设计的前期决策；③可传递的系统级抽象。

常见的软件体系结构包括单主机结构、C/S（Client/Server）结构和 B/S（Browser/Server）结构。软件体系结构的风格：绝大多数可以被归类为相对小数量的体系结构风格之一。每种风格描述一种系统范畴，范畴包括一些实现系统所需的功能的部件（如数据库、计算模块）；一组用来连接部件“通信、协调和合作”的“连接子”；定义部件之间怎样整合的系统约束；使设计者能够理解整个系统属性并分析已知属性的语义模型。

数据流风格的体系结构：一些数据（例如一个文件或者数据库）保存在整个结构的中心，并且被其他部件频繁地使用、添加、删除或者修改。这种结构适用于输入数据被一系列的计算或者处理部件变换成输出数据。

调用和返回风格的体系结构：这种风格可使软件设计者设计出非常容易修改和扩充的体系结构，包含主程序/子程序风格体系结构和远程过程调用风格的体系结构。

面向对象风格的体系结构：系统部件封装数据和操作数据的方法。部件之间的交互和协调通过消息来传递。

软件结构图是软件系统的模块层次结构，反映了整个系统的功能实现，即将来程序的控制层次体系。对于一个“问题”，开发者可用不同的软件结构来解决，不同的设计方法和不同的划分和组织，可得出不同的软件结构。软件结构往往用树状或网状结构的图形来表示。软件工程中，一般采用 20 世纪 70 年代中期美国 Yourdon 等提出的称为结构图（Structure Chart，SC）的工具来表示软件结构。结构图的主要内容有：

1）模块。用方框表示，并用名字标识该模块，名字应体现该模块的功能。

2）模块的控制关系。两个模块间用单向箭头或直线连接起来表示它们的控制关系。按照惯例，总是结构图中位于上方的模块调用下方的模块，所以不用箭头也不会产生二义性。调用模块和被调用模块的关系称为上属与下属的关系，或者称为“统率”与“从属”的关系。

3）模块间的信息传递。模块间还经常用带注释的短箭头表示模块调用过程中来回传递的信息。箭头尾部带空心圆的表示传递的是数据，带实心圆的表示传递的是控制信息。

4）两个附加符号（“◇”和“⤻”）。表示模块的调用方式包括选择调用或循环调用两种，如图 6-4 所示。

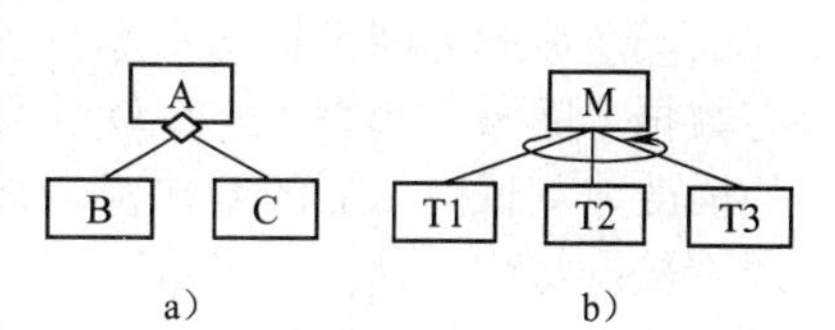

图 6-4　选择调用和循环调用的表示
a）选择调用　b）循环调用

5）结构图的形态特征。结构图的形态特征包括：①深度，指结构图控制的层次，也是模块的层数，如图 6-5 所示，结构图的深度为 5；②宽度，指一层中最大的模块个数，如图 6-5 所示，宽度为 8；③扇出，一个模块直接下属模块的个数，如图 6-5 所示，模块 M 的扇出为 3；④扇入，指一个模块直接上属模块的个数，如图 6-5 所示，模块 T 的扇入为 4。

画结构图应注意如下事项：①同一名字的模块在结构图中仅出现一次；②调用关系只能从上到下；③不严格表示模块的调用次序，习惯上采用从左到右的次序；④有时为了减少连线的交叉，适当地调整同一层模块左右位置，以保持结构图的清晰性。

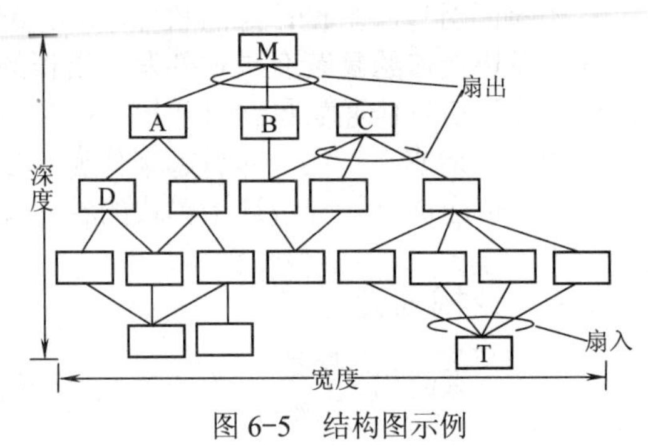

图 6-5　结构图示例

6.4.7　数据结构

数据结构描述各数据分量之间的逻辑关系。数据结构一经确定，数据的组织形式、访问方法、组合程度及处理策略便基本上随之确定，所以数据结构是影响软件总体结构的重要因素，对数据结构的完整讨论超出本书的范围，但掌握标量、数组、链表和树等典型的数据表示方法，并能根据实际需要灵活应用十分必要。

数据结构与程序结构一样，也可以在不同的抽象级别上表示。例如，栈作为一个抽象数据类型，在概念级上只关心“先进后出”特性，而在实现级上则要考虑物理表示及内部工作的细节，如用向量实现、用链表实现等。

数据结构对程序结构和过程复杂性有直接的影响，数据结构设计很重要，它在很大程度上决定软件的质量。无论采用哪一种软件设计技术，没有良好的数据结构，就不可能导出良好的程序结构。

数据设计是为在需求规格说明中定义的那些数据对象选择合适的逻辑表示，并确定可能作用在这些逻辑结构上的所有操作（包括选用已存在的程序包）。

6.4.8　信息隐藏与局部化

数据抽象和信息隐藏两个概念是数据设计的基础。数据设计方案不是唯一的，有时须进行算法复杂性分析后才能从多种候选方案中找出最佳者。

通过数据抽象，开发者可以确定组成软件的过程实体。通过信息隐藏，开发者可以定义和实施对模块的过程细节和局部数据结构的存取限制。所谓信息隐藏，是指在设计和确定模块时，使得一个模块内包含的信息（过程或数据），对于不需要这些信息的其他模块来说，是不能访问的；“隐藏”的意思是，有效的模块化通过定义一组相互独立的模块来实现，这些独立的模块彼此之间仅仅交换那些为了完成系统功能所必需的信息，而将那些自身的实现细节与数据“隐藏”起来。一个软件系统在整个生存期中要经过多次修改，信息隐藏为软件系统的修改、测试及以后的维护都带来好处。因此，开发者在划分模块时要采取措施，例如采用局部数据结构，使得大多数过程（即实现细节）和数据对软件的其他部分是隐藏的，这样，修改软件时偶然引入的错误所造成的影响只局限在一个或少量几个模块内部，不会波及其他部分。信息隐藏原理指出：应该这样设计和确定模块，使得一个模块内包含的信息对不需要这些信息的模块来说是“不能访问的”。

局部化指把一些关系密切的软件元素放得彼此靠近。显然，局部化有助于信息隐藏。实际上应该隐藏的不是模块的一切信息，而是模块的实现细节。因此，这条原理也被称作“细节隐藏”。隐藏意味着有效的模块化可以通过定义一组独立的模块而实现，这些独立的模块彼此间仅仅交换那些为了完成系统功能而必须交换的信息。信息隐藏和局部化有助于软件测试和维护。

6.5　有效的模块设计案例

考务管理子系统处理的分层：对学生送来的报名单进行检查；对合格的报名单编好准考证号后将准考证传送给学生，并将汇总后的学生名单送给阅卷站；对阅卷站送来的成绩单进行检查，并根据考试中心制定的合格标准审定合格者；制作学生通知单（含成绩及合格/不合格标志）传送给学生；按专业进行成绩分类统计和试题难度分析，产生统计分析表。具体设计如图 6-6 所示。

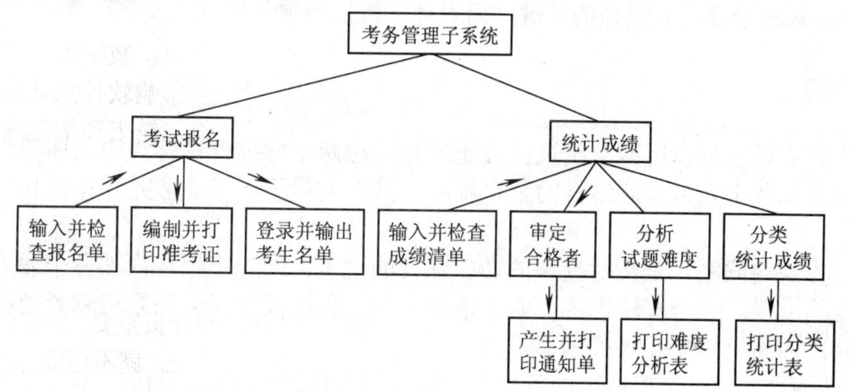

图 6-6　考务管理子系统

考虑到分析试题难度和分类统计成绩是相对独立的功能，因此将它们移到主控模块下。“考试报名”模块和“统计成绩”模块似乎是管道模块，但删去后主控模块“考务处理系统”的扇出就比较大，因此可不删除。结构图的整体改进如图 6-7 所示。

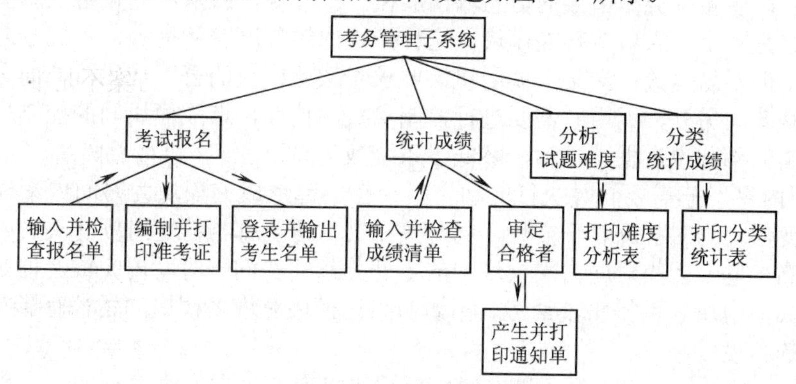

图 6-7　改进的结构图

6.5.1　模块独立性

为降低软件系统的复杂性，提高可理解性、可维护性，开发者必须把系统划分成多个模块，但不能任意划分，应尽量保持模块独立性。模块独立性指每个模块只完成系统要求的独立的子功能，并且与其他模块的联系最少且接口简单。模块独立性概念是模块化、抽象及信息隐藏这些软件工程基本原理的直接产物。只有符合和遵守这些原理才能得到高度独立的模块。良好的模块独立性能使开发的软件具有较高的质量。由于模块独立性强，信息隐藏性能好，并完成独立的功能，且它的可理解性、可维护性及可测试性好，必然导致软件的可靠性高。另外，接口简单、功能独立的模块易开发，且可并行工作，可有效提高软件的生产率。

模块独立的概念是模块化、抽象、信息隐藏和局部化概念的直接结果。

开发具有独立功能而且和其他模块之间没有过多的相互作用的模块，就可以做到模块独立。换句话说，希望这样设计软件结构，使得每个模块完成一个相对独立的特定子功能，并且和其他模块之间的关系很简单。

为什么模块的独立性很重要呢？理由主要有两条：第一，有效的模块化（即具有独立的模块）的软件比较容易开发出来。这是由于能够分割功能而且接口可以简化，当许多人分工合作开发同一个软件时，这个优点尤其重要。第二，独立的模块比较容易测试和维护。这是因为相对说来，修改设计和程序需要的工作量比较小，错误传播范围小，需要扩充功能时能够“插入”模块。总之，模块独立是好设计的关键，而设计又是决定软件质量的关键环节。

6.5.2 内聚

模块的独立程度可以用两个定性标准来度量，这两个标准分别称为内聚和耦合。内聚衡量一个模块内部各个元素彼此结合的紧密程度；耦合衡量不同模块彼此互相依赖（连接）的紧密程度。

内聚也称块内联系，是指对模块的功能强度的度量，即一个模块内部各个元素彼此结合的紧密程度的度量。一个模块内各元素（语句之间、程序段之间）联系得越紧密，则它的内聚性就越高。内聚有以下几种类型：

1）偶然内聚。指一个模块内的各处理元素之间没有任何联系。例如，有一些无联系的处理序列在程序中多次出现或在几个模块中都出现，为了节省存储，把它们抽出来组成一个新的模块，这个模块就属于偶然内聚。这样的模块不易理解也不易修改，这是最差的内聚情况。

2）逻辑内聚。指模块内执行几个逻辑上相似的功能，通过参数确定该模块完成哪一个功能。例如，产生各种类型错误的信息输出放在一个模块，或从不同设备上产生的输入放在一个模块，这是一个单入口多功能模块。这种模块内聚程度有所提高，各部分之间在功能上有相互关系，但不易修改；当某个调用模块要求修改此模块的公用代码时，而另一些调用模块又不要求修改。另外，调用时需要进行控制参数的传递，造成模块间的控制耦合，调用此模块时，不用的部分也占据了主存，降低了系统效率。

3）时间内聚。把需要同时执行的动作组合在一起形成的模块为时间内聚模块。例如，初始化一组变量，同时打开若干文件，同时关闭文件等，都与特定时间有关。时间内聚比逻辑内聚程度高一些，因为时间内聚模块中的各部分都要在同一时间内完成。但是由于这样的模块往往与其他模块联系得比较紧密，例如初始化模块对许多模块的运行有影响，因此和其他模块耦合的程度较高。

4）通信内聚。有时称之为信息内聚，指模块内所有处理元素都在同一个数据结构上操作，或者指各处理使用相同的输入数据或者产生相同的输出数据，例如，一个模块完成“建表”和“查表”两部分功能，都使用同一数据结构如名字表。又如，一个模块完成生产日报表、周报表和月报表，都使用同一数据如日产量。

通信内聚的模块各部分都紧密相关于同一数据（或者数据结构），所以内聚性要高于前几种类型。同时，通信内聚的模块可把某一数据结构、文件及设备等操作都放在一个模块内，从而实现信息隐藏。

5）顺序内聚。指一个模块中各个处理元素都密切相关于同一功能且必须顺序执行，前一功能元素的输出就是下一功能元素的输入。

例如，某一模块完成求工业产值的功能，前面部分功能元素求总产值，随后的部分功能元素求平均产值，显然，该模块内两部分紧密相关。

6）功能内聚。最强的内聚，指模块内所有元素共同完成一个功能，缺一不可。因此，模块不能再分割，如“打印日报表”这样一个单一功能的模块。功能内聚的模块易理解、易修改，因为它的功能是明确的、单一的，因此与其他模块的耦合是弱的。功能内聚的模块有利于实现软件的重用，从而提高软件开发的效率。

耦合与内聚是模块独立性的两个定性标准，将软件系统划分模块时，开发者应尽量做到高内聚低耦合，提高模块的独立性，为设计高质量的软件结构奠定基础。但也有内聚与耦合发生矛盾的时候，即为了提高内聚而可能使耦合变差，在这种情况下，笔者建议给予耦合以更多的重视。

内聚标志着一个模块内各个元素彼此结合的紧密程度，它是信息隐藏和局部化概念的自然扩展。简单来说，理想内聚的模块只做一件事情。

开发者设计时应该力求做到高内聚，通常中等程度的内聚也是可以采用的，而且效果和高内聚相差不多；但是，低内聚效果很差不要使用。

内聚和耦合是密切相关的，模块内的高内聚往往意味着模块间的低耦合。内聚和耦合都是进行模块化设计的有力工具，但是实践表明内聚更重要，开发者应该把更多注意力集中到提高模块的内聚程度上。

低内聚包括如下几类：如果一个模块完成一组任务，这些任务彼此间即使有关系，关系也是很松散的，就是偶然内聚。有时在写完一个程序之后，发现一组语句在两处或多处出现，于是把这些语句作为一个模块以节省内存，这样就出现了偶然内聚的模块。如果一个模块完成的任务在逻辑上属于相同或相似的一类，则为逻辑内聚。如果一个模块包含的任务必须在同一段时间内执行，就是时间内聚。

在偶然内聚的模块中，各种元素之间没有实质性联系，很可能在一种应用场合需要修改这个模块，在另一种应用场合又不允许这种修改，从而陷入困境。事实上，偶然内聚的模块出现修改错误的概率比其他类型的模块高得多。

在逻辑内聚的模块中，不同功能混在一起，合用部分程序代码，即使是局部功能的修改有时也会影响全局。因此，这类模块的修改也比较困难。

时间内聚在一定程度上反映了程序的某些实质，所以时间内聚比逻辑内聚好一些。

中内聚主要包括两类：如果一个模块内的处理元素是相关的，而且必须以特定次序执行，则为过程内聚。使用程序流程图作为工具设计软件时，开发者常常通过研究流程图确定模块的划分，这样得到的往往是过程内聚的模块。如果模块中的所有元素都使用同一个输入数据和（或）产生同一个输出数据，则为通信内聚。

高内聚也包括两类：如果一个模块内的处理元素和同一个功能密切相关，而且这些处理必须顺序执行（通常一个处理元素的输出数据作为下一个处理元素的输入数据），则为顺序内聚。根据数据流图划分模块时，通常得到顺序内聚的模块，这种模块彼此间的连接往往比较简单。如果模块内所有处理元素属于一个整体，完成一个单一的功能，则为功能内聚。功能内聚是最高程度的内聚。

耦合和内聚的概念是 Constantine，Yourdon，Myers 和 Stevens 等人提出来的。按照他们的观点，如果给上述 7 种内聚的优劣评分，将得到如下结果：功能内聚 10 分、时间内聚 3 分、顺序内聚 9 分、逻辑内聚 1 分、通信内聚 7 分、偶然内聚 0 分、过程内聚 5 分。

事实上，没有必要精确确定内聚的级别。重要的是开发者设计时应力争做到高内聚，并且能够辨认出低内聚的模块，有能力通过修改设计提高模块的内聚程度降低模块间的耦合程度，从而获得较高的模块独立性。

例如在学校人员管理系统中，所有人员都有姓名、性别、出生日期和籍贯等，把这些共同具有的特性抽象为人员类，即为一般类，又称为父类或超类。在这个一般类中有一个特殊的群体，专门从事教学工作，要讲授几门课程，具有职称和工资等，可以把这个特殊群体定义为教师类，即为特殊类，也称为子类。教师类可以继承人员类的属性和操作，例如姓名、性别、出生日期等属性可从人员类继承到教师类中。这种继承性使得子类可以共享父类的属性和操作。

泛化关系还具有分类性质。例如根据工作性质，学校人员可分类为教师、学生及管理人员等。在学生类中，学生可根据学历被分为专科生、本科生、硕士生及博士生等。过程内聚模块改进如图 6-8 所示。

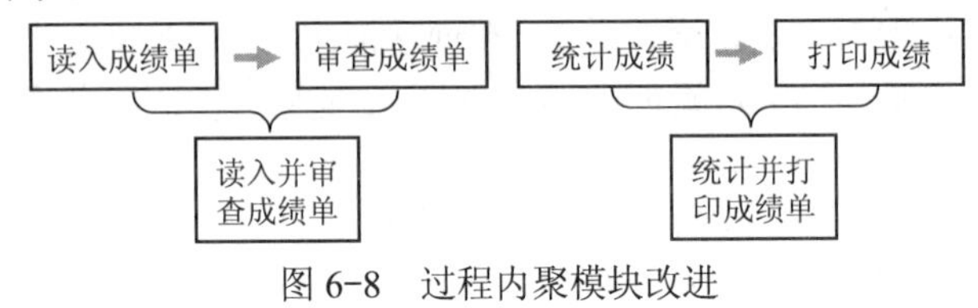

图 6-8　过程内聚模块改进

6.5.3　耦合

耦合是对一个软件结构内不同模块之间互连程度的度量。耦合强弱取决于模块间接口的复杂程度，进入或访问一个模块的点，以及通过接口的数据。

在软件设计中，开发者应该追求尽可能松散耦合的系统，在这样的系统中可以研究、测试或维护任何一个模块，而不需要对系统的其他模块有很多了解。此外，由于模块间联系简单，发生在一处的错误传播到整个系统的可能性就很小。因此，模块间的耦合程度强烈影响系统的可理解性、可测试性、可靠性和可维护性。

耦合也称块间联系，指软件系统结构中各模块间相互联系紧密程度的一种度量标准。模块之间联系越紧密，其耦合就越强，模块的独立性则越差。模块间耦合的强弱取决于模块间接口的复杂性、调用的方式及传递的信息。模块的耦合有以下几种类型：

1）无直接耦合。指两个模块之间没有直接的关系，它们分别从属于不同模块的控制与调用，它们之间不传递任何信息。因此，模块间的这种耦合性最弱，模块独立性最高。

2）数据耦合。指两个模块之间有调用关系，传递的是简单的数据值，相当于高级语言中的值传递。这种耦合程度较低，模块的独立性较高。

3）标记耦合。指两个模块之间传递的是数据结构，如高级语言中的数组名、记录名和文件名等，这些名字即为标记，其实传递的是这个数据结构的地址。两个模块必须清楚这些数据结构，并按要求对其进行操作，这样降低了可理解性。可采用“信息隐藏”的方法，把该数据结构以及在其上的操作全部集中在一个模块，来消除这种耦合，但有时因为还有其他功能，使得标记耦合不可避免。

4）控制耦合。指一个模块调用另一个模块时，传递的是控制变量（如开关、标志等），被调模块通过该控制变量的值有选择地执行块内某一功能。因此被调模块内应具有多个功能，哪个功能起作用受其调用模块的控制。

控制耦合增加了理解与编程及修改的复杂性，调用模块必须知道被调模块内部的逻辑关系，即被调模块处理细节不能“信息隐藏”，这降低了模块的独立性。

在大多数情况下，模块间的控制耦合并不是必需的，开发者可以将被调模块内的判定上移到调用模块中去，同时将被调模块按其功能分解为若干单一功能的模块，将控制耦合改变为数据耦合。

5）公共耦合。指通过一个公共数据环境相互作用的那些模块间的耦合。公共数据环境可以是全程变量或数据结构、共享的通信区、内存的公共覆盖区及任何存储介质上的文件和物理设备等也有将共享外部设备分类为外部耦合的。

6）内容耦合。最高程度的耦合，也是最差的耦合。当一个模块直接使用另一个模块的内部数据，或通过非正常入口而转入另一个模块内部时，这种模块之间的耦合便为内容耦合。这种情况往往出现在汇编程序设计中。

以上 6 种由低到高的耦合类型，为设计软件、划分模块提供了决策准则。

如果两个模块中的每一个都能独立地工作而不需要另一个模块的存在，那么它们彼此完全独立，这意味着模块间无任何联系，耦合程度最低。但是，在一个软件系统中不可能所有模块之间都没有任何联系。

如果两个模块彼此间通过参数交换信息，而且交换的信息仅仅是数据，那么这种耦合为数据耦合。如果传递的信息中有控制信息（尽管有时这种控制信息以数据的形式出现），则这种耦合为控制耦合。

数据耦合是低耦合。系统中至少必须存在这种耦合，因为只有当某些模块的输出数据作为另一些模块的输入数据时，系统才能完成有价值的功能。一般说来，一个系统内可以只包含数据耦合。控制耦合是中等程度的耦合，它增加了系统的复杂程度。控制耦合往往是多余的，在把模块适当分解之后通常可以用数据耦合代替它。

如果被调用的模块需要使用作为参数传递进来的数据结构中的所有元素，那么，把整个数据结构作为参数传递就是完全正确的。但是，当把整个数据结构作为参数传递而被调用的模块只须使用其中一部分数据元素时，就出现了特征耦合。在这种情况下，被调用的模块可以使用的数据多于它确实需要的数据，这将导致对数据的访问失去控制，从而给计算机犯罪提供了机会。

当两个或多个模块通过一个公共数据环境相互作用时，它们之间的耦合即为公共环境耦合。公共环境可以是全程变量、共享的通信区、内存的公共覆盖区、任何存储介质上的文件、物理设备等。公共环境耦合的复杂程度随耦合的模块个数而变化，当耦合的模块个数增加时，公共环境的复杂程度显著增加。如果只有两个模块有公共环境，那么这种耦合有以下两种可能：

1）一个模块向公共环境送数据，另一个模块从公共环境取数据。这是数据耦合的一种形式，是比较松散的耦合。

2）两个模块都既向公共环境送数据又从里面取数据，这种耦合比较紧密，介于数据耦合和控制耦合之间。

如果两个模块共享的数据很多，且通过参数传递可能很不方便，这时可以利用公共环境耦合。最高程度的耦合是内容耦合。如果出现下列情况之一，两个模块间就发生了内容耦合：一个模块访问另一个模块的内部数据；一个模块不通过正常入口而转到另一个模块的内部；两个模块有一部分程序代码重叠（只可能出现在汇编程序中）；一个模块有多个入口（这意味着一个模块有几种功能）。

开发者应该坚决避免使用内容耦合。事实上，许多高级程序设计语言已经设计成不允许在程序中出现任何形式的内容耦合。

总之，耦合是影响软件复杂程度的一个重要因素。开发者对此应该采取下述设计原则：尽量使用数据耦合，少用控制耦合和特征耦合，限制公共环境耦合的范围，完全不用内容耦合。

提高模块独立性、建立模块间尽可能松散的系统，是模块化设计的目标。为了降低模块间的耦合度，可采取以下措施：

1）在耦合方式上降低模块间接口的复杂性。模块间接口的复杂性包括模块的接口方式、接口信息的结构和数量。接口方式不采用直接引用（内容耦合），而采用调用方式（如过程语句调用方式）。接口信息通过参数传递且传递信息的结构尽量简单，不用复杂参数结构（如过程、指针等类型参数），参数的个数也不宜太多，如果很多，可考虑模块的功能是否庞大复杂。

2）在传递信息类型上尽量使用数据耦合，避免控制耦合，慎用或有控制地使用公共耦合。当然，这只是原则，耦合类型的选择要根据实际情况综合地考虑。

本章小结

系统设计的任务是设计软件系统的体系结构，包括软件系统的组成成分、各成分的功能和接口、成分间的连接和通信，同时还包括设计全局数据结构；详细设计的任务是设计各个组成成分的实现细节，包括局部数据结构和算法等。设计必须实现分析模型中描述的所有显式需求，必须满足用户希望的所有隐式需求。设计必须是可读、可理解的，使得将来易于编程、易于测试、易于维护。在进行软件设计时，抽象与逐步求精、模块化密切相关，可帮助定义软件结构中模块的实体，由抽象到具体地分析和构造出软件的层次结构，提高软件的可理解性。

习题

1. 简述总体设计过程包括的主要步骤。
2. 简述软件设计的主要方法。
3. 简述软件结构的设计优化准则。
4. 简述概要设计说明书的主要内容。

第7章　面向对象的分析方法

软件工程自20世纪70年代以来，有力地推动了软件能力的发展。自顶向下的分析和设计方法、软件项目的工程化管理、软件工具和开发环境和软件的质量保证体系都是重要的进展。传统的软件工程技术的基点是：有确定不变的应用需求并能够准确地描述；软件开发人员负责设计、实现和维护，由最终用户来使用。这种模式对数据处理和事务处理的应用还是基本适应的，但还不能适应20世纪90年代以来的新型应用。传统软件工程都是从零开始开发软件的，软件的“重用”没有得到很好的解决，软件开发的抽象程度不高，这些都是传统软件工程的局限性。传统开发方法存在的主要问题如下：

1）软件重用性差。重用性是指同一事物不经修改或稍加修改就可多次重复使用的性质。传统的程序设计通过库函数的方式来实现重用。实践表明，标准函数库缺乏灵活性，往往难以适应不同应用场合的不同要求。对于用户自己设计的功能模块，对它的重用也有限制：一方面要保证功能完全相同，否则需要进行修改；另一方面，过程和数据是相互依赖的，功能的变化往往涉及数据结构的改变，如果新的应用中的数据与原来模块中的数据不同，那么在对数据进行修改的同时，功能模块也须修改。

2）软件可维护性差。软件工程强调软件的可维护性，强调文档资料的重要性，规定最终的软件产品应该由完整、一致的配置成分组成。在软件开发过程中，软件的可读性、可修改性和可测试性始终是软件重要的质量指标。实践证明，用传统方法开发出来的软件，其维护费用和成本仍然很高，原因是软件可修改性差，维护困难，从而导致可维护性差。

3）开发出的软件不能满足用户需要。应用传统的结构化方法开发大型软件系统涉及各种不同领域的知识，在开发需求不确定的系统时，所开发出的软件系统往往不能完全满足用户的需要。用结构化方法开发的软件，其稳定性、可修改性和可重用性都比较差，因为结构化方法的本质是功能分解，从代表目标系统整体功能的单个处理着手，自顶向下，不断把复杂的处理分解为子处理，这样一层一层地分解下去，直到仅剩下若干个容易实现的子功能处理为止，然后用相应的工具来描述各个最底层的处理。结构化方法是围绕实现处理功能的“过程”来构造系统的。然而，用户需求的变化大部分是针对功能的，因此，这种变化对于基于过程的设计来说是灾难性的。用这种方法设计出来的系统结构常常是不稳定的，用户需求的变化往往造成系统结构的较大变化，从而需要花费很大代价才能实现这种变化，甚至可能导致项目失败。

面向对象（Object-Oriented，OO）方法是一种把面向对象的思想应用于软件开发过程，从而指导软件开发活动的系统方法，它建立在对象概念（对象、类和继承）基础之上，是一种运用对象、类、继承、封装、聚合、消息发送、多态性等概念来构造系统的软件开发方法。

面向对象方法的最初形成是从面向对象程序设计语言开始的。20世纪60年代后期出现的面向对象编程语言Simula-67引入了类和对象的概念；20世纪70年代初Xerox公司推出的Smalltalk语言奠定了面向对象程序设计的基础；1980年出现的Smalltalk-80标志着面向对象程序设计进入了实用阶段。自20世纪80年代中期起，人们开始注重面向对象分析和设计的研究，逐步形成了面向对象方法学。典型的方法有P. Coad和E. Yourdon的面向对象分析（Object-Oriented Analysis，OOA）和面向对象设计（Object-Oriented Design，OOD）、

G. Booch 的面向对象开发方法、J. Rambough 等人提出的对象建模技术（Object Modeling Technique，OMT）、I. Jacobson 提出的面向对象软件工程（Object-Oriented Software Engineering，OOSE）等。

软件工程需求分析阶段的主要任务是理解和表达用户的需求，在“自顶向下，逐步求精”的思想方法指导下，最典型的是结构化分析（SA）方法，而结构化需求分析方法的第一步就是画分层数据流图。

面向对象的思想方法告诉大家，开发者可以按照人们认识自然界的基本习惯来划分层次，这样，就在人们传统的感性地分析问题的基础上增加了一种理性分析的理论依据。按照这样的思想，产生出了一些新的需求分析方法，诸如 Coad 方法、Yourdon 方法、Booth 方法等。

面向对象分析的一般步骤如下：

1）在客户和软件工程师之间沟通基本的用户需求，获取客户对系统的需求，包括标识场景（Scenario）和用例（Use Case），以及建造需求模型。

2）以基本的需求为指南来选择和标识类与对象（包括定义其属性和操作）。

3）定义类的结构和层次。

4）表示类（对象）之间的关系，建立对象-关系模型。

5）建立对象-行为模型。

6）利用用例/场景来复审分析模型，递进地重复步骤 1～5，直至完成建模。

其中，步骤 2～4 刻画了待建系统的静态结构，步骤 5 刻画了系统的动态行为。

面向对象分析是软件开发过程中的问题定义阶段，这一阶段最后得到的是对问题域的清晰、精确的定义。面向对象分析的目标是开发一系列模型，这些分析模型被用来描述满足客户需求的计算机软件，描述信息、功能和行为。

传统的系统分析产生一组面向过程的文档，定义目标系统的功能。面向对象分析则产生一种描述系统功能和问题论域基本特征的综合文档，它考虑的部分不再局限于与问题直接相关的部分，而是在更大的问题论域范围里考虑问题。在分析过程中识别的概念是高层的抽象，这些抽象成为一个灵活的可扩充软件的基本构件块。

传统的文档是面向功能的，其视点是把系统看做一组服务。面向对象的分析文档把问题当做一组相互作用的实体，并确定这些实体之间的关系。这种视点把系统看做是一个能够以有控制的方式执行的模型。

把程序分解成模块的概念形成以后，人们很快就认识到把模块中有关实现的详细信息应予以局部化，把模块类型化，并对一个类型设置足够的操作集，以形成抽象数据类型的概念。而这一概念对程序设计的影响很大，新的语言都和这一概念有关。面向对象程序设计也以抽象数据类型为重要基础。对象和类可以看做是一种抽象数据类型，同时加入了类及其继承性，用类表示通用特性。子类继承父类特性，还可加入新的特性，对象是类的实例。

因此，它克服了抽象数据类型的通用特性和它的特殊特性之间没有什么区别的缺点，使抽象程度进一步提高。

OO 并不是减少了开发时间，而是通过提高可重用性、可维护性，提高扩充和修改的容易程度，从长远角度改进了软件的质量。在 20 世纪 80 年代中期，在纯面向对象语言的基础上，出现了混合型的面向对象的语言，如 C++语言，它保留了 C 语言的特征，又引入面向对象的特征。使程序员可在他们熟悉的语言环境中用 C++来学习面向对象程序设计技术，不必接触一种新的、不同的程序设计语言和环境。

面向对象的程序设计将计算看做是一个系统的开发过程，系统由对象组成，经历一连串的状态变化以完成计算任务。面向对象程序设计对体系结构和支撑软件系统没有突变要求，因而不存在难以应用现有资源的问题。

面向对象程序的基础构件是对象和类。从程序设计角度来看，对象是一种不依赖于外界的模块，对应着存储器中的一块被划分的区域。它包含数据，在逻辑上也包含作用于这些数据的过程，这些过程称为方法。一个对象中的数据代表着它的状态，方法则代表了它的行为。

外界要改变对象的状态，即对它所包含的数据进行操作，只能向这个对象发出消息，然后由该对象对应的方法来改变状态，这就是对象的密封性。

方法对外界只提供接口，而不暴露实现细节，数据表示（即数据结构）也对外界屏蔽，这就是信息隐藏，因此对象是呈现出抽象数据类型的特征。

对象具有动作特征，可以用来自其他对象的消息去激活其中的动作，传统程序中的数据是被动的，只能由数据集合之外的过程来加工。

具有相同特性（属性和行为）和共同用途的一组对象抽象成类，一个新引入类可从已有类中继承特性，一组有继承关系的类构成了类层次结构，这是面向对象程序设计中共享抽象层次。从对象到类，再到类库，最终到整个应用的构架，从而为程序的构件化和应用奠定了基础。

面向对象程序设计的基本机制是继承性、消息和方法，还有在特定方面提供更为专门的、灵活的机制，例如重置、多态等面向对象程序设计的继承机制体现了一条重要的面向对象程序设计原则：程序员在构造程序时，不必从零开始，而只须对“差别”进行程序设计。这条原则是面向对象程序设计支持程序重用的本质所在。支持继承性也是面向对象程序设计语言与传统程序设计语言在语言机制方面的根本区别，常作为判定一程序设计语言是否是面向对象程序设计语言的基本标准。

对象是类的实例，而类就是对象的模板。对象的表示在形式上与一般数据类型的实例十分相似，但存在一种本质区别，即对象之间通过消息传递方式进行通信，而一般数据只能被动地由过程来加工。

面向对象的基本出发点就是尽可能按照人类认识世界的方法和思维方式来分析和解决问题。客观世界是由许多具体的事物或事件、抽象的概念及规则等组成的，因此，将任何感兴趣或要加以研究的事物、概念都统称为对象。面向对象的方法正是以对象作为最基本的元素，它也是分析问题、解决问题的核心。由此可见，面向对象方法很自然符合人类的认识规律。计算机实现的对象与真实世界具有一对一的关系，不必作任何转换，这样就使面向对象更易于为人们所理解、接受和掌握。

对象具有状态，一个对象用数据值来描述它的状态，例如某个具体的学生，具有姓名、年龄、性别、家庭地址、学历及所在学校等属性，用这些数据值来表示这个具体的学生的个人情况。

对象还具有操作，用于改变对象的状态。对象及其操作就是对象的行为。例如，某个学生经过“多次警告”的操作后，他的学习状态就会发生变化。

对象实现了数据和操作的结合，使数据和操作封装于对象的统一体中；对象内的数据具有自己的操作，从而可灵活地专门描述对象的独特行为，具有较强的独立性和自治性；其内部状态不受或很少受外界的影响，有很好的模块化特点。对象为软件重用奠定了坚实的基础。

具有相同或相似性质对象的抽象就是类。因此，对象的抽象是类，类的具体化就是对象，也可以说类的实例是对象。

在客观世界中有若干类，这些类之间有一定的结构关系，通常有两种主要的结构关系，即一般具体结构关系及整体成员结构关系。

一般具体结构称为分类结构，也可以说是“或”关系，是“is a”关系。例如，汽车和交通工具都是类，它们之间的关系是一种“或”关系，即汽车“是一种”交通工具。类的这种层次结构可用来描述现实世界中的一般化的抽象关系，通常越是在上层的类越具有一般性和共性，越是在下层的类越具体、越细化。

整体成员结构称为组装结构，它们之间的关系是一种“与”关系，是“has a”关系。例如，汽车和发动机都是类，它们之间是一种“与”关系，汽车“有一个”发动机。类的这种层次关系可用来描述现实世界中的类的组成的抽象关系。上层的类具有整体性，下层的类具有成员性。在类的结构关系中，通常上层类称为父类或超类，下层类称为子类。

对象之间进行通信的一种构造叫做消息。在对象的操作中，当一个消息发送给某个对象时，消息包含接收对象去执行某种操作的信息。接收消息的对象经过解释，然后给予响应。

这种通信机制称为消息传递。发送一条消息至少要包含说明接收消息的对象名、发送给该对象的消息名（即对象名、方法名），一般还要对参数加以说明，参数可以是只有认识消息的对象所知道的变量名，或者是所有对象都知道的全局变量名。

消息传递是一种与通信有关的概念，它是并发程序设计中一种基本的同步通信机制。在实体之间通信时，实体之间至少存在一条信道，并且遵循同一种通信协议。消息传递机制与传统的程序设计的模式的过程调用有着本质的区别：消息传递必须给出信道的信息，通常要指出明显的接收方；由于接收方是一通信实体，具有保持状态的能力，因此同一发送方在不同时刻向同一接收方发送同样的消息，可因接收方的当前状态不同而得到不同的结果；消息传递可以是异步的，即发送方可以不必等待接受方返回信息就可以继续执行后面的操作，因而支持程序的并发和分布执行，而过程调用只能是同步的，即其本质上是串行的。

消息传递是从外部使得一个对象具有某种主动数据的行为。对于一个系统来说，使用消息传递的方法可更好地利用对象的分离功能。

类中操作的实现过程叫做方法，一个方法有方法名、参数及方法体。当一个对象接收一条消息后，它所包含的方法决定对象怎样动作。方法也可以发送消息给其他对象，请求执行某一动作或提供信息。由于对象的内部对用户是密封的，因此消息只是对象同外部世界连接的管道。而对象内部的数据只能被自己的方法所操纵。

面向对象具有以下基本要素：

（1）抽象

抽象是指强调实体的本质、内在的属性，而忽略一些无关紧要的属性。在系统开发中，抽象指的是在决定如何实现对象之前，对象的意义和行为。使用抽象可以尽可能避免过早考虑一些细节，大多数语言都提供数据抽象机制，而运用继承性和多态性强化了这种能力，分析阶段使用抽象仅仅涉及应用域的概念，在理解问题域之前不考虑设计与实现。

（2）封装性

封装性是保证软件部件具有优良的模块性的基础。封装性是指所有软件部件内部都有明确的范围以及清楚的外部边界。每个软件部件都有友好的界面接口，软件部件的内部实现与外部可访问性分离。

面向对象的类是封装良好的模块，类定义将其说明（用户可见的外部接口）与实现（用户不可见的内部实现）显式地分开，其内部实现按其具体定义的作用域提供保护。

对象是封装的最基本单位。在用面向对象的方法解决实际问题时，要创建类的实例，即建立对象。创建时，除了应具有的共性外，还应定义仅由该对象所私有的特性。因此，对象封装比类的封装更具体、更细致，是面向对象封装的最基本单位。

（3）共享性

面向对象技术在不同级别上促进了共享，有以下 3 种：

1）同一个类中的对象的共享。同一个类中的对象有着相同的数据结构。这是由数据成员的类型、定义顺序及继承关系等决定的；同一个类中的对象也有着相同的行为特征，这是由方法接口和实现决定的。从这个意义上讲，这些对象之间是结构、行为特征的共享关系。进一步讲，在某些实际应用中还会出现要求这些对象之间有状态（即数据成员值）的共享关系。例如，所有同心圆的类各个具体圆的圆心坐标值是相同的，即共处于同一状态。

2）在同一个应用中的共享。在同一应用的类层次结构中，以及在存在继承关系的各相似子类中，存在数据结构和行为的继承，这使得各相似子类共享共同的结构和行为。使用继承来实现代码的共享，这也是面向对象的主要优点之一。

3）在不同应用中的共享。面向对象不仅允许在同一应用中共享信息，而且为未来目标的可重用设计准备了条件。通过类库这种机制和结构来实现不同应用中的信息共享。

（4）强调对象结构而不是程序结构

面向对象技术强调明确对象是什么，而不强调对象是如何被使用，对象的使用依赖于应用的细节，并且在开发中不断变化。当需求变化时，对象的性质比对象的使用方式更为稳定。因此，从长远看，在对象结构上建立的软件系统将更为稳定。面向对象技术特别强调数据结构，对程序结构的强调比传统的功能分解方法要少得多。

7.1 面向对象分析概述

分析是一种研究问题域的过程，该过程产生系统行为的需求说明描述，它是对要做的事情的一个完全、一致和可行的陈述。分析关心的是用户边界、问题应用范围及系统应完成的任务。

系统分析是关于问题空间的一种加工过程，它的输入是目标系统的问题空间，输出则是经过抽象、理解之后产生的系统需求说明。这一过程本质上是人的一种思维过程，但需要工具辅助。

通常，面向对象分析过程从分析陈述用户需求的文件开始，可以由用户（包括投资者及最终用户）面写出需求陈述，也可以由系统分析员配合用户，共同写出需求陈述。在分析需求陈述的过程中，系统分析员需要反复地与用户协商、讨论、交流信息，还应该调研、了解现有的类似系统，最终形成一个完整、准确、严格、满足要求的需求陈述。在此基础上，抽象出目标系统的本质属性，并用分析模型准确地表示出来，成为对问题的精确而又简洁的表示。后继的设计阶段将以此模型为基础。更重要的是，建立分析模型能够纠正出现在开发早期对问题论域的误解。

面向对象方法具有如下特征：

（1）对象唯一性

每个对象都有自身唯一的标识，通过这种标识可找到相应的对象。在对象的整个生命期中，它的标识都不改变，不同的对象不能有相同的标识。在建立对象时，由系统授予新对象唯一的对象标识符，它在历史版本管理中有巨大作用。

（2）分类性

分类性是指将具有一致的数据结构（属性）和行为（操作）的对象抽象成类。一个类就是这样一种抽象，它反映了与应用有关的重要性质，而忽略其他一些无关内容。任何类的划分都是主观的，但必须与具体的应用有关。每个类是个体对象的可能无限集合，而每个对象是相关类的实例。

（3）继承性

继承性是父类和子类之间共享数据结构和方法的机制，这是类之间的一种关系。在定义和实现一个类的时候，可以在一个已经存在的类的基础上来进行，把这个已经存在的类所定义的内容作为自己的内容，并加入若干新的内容。

继承性是面向对象程序设计语言不同于其他语言的最主要的特点，是其他语言所没有的。

在类层次中，子类只继承一个父类的数据结构和方法，则称为单重继承；子类继承了多个父类的数据结构和方法，则称为多重继承。

在软件开发中，类的继承性使所建立的软件具有开放性，可进行扩充，是信息组织与分类的行之有效的方法，它简化了对象、类的创建工作量，增加了代码的可重用性。

采用继承性，提供了类的规范的等级结构：对单重继承，可用树形结构来描述；对多重继承，可用网形结构来描述。通过类的继承关系，使公共的特性能够共享，提高了软件的重用性。先进行共同特性的设计和验证，然后自顶向下来开发，逐步加入新的内容，符合逐步细化的原则，通过继承，便于实现多态性。

（4）多态性（多形性）

多态性是指相同的操作或函数、过程作用于多种类型的对象上并获得不同结果。不同的对象，收到同一消息产生完全不同的结果，这种现象称为多态性。例如 MOVE 操作，可以是窗口对象的移动操作，也可以是国际象棋棋子移动的操作。多态性允许每个对象以适合自身的方式去响应共同的消息，这样就增强了操作的透明性、可理解性和可维护性，用户不必为相同的功能操作作用于不同类型的对象而费心去识别。多态性增强了软件的灵活性和重用性，允许用更为明确、易懂的方式去建立通用软件。多态性与继承性相结合使软件具有更广泛的重用性和可扩充性。

所以，面向对象分析方法的策略是分析系统需求时遇到的变动因素和稳定因素，把这两种因素区分后，比较容易对变动所产生的影响进行鉴别、定界、追踪和估价。

分析方法是一种思维工具，用来帮助分析人员对需求进行形式化，即用特定的标记系统来表示和传递分析的结果。不同标记系统在产生表示时有不同的着眼点，也就有不同角度的抽象，因而反映出不同分析方法的特征。

面向对象的分析是用面向对象的方法对目标系统的问题空间进行理解、分析和反映。通过对象的认定和对象层次的认定，确定问题空间中应存在的对象和对象层次结构。面向对象的需求分析方法通过提供对象、对象间消息传递等语言机制让分析人员在解空间中直接模拟问题空间中的对象及其行为，从而削减了语义断层，为需求建模活动提供了直观、自然的语言支持和方法学指导。

项目需求分析就是研究问题域，产生一个满足用户需求的系统分析模型。这个模型应能正确描述问题域和系统责任，使后续的软件开发阶段的相关人员能根据这个模型继续进行开发工作。自软件工程学问世以来，IT 业界已经出现了若干种系统分析方法。把面向对象分析方法出现之前的分析方法称为传统系统分析方法。

传统系统分析方法以系统需要提供的功能为中心来组织系统，先定义各种功能，然后把功能分解为子功能，同时定义功能之间的接口，对较大的子功能再进一步分解，直到可对它给出明确的定义。数据结构是根据功能或子功能的需要设计的。

从系统所需要的功能出发构造系统能够直接反映用户的需求，所以工作很容易开始，但却难以深入和维护。因为功能、子功能、功能接口等系统成分不能直接地映射问题域中的事物，由它们构成的系统只是对问题域的间接映射。运用这种方法，分析人员很难准确、深入地理解问题域，也很难检验分析结果的正确性。同时，这种方法对需求变化的适应能力很差。以功能来构造系统，当需求发生变化时，系统的基本功能模块将随需求的变化产生根本性变化。此外，功能间的接口也要随之改变，这样局部错误和局部修改会很容易产生全局性的影响。

自 20 世纪 80 年代后期以来，相继出现了多种面向对象分析（OOA）方法，这些方法都是基于面向对象的基本概念与原则的，只是在概念与表示法、系统模型和开发过程等方面有差别。OOA 对问题域的观察、分析和认识是很直接的，对问题域的描述也是很直接的，强调从问题域中的实际事物以及与系统责任有关的概念出发来构造系统模型。OOA 所采用的概念与问题域中的事物保持了很大程度的一致性，不存在分析与设计的鸿沟，更不存在语言上的鸿沟。问题域中有哪些需要考虑的事物，OOA 模型中就有哪些对象，并且对象、对象的属性与操作的对象命名都强调与客观事物一致。OOA 模型的对象是对问题域中事物的完整映射，包括事物的数据静态特征和动态特征，即属性和操作。另外，OOA 模型也保留了问题域中事物之间关系的原貌，因此，其结构与连接如实地反映了问题域中事物间的各种关系。OOA 要求系统各个单元成分之间接口尽可能少，当需求不断变化时，OOA 把系统中最易变化的因素隔离起来，把需求变化所引起的影响局部化。

OOA 的关键是识别出问题域内的对象，并分析它们相互间的关系，最终建立起问题域的简洁、精确、可理解的正确模型。因此，OOA 的基本任务是运用面向对象方法，对问题域和系统责任进行分析和理解，对其中的事物和它们之间的关系产生正确的认识，并找出描述问题域和系统责任所需要的类与对象，定义这些类和对象的属性与操作，以及它们之间所形成的结构、静态联系和动态联系。其最终目的是产生一个符合用户需求、能直接反映问题域和系统责任的 OOA 模型及其详细说明。

OOA 的特点：有利于对问题及系统责任的理解；强调从问题域中的实际事物及与系统责任有关的概念出发来构造系统模型，有利于人员之间的交流；与问题域具有一致的概念和术语，并使用符合人类思维的方式来认识和描述问题域；对需求变化有较强的适应性；将容易变化的成分封装在对象中，具有稳定性；支持软件复用；面向对象中的继承对复用起着重要作用；OOA 中的类具有独立性，是实现复用的重要条件。

7.1.1　常用的 OOA 方法

面向对象技术的流行已经催生出许多 OOA 方法，每个方法都引入一个产品或系统分析的过程、一组随过程演化的模型，以及使软件工程师能够以一致的方式创建模型的符号体系。

1. Booch 方法

G. Booch 最先描述了面向对象的软件开发的基础问题，指出面向对象开发是一种根本不同于传统的功能分解的设计方法。面向对象的软件分解更接近人们对客观事物的理解，而功能分解只通过问题空间的转换来获得。

Booch 方法包括各类模型，涉及软件系统的对象、动态及功能各方面，对类及继承的阐述特别值得借鉴。1983 年，G. Booch 提出了对象认定的基于词法分析的方法，他通过分析正文描述，将其中的名词映射为对象，将其中的动词映射为方法，从而为对象和方法的认定提供了一种简单的策略，为面向对象的分析中的对象认定方法奠定了基础。虽然 Booch 方法原是面向 Ada 语言的，但仍处于面向对象开发方法的奠基性地位。飞行中心提出的 Good 方法（通用面向对象软件开发方法）、欧洲空间局提出的 HOOD 方法（层次的面向对象设计）都是 Booch 方法的扩充，它们也是用 Ada 语言实现的。

Booch 方法的开发模型分静态模型和动态模型两大类型。

1）静态模型描述了系统的构成和结构。静态模型又分为逻辑模型和物理模型两类。逻辑模型由类图和对象图构成，它是基于类和对象的含义，着重于类和对象的定义，描述了对象之间、类之间的相互关系。物理模型由模块图和进程图构成，它是基于软件系统的结构，着重描述软件系统的构造和组成。

2）动态模型有状态图和时序图两种，描述了软件系统的动态行为，即系统执行过程中的动态行为。

Booch 开发方法包含“微开发”和“宏开发”两个过程，微开发过程定义了一组在宏开发过程中的每一步反复应用的分析任务。Booch 方法得到了一系列自动工具的支持。Booch 的 OOA 宏开发过程概述如下：

1）标识类和对象。提出候选对象，进行行为分析，标识相关场景，为每个类定义属性和操作。

2）标识类和对象的语义。选择场景并分析，赋予责任以完成所希望的行为，划分责任以平衡行为，选择一个对象，枚举其角色和责任，定义操作以满足责任，寻找对象间的协作。

3）标识类和对象间的关系。定义对象间存在的依赖，描述每个参与对象的角色，通过走查场景进行确认。

4）进行一系列精化。对上面进行的工作进行适当的图解，定义合适的类层次，完成基于类共性的聚合。

5）实现类和对象——这意味着分析模型的完成。

面向对象的 Booch 方法的设计过程如下：

1）从问题陈述中的术语和概念中识别应用领域的对象。对具体的对象进行抽象，从抽象过程中发现类。

2）对已识别出来的类和对象，分析其在完成系统功能上应承担的责任和所起的作用，在此基础上确定每个类的属性和行为。

3）任何一个类在完成自己的责任时，往往需要其他类的协作，因这些相关类的对象的协同作业，才能完成系统的部分功能，同时也构成系统的一个必要组成部分。

4）说明每一个类对外界可使用的操作以及实现该操作的方法。同时，将类和对象分配到不同的模块中去，并对已有的类进行细化和完善，在进行这些工作的过程中，有助于发现新的类和对象，这将导致下一周期的开发工作。

2. Coad-Yourdon 方法

Coad-Yourdon 方法是 1989 年 P. Coad 和 E. Yourdon 提出的面向对象的开发方法，该方法比较完整而系统地介绍了面向对象的分析和面向对象的设计。

该方法的主要优点是通过多年来系统开发的经验与面向对象概念的有机结合，在对象、结构、属性和服务的认定方面，提出了一套系统的原则。

该方法完成了从需求角度出发的对象和分类结构的认定工作，面向对象设计可以在此基础上，从设计的角度进一步进行类和类层次结构的认定。尽管 Coad-Yourdon 方法没有引入类和类层次结构的术语，但事实上已经在分类结构、属性、服务及消息关联等概念中体现了类和类层次结构的特征。

面向对象的 Coad-Yourdon 方法使用统一的基本表示方法来组织数据及数据上的专有处理。面向对象的分析，定义问题域的对象和类，反映系统的任务；面向对象的设计，定义附加的类和对象，反映需求的实现，使得分析和设计符号表示无明显差别，不存在从分析到设计的转换。

Coad-Yourdon 方法被认为是最容易学习的 OOA 方法之一，其建模符号简单，开发分析模型的指引直接明了。Coad-Yourdon 的 OOA 过程概述如下：

1）使用“寻找什么”标准来标识对象。

2）定义对象之间的一般/特殊结构。

3）定义对象之间的整体/部分结构。

4）标识主体（子系统构件的表示）。

5）定义属性及对象之间的实例连接。

6）定义服务及对象之间的消息连接。

3. Jocobson 方法

Jocobson 方法即 OOSE（面向对象软件工程）。与其他方法不同的是，Jocobson 方法特别强调使用实例（Use Case）来描述用户和产品或系统间如何交互的场景。Jocobson 的 OOA 过程概述如下：

1）标识系统的用户和他们的整体责任。

2）建造需求模型。定义参与者（Actor）及其责任，为每个参与者标识使用实例，准备系统对象和关系的初步视图，应用实例作为场景去复审模型以确定有效性。

3）建造分析模型。使用参与者交互的信息来标识界面对象，创建界面对象的结构视图，表示对象行为，分离出每个对象的子系统和模型，使用实例作为场景去复审模型以确定合法性。

4. Rambaugh 方法

Rambaugh 方法也称 OMT 方法，是 1991 年由 J. Rumbaugh 等 5 人提出来的。该方法是一种新兴的面向对象的开发方法，开发工作是基于对真实世界的对象建模，然后围绕这些对象使用这个模型来构造独立于语言的设计，面向对象的建模和设计促进了对需求的理解，有利于开发得到更清晰、更容易维护的软件系统。

该方法为大多数应用领域的软件开发提供了一种实际的、高效的保证。它吸收了面向对象技术的基本的直观映象，通过一整套的符号表示和相应的方法学来系统地反映现实世界的客体。该方法还给出了“好”的设计与“坏”的设计的示例及准则，用来帮助软件开发者避免一些常见的易犯的错误。

该方法将面向对象的概念应用于软件生存周期的各个阶段，并说明了如何在软件开发的整个生存周期中贯穿运用面向对象的概念、方法及技术进行分析，进行设计和实现。

该方法特别强调面向对象的构造是真实事物的模型（映像），而不是一种程序设计技术，将对象间的关系上升为相同的语义级（称之为类），详细说明了继承机制、特别强调类、模型化及高级策略。

该方法的提出者们多年来在大量的应用领域中使用了面向对象分析、面向对象设计、面向对象程序设计及面向对象数据建模技术，同时也研究并实现了一套面向对象的符号表示和方法学，开发了一个面向对象支持工具。因此不仅在理论上而且在实际中都熟练掌握和使用了面向对象技术。

Rambaugh 是一种软件工程方法学，支持整个软件生存周期。它覆盖了问题构成、分析、设计和实现等阶段。

分析活动创建 3 个模型，即对象模型（对象、类、层次和关系的表示）、动态模型（对象和系统行为的表示）以及功能模型（高层的类似数据流图 DFD 的系统信息流的表示）。

Rambaugh 的 OOA 过程概述如下：

1）开发对问题的范围陈述。

2）建造对象模型。标识和问题相关的类，定义属性和关联，定义对象链接，用继承来组织对象类。

3）开发动态模型。准备场景，定义事件并为每个场景开发一个事件轨迹，构造事件流图解，开发状态图解，复审行为的一致性和完整性。

4）构造系统的功能模型。标识输入和输出，使用数据流图表示流变换，为每个功能开发“加工规约”，规定约束和优化标准。

系统分析阶段涉及对应用领域的理解及问题域建模。分析阶段的输入是问题陈述，说明要解决的问题并提供了对假想系统的概念总览，同用户不断对话以及对客观世界背景知识的了解作为分析的附加输入，分析的结果是一个形式化模型，该模型概括了系统的 3 个本质因素：对象及对象之间的关系、动态的控制流以及带有约束的功能变换。系统设计阶段确定整个系统的体系结构。

以对象模型为指导，系统可由多个子系统组成，把对象组织成聚集并发任务而反映并发性，对动态模型中处理的相互通信、数据存储及实现要制定全面的策略，在权衡设计方案时要建立优先顺序。

对象设计阶段要精心考虑和细化分析模型，然后优化地生成一个实际设计。对象设计的重点从应用域概念转到计算机概念上来，应选择基本算法来实现系统中的各主要功能。

Rambaugh 方法学是组织开发的一种过程。这种过程是建立在一些协调技术之上的，Rambaugh 方法的基础是开发系统的 3 个模型，再细化这 3 种模型，并优化以构成设计。对象模型由系统中的对象及其关系组成，动态模型描述系统中对象对事件的响应及对象间的相互作用，功能模型则确定对象值上的各种变换及变换上的约束。

5. Wirfs-Brock 方法

Wirfs-Brock 方法没有明确区分分析和设计任务，而是对客户规约的估价到设计完成的一个连续过程。Wirfs-Brock 与分析相关的任务概述如下：

1）评估客户规约。

2）使用语法分析从规约中抽取候选类。

3）组合类似试图标识超类。

4）为每个类定义责任。

5）为每个类赋予责任。

6）标识类之间的关系。

7）定义类之间给予责任的协作。

8）构造类的层次表示以显示继承关系。

9）构造系统的协作图。

虽然上述这些 OOA 方法的术语和步骤各有差异，但整体的 OOA 过程还是非常相似的。

7.1.2 OOA 模型

1. OOA 模型

OOA 模型就是通过面向对象分析所建立的系统分析模型，表达了在 OOA 阶段所认识到的系统成分及其彼此关系。在 UML 和系统开发的统一过程中，开发者用可视化建模概念所对应的表示法绘制相应种类的图，从而表示系统在不同角度的视图。在面向对象分析方法中，一般都是将分析得到的有关系统的重要信息放在模型中来表示，其他信息则放在详细说明中，作为对模型的补充描述和后续开发阶段的实施细则。

在 UML 中，使用用例图来捕获和描述用户的要求，即系统需求，从而建立系统的需求模型，也就是用例模型。在 UML 中详细规定了用例模型方面的内容，并且用例模型已经被人们普遍接受。

初步业务需求描述形成后，基于 UML 的需求分析分为以下步骤。

1）利用用例及用例图表示需求：从业务需求描述出发获取执行者和场景；对场景进行汇总、分类、抽象，形成用例；确定执行者与用例、用例与用例图之间的关系，生成用例图。

场景是从单个执行者的角度观察目标软件系统的功能和外部行为，这种功能通过系统与用户之间的交互表征。场景是用户与系统进行交互的一组具体的动作。场景是用例的实例，而用例是某类场景的共同抽象。对场景的完整描述包含场景名称、执行者实例、前置条件、事件流和后置条件。

实际场景：对实际的业务处理流程或其优化流程的描述，是用户需求的重要组成部分。

设想场景：分析人员对目标软件系统投入应用后经改进或优化的业务流程的描述。这种场景是纸面原型，帮助分析人员挖掘潜在的用户需求。

评价场景：确认需求或提出改进建议为主要目的的业务流程描述。评价场景可以在用例生成后对用例进行实例化而形成，以便用户对用例进行评价或改进。

培训场景：面向开发人员及用户解释系统的功能和外部行为的业务流程描述。

确定执行者和场景的关键在于理解业务领域和初步需求描述文档。下列问题的回答可帮助分析人员获取场景：目标软件系统有哪些执行者？执行者希望系统执行的任务有哪些？执行者希望获得哪些信息？这些信息由谁生成？由谁修改？执行者需要通知系统哪些事件？系统响应这些事件时会表现出哪些外部行为？系统将通告执行者哪些事件？

场景将促成开发人员和用户对于业务处理流程和目标软件系统的功能范围的共同理解。在场景确定之后，通过对场景的汇总、分类归并、抽象即可形成用例。

对用例的完整描述包括用例名称、参与执行者、前置条件、一个主事件流、零到多个辅事件流、后置条件。

主事件流表示正常情况下执行者与系统之间的信息交互及动作序列，辅事件流则表示特殊情况或异常情况下的信息交互及动作序列。

显式地分隔主、辅事件流是为了使分析人员首先聚焦于正常的业务处理流程，同时也便于用例的使用者理解业务需求。用例源于分析人员对场景的分类和抽象，对相似场景进行归并，使得一个用例可以通过实例化、参数调节而涵盖多个场景。

从外部用户的视角看，一个用例是执行者（Actor）与目标软件系统之间一次典型的交互作用。从软件系统内部的视角出发，一个用例代表着系统执行的一系列动作，动作执行的结果能够被外部的执行者所察觉。执行者指外部用户或外部实体在系统中扮演的角色。如果多个用户在使用目标软件系统时扮演同一角色，这些用户用单一执行者表示。如果一个用户扮演多种角色，则需要用多个执行者来表示同一用户。

2）利用包图及类图表示目标软件系统的总体框架结构：根据领域知识、业务需求和工作经验，设计目标软件系统的顶层架构；从业务需求描述中提取“关键概念”，形成领域概念模型；从概念模型和用例出发，研究系统中主要的类之间的关系，生成类图。

基于 OOA 建模得到的模型包含对象的 3 个要素，即静态结构（对象模型）、交互次序（动态模型）和数据变换（功能模型）。

根据解决的问题不同，这 3 个子模型的重要程度也不同。解决任何一个问题，都需要从客观世界实体及实体间的相互关系抽象出极有价值的对象模型。当问题涉及交互作用和时序时（如用户界面、过程控制等），动态模型是很重要的；解决运算量很大的问题时（如高级语言编译、科学与工程计算等）时，则所涉及的功能模型变得很重要。动态模型和功能模型中都包含对象模型中的服务（操作）。

对象模型描述的是现实世界中对象的静态结构，即对象标识、对象属性、对象操作和对象之间的关系。

对象模型对用例模型进行分析，把系统分解成互相协作的分析类，通过类图或对象图描述对象、对象属性、对象间的关系。它是系统的静态模型，为动态模型和功能模型提供了不可缺少的框架，是动态模型和功能模型赖以活动的基础。

2. 动态模型

动态模型描述了对象中与时间和操作次序有关的各种因素，它关心的是对象的状态是如何变化的，这些变化是如何控制的。动态模型可以用状态图表示，每个对象有它自己的一个状态图，其中的节点表示对象在不同时刻的状态，弧表示状态之间的变化。它描述了系统必须实现的操作。

该模型描述了系统的控制结构，它表示了瞬时的、行为化的系统控制性质；它关心的是系统的控制，操作的执行顺序；它从对象的事件和状态的角度出发，表现了对象的相互行为。

该模型描述的系统属性是触发事件、事件序列、事件状态、事件与状态的组织，使用状态图作为描述工具，涉及事件、状态及操作等重要概念。

事件是指定时刻发生的事物，是某事物发生的信号，它没有持续时间，是一种相对性的快速事件。现实世界中，各对象之间相互触发，一个触发行为就称为一个事件。

对事件的响应取决于接受该触发的对象的状态，响应包括状态的改变或形成一个新的触发。事件可看成是信息从一个对象到另一个对象的单项传送，发送事件的对象可能期望对方的答复，但这种答复也是一个受第二个对象控制下的一个独立事件，第二个对象可以发送也可以不发送这个答复事件。

把各个独立事件的共同结构和行为抽象出来，组成事件类，给每个类命名，这种事件类的结构也是层次的，大多数事件类具有属性，用来表明传递的信息，但有的事件类仅仅是简单的信号。

由事件传递的数据值是事件的属性，像对象属性一样。属性跟在事件类名后面，用括号括起来。事件发生的时间是所有事件的隐含属性。下列是一些事件类和相应的属性：飞机航班（航线，机号，城市）。

脚本是指系统某一执行期间内出现的一系列事件。脚本范围可以是变化的，它可以包括系统中所有事件，也可以只包括被某些对象触发或产生的事件。脚本可以是执行系统的历史记录，也可以是执行系统的模块。

可用事件跟踪图来表示事件、事件的接收对象和发送对象。接收和发送对象位于垂直线顶端。各事件用水平箭头线表示，箭头方向是从发送对象指向接收对象，时间从上到下递增。

1）状态的含义。对象所具有的属性值称为它的状态。状态是对象属性值的一种抽象，按照影响对象显著行为的性质将值集归并到一个状态中去，状态指明了对象对输入事件的响应。

2）状态的性质。状态具有如下性质：①时间性。状态与时间间隔有关，事件表示时刻，状态表示时间间隔，同一对象接收两个事件之间是一个状态。对象的状态依赖于接收的事件序列。②持续性。状态有持续性，它占有一个时间间隔，状态常与连续的活动有关，状态与需要时间才能完成的活动有关。

3）事件与状态的关系。事件和状态是孪生的，一事件分成两种状态，一种状态分成两个事件。

4）状态的说明。说明一个状态具有的内容：状态名、状态目的描述、产生该状态的事件序列、表示状态特征的事件及在状态中接收的条件。

状态图是一个标准的计算机概念，它是有限自动机的图形表示，这里把状态图作为建立动态模型的图形工具。状态图反映了状态与事件的关系，当接收一事件时，下一状态就取决于当前状态的该事件，由该事件引起的状态变化称转换。状态图确定了由事件序列引起的状态序列。

状态图描述了对象模型中某个类的行为，由于类的所有对象有相同的行为，那么这些对象共享同一状态图，正如它们共享相同的类性质一样。但因为各对象有自己的属性值，因此各对象也有自己的状态。

状态图是一种图表，用节点表示状态，节点用圆角框表示；圆角框内有状态名，用带箭头连线（弧）表示状态的转换，上面标记事件名，箭头方向表示转换的方向。状态图的表示如图 7-1 所示。

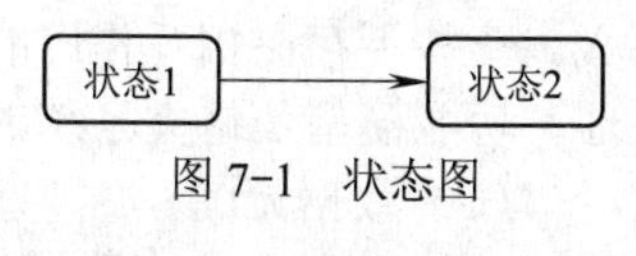

图 7-1　状态图

单程状态图是具有起始状态和最终状态的状态图。在创建对象时，进入初始状态，进入最终状态隐含着对象消失。初始状态用圆点来表示，可标注不同的起始条件；最终状态用圆圈中加圆点表示，可标注终止条件。若状态图只用于描述事件模式，则用途不大，还应说明事件是如何触发操作的。对象处于某状态时，可以附有多种操作，对象的某种状态出现一个事件时，就要转换到另一状态，则附在状态或转换上的操作就要被执行，有动作和活动两种操作。

活动是一种有时间间隔的操作，它是依附于状态上的操作。活动包含一些连续的操作，例如在屏幕上显示一张图。活动也包含一段时间内的序列操作，该序列由自身终止。在状态节点上，活动表示为“do：活动名”，进入该状态时，则执行该活动相关的操作，该活动由来自引起该状态的转换的事件终止。

动作是一种即时操作，它是与事件有关的操作，动作名放在事件之后，用“/动作名”来表示。该操作与状态图的变化比较起来，其持续时间是无关紧要的。

在构造动态模型时，应注意下列问题：①只构造那些具有意义的动态行为的类的状态图，并不是所有类都需要状态图；②为保持整个动态模型的正确性，对共享事件中各个状态的一致性进行检测；③使用脚本以帮助构造各状态图；④定义状态时，只考虑相关属性，所有对象模型中表示的属性都不必用在状态图中；⑤在决定事件和状态的大小时，需考虑到应用要求；⑥区分应用中的活动和动作，活动出现在一段时间内，动作的出现是瞬时的；⑦尽量使子类状态图独立于其父类的状态图。

3．功能模型

功能模型描述了系统内值的变化，以及通过值的变化表现出来的系统功能、映射、约束和功能依赖的条件。功能模型只考虑系统“干什么”而不考虑系统“何时干”和“如何干”，它说明了系统是如何响应外部事件的。

实际上，以图的方式建立系统模型是不够的。对各种图中的建模元素，还要按照一定的要求进行规约；用图表示的模型再加上模型规约，才构成完整的系统模型。

当软件规模庞大或对软件的需求模糊易变时，采用生命周期方法学开发往往不成功，近年来在许多应用领域面向对象方法学已经迅速取代了生命周期方法学。面向对象方法学有 4 个要点，可以用下列方程式概括：面向对象方法=对象+类+继承+用消息通信。

也就是说，面向对象方法就是既使用对象又使用类和继承等机制，而且对象之间仅能通过传递消息实现彼此通信的方法。面向对象方法简化了软件的开发和维护，提高了软件的可重用性。按照在软件生命周期全过程中应完成的任务的性质，在概念上可以把软件生命周期划分成问题定义、可行性研究、需求分析、总体设计、详细设计、编码和单元测试、综合测试以及运行维护等 8 个阶段。实际从事软件开发工作时，软件规模、种类、开发环境及使用的技术方法等因素都会影响到阶段的划分。

功能模型描述了系统的所有计算，功能模型指出“发生了什么”，动态模型确定“什么时候发生”，而对象模型确定发生的客体。功能模型表明一个计算如何从输入值得到输出值，而不考虑计算的次序。功能模型由多张数据流图组成。数据流图说明数据流是如何从外部输入，经过操作和内部存储输出到外部的。功能模型也包括对象模型中值的约束条件。

功能模型说明对象模型中操作的含义、动态模型中动作的意义以及对象模型中约束的意义。一些不存在相互作用的系统，例如编译器系统，它们的动态模型较小，其目的是功能处理，功能模型是这类系统的主要模型。

（1）数据流图

功能模型由多张数据流图组成。数据流图用来表示从源对象到目标对象的数据值的流向，数据流图不表示控制信息，控制信息在动态模型中表示。数据流图也表示对象中值的组织，这种信息在对象模型中表示。

数据流图中包含有处理、数据流、动作对象和数据存储对象。数据流图表示了外部值所执行的变换序列及影响此计算的对象。

（2）处理

数据流图中的处理用来改变数据值，最低层处理是纯粹的函数，典型的函数包括两个数值的计算，一张完整的数据流图是一个高层处理。处理用对象类上操作的方法来实现。用椭圆表示处理，椭圆中标注处理名。各处理均有输入流和输出流，各箭头上方标识出输入/输出流。

（3）数据流

数据流图中的数据流将对象的输出与处理、处理与对象的输入、处理与处理联系起来，在一个计算中，用数据流来表示中间数据值，数据流不能改变数据值。

数据流用箭头来表示，方向从数据值的产生对象指向接收对象。箭头上方标注该数据流的名字。数据流图边界上的数据流是图的输入/输出流，这些数据流可以与对象相关，也可以不相关。

（4）动作对象

动作对象是一种主动对象，它通过生成或者使用数据值来驱动数据流图。动作对象为数据流图的输入/输出流的产生对象和接收对象，位于数据流图的边界，作为输入流的源点或输出流的终点。动作对象用长方形表示，以说明它是一个对象。动作对象和处理之间的箭头线表明了该图的输入/输出流。

（5）数据存储

数据流图中的数据存储是被动对象，它用来存储数据。与动作对象不一样，数据存储本身不产生任何操作，它只响应存储和访问数据的要求。

数据存储用两条平行线段来表示，线段之间写明数据存储名。输入箭头表示更改所存储的数据，例如增加元素、更改数据值、删除元素等；输出箭头表示从数据存储中查找信息。

动作对象和数据存储都是对象，它们的行为和用法不同，应区别这两种对象。数据存储可以用文件来实现，而动作对象可用外部设备来体现。

有些数据流也是对象，尽管在许多情况下，它们只代表纯粹的值含义。把对象看成是单纯的数值和把对象看成是包含有许多数值的数据存储，这两者是有差异的。在数据流图中，用空三角来表示产生对象的数据流。

（6）确定操作

数据流图中的处理最终必须用对象的操作来实现，各个最底层的原子处理就是一个操作，高层处理也可认为是操作。它具有查询、动作、活动和访问等重要的操作。

1）查询是任何对象的外部可见的、无副作用的一种操作，是一种纯函数，查询操作是从对象模型中得来的。

2）动作是某个时刻对象的操作。阐明动作的一种方法是使用算法来实现，通常很容易定义简单的算法。描述的清晰、无二义是十分重要的。

3）活动是占用时间的对象的操作，由于活动需要时间，其本身就具有副作用。活动只对动作对象有意义。

4）访问操作是用来读写对象属性值的。在分析时不必列出或确定访问操作。但在设计时，访问操作可直接从对象模型中类的属性和关联中得到。

7.2　领域分析

领域分析的目的是发现或创建一些可广泛应用的类，使它们可以被复用。具体地说，面向对象领域分析就是以公共对象、类、子集合和框架等形式，在特定的应用领域中标识、分析和规约公共的可复用能力。

面向对象系统的分析可以在不同的抽象层次上进行。在商业或企业级，OOA 技术可以同信息工程方法结合，来定义模拟全部业务的类、对象、关系和行为，这个层次的 OOA 类似于信息策略计划；在业务范围层次，OOA 可以定义一个描述某特殊的业务范围（或某产品或系统范畴）的工作的对象模型；在应用层次，对象模型着重于特定的客户需求，因为那些需求将影响应用的实现。

系统分析本质上是一种思维过程，就是考虑问题的次序、条理、层次等方面的模式，在传统的分析模式中从问题空间到分析结果的映射是间接的，因为由分析方法所决定的思维模式与人们所采用的思维模式有一定的距离。为了减少这些距离，只好进行转换，以利于分析结果的传递。

从根本上统一思维模式的办法是在系统开发的各个环节中，统一采用人类原有的思维组织模式。

人类典型的思维过程是由 3 部分组成的，即从现实世界中区分出特定的客体及其属性；对客体的整体和组成部分加以区分；对不同种类的客体给出表示，在此基础上加以区分。面向对象的分析方法就建立在这 3 个来自人类自身思维组织模式之上。依照客观世界本来的规律来开发应用系统。

面向对象的分析由对象、分类、继承性及基于消息的通信构成。其中，对象是一组属性和专有服务的封装，它是问题空间中某种事物的一个抽象，同时也带有问题空间中这种事物的若干实例。这些是从信息建模方法中演变而来的，再加上面向对象的封装性、继承性和层次结构。所以面向对象的分析比信息建模方法更完整地实现了从问题空间到系统模型的直接映射。

系统分析开始于用户和开发者对问题的陈述，该陈述可能是不完整的或不正确的，分析可以使陈述更精确并且提示了陈述的二义性和不一致性。问题的陈述不可能是一成不变的，它应该是细化实际需求的基础。

接着必须理解问题陈述中描述的客观世界，将它的本质属性抽象成模型表示。自然语言的描述通常是二义性的、不完整并且也是不一致的。分析模型应该是问题的精确而又简洁的表示，后继的设计阶段必须参考模型的内容，更重要的是开发早期的错误可以通过分析模型来修正。

7.2.1　复用和领域分析

对象技术通过复用产生杠杆作用。考虑一个简单的例子，对一个新应用的需求分析指明需要 100 个类，两个项目组被委派去实现该应用，并各自设计和构造一个最终产品，每个组由具有相同的技能级别和经验的人构成。

组 A 不访问类库，这样必须从头开发所有 100 个类；组 B 使用一个强健的类库并从中找到 55 个类，则最可能发生的事情是：

1）组 B 将比组 A 快得多地完成项目。

2）组 B 的产品成本将大大低于组 A 的产品成本。

3）组 B 的产品将比组 A 的产品有更少的错误。

虽然对组 B 的工作将超出组 A 的工作的利润差数仍然存在争论，但很少有人会否认复用为组 B 带来了实质性的优势。

但是“强健的复用类库”从何而来？如何确定在库中的项是否适用于新应用中？为了回答这些问题，创建和维护库的组织必须采用领域分析方法。

7.2.2 领域分析过程

领域分析可以描述为软件的领域分析是在特定应用领域中标识、分析和规约公共需求，典型地是在应用领域中多个项目间的复用。面向对象领域分析是以公共对象、类、子集合和框架等形式在特定应用领域中标识、分析和规约公共的可复用的能力。

“特定应用领域”可以涵盖从航空电子设备到银行，从多媒体视频游戏到计算机X射线轴向分层造影扫描机（CAT scanner）中的软件。

领域分析的目标是发现或创建那些可广泛应用的类，使得它们可以被复用。在某些方面，领域分析的角色类似于制造环境中的工具制造者，工具制造者的工作是设计和制造可用于很多相似工作（但不一定是相同的工作）的工具。领域分析员的工作是设计和建造可复用构件，它们可以用于很多相似的（但不一定是相同的）应用开发工作，考察领域知识源以试图标识可在领域中指明复用的对象。在本质上，领域分析和知识工程相当类似，知识工程师调查特定的兴趣域，试图抽取出可用于创建专家系统或人工神经网络的关键事实。在领域分析过程中，抽取出对象（和类）。

领域分析过程可以用从标识被调查的领域到刻画被调查领域的对象和类的规约等一系列活动来表示，具体地有下面这些活动。

1）定义将被调查的领域。为了完成此工作，分析员必须首先隔离感兴趣的业务范围、系统类型或产品范畴。接着，必须从中抽出面向对象和非面向对象的“项”。面向对象项包括：现存面向对象应用的类的规约、设计和代码；支持类（如 GUI 类或数据库访问类）和领域相关的 COTS（Commercial Off The Shelf）构件库以及测试用例。非面向对象项包括：政策、步骤、规程、计划、标准和指南；现存非面向对象应用的部件（包括规约、设计和测试信息）；度量；COTS 非面向对象软件。

2）分类将从领域中抽取出来的项分类。这些项被分类，并且定义种类的一般定义特征。提出种类的分类模式，并为每个项定义命名惯例。在合适的时候，建立分类层次。

3）收集领域中应用的代表性样本。为了完成该活动，分析员必须保证正被讨论的应用包括满足已被定义的种类的项。在使用对象技术的早期阶段，一个软件组织几乎没有任何面向对象应用，因此，领域分析员必须“在每个（非面向对象）应用中标识概念的（相对物理的）对象”。

4）分析样本中的每个应用。在领域分析中进行如下步骤：①标识候选的可复用对象；②指明对象被标识为可复用的理由；③定义对对象的适应性修改（可能也是可复用的）；④估算在领域中可利用对象复用的应用的百分率；⑤用名字标识对象，并运用配置管理技术来控制它们。

此外，一旦对象已被定义，分析员要估算典型应用可使用该可复用对象来构造的百分率，为对象开发分析模型。分析模型将作为设计和构造领域对象的基础。

除了以上步骤，领域分析员也应该创建一组复用指南并给出一个例子，以说明如何应用领域对象来创建新的应用。

领域分析是被称为领域工程的更大的学科中的第一项技术活动。当业务、系统或产品域被定义为长期的业务策略，则可以展开持续的创建强健的可复用库的工作，其目标是能够在领域中以非常高的可复用构件率来创建软件。低成本、高质量和节约时间是支持领域工程的论据。

7.2.3　面向对象分析模型的类属成分

面向对象分析过程也遵从基本的分析概念和原则，虽然术语、符号体系和活动 OOA 与传统方法有所不同，但 OOA（在其核心）也强调相同的根本目标。

分析涉及建立真实世界的精确的、简明的、易理解的和正确的模型。面向对象分析的目的是以可理解的方式模拟真实世界。为了达到这个目标，分析员必须检查需求，分析含义，并重新严格地加以陈述。必须首先抽象出真实世界的特征，而将小的细节推迟到以后考虑。为了开发“真实世界的精确的、简明的、易理解的和正确的模型”，软件工程师必须从一系列 OOA 符号体系和过程中选择一种，每种 OOA 方法（存在许多 OOA 方法）有独特的过程和不同的符号体系，然而，所有方法均遵从一定的类属过程步骤，并且均提供了实现一组面向对象分析模型的类属成分的符号体系。

流程处理模式。流程处理系统以算法和数据结构为中心，其系统功能由一系列的处理步骤构成，相邻处理步骤用数据流通管道连接。流程处理模式适用于批处理方式的软件系统，不适合交互式系统。

客户端/服务器模式。客户端负责用户输入和处理结果的呈现，服务器负责后台业务处理。

模型-视图-控制器模式。软件系统由模型、视图和控制器 3 部分组成。模型负责维护并保存具有持久性的业务数据，实现业务处理功能，并将业务数据的变化情况及时通知视图。视图负责呈现模型中包含的业务数据，响应模型变化通知，更新呈现形式，向控制器传递用户的界面动作。控制器负责将用户的界面动作映射为模型中的业务处理功能并实际调用之，然后根据模型返回的业务处理结果选择新的视图。

分层模式，将整个软件系统分为若干层次，最顶层直接面向用户提供软件系统的操作界面，其余各层为紧邻其上的层次提供服务。分层模式可以有效降低软件系统的耦合度，应用普遍。

Monarchi 和 Puhr 定义了一组出现在所有面向对象分析模型中的类属表示成分，静态成分在本质上是结构性的，它指明了在应用的整个运行生命期中不变的特征，这些特征区分一个对象和其他对象。动态成分关注于控制并且对时序和事件处理敏感，它们定义了对象如何和其他对象在一定时间区间内交互。可以标识出如下的模型描述成分：

1）语义类的静态视图。作为分析模型的一部分评价需求并且抽取（并表示）类，这些类在整个应用的生命期内存在并且是基于客户需求的语义而被导出的。

2）属性的静态视图。每个类必须被显式地描述和类关联的属性对描述类，并且暗示了和类相关的操作。

3）关系的静态视图。对象以一系列方式相互"连接"，分析模型必须表示出这些关系以便于标识操作（它们影响这些连接）及完成消息序列的设计。

4）行为的静态视图。上面所述的关系定义了一组适应于系统的使用场景（用例）的行为，通过定义完成这些行为的一系列操作来实现。

5）通信的动态视图。对象间必须相互通信，并且基于导致系统从一个状态过渡到另一个状态的一系列事件来完成通信工作。

6）控制和时序的动态视图。必须描述导致状态变迁的事件的性质和时序。在另外一个稍有不同的OOA表示视图中，见表7-1，针对对象内部和对象之间的表示来标识静态和动态成分。对象内部的动态视图可以被刻画为对象生命历史，即当对象的属性执行各种操作，对象随时间发生的状态变迁。

表7-1　OOA表示通信时序

项　　目	对象内部	对象之间的关系
静 态 成 分	类属性操作	对象关系状态变迁
动 态 成 分	对象生命历史	通信时序

7.3　OOA过程

分析的目的是确定一个系统"干什么"的模型，该模型通过使用对象、关联、动态控制流和功能变换等来描述。分析过程是一个不断获取需求及不断与用户磋商的过程。

（1）问题陈述

问题陈述为记下或获取对问题的初步描述。

（2）构造对象模型

1）确定对象类。

2）编制描述类、属性及关联的数据词典。

3）在类之间加入关联。

4）给对象和链加入属性。

5）使用继承来构造和简化对象类。

6）将类组合成模块，这种组合在紧耦合和相关功能上进行。

最后得到：对象模型=对象模型图+数据词典。

（3）构造动态模型

1）准备典型交互序列的脚本。

2）确定对象间的事件并为各脚本安排事件跟踪。

3）准备系统的事件流图。

4）开发具有重要动态行为的各个类的状态图。

5）检查状态图中共享事件的一致性和完整性。

最后得到：动态模型=状态图+全局事件流图。

（4）构造功能模型

1）确定输入、输出值。

2）需要时使用数据流图来表示功能依赖关系。

3）描述各功能"干什么"。

4）确定约束。

5）详细说明优化标准。

最后得到：功能模型=数据流图+约束。

首先标识类和关联，因为它们影响到整体结构和解决问题的方法；其次是增加属性，进一步描述类和关联的基本框架，使用继承合并和组织类；最后将操作增加到类中去作为构造动态模型和功能模型的参考。

构造对象模型的第一步是标识来自问题域的相关对象类，对象包括物理实体和概念。所有类在应用中都必须有意义，在问题陈述中，并非所有类都是明显给出的，有些是隐含在问题域或一般知识中的。

为所有建模实体准备一个数据字典，准备描述各对象类的精确含义，描述当前问题中的类的范围，包括对类的成员、用法方面的假设或限制。

两个或多个类之间的相互依赖就是关联，一种依赖表示一种关联，可用各种方式来实现关联，但在分析模型中应删除实现的考虑，以便设计时更为灵活。

关联常用描述性动词或动词词组来表示，其中有物理位置的表示、传导的动作、通信、所有者关系及条件的满足等。从问题陈述中抽取所有可能的关联表述，把它们记下来，但不要过早去细化这些表述。

属性是个体对象的性质，属性通常用修饰性的名词词组来表示。形容词常表示具体的可枚举的属性值，属性不可能在问题陈述中完全表述出来，必须借助于应用域的知识及客观世界的知识才可以找出它们。

只考虑与具体应用直接相关的属性，不要考虑那些超出问题范围的属性；找出重要属性，避免那些只用于实现的属性，要为各个属性取有意义的名字。按下列标准删除不必要的和不正确的属性。

1）对象：若实体的独立存在性比它的值重要，那么这个实体不是属性而是对象。例如，在邮政目录中，“城市”是一个属性；然而在人口普查中，“城市”则被看做是对象。在具体应用中，具有自身性质的实体一定是对象。

2）限定词：若属性值固定下来后，能减少关联的重数，则可考虑把该属性重新表述为一个限定词。如银行码、站代码及雇员号等是限定词，不作为属性。

3）内部值：若属性描述了对象的非公开的内部状态，则应从对象模型中删除该属性。

4）细化：在分析阶段应忽略那些不可能对大多数操作有影响的属性。

使用继承来共享公共结构，以此来重新组织类，可以用下面两种方式来进行：

1）自底向上通过把现有类的共同性质一般化成父类，寻找具有相似的属性、关联或操作的类来发现继承。例如“远程事务”和“出纳事务”是类似的，可以一般化为“事务”。有些属性甚至于类必须稍加细化才能合适表示。有些一般化结构常是基于客观世界边界的现有分类，只要可能，尽量使用现有概念，对称性常有助于发现某些丢失的类。

2）自顶向下将现有类细化为更具体的子类。具体化常可从应用域中明显看出来。若假设的具体化与现有类发生冲突，则说明该类构造不适当，应用域中各枚举子情况是最常见的具体化的来源。当同一关联名出现多次且意义也相同时，应尽量具体化为相联系的类。

对象建模不可能一次就能保证模型完全正确，软件开发的全过程就是一个不断完善的过程。模型的不同组成部分多半是在不同阶段完成的，若发现模型的缺陷，就必须返回到前面阶段去修改，有些细化工作是在动态模型和功能模型完成之后才开始进行的。几种可能丢失对象的情况及解决办法，关联和一般化中出现不对称性，则可对下面所述情况增加新的类：同一类中存在毫无关系的属性和操作，则分解这个类，使各部分相互关联。一般化体系不清楚，则可能分离扮演两种角色的类。存在无目标类的操作，则找出并加上失去的目标类。存在名称及目的相同的冗余关联，则通过一般化创建丢失的父类，把关联组织在一起。

若类中缺少属性、操作和关联，则可删除这个类。查找丢失的关联，丢失了操作的访问路径，则加入新的关联以回答查询。

将类组合成表和模块。对象模型图可以分成多张同样大小的表，目的是便于画图、打印和查看。紧耦合的类应该组合在一起，但由于一张表的容量有限，有时需要人为地拆开。

模块是类的集合，该集合反映了整个模型的一些逻辑分集，例如计算机操作系统的模型可包括过程控制、设备控制、文件管理和内存管理等几个模块，模块的大小可以变化。

各个关联一般在一张表中反映，但某些类为了连接不同的表，必须多次表示出来，这时要寻找分割点，若某个类是两个分离的对象模型的唯一连接，则这两张表或模块间建筑了一道桥梁。常用“星状”模式来组织模块，单元核心模块包含高层类的顶层结构，其他模块将各高层类扩展成一般化层次，并对低层类增加联系。

OOA过程并不是从考虑对象开始，而是从理解系统的使用方式开始，如果系统是人机交互的，则考虑被人使用的方式；如果系统是涉及过程控制的，则考虑被机器使用的方式；或者如果系统协调和控制应用，则考虑被其他程序使用的方式。定义了使用场景后，即开始软件的建模过程。面向对象分析模型的组成结构如图7-2所示。

图7-2　面向对象分析模型的组成结构

7.3.1　用例

用例（Use Case）是可以被执行者感受到的、系统的一个完整的功能。在UML中把用例定义成系统完成的一系列动作序列，动作的结果能够被特定的执行者察觉到。用例是外部可见的系统功能单元；在不揭示系统内部构造的前提下定义连贯的行为；不是需求或功能的规格说明，但是也展示和体现其所描述的过程中的需求情况。

用例具有下述特征：①用例代表某些用户可见的功能，实现一个具体的用户目标；②用例总是被执行者启动，并向执行者提供可识别的值；③用例可大可小，但它必须是完整的；④用例在后续开发过程中，可以进行独立的功能检测。用例图包含的主要元素有参与者（Actor）、用例及相互间关联。

用例为用户进行需求获取和建模提供了一种有效的方法，是面向对象分析建模的基础。一个“用例”可描述软件系统和一个外部角色（Actor）之间的一次交互。角色可以是一个人、另一个软件、一个硬件或其他与系统交互的实体。一个单一的用例可能包括完成某项任务的一系列逻辑相关的任务。

用例图的组成符号的表示方法如下：

1）系统：由一个矩形表示，上面标注系统名称，内部可包含一个或多个用例。

2）用例：由一个椭圆形表示，其中标上用例的名称。

3）角色：角色用一个人形的符号表示。

4）关联：角色和用例之间或用例和用例之间的关联均用直线表示。

用例有如下几种作用：

1）提供一种捕获功能需求的方法和手段。

2）不仅启动一个开发过程，还能将核心工作流结合为一个整体。

3）有助于项目经理规划、分配和监控开发人员所执行的多个任务。

4）是保证所有模型具有可跟踪性的一种重要机制。

5）有助于进行迭代开发。每次迭代由用例驱动而经历所有工作流，即从需求到设计和测试，进而得到一个增量结果，即每次迭代都会确定并实现一些用例。

6）有助于设计构架。在最初几次迭代中，通过选择几个适当的用例，便可以用一个稳定的构架来实现一个初始系统，可用于多个后续的循环周期。

7）可以作为编写用户手册的起点。因为每个用例说明了一种使用系统的方法。

建立用例模型的步骤如下：

1）捕获用例。每种系统使用方式是一个候选用例，通过详细说明、修改、分解和合并而成为完整的用例。

2）确定用例。所有功能需求确定为用例，很多非功能性需求可以附加到用例上。

3）创建用例模型。每个用户表示为一个参与者。所有用例、参与者组成用例模型。用例模型是使用系统方式的完整规格说明，它是开发人员和各种用户达成的共识，可作为合同的一部分。

用例之间的关系包括：

1）通信关系。表示参与者与用例之间进行通信。不同的参与者可以访问相同的用例，如图 7-3 所示。

2）包含关系。客户用例可以简单地包含提供者用例具有的行为，并把它所包含的用例行为作为自身行为的一部分，如图 7-4 所示。

图 7-3　通信关系　　　图 7-4　包含关系

3）扩展关系。若一个用例中加入一些新的动作后构成了一个新的用例，这两个用例之间的关系就是扩展关系，又称通用化关系。后者系通过继承前者的一些行为得来，故称为前者的扩展用例。扩展用例被定义为基础用例的增量扩展。基础用例提供扩展点以添加新的行为。

扩展用例提供插入片段以插入到基础用例的扩展点上，如图 7-5 所示。

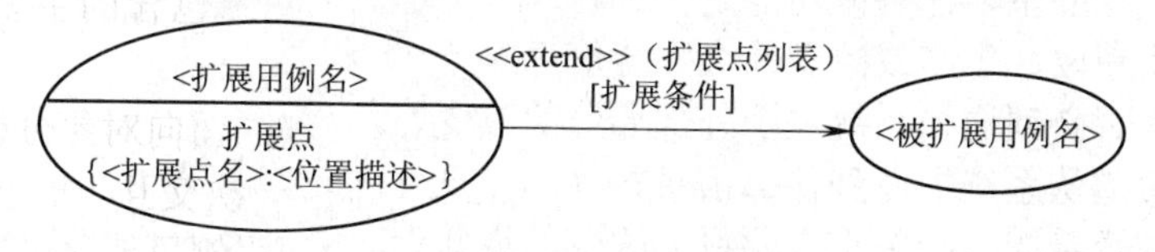

图 7-5　扩展关系

4）泛化关系。父用例也可以被特别列举为一个或多个子用例。子用例表示父用例的特殊形式。子用例从父用例处继承行为和属性，还可以添加行为或覆盖、改变继承的行为，如图 7-6 所示。

识别用例最好的方法就是从分析系统的参与者开始，考虑每个参与者是如何使用系统的。

需求收集是任何软件分析活动的第一步。需求收集可以采用快速会议的形式，客户和开发者在一起定义基本的系统和软件需求。基于这些需求，软件工程师（分析员）可以创建一组场景，每个场景标识系统的一个使用序列，描述系统将如何运作。通过分析可对案例中学生的用例进行描述，如图 7-7 所示。

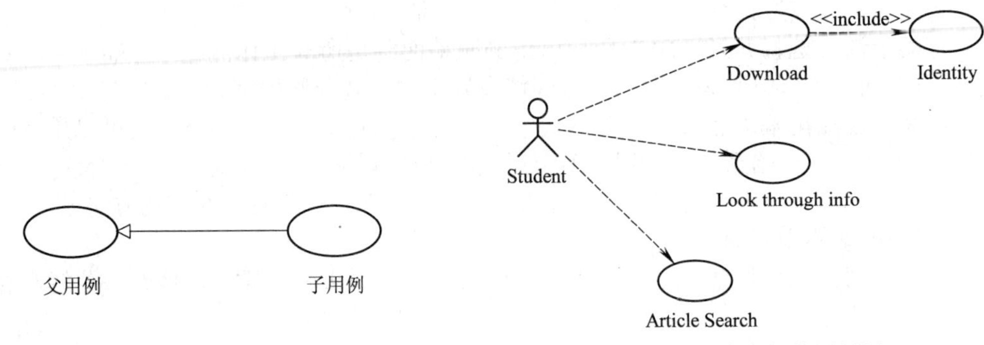

图 7-6　泛化关系

图 7-7　学生参与的用例图

为了创建用例，分析员必须首先标识使用该系统或产品的不同类型的人（或设备），这些参与者（Actor）真实地代表了当系统运行时人（或设备）所扮演的角色，更正式地定义，参与者是存在于系统之外和系统或产品通信的任何事物。

需要注意的是，参与者和用户并不是相同的概念。一个典型的用户可能在使用系统时扮演一系列不同的角色，而一个参与者表示一个外部实体类（经常，但并不总是人），它只扮演一个角色。例如，某机器操纵者（用户）和某制造设备的控制计算机交互工作，该设备包含了一组机器人和数值控制的机器。在仔细的研究需求后，控制计算机的软件需要 4 种不同的交互模式（角色）：编程模式、测试模式、监控模式和排除故障模式。因此，分析员须定义 4 个参与者：程序员、测试员、监控者和故障排除者。在某些情况下，机器操纵者可以扮演所有这些角色，不同的人可能扮演不同的参与者的角色。

和面向对象分析模型的其他方面一样，并不是在第一次递进时标识所有参与者，有可能在第一次递进时标识出主要参与者，当更多地认识了系统后，再标识出次要的参与者。主要参与者交互工作以达到所需的系统功能并从系统导出所需要的收益，它们直接地、频繁地和软件一起工作。次要参与者用以支持系统，以使得主要参与者能够完成它们的工作。

一旦标识参与者后，用例就可以开发，用例描述了参与者和系统交互的方式。I. Jacobson 提出了一组应该在用例中回答的问题。参与者和系统交互的方式。

1）参与者执行的主要任务或功能是什么？

2）参与者将获取、生产或改变什么系统信息？

3）参与者是否必须通知系统关于外部环境的改变？

4）参与者希望从系统中得到什么信息？

5）参与者是否希望得到关于未预料的改变的通知？

通常，用例仅仅是一段关于参与者和系统发生交互时所处角色的描述。根据其执行系统功能的不同，角色可以分为几个等级，主要角色是执行系统的主要功能，次要角色使用系统的次要功能。

对于已经识别的角色，通过询问类似下例的问题可以进一步发现系统的用例：角色需要从系统中获得哪种功能？需要角色做什么？角色需要读取、产生、删除、修改或存储系统中的某种信息吗？系统中发生的事件需要通知角色吗？角色需要通知系统某事件吗？这些事件能干什么？系统需要输入/输出的是什么信息？这些输入/输出信息从哪儿来？到哪儿去？系统当前的实现要解决的问题是什么？不管识别角色还是识别用例，都是一个不断补充和整理的过程。

用例建模：从几方面识别系统的执行者，包括需要从系统中得到服务的人、设备、其他软件系统等；分析系统的业务边界或系统执行者对于系统的基本业务需求，可以将其作为系统的基本用例；分析基本用例，将基本用例中具有一定独立性的功能，特别是具有公共行为特征的功能分解出来，将其作为新的用例供基本用例使用；分析基本用例功能以外的其他功能，将其作为新的用例供基本用例进行功能扩展；分析并建立执行者与用例之间的通信关系。案例中的系统用户参与的用例图如图 7-8 所示。

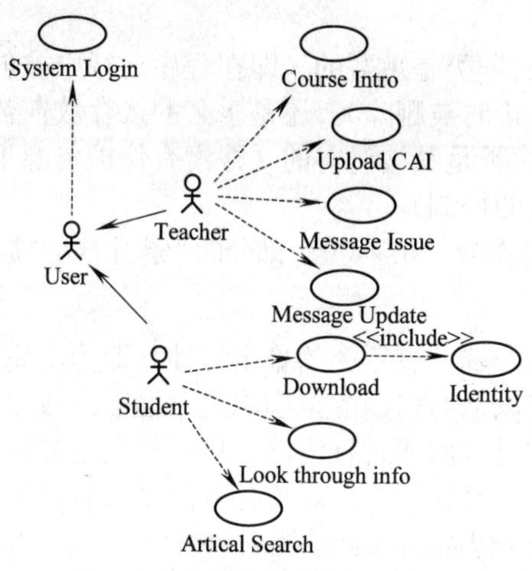

图 7-8 系统用户参与的用例图

7.3.2 类-责任-协作者建模

一旦系统的基本使用场景确定后，开发者则要开始标识候选类并指明它们的责任和协作，类-责任-协作者（Class-responsibility-collaborator，CRC）建模提供了一种简单的标识和组织与系统或产品需求相关的类的手段。

CRC 建模的描述如下：CRC 模型实际上是一组表示类的标准的索引卡片的集合。卡片被分成 3 个部分，在卡片的顶部为类的名字，在卡片体的左边列出类的责任，在右边列出协作者。

实际上，CRC 模型可以使用真实的或虚拟的索引卡片，其目的是开发一个有组织的类的表示法。责任是和类相关的属性和操作，简单地说，责任是“类知道或做的任何事情”。协作者是为某类提供完成责任所需要的信息的类，通常，协作蕴含着对信息的请求或对某种动作的请求。

1. 类

总的来说，对象以一系列不同的形式展示出来：外部实体、事物、发生的事情或事件、角色、组织单位、位置或结构。在软件问题的语境内标识这些对象的一种技术是对系统的过程叙述进行语法分析，将所有名词变成潜在的对象，然而，并非每个潜在对象都会成为最终对象。定义 6 条选择特征：保留的信息、需要的服务、多个属性、公共属性、公共操作以及基本的需求，只有满足所有这 6 条选择特征的潜在对象，才被考虑包含在 CRC 模型中。

类的分类如下：

1）设备类。模拟外部实体，如传感器、发动机和键盘等。

2）属性类。表示问题环境的某些重要性质（如在抵押贷款应用语境中的信用级别）。

3）交互类。模拟在其他对象间发生的交互（如购买或执照）。

此外，对象和类可以按以下特征进行分类：

1）有形性（Tangibility）。类是表示了有形的事物（如键盘或传感器），还是表示了抽象的信息（如，某预期的输出）。

2）包含性（Inclusiveness）。类是原子的（即不包含任何其他类），还是聚合的（包含至少一个被嵌套对象）。

3）顺序性（Sequentiality）。类是并发的（即拥有自己的控制线程），还是顺序的（被外面的资源控制）。

4）持续性（Persistence）。类是短暂的（即在程序运行中被创建和删除）、临时的（在程序运行中被创建、在程序终止时被删除），还是永久的（存放在数据库中）。

5）完整性（Integrity）。类是易被侵害的（即没有保护资源不受外界的影响），还是被保护的（类加强对其资源访问的控制）。

基于上述类的分类，要对作为CRC模型一部分的“索引卡片”扩展以包含类的类型及其特征。

2．责任

责任也就是属性和操作。属性表示类的稳定特性，即为了完成客户规定的软件目标所必须保持的类的信息，一般可以从对问题的范围陈述中抽取出或通过对类的本质的理解而辨识出属性。可以通过对系统的过程叙述进行语法分析而抽取出操作，动词作为候选的操作，每个为类选择的操作展示了类的某种行为。将责任分配到类有以下5条指南：

1）应该平均地分布系统智能。每个系统均包含一定程度的智能，即系统知道什么会做什么。智能可以以一系列不同的方式在类间分布，“废物（Dump）”类（几乎没有责任的类）作为“聪明（Smart）”类（有很多责任的类）的服务提供者。虽然该方法使系统中的控制流程直接明了，但它也有一些缺点：它将所有智能集中在一些类中，使修改更为困难；需要更多的类从而导致需要更多的开发工作量。

因此，系统智能应该在应用的类之间平均分布。因为每个对象仅仅知道并做少量的事情（它们通常是被很好聚焦的），从而系统的内聚性得到改善。此外，因为系统智能已经被分布在很多对象间，由于变化而引起的副作用将被减弱。

为确定系统智能是否已被平均分布，须评估每个CRC模型索引卡片上的责任列表，确定是否某个类具有特别长的责任列表，这表明存在智能的集中。此外，每个类的责任应该有相同的抽象层次，例如，在一个称为账户检测的聚合类的操作列表中，有两个责任：平衡账户和标记检测过的记录，第一个操作（责任）蕴含了复杂的数学和逻辑过程，第二个操作是一个简单的书记性活动。因为这两个操作在不同的抽象层次，标记检测过的记录应该包含在聚合类账户检测中的类检测工作的责任中。

2）责任应该尽可能通用性地加以陈述。这个指南指出通用性责任（属性和操作）应存在于类层次的高层（因为它们是类属的，它们适用于所有子类）。此外，多态应该用来定义总体上适用于超类但在每个子类中有不同实现的操作。

3）信息和与其相关的行为应该存在同一类中。这体现了称为封装的面向对象原则，数据和操纵该数据的处理应该作为内聚的单元来封装。

4）关于一个事物的信息应该包含在单个类中，而不是分布在多个类中。单个类应该承担存储和操纵特定信息类型的责任，通常，该责任不应该由一组类分享。如果信息被分布，软件将变得更加难于维护及测试。

5）当适当时，在相关类间分享责任。在很多情况下，一系列相关对象必须同时展示相同的行为。作为一个例子，考虑必须显示下列对象的视频游戏：玩家、玩家身体、玩家胳膊、玩家头部，每个对象均有自己的属性（如位置、朝向、颜色、速度），并且当用户操纵游戏杆时，所有对象必须被更新和显示。因此，责任更新和显示必须被上面的每个对象分享，当某些东西改变时，玩家要知道所发生的改变并进行更新，它和其他对象协作以完成新的位置或方向，但是每个对象控制自己的显示。

3．协作者

类以以下两种方式之一完成它们的责任：①类使用它自己的操作去操纵它自己的属性，从而完成某一特定责任；②类可以和其他类协作。

协作的定义是：协作表示了为完成客户的责任，对客户服务器的请求。协作是在客户和服务器间合约的具体体现。如果为了完成某责任，一个对象需要向其他对象发送任何消息，则说该对象和另一个对象协作。单个协作流是单方向的——表示从客户到服务器的请求。从客户的观点来看，它的每个协作是和服务器实现某特殊责任相关联的。

协作标识了类之间的关系。当一组类一起协作以完成某需求时，可将它们组织为子系统（这是一个设计问题）。

通过确定类是否可以自己完成每个责任来标识协作，如果不能，则它需要和另一个对象交互，因此，产生协作。

假设考虑一个具体的带有传感器的安全系统例子。作为启动过程的一部分，控制面板对象必须确定是否任一传感器是打开的，相应定义一名为“确定传感器状态”的责任。如果传感器是打开的，控制面板对象必须将状况属性设置为“未准备好”。可以从传感器对象获取传感器的信息。因此，仅当控制面板和传感器协作时才可以完成责任“确定传感器状态”。

为了帮助标识协作者，分析员可以检查类之间的3种不同的类属关系：①部分（Is-part-of）关系；②获知（Has-knowledge-of）关系；③依赖（Depends-upon）关系。通过创建一个类-关系图，分析员开发出标识这些关系所必需的连接。

所有是某聚合类的一部分的类通过“Is-part-of”关系同该聚合类连接。前面提到的为视频游戏定义的类，类玩家身体同类玩家是“Is-part-of”关系，玩家胳膊、玩家腿部和玩家头部与玩家间也是同样的关系。

当一个类必须从另一个类获取信息时，分析员须建立“Has-knowledge-of”关系。前面提到的“Determine-sensor-status”责任是“Has-knowledge-of”关系的一个例子。

Depends-upon关系表示着两个类间存在由“Has-knowledge-of”或“Is-part-of”所不能完成的依赖关系。例如，Player-head必须总是和Player-body相连接（除非该视频游戏是特别暴力的），但每个对象仍可以在不直接知道另一个对象的情况下存在。Player-head对象的一个称为“中心位置”的属性，将根据玩家身体对象的中心位置属性来确定，该信息是通过第三个对象玩家从对象玩家身体获取的，因此，玩家头部“Depends-upon”玩家身体。

在所有情形下，将协作者类名记录在CRC模型的索引卡片上衍生出该协作的责任的旁边，因此，索引卡片包含一组责任和使得责任能够被完成的相应的协作。

当建好了一个完整的CRC模型后，来自客户和软件工程组织的代表可以使用下面的方法遍览该模型。

1）给所有参加（CRC模型）复审的人一个CRC模型索引卡片的子集，有协作关系的卡片要分开（即没有任何复审者持有两张有协作关系的卡片）。

2）应该将所有用例场景组织为种类。

3）复审的负责人仔细地阅读用例，当复审负责人遇到一个命名对象时，他将令牌传送给持有对应的类索引卡片的人员。

4）当传送令牌时，类卡片的持有者要描述卡片上记录的责任，小组将确定是否一个（或多个）责任满足用例需求。

5）如果索引卡片上的责任和协作不能适应用例，则须对卡片进行修改，这可能包括定义新类（及相应的CRC索引卡片）或在现存卡片上刻画新的或修订的责任或协作。这种做法持续至用例完成。

CRC模型是第一个关于面向对象系统的分析模型的表示，分析员可以通过进行从系统导出的被用例所驱动的复审来进行测试。

7.3.3 定义结构和层次

一旦已经使用CRC模型标识了类和对象，分析员即开始关注类模型的结构及由类和子类所引致的类层次。识别对象所属的类，对类进行划分，也就是结构的认定。结构是指多种对象的组织方式，用来放映问题空间中的复杂事物和复杂关系。

通常，类的结构有两种：组装结构（部分-整体关系型）和分类结构（层次关系型）。

1. 组装结构

组装又称聚集，是一种特殊的关联。一个对象可能实际上由一组成员部件构成，这些部件本身可能被定义为对象。组装结构的思维方式是先从整体到部分，再从部分到整体的组合，从而获得组合关系。在面向对象技术中，用委托机制实现重用。

组装具有两个重要性质：

1）传递性。若A是B的一部分，B是C的一部分，则A是C的一部分。

2）反对称性（非对称性）。若A是B的一部分，那么，B就不是A的一部分。

2. 分类结构

分类结构是把类按层次进行划分的思维方式，认定一般性类和特殊性类，从而获得具有父类-子类的类层次继承关系。在面向对象技术中，用继承机制实现重用。

层次划分的主要原则：易变化的部分，如用户界面、与业务逻辑紧密相关的部件，置于高层；稳定部分，如公共的技术服务部件，置于低层；每层都尽量访问紧邻的下层，避免越级访问，尤其要避免逆向访问，即上层模块为下层模块提供服务；将目标软件系统的外部接口置入较低层次，系统其余部分对外部系统的访问或操作通过这些外部接口提供的服务来完成。

例如学校人员管理系统中，所有人员都有姓名、性别、出生日期和籍贯等，把这些共同具有的特性抽象为人员类，即为一般类，又称为父类或超类。在这个一般类中有一个特殊的群体，专门从事教学工作，要讲授几门课程，具有职称和工资等，可以把这个特殊群体定义为教师类，即为特殊类，也称为子类。教师类可以继承人员类的属性和操作，例如姓名、性别、出生日期等属性可从人员类继承到教师类中。这种继承性使得子类可以共享父类的属性和操作。

泛化关系还具有分类性质。例如根据工作性质，学校人员可被分为教师、学生及管理人员等。在学生类中，可根据学历将学生分为专科生、本科生、硕士生及博士生等。取消没有特殊属性的特殊类，如图7-9所示。

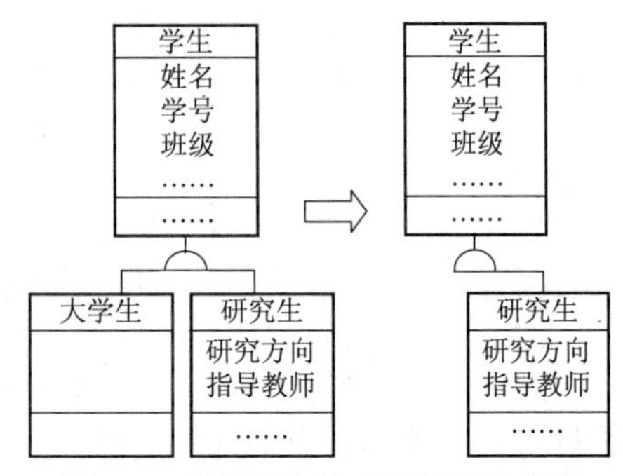

图7-9 取消没有特殊属性的特殊类

7.3.4　定义主题和子系统

一个复杂系统的分析模型可能会涉及成百上千个类（对象）。由于受到人的思维能力的限制，可能会造成理解上的混乱。为此，有必要定义一种简洁的表示，对类（对象）作进一步的抽象处理，于是，OOA 引入了主题词机制。

主题（Subjects）是一种机制，是一种思维的产物，它是从实际开发的经验总结而来的。

当所有类的某一个子集相互协作完成一组责任或者功能时，它们常常定义为一个子系统（或称为包）。子系统或者包都是一种抽象，它们在意图和内容上是相同的。可以把子系统看做一个黑盒，它包含了一组责任或者功能，并且有自己的协作者和良好的接口。

划分主题的核心思想是，将关系比较密切的紧耦合类和对象划分为一组，并作为一个主题词。主题词直观上看是一个名词或名词短语，实际上是对类进行分组，是一种类的划分方法。在这一过程中，应该从粗到细按问题领域划分，而不是按功能划分。

例如一个控制面板的主题词，如图 7-10 所示。

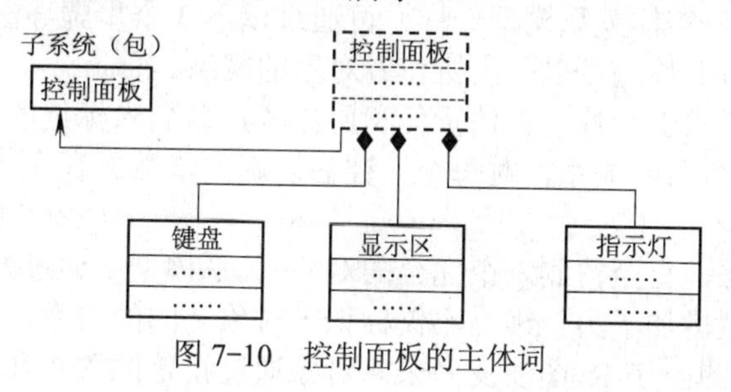

图 7-10　控制面板的主体词

7.4　对象-关系模型

对象是人们要进行研究的任何事物，从最简单的整数到复杂的飞机等均可看做对象，它不仅能表示具体的事物，还能表示抽象的规则、计划或事件。我们所指的对象是计算机中的对象，是对现实中对象的模拟，它抽象出现实世界中对象的特征和行为，分别用数据和函数刻画，并封装成一个整体。模拟后的计算机对象既能体现现实世界事物的状态，也具有相应的行为。

在不同领域中对于对象有不同理解。一般认为，对象就是一种事物，一个实体。在面向对象领域中，最好从以下两个角度来理解它，一是从概念上讲什么是对象，二是在实际系统中如何实现一个对象。

从概念上讲，对象是代表着正在创建的系统中的一个实体。例如，对于一个商品销售系统，顾客、商品、柜台、厂家等都是对象，这些对象对于实现系统的完整功能都是必要的。

从实现形式上讲，对象是一个状态和操作（方法）的封装体。状态是由对象的数据结构的内容和值定义的；方法是一系列的实现步骤，它是由若干操作构成的。

对象实现了信息隐藏，对象与外部是通过操作接口联系的，方法的具体实现从外部是不可见的。封装的目的就是阻止非法的访问，操作接口提供了这个对象的功能。

对象是通过消息与另一个对象传递信息的，每当一个操作被调用时，就有一条消息被发送到这个对象上，消息带来了将被执行的这个操作的详细内容。一般来讲，消息传递的语法随系统不同而不同，其他组成部分包括目标对象、所请求的方法和参数。关系存在于任意两个相关联的类之间，分析员可以通过检查系统的范围或用例的陈述中的动词或动词短语而导出。

在前几节中使用的 CRC 建模方法已经建立了类和对象关系的首要因素。建立关系的第一步是理解每个类的责任，CRC 模型索引卡片包含了一系列责任。第二步是定义那些有助于完成责任的协作者类，这建立了类间的“连接”。

关系存在于任意两个相连接的类之间，因此，协作者总是以某种方式相关的。最常见的关系类型是二元关系，即在两个类之间存在的连接。当在面向对象系统的语境内讨论时，二元关系有确定的方向，这是根据哪个类扮演客户角色及哪个类作为服务器而定义的。

分析员可以通过检查对系统的范围或用例的陈述中的动词或动词短语而导出关系。使用语法分析，分析员分离出如下动词：指明物理位置的动词（……的一部分，被包含在……）、指明通信的动词（从……接受，发送到……）、指明所有权的动词（由……组成）以及指明条件满足的动词（受……管理，与……匹配），这些提供了对关系的暗示。

面向对象的关系模型已经提出了一系列不同的图形符号，虽然各自使用自己的符号体系，但所有均是由实体-关系建模技术演变而来。本质上，对象通过指定的关系和其他对象连接。规定连接的基数（Cardinality）并建立整体的关系网络。

对象-关系模型（与实体关系模型一样）可通过以下 3 个步骤导出：

1）利用 CRC 索引卡片，可以画出协作者对象的网络。

2）复审 CRC 模型索引卡片，评估责任和协作者，命名未标记的连接线。

3）一旦已经建成命名的关系，对每个端评估以确定基数。存在 4 种选项：0-1、1-1、0-多、1-多。

持续进行以上步骤，直至得到一个完全的对象-关系模型。通过建立对象-关系模型，分析员为整体的分析模型增加了另一维。不仅标识了对象之间的关系，而且定义了所有重要的消息路径。对象-关系图由 E-R 图演变而来。对象通过指定的关系和其他对象连接，规定连接的基数并建立整体的对象和关系网络。

7.5 对象-行为模型

对象具有状态，一个对象用数据值来描述它的状态。对象还有操作，用于改变对象的状态。对象及其操作就是对象的行为。对象实现了数据和操作的结合，使数据和操作封装于对象的统一体中。对象-行为图用于描述对象的动态行为，通常由对象状态转换图、事件轨迹图和事件流图组成。

1）对象状态转换图：描述对象可能具有的状态以及引起状态变化的事件。对象的状态是对象属性的一组值。当发生某个事件后，对象的属性值可能会发生变化，即对象的状态发生变化。

2）事件轨迹图：考虑整个系统的状态的改变，描述一个事件如何引起从一个对象到另一个对象的转变的事件轨迹（Event Trace）。它表示了导致行为从对象流向对象的关键对象和事件。

3）事件流图：用于标记所有流入和流出某对象的事件。在确定事件轨迹后，所有事件可以汇总成输入对象的事件集和从对象输出的事件集。

CRC 模型和对象-关系模型表示了面向对象分析模型中的静态元素，现在转向讨论面向对象系统或产品的动态行为。为达到此目标，分析员必须将系统的行为表示为特定事件和时间的函数。

对象-行为模型指明面向对象系统如何响应外部事件或激励。为了创建该模型，分析员必须完成下面几个步骤的工作。

1）评估所有用例以完全地理解系统中交互的序列。

2）标识驱动交互序列的事件，理解这些事件如何和特定的对象相关联。

3）为每个用例创建事件轨迹。

4）为系统建造状态变迁图。

5）复审对象-行为模型以验证精确性和一致性。

在构建对象-行为模型时，常用 UML 中的顺序或协作图表示对象的交互，以描述对象间如何协作来完成每个具体的用例，也即系统的某个功能；用活动图来描述活动流程；对象的状态变化以及动态行为则是通过状态图来表示。

本章小结

面向对象的分析（Object-Oriented Analysis，OOA）是面向对象方法从编程领域向分析领域延伸的产物，它充分体现了面向对象的概念与原则。面向对象的分析方法强调从问题域中的实际事物及与系统责任有关的概念出发，来构造系统模型、与问题域具有一致的概念和术语，同时尽可能使用符合人类的思维方式来认识和描述问题域，有利于对问题及系统责任的理解以及人员之间的交流。再加上面向对象本身的封装、继承和多态等特征，OOA 对需求变化有较强的适应性，并且很好地支持了软件复用。

在本章中，首先介绍了面向对象的基本概念、OOA 模型，其次概述了领域分析和 OOA 过程，最后详细讲述了对象-关系模型的和对象行为模型的建立过程。

习　题

1. 简述对象模型的特征，并举一个实例，给出它的一般化关系、聚集关系的描述。
2. 面向对象分析模型的用途是什么？
3. 简述对象建模过程。
4. 简述面向对象分析的一般步骤。
5. 简述类、对象、多态性、抽象的基本概念。
6. 简述动态模型的特征，说明事件、事件跟踪图、状态、状态图的含义。

第8章　面向对象设计

设计建立在分析产生的需求说明基础上，加入计算机系统实现所需的细节的过程，包括人机行为、任务管理及数据管理等。面向对象的设计（Object-Oriented Design，OOD）将分析阶段所建立的分析模型转换为软件设计模型，但是面向对象分析（OOA）和OOD之间没有明显的界线，而且它们都是迭代过程，设计之后可能会再进行进一步分析，如图8-1所示。

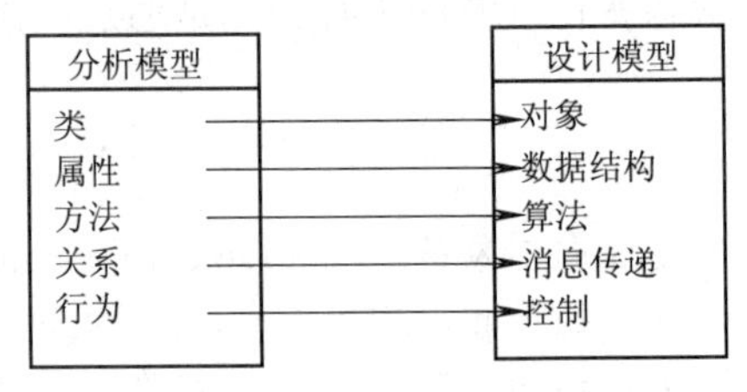

图8-1　分析模型转换为设计模型过程

设计所关心的是把分析的结果应用于具体的硬件/软件实现中。OOD是面向对象方法在软件设计阶段应用与扩展的结果。从发展的次序上来看，面向对象的思想先是扩展至OOD，然后再扩展到OOA。

面向对象的系统中，模块、数据结构及接口等都集中地体现在对象和对象层次结构中。系统开发的全过程都与对象层次结构直接相关，是面向对象系统的基础和核心。在面向对象系统中，虽然可用对象层次结构来统一作为各个开发阶段的工作对象，但仍然有必要在抽象程度和层次上加以明确的区分，以提高系统开发的效率。从这个意义上说，围绕着对象和对象层次结构，面向对象的开发各阶段承担着不同层次的任务。

OOD则是用面向对象的方法，构造目标系统的解空间，通过对象的认定和对象层次结构的组织，确定解空间中应存在的对象和对象层次结构，并确定外部和主要的数据结构。

OOA和OOD之间并没有像传统开发方法那样有明显的界线，但的确存在差别，存在抽象程度、先后顺序及侧重点的差别。

在系统设计阶段建立系统的高层结构，各种标准结构可以用作设计的起点。面向对象的开发方法对系统设计没有什么特殊的限制，但覆盖了完整的软件开发阶段，通过若干开发步骤，最后得到：系统设计文档=系统的基本结构+高层次决策策略。

与传统的开发方法不同，OOD和OOA采用相同的符号表示，并且没有明显的分界线，它们往往反复迭代地进行。OOA主要考虑系统“做什么”，而不关心系统“如何实现”；OOD主要解决系统“如何做”。因此，需要在OOA模型中为系统的实现补充一些新的类，或在原有类中补充一些属性和操作。OOD应能从类中导出对象，以及这些对象如何互相关联，还要描述对象间的关系、行为以及对象间的通信如何实现。OOD同样应遵循抽象、信息隐藏、功能独立、模块化等设计准则。

面向对象设计的一般步骤如下：

（1）系统设计

1）将子系统分配到处理器。

2）选择实现数据管理、界面支持和任务管理的设计策略。

3）为系统设计合适的控制机制。

4）复审并考虑权衡。

（2）对象设计

1）在过程级别设计每个操作。

2）定义内部类。

3）为类属性设计内部数据结构。

软件开发是对问题求解的过程，它应该包括认识和描述两个过程。如果将分析看做对问题求解的分析过程，设计则是对问题求解的描述过程。设计是对问题域外部可见行为的规格说明增添实际的计算机系统实现所需要的细节，包括关于人机交互、任务管理和数据管理等。软件设计与系统分析不同，系统分析人员关心的是用户世界、问题、应用域以及系统的基本工作，而设计员关心把分析结果转换为特定的软硬件实现方面的工作。

现今的 OOD 具有如下特点：以面向对象的分析为基础，一般不依赖于结构化分析。与相应的 OOA 方法共同构成一种 OOA&D 方法体系。较全面地体现了面向对象方法的概念和原则。大多数 OOD 方法独立于编程语言，但具体应用 OOD 时，要考虑特定的编程语言。

OOD 与传统的设计方法不同，它仍然采用 OOA 所采用的模型，所不同的是它现在更加面向用户和计算机系统，从 4 个不同的侧面继续演化 OOA 阶段所生成的分析结果。传统的设计方法（即结构化设计方法）与分析方法之间不能达到这种描述工具的一致，需要进行一定的转换，由于不存在一个语义一致的转换规则或转换工具，这种转换总会造成一定的偏差，同时使得系统分析员和设计人员不能实现良好的沟通，需要一致的表达语言和描写规则。

从分析过渡到设计，分析阶段所遵循的一些原则毫无疑问也将被继承下来，这些原则包括抽象、分类、封装、继承、聚合、关联、消息通信、粒度控制、行为分析等。

总的来说，OOD 具有以下优点：

1）可以对付更富于挑战性的问题域。OOA 极大地加强了对问题域的理解，OOD 和面向对象编程维持问题域的语义。

2）改善了问题域专家、分析人员、设计人员和程序员之间的交流。OOD 运用人类思维中普遍采用的组织法则来组织设计。

3）加强了分析、设计和编程之间的内在一致性。OOD 通过把属性和服务看做一个内在的整体，缩小了不同活动之间的距离。

4）明确地表示共性。OOD 运用继承来识别和概括属性与服务的共性。

5）能够构造对变化具有弹性的系统。OOD 在问题域结构中把易变部分打包，对变化的需求和相似的系统能提供稳定性。

6）重用 OOA、OOD 和 OOP 结果，既适合于系统家族，也适合于系统中的特殊交换。OOD 基于问题域和实现域的约束而构造的结果支持重用和后续的重用。

7）提供一种对 OOA、OOD 和 OOP 相互一致的基本表示。OOD 提供一种连贯的表示，把 OOA 结果系统地延伸到 OOD 和 OOP。

OOA 主要针对问题域，识别有关的对象以及它们之间的关系，产生一个映射问题域，满足用户需求，独立于实现的 OOA 模型。OOD 主要解决与实现有关的问题，它基于 OOA 模型，针对具体的软、硬件条件（如机器、网络、OS、GUI、DBMS、编程语言等）产生一个可实现的 OOD 模型。

8.1　面向对象系统的设计

分析是一种研究问题域的过程，该过程产生对外部可见行为的描述，主要涉及系统“做什么”。设计是在分析描述的基础上，加入实际机器实现软件系统所需细节的过程，即把分析阶段得到的需求转变成符合成本和质量要求的、抽象的系统实现方案的过程。

分析通常建立在“完美的”技术的假设之上，设计则通常假设开发处于某一具体环境之中，体现系统是在硬件平台 A 上、在操作系统 B 下、使用编程语言 C 来完成。与其他设计方法一样，面向对象设计的目标是生成对真实世界问题域的表示并将其映射到求解域上，也就是映射到具体软件上。面向对象设计技术强调的是围绕对象，而不是围绕功能来构筑系统。OOD 模型类似于构造蓝图，即以最完整的形式全面地定义如何用特定的实现技术建立起一个目标系统。

OOD 的主要目标是提高生产率、提高质量及提高可维护性。

1）提高生产率。OOD 是一种系统设计活动，它能减少测试时间，但在系统开发过程中，使用面向对象设计最多使整个生产率提高 20%左右。

另一种看法是：使用 OOD 能提高整个生存周期的效率，大多数项目表明系统的开销有 70%、80%使用在维护阶段。因此，OOD 强调维护，便于维护人员更迅速地修改软件，这将大大提高整个生产率。

OOD 使用重用类机制来提高生产率，重用类是用包含类及子类层次的类库实现的，类库是这种结构的主要组成部分。

2）提高质量。强调生产率的同时不能忽视软件质量。改进质量的工具、技术及方法有许多，但大多数与开发过程末期的标准或过细的产品测试有关，而不强调过程本身。产生高质量产品的开发过程，特别是分析过程和设计过程，能够大大减少开发后期发现的错误，并大大提高系统的质量。

3）提高可维护性。系统的需求总是在变化中，影响需求的因素有许多，如用户、环境、政策及技术等。设计者尽可能构造这样一种有利于将来修改的设计，其方法是将系统中的稳定部分与易变部分分离开来。系统中最稳定的是类，它严格描述了问题域及系统在该域中的任务。系统中可变的是服务，服务的复杂程度也是变化的，外部接口也是最可能变化的部分。

8.1.1 OOD 概述

1. OOD 准则

优秀的软件设计，是权衡了各种因素，从而使得系统在整个生命周期中的总开销最小的设计。就大多数软件系统而言，60%以上的软件费用都用于软件维护，因此，优秀的软件设计的一个主要特点就是具有良好的可维护性。

OOD 遵循的准则：结构化方法中软件设计的基本原理在进行面向对象设计时仍然成立，但是增加了一些与面向对象方法密切相关的新特点，从而具体化为面向对象设计准则。

（1）模块化

对象是把数据结构和操作这些数据的方法紧密地结合在一起所构成的模块。面向对象软件开发模式支持把系统分解成模块的设计原理。

（2）抽象

为了集中研究问题而忽略那些与问题无关的部分。抽象有过程抽象和数据抽象两种：

1）过程抽象常表示为“功能/子功能”抽象，将处理过程分解成多个子步骤，是一种基本的处理复杂性的方法。虽然使用这种分解来构成一个设计多少有点随意性和易变性，但可在一定范围内用来确定和描述服务。

2）数据抽象是构造系统任务描述的基础，使用数据抽象可以定义属性和服务，获得属性的唯一方法是借助于服务。属性及其服务可以看成一个固有载体。

（3）信息隐藏

在面向对象方法中，信息隐藏体现在封装性上。类结构分离了接口与实现，从而支持了信息隐藏。把属性和操作封装为对象，对于类的用户而言，属性的表示方法和具体操作的算法实现细节都应该是隐藏的。这是在开发完整全面的程序结构时使用的原则，程序中各组成部分都应该封装或隐蔽在某个单个设计策略中。各模块的接口也按此方法定义，目的是尽可能少地将其内部暴露在外。

封装有助于在开发新系统时减少重复性劳动，若在设计时将最容易的各部分分别封装起来，则就不必担心需求变化了。

封装使相关内容放在一起，减少了不同内容的通信，它将某些特殊需求与其他一些可能使用这些需求的描述分开，可使对象的使用与对象的创建分离。

消息通信也是封装的一种形式，它要求执行的动作的细节封装在消息接收的对象中。数据抽象是封装中“相关事物联系在一起”的一种形式。

（4）弱耦合

耦合指一个软件结构内不同模块之间互连的紧密程度。在面向对象方法中，对象是最基本的模块，因此耦合主要指不同对象之间相互关联的紧密程度。弱耦合是优秀设计的一个重要标准，因为这有助于将系统中某一部分的变化对其他部分的影响降到最低程度。在理想情况下，对某一部分的理解、测试或修改，无须涉及系统的其他部分。

如果一个类（对象）过多地依赖其他类（对象）来完成自己的工作，则不仅会给理解测试或修改这个类带来很大困难，而且还将大大降低类的可重用性和可移植性。

为了达到弱耦合，模块之间应该是很少接口、很小接口和显式的接口。很少接口是指模块之间接口的数量应该最小化；很小接口就是某一个接口移动的信息量应该最小化；显示的接口就是当模块通信时应该用明显的和直接的方式。

如果对象之间的耦合通过消息连接来实现，则这种耦合就是交互耦合。交互耦合应该尽量减少消息中包含的参数个数，以降低消息连接的复杂程度，还应减少对象发送或接收的消息数。

继承耦合是一般化类与特殊类之间的一种耦合形式，应该提高这两者之间的继承耦合程度。为了获得紧密的继承耦合，特殊类应该是对它的一般化类的一种具体化。在设计时，开发者应该使特殊类尽量多继承并使用其一般化类的属性和服务，从而更紧密地耦合到它的一般化类。

继承是面向对象设计的另一种基本设计原则。继承用来表示类之间相似性的一种机制，它简化了与已定义过的相似类的定义，描述了一般和具体化关系，在类的树形结构和类的网状结构中明确地说明了共同的属性和服务。

这个原则构成了显式表达共同性的重要技术和基础，继承使设计者一次确定共同的属性和服务，同时将这些属性和服务扩展到或限制到具体的实例中，继承也可用于显示表示共同性。

（5）强内聚

内聚衡量一个模块内各个元素彼此结合的紧密程度。我们可以把内聚定义为设计中使用的一个组件内的各个元素，对完成一个定义明确的目的所做出的贡献程度。在设计时，开发者应该力求做到强内聚。面向对象的设计中存在以下3种内聚。

1）操作内聚。若一个操作只完成一个功能，则说它是强内聚的。若一个操作实现多个功能，或者只实现一项或多项功能的部分功能，则这个操作是不理想的，即它是低内聚的。

一般而言，一项操作的功能若能用一个简单的句子描述，它就可能是强内聚的。从实现上看，若一个操作的方法中分支语句过多，或嵌套层次过深，其内聚性可能就不同。

2）类内聚。类内聚指的是没有多余的属性和操作，其内的属性和操作都是应该描述类本身的责任，而且其内的所有操作作为一个整体在功能上也是强内聚的。

设计类的原则是：一个类应该只有一个用途，它的属性和服务应该是强内聚的。类的属性和服务应该全都是完成该类对象的任务所必需的，其中不包含无用的属性或服务。如果某个类有多个用途，则通常应该把它分解成多个专用的类。

3）一般与特殊内聚。设计出的一般与特殊结构应该符合多数人的概念，更准确地说，这种结构应该是对相应的领域知识的正确抽取。紧密的继承耦合与高度的一般与特殊内聚是一致的。

（6）可重用

软件重用是提高软件开发生产率和目标系统质量的重要途径。可复用的软件制品都应该是经过实际检验的。重用已有的软件制品，能节省软件成本，提高质量和生产率。重用基本上从设计阶段开始。就面向对象方法而言，开发者应该充分利用已有的类库、模式库以及组件库，以重用其中的类、模式以及组件。

2. OOD 模型

于 20 世纪 90 年代中后期诞生并迅速成熟的统一建模语言（Unified Modeling Language，UML）是面向对象技术发展的一个重要里程碑。UML 统一了面向对象建模的基本概念、术语和表示方法，不仅为面向对象的软件开发过程提供了能力丰富的表达手段，而且也为软件开发人员提供了互相交流、分享经验的共用语言。

UML 主要以 Booch 方法、OMT 方法和 OOSE 方法为基础，同时也吸收了其他面向对象建模方法的优点，形成了一种概念清晰、表达能力丰富、适用范围广泛的面向对象的标准建模语言。基于 UML 的软件开发过程包括：

（1）初启

初始阶段的主要目标是确定产品应该做什么，它的范围是什么，降低最不利的风险，并建立初始业务案例，从业务的角度表明项目的可行性，为项目建立生命周期目标。

（2）细化

细化阶段的开始标志着项目的正式确立。软件项目组在此阶段需要完成以下工作：

1）初步的需求分析。采用 UML 的用例描述目标软件系统所有比较重要、比较有风险的用例，利用用例图表示参与者与用例以及用例与用例之间的关系。采用 UML 的类图表示目标软件系统所基于的应用领域中的概念及概念之间的关系。这些相互关联的概念构成领域模型。领域模型一方面可以帮助软件项目组理解业务背景，与业务专家进行有效沟通；另一方面，随着软件开发阶段的不断推进，领域模型将成为软件结构的主要基础。如果领域模型中含有明显的流程处理成分，开发者可以考虑利用 UML 的活动图来刻画领域中的工作流，并标识业务流程中的并发、同步等特征。

2）初步的高层设计。如果目标软件系统的规模比较庞大，那么，经初步需求分析获得的用例、类将会非常多。此时，开发者可以考虑根据用例、类在业务领域中的关系，或者根据业务领域中某种有意义的分类方法将整个软件系统划分为若干个包，利用 UML 的包图刻画这些包及其关系。如此，用例、用例图、类、类图将依据包的划分方法分属于不同的包，从而给出整个目标软件系统的高层结构。

3）部分的详细设计。对于系统中某些重要的或者风险比较高的用例，可以采用交互图进一步探讨其内部实现过程。同样，对于系统中的关键类，开发者也可以详细研究其属性和操作，并在 UML 类图中加以表现。因此，这里倡导的软件开发过程并不在时间轴上严格划分分析与设计、总体设计与详细设计，而是根据软件元素（如用例、类等）的重要性和风险程度确立优先细化原则。我们建议软件项目组优先考虑重要的、比较有风险的用例和类，不能将风险的识别和解决延迟到细化阶段之后。

4）部分的原型构造。在许多情形下，针对某些复杂的用例构造可实际运行的原型是解决技术风险、让用户帮助软件项目组确认用户需求的最有效的方法。为了构造原型，开发者要针对用例生成详尽的交互图，对所有相关类给出明确的属性和操作定义。

（3）构造

在构造阶段开发人员通过一系列的迭代完成对所有用例的软件实现工作，在每次迭代中实现一部分用例。在实际开始构造软件系统之前，开发者有必要预先制订迭代计划。计划的制订须遵循两项原则：①用户认为业务价值较大的用例应优先安排；②开发人员评估后认为开发风险较高的用例应优先安排。构造的主要目标是开发整个系统，确保产品可以开始移交给客户，即产品具有最初的可操作能力。

在本阶段中，构架基线逐渐发展成为完善的系统，同时将消耗所需的大部分资源。在本阶段末期，产品将包括管理者和客户达成共识的所有用例。但是，产品不可能完全没有缺陷，很多缺陷将在移交阶段被发现和修改。

（4）移交

在移交阶段，开发人员对构造阶段获得的软件系统在用户实际工作环境（或接近实际的模拟环境）中试运行，根据用户的修改意见进行少量调整。移交阶段的主要目标是确保得到一个准备向用户发布的产品。本阶段包括产品进入β版的整个时期，这时期用户试用该产品并报告产品的缺陷和不足，开发人员则改正所报告的问题，本阶段还包括制作、用户培训、提供在线支持等活动。

在OOA阶段只考虑问题域和系统责任，在OOD阶段则要考虑与具体实现有关的问题，这样做的主要目的如下：

1）使反映问题域本质的总体框架和组织结构长期稳定，但细节可变。

2）把稳定部分（问题域部分）与可变部分（实现细节相关部分）分离开来，使得系统能从容地适应变化。

3）有利于同一个系统分析模型用于不同的设计与实现。

4）支持相似系统的分析与设计。

5）使一个成功的系统具有超出其生存周期的可扩展性。

为了达到上述目的，面向对象方法设立了如图8-2所示的OOD模型。

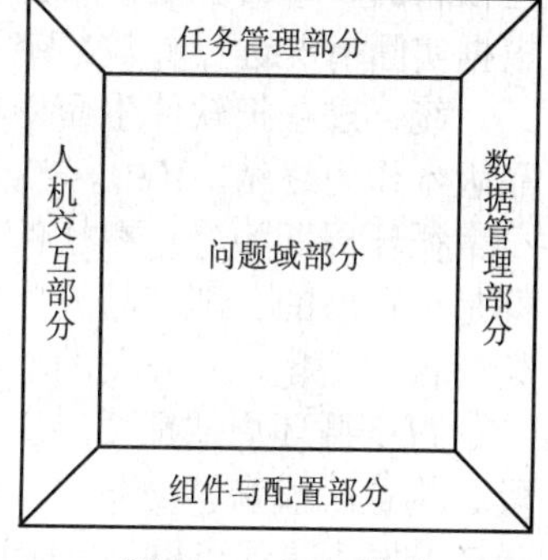

图8-2 OOD模型

OOD模型包含一个核心部分，即问题域部分；还包含4个外围部分，即人机交互部分、任务管理部分、数据管理部分以及组件与配置部分。问题域部分实际上就是OOA模型，开发者要按照实现条件对其进行补充和调整；人机交互部分即人机界面部分；任务管理部分用来定义和协调并发的各个控制流；数据管理部分用来对永久对象的存取建模；组件与配置部分中的组件模型用来描述组件以及组件之间的关系，配置模型用来描述节点、节点之间的关系以及组件在节点上的分布。上述每个部分仍沿用OOA模型中的概念和表示法，只是增加了描述组件与配置部分的组件图和配置图。

要将OOA模型作为OOD模型的问题域部分，要对它进行必要的调整和增补，而不进行转换。OOA主要是从问题域识别有关的对象以及它们之间的关系，初建一个映射问题域、满足用户要求、独立于实现的OOA模型；而OOD主要解决与软件实现有关的问题，即基于OOA模型，针对具体的软硬件条件，生成一个可实现的OOD模型。

OOA阶段被忽略的各种实现条件，在OOD阶段必须考虑。下面我们来分析和讨论各种实现条件对OOD模型产生的影响：

1）编程语言。用于实现的编程语言对问题域部分的设计影响最大，其中包括两方面的问题：一是选定的编程语言可能不支持某些面向对象的概念与原则，例如多继承；二是OOA阶段可能将某些与编程语言有关的对象细节推迟到OOD阶段来定义。在确定编程语言之后，这些问题都要给出完整的解决方法。

2）硬件、操作系统及网络设施。选用的计算机、操作系统及网络设施对OOD的影响包括对象在不同站点上的分布、主动设计、通信控制以及性能改进措施等。这些对问题域部分和任务管理部分都有影响。

3）复用支持。如果存在已经进行过设计和编码的可复用类组件，用其代替OOA模型中新定义的类无疑将提高设计与编程效率，但这需要对模型做适当的修改与调整。

4）数据管理系统选用的数据管理系统（例如文件系统或者DBMS）。主要影响OOD模型为数据管理部分的设计，但也需要对问题域部分的某些类补充该接口所要求的属性与操作。

5）界面支持系统。是指支持用户界面开发的软件系统，主要影响人机交互部分的设计，对问题域部分影响很少，只是两部分之间需要互传消息而已。

8.1.2 统一的OOD方法

OOA模型提供了系统静态结构元素的标识和描述，OOD是分析模型到设计模型的转换。与OOA类似，OOD也存在有各种各样的方法。

统一过程（Rational Unified Process，RUP）是由软件开发过程发展的需要产生的，它是经历了30多年的发展和实际应用而形成的。它是基于构件的，使用UML来建立和维护模型，它依赖的3个概念是：用例、构架以及迭代和增量开发。它是一个重量级的开发过程，可以根据实际情况进行剪裁。统一过程包括项目、产品、人员、过程和工具等要素。

统一过程把软件生命周期划分为若干个循环周期，每个循环周期都以向用户提供一个产品版本作为终结。其中，产品的第一个版本是最难开发的，因为它奠定了系统的基础和构架。一个循环周期随着它在软件生命周期中所处位置不同而有着不同的内容。如果系统最初的构架是可扩展的，则产品的后期版本将建立在早期版本的基础上。如果后期版本中，系统的构架有较大变化，则开发的早期阶段须要做更多的工作。

每个循环周期都要经历一定的时间，这段时间又可分为4个阶段，即初始阶段、细化阶段、构造阶段和移交阶段。每个阶段都以一个里程碑作为结束标志。在每个阶段中，管理人员或开发人员又可以将本阶段细分为多次迭代过程，确定每次迭代过程产生的增量，每次迭代都会实现一些有关的用例，一次迭代可以被看成是一个细小项目。

一次迭代中，开发人员将处理一系列的工作流，每次迭代过程都会经历5种核心工作流，分别是需求工作流、分析工作流、设计工作流、实现工作流和测试工作流。不同阶段的迭代过程中的工作流情况是不同的，在初始阶段的迭代中，需求工作流的比重可能大一些；在构造阶段的迭代中，实现工作流的比重可能大一些。

统一过程最重要的制品是模型，它是一个自包含的视图。统一过程中定义的主要模型包括用例模型、分析模型、设计模型、实施模型以及实现模型和测试模型，这些模型的元素大部分都在UML中出现过，只有少部分是统一过程的扩展。统一过程具有如下几个特点：

1）统一过程是用例驱动的。用例驱动意味着建立的用例模型是系统的主要制品，它也是系统分析、设计、实现和测试的基本输入，即后面的开发工作是建立在用例的基础上的。

2）统一过程是以构架为中心的。这意味于将系统构架用于构思、构造、管理和改善该系统的主要制品，首先捕获系统的重要用例，进行分析、设计和实现，建立一个骨架系统，在此基础不断增加新的用例，不断完善构架系统。

3）统一过程是以迭代和增量方式来开发系统的。这相当于把开发的项目分成若干个细小的项目，每个细小项目就相当于一次迭代过程，每个迭代过程产生一个增量，经过多次迭代和增量的开发，就完成了整个系统的开发。

4）统一过程与瀑布模型、增量模型、螺旋模型、喷泉模型相比较，它吸收了其他模型的优点，避免了其他模型的不足。统一过程的一次迭代就是一个小“瀑布模型”，统一过程的迭代和增量方式与增量模型和喷泉模型相似，统一过程的风险驱动和循环周期与螺旋模型相似。但是，统一过程比瀑布模型更灵活、更能适应需求的变化和开发的变化。

5）统一过程对开发过程的描述、开发原则和策略的说明比其他模型更规范，更有章可循。统一过程与 UML 相结合，对开发过程中的建模的手段、工具、描述能力比其他模型更强。然而，统一过程所涉及的内容也是非常丰富而复杂的，所以有“重量级开发过程”之称，这对使用统一过程来开发一个软件项目带来一定的难度。UML 是建模的工具和手段，而统一过程是建模的过程。也就是说，统一过程是以 UML 为基础的，它们是不可分割的，是一起发展的。

统一 OOD 方法被组织为两个主要的设计活动：系统设计和对象设计。

UML 设计的主要目标是表示软件体系结构，基于面向对象的软件开发可以用体系结构来表示。其中，概念体系结构描述静态类型的结构和该模型的构件间的连接；模块体系结构描述系统被划分的子系统、模块的方式以及它们如何通过输入/输出数据而通信；代码体系结构定义程序代码，以及如何被组织文件和目录并用数据库分组管理；执行体系结构关注子系统的动态方面，以及任务和操作执行时构件间的通信。

UML 中的系统设计也可划分为几个子系统的建造，UML 系统设计中的主要工作以及已经被规约的有：

1）任务管理的设计。将子系统组织为任务的基础设施，识别任务并管理任务的开发。

2）数据管理的设计。建立一组类和协作，它们可以基于文件系统或数据库管理系统。

3）用户界面管理的设计。UML 中的用户界面采用与传统方法相同的概念和原则。

UML 的对象设计着重于对象以及对象间的交互描述，在对象设计过程，创建类属性的数据结构和所有操作过程的详细规约，定义对象间的接口，建立完整的消息模型以及通信的细节。

8.2　系统设计过程

设计阶段先从高层入手，然后细化。系统设计要决定总体结构及风格，这种结构为后面设计阶段中更详细策略的设计提供了基础。

1. 系统分解

系统中主要的组成部分称为子系统，子系统既不是一个对象也不是一个功能，而是类、关联、操作、事件和约束的集合。每次分解的各子系统数目不能太多，最底层的子系统被称为模块。

（1）子系统之间的关系

子系统之间的关系可以分“客户/服务器”关系和同等关系两类。

在客户/服务器关系中，客户调用服务器，执行了某些服务，返回结果。客户必须了解服务器的接口，但服务器并不知道其客户的接口，因为所有交互都是由使用服务器接口的客户来驱动的。

在同等关系中，各子系统都有可能调用其他子系统，子系统之间的通信不一定紧跟着一个即时响应，同等关系的交互更复杂，因为各子系统相互了解对方的接口。由于存在通信环路，容易造成理解上的困难，并容易造成不易察觉的设计结果，因此开发者尽可能使用客户/服务器关系。

（2）系统组织

系统到子系统的分解可以组织成水平的层次结构或垂直的块结构。

层次结构是现实世界的有序集，上层部分建立在下层的基础上，下层部分为上层提供了实现的基础，各层上的对象是独立的，而不同层次上的对象常有相互关系。

层次结构又分封闭式和开放式结构。在封闭式结构中，各层只根据其直接的低层来建立，这种方式减少了各层之间的依赖，修改起来更为容易。因为某层次的接口只影响紧跟的下一层，在开放式结构中，层可以使用其任何深度的任何低层的性质。这种方式减少了各层上重新定义操作的需求，但没有遵守信息隐藏原则，任何对子系统的变更都会影响到更高层的子系统。

通常问题陈述中只说明了顶层和底层的内容，顶层是目标系统，底层是一些可用资源，例如硬件、操作系统及数据库等，两者差别太大，应引入中间层次来弥补不同层次之间的概念差别。

块结构是将系统垂直分解成几个独立的或弱耦合的子系统，一个块提供一种类型的服务，运用层次和块的各种可能的组合，可将系统成功地分解成多个子系统，层次可以是分块，而块也可以分层。涉及交互图形的模拟，大多数大系统要求混合地采用层次和块的结构。

2. 确定并发性

分析模型、现实世界及硬件中所有对象均是并发的。系统设计的一个重要目标就是确定哪些必须是同时动作的对象及哪些是互斥的对象，后者可放在一起并综合成单个控制线或任务。

3. 处理器及任务分配

各并发子系统必须分配给单个硬件单元，要么是一个一般的处理器，要么是一个具体的功能单元，且必须完成下面的工作：①估计性能要求和资源需求；②选择实现子系统的软硬件；③将软件子系统分配给各处理器以满足性能要求和极小化处理器之间的通信；④决定实现各子系统的各物理单元的联结。

4. 数据存储管理

系统中的内部数据存储是子系统和友好性接口之间的清晰分界点。通常各数据存储可以将数据结构、文件及数据库组合在一起，不同数据存储在费用、访问时间、容量及可靠性之间做出折中考虑。

5. 全局资源的处理

开发者必须确定全局资源，并且制订访问全局资源的策略。全局资源包括：物理资源，如处理器、驱动器等；空间，如盘空间、工作站屏幕等；逻辑名字，如对象标识符、类名及文件名等。

如果资源是物理对象，则通过建立协议实现对并发系统的访问，达到自身控制；如果资源是逻辑实体（如对象标识符），在共享环境中有冲突访问的可能，如独立的事务可能同时使用同一个对象标识符，则各个全局资源都必须有一个保护对象，由保护对象来控制对该资源的访问。

6. 选择软件控制机制

软件系统中存在外部控制与内部控制。外部控制是系统中对象之间外部事件的控制流。外部事件控制流有 3 种：过程驱动序列、事件驱动序列及并发序列。系统所采用的控制风格取决于可用资源和应用中交互的模式。

1）过程驱动序列。过程驱动的系统中，控制包含在程序代码中，程序要求外部输入并等待该输入，当输入到达后，程序中的控制就开始执行调用。其主要优点是用传统语言很容易实现，缺点是要求把对象中固有的并发性映射到一个控制流序列中。

2）事件驱动序列。事件驱动的系统中，控制放在语言、子系统或操作系统所提供的调度程序或监控机制中。应用程序加入到监控机制中，每当出现对应的事件，就由调度程序来调用该应用程序，所有过程都将控制返回调度程序，事件直接由调度程序处理。事件驱动比过程驱动有着更灵活的控制模式，事件驱动模拟了单个多线事务中共同处理的过程，错误过程会阻塞整个应用，开发者使用它时必须十分小心。

3）并发序列。并发型系统中，并发存在于好几个独立对象中，每个对象均有一个独立任务，事件直接转换成对象之间的单向消息，一个任务等待输入，而其他任务继续执行，操作系统通常为事件提供队列机制，目的是当事件到达而任务仍在执行时不致丢失事件。

4）内部控制。内部控制是一个处理内部的控制流，它只存在于实现中，可将一个处理分解成好几个事务。它与外部事件不一样，内部传送的控制，如程序调用或事务调用等，都是在程序的控制之下，为方便起见可以将其结构化。

7. 边界条件的处理

设计中的大部分工作都与稳定的状态行为有关，但必须考虑边界条件：初始化条件、终止条件及失败处理。

系统必须从静态初始状态出发才能达到一个持续稳定的状态，初始化包括常数、参数、全局变量、任务及保护对象等的初值设置。

终止通常比初始化简单，因为许多内部对象只是简单地被抛弃，任务应该释放所拥有的全部资源。在并发系统中，必须通知其他任务系统要终止了。

失败是系统的意外终止。失败可能由用户错误引起，也可能由耗尽系统资源引起，还可能由系统错误引起。为了保持现存环境尽可能的清晰，最好为这种致命错误设计一个很合理的出口。

虽然很多研究者提出了面向对象系统设计的过程模型，但 Rambaugh 及其同事提出的活动序列是比较完善的处理方法之一，其设计步骤总结如下：

1）将分析模型划分为子系统。

2）标识问题本身的并发性。

3）将子系统分配到处理器和任务。

4）选择实现数据管理的基本策略。

5）标识全局资源及访问它们所需的控制机制。

6）为系统定义合适的控制机制。

7）考虑边界条件应该如何处理。

8）复审并考虑权衡。

在下面几节，我们将详细讨论和这些步骤相关的设计活动。程序构件化是体现模块化的重要手段；程序构件可以用于表示对象整体结构以及对象和其他构件相互的连接。

8.2.1　划分分析模型

模型是对系统的一种抽象，它从某个视点、在某种抽象层次上详细说明被建模的系统，如一种视点是系统的功能需求视图或设计视图等。

模型是对构架设计师和开发人员构造的系统的抽象。功能需求建模的开发人员认为用户处于系统之外，而认为用例处于系统之内，只关心用户能“做什么”，而不管系统内部的结构。设计建模的人员则只考虑结构元素如何协同工作来为用例提供功能。

在统一过程中，最引人注目的制品是模型。因此，构造系统就是一个构造模型的过程，即采用不同的模型来描述系统所有不同视角的过程。为系统选择模型是开发组所要做的最重要的决定之一。

统一过程给出了经过仔细选择的模型集合，并用它来启动过程。模型集合向所有人员阐明了该软件系统的功能、重要特征和各种结构。

模型是系统的语义闭合的抽象，即它是一个自包含的视图，用户不需要其他信息（其他模型）就可以解释该模型。自包含意味着当触发一个用该模型描述的事件时，开发人员希望在系统中产生的结果只能有一种解释。主要模型包括：

1）用例模型。用例模型包含系统的所有用例、参与者以及它们之间的联系。它是通过需求工作流中的活动来建立的。该模型建立了系统的功能需求。

2）分析模型。分析模型由用例实现以及参与用例实现的分析类组成。用例实现是协作的构造型，而分析类是参与者。

3）设计模型。设计模型将系统的静态结构定义为子系统、类和接口，并定义由子系统、类和接口之间的协作所实现的用例实现。在分析模型和设计模型中都涉及用例实现，为了区分这两者，在分析模型中称其为用例实现-分析，在设计模型中称其为用例实现-设计。在不混淆时，其后缀也可省略。

4）实现模型。实现模型包括构件和类到构件的映射。

5）实施模型。实施模型定义计算机的物理节点和构件到这些节点的映射。

6）测试模型。测试模型用于描述测试用例和测试规程。

7）其他模型。系统可能还包括描述系统业务的领域模型或业务模型。一个系统包含了不同模型中模型元素之间的所有关系和约束。所以，一个系统不仅是其模型的集合，也是模型间关系的集合。

用例模型和其他模型的依赖关系：用例模型的用例可详细说明为分析模型的用例实现-分析，可具体体现为设计模型的用例实现-设计，因此它们之间存在依赖关系。

模型之间的跟踪关系：用例模型的用例与分析模型的用例实现-分析存在跟踪关系。同样，在设计模型的用例实现-设计和分析模型的用例实现-分析之间，以及在实现模型的构件和设计模型的子系统之间也都存在跟踪关系。

在面向对象系统设计中，划分分析模型以定义类、关系和行为的内聚集合，这些设计元素被包装为子系统。通常，子系统的所有元素共享某些公共的性质，它们可能均涉及完成相同的功能，可能驻留在相同的产品硬件中，或可能管理相同的类和资源。子系统由它们的责任所刻画，即一个子系统可以通过它所提供的服务来标识。当应用在面向对象系统设计的语境中时，服务是完成特定功能（如管理字处理器文件、生成三维渲染、将模拟视频信号转换为压缩的数字图像）的一组操作。

在定义和设计子系统时，应该遵从下面的设计标准：

1）子系统应该具有良好定义的接口，通过接口和系统的其余部分通信。

2）除了少数的“通信类”，子系统中的类应该只和该子系统中的其他类协作。

3）子系统的数量不应太多。

4）可以在子系统内部划分以降低复杂性。

当两个子系统相互通信时，它们可以建立客户/服务器连接或端对端连接。在客户/服务器连接方式中，每个子系统只承担一个角色，服务只是单向地从服务器流向客户端。在端对端连接方式中，服务可以双向流动。

开发者可以用数据流图来表示上述的通信和信息流，在这种情形下，数据流图中的每个“泡泡”便是一个子系统。

8.2.2　并发性和子系统分配

对象-行为模型的动态方面提供了对对象间（或子系统间）并发性的指示，如果对象（或子系统）不是同时活动的，则不需要并发处理。这意味着对象（或子系统）可以在同一个处理器硬件上实现。另一方面，如果对象（或子系统）必须同时异步地作用于事件，则它们被视为并发的，当子系统间是并发时，有以下两种分配方案：

1）将每个子系统分配到独立的处理器。

2）将子系统分配到相同的处理器并通过操作系统特性提供并发支持。

通过检查每个对象的状态图来定义并发任务，如果事件和转换流指明在任何时刻只有单个对象是活动的，则建立一个控制线程。即使当一个对象向另一个对象发送消息，只要第一个对象在等待回应，则控制线程一直持续。但是，如果第一个对象在发送消息后继续处理，则控制线程分叉。

在面向对象系统中，开发者通过分离出控制线程来设计任务，因为涉及这两个行为的对象是同时活动的，每个表示一个独立的控制线程并且每个可被定义为独立的任务。如果监控和拨号活动顺序地发生，则可实现单个任务。

为了确定上述哪种处理器分配方案是合适的，开发者必须考虑性能需求、成本和处理器间通信所带来的花销。

通过对对象-行为模型的分析，开发者可发现系统的并发性。如果对象（或子系统）不是同时活动的，则它们不须进行并发处理，此时这些对象（或子系统）可以在同一个处理器上实现。反之，如果对象（或子系统）必须对一些事件同时异步地动作，则它们被视为并发的，此时，开发者可以将并发的子系统分别分配到不同的处理器，或者分配在同一个处理器，由操作系统提供并发支持。

划分子系统的原则：模块化、功能独立、信息隐藏；同一个子系统的类拥有共同特性；同一个子系统的类具有共同目的；同一个子系统的类提供相似服务；同一个子系统的类间相对高耦合。

8.2.3　任务管理构件

任务是处理的别名，指用代码来定义的一个活动流。许多任务的并发执行称为多重任务。此外，在实际使用的硬件中，可能仅由一个处理器支持多个任务。因此，任务管理的一项重要内容就是，确定哪些是必须同时动作的任务，哪些是相互排斥的任务。

由于在多用户、多任务或多线程操作系统上开发应用程序的需要，在物描述目标软件系统中各子系统间的通信和协同时，引入任务概念可简化某些应用的设计和编码。

任务管理的内容是确定各种类型的任务，并把任务分配到适当的硬件或软件上去执行。不同的系统均需要各种多重任务，具体情况如下：

1）具有数据获取机制，负责控制局部设备的系统，需要多重任务。

2）某种用户接口，同时存在多窗口中的数据输入，也存在多任务。

3）多用户系统中，可能存在一个用户任务的多重复制。

4）多子系统的软件构造中，各子系统之间的协调及通信需要多个任务完成。

5）在多处理器的硬件结构中，开发者必须为各处理器分配任务并支持处理器之间的通信。

6）对需要与其他系统通信的系统来说，也需要多任务。

这些都是任务管理组元的内容。在设计、编码等过程中，多任务增加了处理复杂度，开发者必须仔细选择各个任务。

（1）确定事件驱动型任务

某些任务是由事件驱动执行的，这种任务可能负责与设备的通信，与一个或多个窗口、其他任务及子系统的通信。这种任务可以设计成某个事件上的触发器，常常发出某种数据到达的信号，数据可以来自输入流，也可来自数据缓冲区。

（2）确定时钟驱动型任务

这些任务在特定时间内被触发执行某些处理，例如某些设备要求周期性地获得数据或控制。某些子系统、人机接口、任务、处理器或其他系统也可能需要周期性地通信，这就需要时钟驱动型任务。

时钟驱动型任务的工作过程是：任务设置了唤醒时间并进入睡眠状态，任务睡眠等待来自系统的中断，一旦接收到这种中断，任务被唤醒并执行，通知有关的任务等，然后任务又回到睡眠状态。

（3）确定优先任务及临界任务

优先任务含高优先级和低优先级两种，用来适应处理的需要。临界任务是有关系统成功或失败的临界处理，它涉及严格的可靠性约束。

（4）确定协调任务

当存在3个以上的任务时，开发者就应当考虑增加一个任务，并用它来作为协调任务。协调任务的引入会增加总开销，但是引入协调任务有利于对封装任务之间的协调控制。

（5）分析各个任务

开发者必须使任务数目保持到最少限度，无论是在开发阶段还是在维护阶段，开发者每次只能分析一个或几个正在进行的任务。设计多任务系统的主要问题是常定义太多的任务，其原因是为了处理方便。这样做加大了整个设计的技术复杂度而且不易理解，因此开发者必须仔细分析和选择各个任务。

（6）定义各个任务

任务定义包括下列内容：

1）任务的内容。先对任务命名，然后简洁地描述该任务。如果一个服务可以分解成多个任务，则修改该服务的名称描述，以使每一个服务都可以映射到一个任务中。

2）如何协调。先说明任务是事件驱动型还是时钟驱动型的，对于事件驱动型的任务来说，描述触发它的事件；对时钟驱动型的事件来说，描述触发该任务之前的时间间隔，同时说明这是一次性的时间还是反复的时间段。

3）如何通信。说明任务应从哪里取得数据值，任务应把它的值发往何处。

设计管理并发任务的对象的建议策略：①确定任务的特征；②定义协调者任务和关联的对象；③集成协调者和其他任务。

通过理解任务如何初始化来确定任务的特征。事件驱动和时钟驱动任务是最常遇见的，二者均由中断激活，但是前者接收来自某些外部源的中断，而后者由系统时钟控制。

除了任务初始化方式外，开发者也必须确定任务的优先级和关键程度，高优先级任务必须能够立即访问系统资源，高关键度的任务即使在资源可用性减少或系统处于退化状态下时也必须能够继续运行。

一旦任务的特征已经确定后，开发者就须定义为完成和其他任务的协调和通信所需的属性和操作。基本任务模板（任务对象的）采用如下形式：

1）任务名——对象的名字。

2）描述——对对象目的的叙述。

3）优先级——任务优先级（如低、中、高）。

4）服务——一组作为是对象责任的操作。

5）由……协调——对象行为被激活的方式。

6）通过……通信——和任务相关的输入和输出数据值。

7）然后模板描述可被转换为任务对象的标准设计模型（属性和操作的综合表示）。

8.2.4 人机界面构件

虽然人机界面（Human Computer Interface，HCI）构件在问题域的语境内实现，但是，界面本身对大多数现代应用而言是一个非常重要的子系统。OOA 模型包含了使用场景（称为用例）和对用户在和系统交互时所扮演的角色（称为参与者）的描述，这些被作为 HCI 设计过程的输入。

一旦定义了参与者及其使用场景，则标识了一个命令层次。命令层次定义了主要的系统菜单类别（菜单条或工具调色板）以及在主要系统菜单类别（菜单窗口）内可用的所有子功能。命令层次被递进地精化，直至通过探索功能层次可实现所有用例。

因为已经有大量的 HCI 开发环境（例如 MacApp 或 Windows），GUI 元素的设计不是必要的。对于窗口、图符、鼠标操作和大量的其他交互功能已有可以复用的类（具有合适的属性和操作），实现者只须针对问题域的要求实例化具有合适特征的对象即可。

人机交互设计得如何，对用户使用系统带来较大影响。开发者在分析阶段为了得到正确结果，要对用户进行分析，在设计过程中这种分析必须被继承，这里的分析包括分析用户、确定交互作用的时间、分析具体系统使用的交互技术等。

人机交互组元表示了用户与系统交互作用使用的命令以及系统提供给用户的信息。在人机交互组元设计中，开发者要增加人机交互的细节，包括指定窗口、设计窗口的布局和设计报表的形式等，原型有助于开发和选择实际的交互机制。

使用多层次多组元模型有助于从分析和需求中区分独立于实现的人机交互组元。这种区分减少了由结构技术变化而带来的变化影响。

需求分析和软件设计阶段都必须考虑人机交互问题。需求分析阶段要确定人机交互的属性和外部服务。

设计阶段要给出有关人机交互的所有系统成分，包括用户如何操作系统、系统如何响应命令、系统显示信息的报表格式等。HCI 设计的策略与步骤如下：

1）熟悉用户，并对用户分类。设计人员应深入用户环境，考虑用户需要完成的任务、完成这些任务需要什么工具支持以及这些工具对用户是否适用。

不同类型的用户要求不同，一般可按技术熟练程度、工作性质和访问权限对用户分类，以便尽量照顾到所有用户的合理要求，并优先满足某些特权用户。

用户分类研究使用系统的用户的各类人员，研究他们是如何进行自己的工作的？他们想完成什么事？必须完成什么任务？设计者提供什么工具来帮助他们完成这种任务？怎样才能做到不引人注目地使用工具？使用系统的人可能有如下分类：按技能分可分为初级、中级和高级；按组织级别可分为总经理、部门经理和办事员等。

2）按用户类别分析用户工作流程与习惯。在用户分类的基础上，开发者从每一类中选取一个用户代表，建立包括下列内容的调查表，并通过对调查结果的分析判断用户对操作界面的需求和爱好。

3）设计并优化命令系统。在设计一个新命令系统时，开发者应尽量遵循用户界面的一般原则和规范，必要时可参考一些优秀的商品软件：根据用户分析结果确定初步的命令系统，然后再优化。命令系统既可为若干菜单、菜单栏，亦可为一组按钮。此外，开发者还要研究用户交互的意义及准则。若已建立的交互系统中已有命令层次，则先着手研究已有的人机交互行为的意义和准则，然后建立初始命令层，再细化命令层。

4）设计用户界面的各种细节。此步骤包括设计一致的用户界面风格；耗时操作的状态反馈；“undo”机制；帮助用户记忆操作序列；自封闭的集成环境等。按下列内容进行人机交互的设计：①一致性，即使用一致的术语、一致的步骤及一致的动作行为；②减少步骤，即最小化击键次数、使用鼠标的次数及下拉菜单的次数，极小化响应时间；③尽量显示提示信息，即尽量为用户提供有意义的、及时的反馈，④提供取消操作，因为用户难免出错，所以设计应尽量能使用户取消其错误动作；⑤帮助，即有联机学习手册，易学易用。

5）增加用户界面专用的类与对象。用户界面专用类的设计与所选用的图形用户界面（GUI）工具或者支持环境有关。一般而言，开发者需要为窗口、菜单、对话框等界面元素定义相应的类，这些类往往继承自 GUI 工具或者支持环境提供的类库中的父类，还需要针对每个与用户命令处理相关的界面类，定义控制设计模型中的其他类的方法。人机交互组元在一定程度上依赖于所使用的图形用户接口，接口不同，人机交互组元类也不同。为了设计人机交互组元类，需要从构造窗口及其组成的人机交互开始。

各个类也定义了创建菜单所需的服务，反向显示所选择项目的服务和唤醒相关的行为的服务。各个类也负责窗口中信息的实际显示，并都封装了其所有物理对话的考虑。

6）利用快速原型演示，改进界面设计。为人机交互部分构造原型，是界面设计的基本技术之一。为用户演示界面原型，让他们直观感受目标软件系统的使用方法，并评判系统是否功能齐全、方便好用。

用 OO 概念表达所有界面成分：选择界面支持系统（窗口系统、图形用户界面、可视化编程环境）；设计报表及报告，对要生成的报表和报告格式等进行设计，每一种报表或报告应对应于一个类；设计诸如安全/登录、设置和业务功能之类的窗口，每一种窗口对应于一个类；在窗口中，按照命令的逻辑层次，部署所需要的元素，如菜单、工作区和对话框等，窗口中的部件元素对应窗口类的部分类，部分类与窗口类形成聚合关系；发现窗口类间的共性以及部件类间的共性，定义较一般的窗口类和部件类，分别形成窗口类间以及部件类间的泛化关系；用类的属性表示窗口或部件的静态特征，如尺寸、位置、颜色和选项等；用操作表示窗口或部件的动态特征，如选中、移动和滚屏等，有的操作要涉及问题域中的类；发现界面类之间的联系，在其间建立关联，必要时进一步地绘制用户与系统会话的顺序图；建立界面类与问题域类之间的联系，有些界面对象要与问题域中的对象进行通信，故要对二者之间的通讯进行设计。

在具体设计时，设计人员应该注意以下几点：

1）人机界面只负责输入与输出和窗口更新这样的工作，并把所有面向问题域部分的请求转发给问题域部分，即在界面对象中不应该对业务逻辑进行处理。

一种常见的做法是，问题域部分的对象不应该主动发起与界面部分对象之间的通信，而只能对界面部分对象进行响应，也就是说，只有界面部分的对象才能访问问题域部分的对象。通常把界面对象向问题域部分对象传输的信息或发布命令看做是“请求”，而把从问题域部分对象向界面部分对象传输的信息看做是“回应”或“通知”。

2）尽量减少界面部分与问题域部分的耦合。由于界面是易变的，从易于维护和易于复用的角度出发，问题域部分和界面部分应该是低耦合的。

3）不同类型用户的要求、工作流程和习惯各不相同。根据用户分析结果确定初步命令系统，然后优化。优化原则：考虑命令的顺序；根据外部服务之间的聚合关系组织命令；考虑人类记忆的局限性（“7±2”原则）；尽可能减少完成一个操作所需的鼠标动作，利用类结构图描述各窗口及其分量的关系；为每个窗口类定义菜单，同时定义所需的操作，完成菜单创建及对应动作，以及将在窗口中显示的所有信息；为每个类定义控制子类对象的方法。

8.2.5 数据管理构件

数据管理部分是负责在特定的数据管理系统中存储和检索对象的组成部分。其目的是，存储问题域的持久对象、封装这些对象的查找和存储机制，以及为了隔离数据管理方案的影响。

数据管理构件的作用：解决对象数据的存储和检索；将目标软件系统中依赖开发平台的数据存取部分与其他功能分离，使数据存取可通过一般的数据管理系统实现。

数据管理包括两个不同的关注区域：①对应用本身关键的数据管理；②创建用于对象存储和检索的基础设施。通常，数据管理设计为层次的模式，其思想是分离操纵数据结构的低层需求和处理系统属性的高层需求。

在系统语境中，数据库管理系统常被用作所有子系统的公共数据仓库，操纵该数据库所需的对象是通过领域分析标识的可复用类的成员或直接由数据库厂商提供。

数据管理构件的设计包括管理对象所需的属性和操作的设计，相关的属性被附加于问题域中的每个对象，并提供回答下列问题的信息，例如如何存储自身。Coad 和 Yourdon 建议创建一个对象服务器类，“其服务将告知每个对象去存储自身数据，以及检索被存储的对象以供其他设计构件使用”。

数据管理是系统存储、管理对象的基本设施，它建立在数据存储管理系统上，并且独立于各种数据管理模式。数据管理组元提供数据管理系统中对象的存储及检索的基础结构。

1）选择数据存储管理模式。不同的数据存储管理模式有不同的特点，适用范围也不相同，开发者应当根据应用系统的特点选择适用的模式。

有 3 种存储管理模式可供选择，分别是文件管理系统、关系数据库管理系统和面向对象数据库管理系统。

2）设计数据管理组元。设计数据管理组元既需要设计数据格式又需要设计相应的服务。设计数据格式的方法与所使用的数据存储管理模式密切相关。

相应服务的设计。若某个类的对象需要存储起来，则在这个类中增加一个属性和服务，用于完成存储对象自身的工作。应把为此目的增加的属性及服务都看成是“隐式”的属性和服务，即不在面向对象设计模型中显式地表示它们，只在相应的类对象的文档中描述它们。

通过这种设计，对象了解如何存储自身。“存储自身”的属性及服务在问题域组元和数据管理组元之间搭起了一座必需的“桥”。

设计一个对象服务器类对象，所包含的服务有通知各对象保存自身，检索已存储的对象以供其他设计组元使用。

8.2.6 资源管理构件

对面向对象系统或产品有一系列不同的有用资源，并且在很多情况下，子系统同时竞争这些资源。全局的系统资源可以是外部实体（如磁盘驱动器、处理器或通信线）或抽象（如数据库、对象），不管资源的性质如何，软件工程师应该为其设计一个控制机制。Rambaugh及其同事建议每个资源应该由某“保护者对象”拥有，保护者对象是该资源的“门卫”，控制对资源的访问并协调对资源请求的冲突。

8.2.7 子系统间通信

一旦已经定义了每个子系统后，开发者有必要定义子系统间的协作关系。人们使用的“对象到对象协作”模型可被扩展到子系统。如前所述，开发者可以通过建立客户/服务器（C/S）连接或端对端连接进行通信。此外，开发者还必须确定存在于子系统间的合约。如前所述，合约提供了一个子系统和另一个子系统交互的方式。

开发者可按照以下设计步骤来为子系统确定合约：

1）列出可以被子系统的协作者提出的每个请求，按子系统组织这些请求，并在一个或多个合约中定义，确定已标注了从超类继承的合约。

2）对每个合约标注实现该合约蕴含的责任所需的操作（继承的和私有的），确定将操作和子系统内的特定类相关联。

3）一次考虑一个合约，创建表格（子系统协作表）。每份合约都要包括如下表项。

① 类型——合约的类型（即客户/服务器或端对端）。

② 协作者——作为合约伙伴的子系统的名字。

③ 类——支持合约蕴含的服务的类（包含在子系统中）的名字。

④ 操作——实现服务的操作（在类中）的名字。

⑤ 消息格式——实现协作者间交互所需的消息格式。

此外，开发者还须对子系统间的每个交互草拟一份合适的消息描述。

4）如果子系统间的交互模式是复杂的，则开发者可以创建子系统协作图，以表示出每个子系统及其与其他子系统之间的交互。交互的细节通过查找在子系统协作表中的合约来确定。

8.3 对象设计过程

在对象设计过程中，开发者必须按照系统设计中确定的设计策略进行设计，并完善相应的细节，设计工作的重心必须从强调应用域的概念转到强调计算机概念上来。分析中得到的对象可作为设计的框架，要选择相应的方法来实现这个框架。选择方法的标准是尽可能减少执行时间，占用内存少、开销小。分析中得到的类、属性和关联等都必须用具体的数据结构来实现，还必须引入新的类来存储中间结果，以避免重复计算。

1．对象设计基础

对象设计基础包括对象模型、功能模型和动态模型。

1）对象模型描述了系统中的对象、属性和操作，这些对象可直接引入到设计中，而对象设计要增加详情和制定实现策略，为提高效率增加多个新类。

2）功能模型描述系统必须实现的操作，对象设计时必须确定如何实现操作，为操作选择算法，将复杂操作分解成简单操作，算法和分解都是实现优化的重要手段。

3）动态模型说明系统是如何响应外部事件的，程序的主要控制结构来自于动态模型：要么显式地实现程序控制，通过内部调度机制识别事件并把事件映射成操作调用；要么隐式地实现程序控制，通过选择的算法按动态模型中确定的次序执行操作。

2. 对象设计的步骤

对象设计应按下述步骤进行：

1）将 3 种模型结合起来以得到对象类上的操作。

2）设计实现操作的算法。

3）优化数据访问路径。

4）实现外部接口的控制。

5）调整类结构以提高继承。

6）设计关联。

7）确定对象表示。

8）将类和关联集成到模块中。

如果把 OO 系统设计比作绘制房子的平面图，那么子系统是该房子内的一个房间，平面图刻画了每个房间的用途，以及房间和房间、房间和外部环境间连接的机制；而对象设计则着重于描述建造每个房间所需的细节。

对象设计阶段所强调的，是从问题领域的概念转换成计算机领域的概念。其重点在于如何列举与解决问题，实现相关的类、关联、属性与操作，定义实现时所需对象的算法与数据结构。

8.3.1　对象描述

P. Coad 和 E. Yourdon 提出了从候选对象中选定正式对象的 6 项选择特征：

1）必要的信息。必须记住候选对象的信息，才能使系统正常工作。

2）需要的服务。候选对象必须拥有一组可标识的操作，它们能以某种方式修改对象属性的值。

3）多个属性。在分析阶段关注的应该是具有多个属性的“大”的信息。

4）公共的属性。可以为候选对象定义一组属性，这些属性适用于对象每一次发生的事件。

5）公共的操作。可以为候选对象定义一组操作，这些操作适用于对象每一次发生的事件。

6）必要的需求。其他问题空间的实体以及对系统实现操作的必要的生产或消费信息，常常被定义为需求模型中的对象。

对象设计时，开发者须对分析模型进行详细分析和阐述，并奠定实现的基础，从分析模型的面向客观边界的观点转到面向实现的计算机观点上来，其具体步骤如下：

1）从其他模型获取对象模型上的操作。在功能模型中寻找各个操作，为动态模型中的各个事件定义一个操作，与控制的实现有关。

2）设计实现操作的算法。指选择开销最小的算法，选择适合于算法的数据结构，定义新的内部类和操作。给那些与单个类联系不太清楚的操作分配内容。

3）优化数据的访问路径。指增加冗余联系以减少访问开销，提高方便性，重新排列运算以获得更高效率。为防止重复计算复杂表达式，须保留有关派生值。

4）实现系统设计中的软件控制。

5）为提高继承而调整类体系。为提高继承而调整和重新安排类和操作，从多组类中把共同行为抽取出来。

6）设计关联的实现。分析关联的遍历，使用对象来实现关联或者对关联中的一两个类增加值对象的属性。

7）确定对象属性的明确表示。是将类、关联封装成模块。最后得到：对象设计文档=细化的对象模型+细化的动态模型+细化的功能模型。

对象就是应用领域中有意义的事物。对象建模的目的就是描述对象，即把对象定义成问题域的概念、抽象或者具有明确边界和意义的事物。

对象有两种用途：一是促进对客观世界的理解；二是为计算机实现提供实际基础。问题分解为对象依赖于对问题判断和问题的性质。

模块是类、关联及一般化结构的逻辑组成。一个模块只反映问题的一个侧面，如房间、电线、自来水管和通风设备等模块反映的就是建筑物的不同侧面。模块的边界大都由人来设置。模块的概念与Coad方法的主题类似，它是相关类、关联的一种抽象机制。

对象模型是由一个或若干模块组成。模块将模型分为若干个便于管理的子块，在整个对象模型和类及关联的构造块之间，模块提供了一种集成的中间单元，模块中的类名及关联名必须是唯一的。各模块也应尽可能使用一致的类名和关联名。模块名一般列在表的顶部，模块没有其他特殊的符号表示。

在不同模块之间可查找相同的类，在多个模块中寻找同一类是将模块组合起来的一种机制。模块之间的链（外部联系）比模块内的链（内部联系）更少。

复杂模型在一张图上表示不下，就需要将其分解开来。表就是将模型分解为多个块的一种机制，一张表占一页，一般一张表只表示一个模块，表仅仅是为了表示上的方便，并不是一种逻辑结构。每张表都有一个标题、一个名称或代号，同一关联和一般化只出现在同一张表上。类可以出现在多张表上，类的多次复制是连接各表的桥梁。可在类盒边注明表名或表号，以方便查找该类的一些表。

对象（类或子类的一个实例）的设计描述可以采用以下形式之一：

1）协议描述，通过定义对象可以接收的每个消息和当对象接收到消息后完成的相关操作来建立对象的接口。

2）实现描述，显示由传送给对象的消息所蕴含的每个操作的实现细节，实现细节包括关于对象私有部分的信息，即关于描述对象的属性的数据结构的内部细节及描述操作的过程细节。

协议描述仅仅是一组消息和对消息的注释，对于有很多消息的大型系统，一般有可能创建消息类别。

对象的实现描述提供了内部的（“隐藏的”）细节，它是实现所需要的，但不是调用所必需的，即对象的设计者必须提供一个实现描述并创建对象的内部细节，但是，使用该对象或该对象的某个其他实例的另一个设计者或实现者所需要的仅仅是协议描述而不是实现描述。

实现描述包含了以下信息：①对象的名字的定义和类的引用；②指明数据项和类型的私有数据结构的定义；③每个操作的过程描述或指向这样的过程描述的指针；④实现描述必须包含对协议描述中所有消息的适当处理的足够的信息。

Cox用服务的“用户”和“提供者”来刻画包含在协议描述中的信息和包含在实现描述中的信息的不同，对象所提供的“服务”的用户必须熟悉调用该服务的协议，即刻画“想要什么”。服务的提供者（对象本身）必须考虑如何将服务提供给用户，即考虑实现细节。这就是面向对象中引入“封装”概念的目的。

对象类描述具有相似或相同性质（属性）的一组对象，这组对象具有一般行为（操作）、一般关系（对象之间的）及一般语义。类是对象类的略写，类中对象具有相同的属性、行为模式。通过将对象聚集成类，可以使问题抽象化，抽象增强了模型的归纳能力。

属性指的是类中对象所具有的数据值，例如人的属性是姓名、年龄及居住地址等。对每个对象来说，其中每个属性都具有一个值，不同对象的同一属性可以具有相同或不同的属性值。类中的各属性名是唯一的。

每个属性名后可附加一些说明，即为属性的类型及默认值，冒号后紧跟着类型，等号后紧跟着默认值。

操作是类中对象所使用的一种功能或变换，类中的各对象可以共享操作，每个操作都有一个目标对象作为其隐含参数。操作的行为取决于其目标所归属的类，对象“知道”其所归属的类，因而能正确地实现该操作。

方法是类的操作的实现步骤。例如文件这个类，可有打印操作，可设计不同的方法来实现ASCII文件的打印、二进制文件的打印及数字图像文件的打印，所有这些方法逻辑上均是做同一工作，即打印文件。因此，可用类中的print操作去执行它们，但每个方法均由不同的一段代码来实现。

操作名后可跟参数表，用圆括号括起来，各个参数之间用逗号分开，参数名后可跟类型，用冒号与参数名分开，参数表后面用冒号来分隔结果类型，结果类型不能省略。结果类型是指该操作的返回值的类型。

关联和链是建立对象及类之间关系的一种手段。链表示对象间的物理与概念的联结，关联表示类之间的一种关系，就是一些可能的链的集合。

关联的多重性是指类中有多少个对象与关联的类的一个对象相关。重数常描述为“一”或“多”，但更常见的情况是非负整数的子集，例如轿车的车门数目为2～4。关联重数可用对象图关联线连的末端的特定符号来表示。小实心圆表示“多个”，从零到多；小空心圆表示零或一，没有符号表示的是一对一关联。链属性是关联的链的性质，如同属性是类中对象的性质一样。

8.3.2　设计算法和数据结构

对象模型是对象设计的主要框架，而分析阶段的对象模型没有表示操作，因此开发者必须将动态模型中的动作及活动以及功能模型中的处理转换成操作，加入到对象类中。

各对象图都描述了对象的生存期，状态转换是指对象状态的变化，应把它映射成对象上的操作。

某对象发出的事件可能表示了另一对象上的操作，事件常成对出现。第一事件触发一个动作，第二事件返回结果或者说明该动作已经完成。在这种情况下，事件映射成执行该动作的操作和返回控制，这两个事件位于对象之间的单个控制线上。

1. 算法设计步骤

功能模型中确定的各个操作都必须用算法来表示，算法设计按如下步骤进行：

1）选择极小化开销的算法。

2）选择适用于该算法的数据结构。

3）定义必需的新的内部类和操作。

4）将操作响应赋给合适的类。

2. 选择算法

选择算法应考虑下列因素：

1）计算复杂度。

2）易实现，易理解。

3）灵活性好。

3．选择数据结构

选择算法涉及选择算法使用的数据结构，许多实现的数据结构都是包容类的实例，大多数面向对象语言提供了供用户自选组合定义的基本数据结构。

4．定义内部类和操作

在展开算法时，开发者可引入一些对象类，用以存放中间结果，在分解高层操作时也可引入新的低层操作，但必须定义这些低层操作，因为大多数这类操作是外部不可见的。

包含在分析模型和系统设计中的一系列表示提供了对所有操作和属性的定义，开发者可使用与传统软件工程所讨论的数据设计方法和过程设计方法略有不同的方法来设计算法和数据结构。

创建算法用以实现每个操作的规约，在很多情况下，算法是可以自我包含的软件模块来实现的简单的计算或过程序列。然而，如果操作的规约是复杂的，有可能必须将操作模块化，开发者可运用传统的过程设计技术来达到此目的。

数据结构和算法被并行地设计。因为操作总是要操纵类的属性，所以，最好地反映了属性的数据结构设计将对相应操作的算法设计非常有意义。

虽然存在很多不同的操作类型，但它们通常可以分成 3 大类：①以某种方式操纵数据的操作（如加入、删除、重格式化、选择）；②执行计算的操作；③为控制事件出现监控对象的操作。

一旦创建了基本对象模型后，开发者应该对其进行优化。OOD 优化的 3 个主要切入点如下：

1）复审对象-关系模型应保证已实现的设计可带来对资源的高效使用并容易实现，必要时可加入冗余。

2）修订属性的数据结构和对应的操作算法以提高处理效率。

3）创建新的属性以存放导出的信息，以避免重复计算。

8.3.3 程序构件与接口

模块化是提高软件质量的一个重要方法，也是 OOD 的 4 个基础特性之一，而程序构件化则是实现模块化的重要手段。在面向对象设计中，仅定义对象的属性和操作是不够的，还必须描述存在于对象间的接口和对象的整体结构。程序构件可以用于表示对象的整体结构以及对象和其他构件间的连接。

Pressman 建议采用程序设计语言（Program Design Language，PDL）描述的程序构件：

```
PACKAGE  program-component-name IS
    TYPE 数据对象；
        …
    PROC 相关操作；
PRIVATE
    对象的数据结构；
PACKAGE BODY program-component-name IS
        …
    PROC operation1（参数表）IS
        …
    END
    PROC operation N（参数表）IS
        …
    END
END program-component-name
```

这里，用 PACKAGE 表示程序构件，它的说明部分用 TYPE 语句声明所有数据对象，用 PROC 声明过程，在 PRIVATE 部分提供数据结构和处理的细节。

程序构件也表示出系统设计的层次结构，最开始定义的是最高层的程序构建，所有处理和数据结构都是从它逐步精化而得到的。

8.4 设计模式

传统的软件工程技术落后于应用的发展，不能提供有效的支持。软件的形式化开发依赖于目前还不具备的理论支持，而应用既不能容忍落后的生产方式，又不愿意采用可望而不可即的、未经实践检验的技术。这就需要找到一种介于传统软件工程技术与软件形式化开发之间的技术来缓解软件能力与应用之间的矛盾，也就必然要采用新的程序设计模式。

程序设计模式是人们在程序设计时所采用的基本方式模型，它以一类程序设计语言为基础，体现了一类语言的主要特点，这些特点能用以支持应用领域所希望的设计风格。程序设计语言包括如下几种基本程序设计模式：

1）过程程序设计模式。过程程序设计模式是以数据的处理过程为主的模式，它的目的是设计过程，所以在程序设计时要先决定所需要的过程，然后设计过程的算法，并要找出其最佳算法。在这类模式的程序中，过程调用是关键的一环，语言必须提供设施给过程（函数）传送变元和返回的值。

2）结构化程序设计模式。结构化程序设计模式是以模块化的结构为基本模式。它的基本思想是把需求和求解的方法分离；把相关信息（即数据结构和算法）集中在一个模块中，将其与其他模块隔离开来，其他模块不能随便访问这个模块的内部信息。在这种模式中，程序设计的首要问题是划分模块，数据则隐蔽在模块中，每个模块有一个接口，模块的执行只能通过接口进行。模块在第一次使用前要进行初始化。这种模式的程序设计语言有 Modula、Ada、C 和 Pascal 等。

3）函数程序设计模式。函数程序设计模式的基本点是把计算或解题过程看成是对一个输入施加一组函数的作用过程，函数程序设计语言的代表是 Lisp 语言。

4）逻辑程序设计模式。逻辑程序设计模式的基本点是把计算或解题过程看做是逻辑推理的过程，也就是说，在给定的输入和初始状态及一组条件的制约下，采用推理算法进行演算并获得结果。逻辑程序设计模式的语言代表是 Prolog 语言。

将程序从描述处理过程的语句序列转向作为相互作用的模块集合，正是基于软件工程化的迫切要求，这在 20 世纪 70 年代的结构化程序设计发展中得到了广泛应用。采用逻辑程序设计模式，可显著减少软件的复杂性，提高软件的可靠性、可测试性和可维护性。可用为数不多的基本结构可使过程描述清晰、易读易懂，可使过程构造由粗到细，逐步求精，逐步分析与细化。

同时，在由过程程序设计向逻辑程序设计转移时，由于不要求体系结构发生变化，可直接重用已有的软、硬件数据资源，因而能得到普遍接受。

20 世纪 80 年代，由于一系列高技术的研究，例如第五代计算机、CAD、CAM、CIMS、CASE、知识工程等项目的研究与实现都迫切要求大型的软件系统来支持，它们所使用的数据类型也超出了常规的结构化数据的范围，从而提出对图形、图像、语言及规则等非结构化信息的管理的要求。为了适应应用领域的需要，软件模块应具有更强的独立自治性，以便于大型软件的管理、扩充与重用。而结构化语言的数据类型较为简单，不能胜任对非结构化数据的定义与管理，且采用过程机制也不够灵活，独立性较差，在规模庞大而复杂的软件面前，它显得“力不从心”。

经验表明，如果一种新的程序设计模式强烈地依赖于新的体系结构，又不能有效地解决资源重用问题，它就不太可能成为软件产业采用的主流模式。从 20 世纪 80 年代发展起来的另一种程序设计模式——面向对象程序设计，有望成为主流模式。

在任何领域，最好的设计者均具有这样奇特的能力：能够发现刻画问题的模式和可被组合以创建解决方案的对应的模式。

在许多面向对象系统中，设计者将发现类和通信对象的重复出现的模式。这些模式解决特定的设计问题，并使得面向对象的设计更灵活、优美并最终可复用。它们通过将新的设计基于以往的经验来帮助设计者复用成功的设计，熟悉这样的模式的设计者可以立即将它们应用到设计问题中。

贯穿整个 OOD 过程，软件工程师应该去寻找每个复用现存设计模式的机会。如果不可能复用时，则要力求创建新的设计模式。

8.4.1 描述设计模式

一种程序设计模式与特定的体系结构有关，大多数程序设计人员和软件开发者只熟悉和使用一种程序设计模式，而不会轻易改变。一种新的语言投入使用后，新的程序设计模式是否受到欢迎，必须充分地利用已有的资源和开发环境，因为应用总是和经费开支、人员培训联系在一起，而且不能和传统断然割裂。因此，引入一种新的程序设计模式并不容易，这不仅包括技术因素，也包括经济因素和社会因素。

为了适应高新技术的发展需要，并克服结构化程序设计模式的局限性。自 20 世纪 80 年代以来，函数程序设计模式、逻辑程序设计模式和面向对象程序设计模式出现了。人们曾认为逻辑程序设计模式将成为主流模式，但是由于其体系结构发生了突发的变化，引起现有软硬件资源重用的困难，因而该程序设计模式仅限于在人工智能应用领域使用。

在面向对象程序设计中，程序员可直接重用已有的类，所需的只是补充定义必要的特性，程序员还可重用已有的、以类库形式组织的程序，甚至可以重用已有的关于某种特定应用的类库。因此，面向对象程序设计把重用和抽象两个概念结合在一起，成为增强软件能力的“利器”。

设计模式是对被用来在特定场景下解决一般设计问题的类和相互通信的对象的描述。在构成上，每一个设计模式确定了其所包含的类和实例、它们的角色和协作方式以及职责分配；在使用上，每一个设计模式都针对一个特定的面向对象设计问题或设计要点，描述了约束条件、使用时机和使用效果等。

因为设计模式都是一些公认的设计方案，设计人员通过使用它们可以更好、更快地完成系统设计。使用设计模式还有利于复用和系统维护。通过对设计模式的掌握，可加深对面向对象思想的理解。

下面介绍面向对象程序设计模式的相关概念。

1. 基本特征

面向对象的程序设计将计算看做是一个系统的开发过程，系统由对象组成，经历一连串的状态变化以完成计算任务。

面向对象程序设计对体系结构和支撑软件系统没有突变要求，因而不存在难以应用现有资源的问题。

2. 基础构件

面向对象程序的基础构件是对象和类。

从程序设计角度来看，对象是一种不依赖于外界的模块，对应着存储器中的一块被划分的区域。它包含数据，在逻辑上也包含作用于这些数据的过程，这些过程称为方法。

一个对象中的数据代表着它的状态，方法则代表了它的行为。外界要改变对象的状态，即对它所包含的数据进行操作，只能向这个对象发出消息，然后由该对象对应的方法来改变状态，这就是对象的密封性。

3. 基本机制

面向对象程序设计的基本机制是继承性、消息和方法，还有在特定方面提供更为专门的、灵活的机制，如重置、多态等。

现有系统存在不少共同原型的结构框架，其中各框架都能很好地适合不同的系统。若某一应用具有类似的性质，则可以通过使用相应的框架来节省设计时间。

常见的系统类型有批变换、连续变换、交互式接口、动态模拟、实时系统和事务管理。有些问题总是需要新的结构形式，另一些问题只是上述结构的变种，还有些问题则是几种结构的结合。

（1）批变换

批变换是一种从输入到输出的顺序处理，其起点含输入，目标就是得出一个答案，它与外界不存在交互行为，这类结构的例子有标准计算问题、编译器等。

批变换问题的动态模型太小或不存在，其对象模型既可简单也可复杂。批处理最重要的是功能模型，它表明输入值是如何转换为输出值的，特别强调数据流图的功能分解。编译器是带有复杂数据结构的批处理结构的例子。

批变换的设计过程如下：

1）将整个变换分解为多个阶段，每个阶段执行一种变换（可直接从功能模型得到系统结构图）。

2）为两个相邻阶段之间的数据流定义中间对象类，各阶段只了解一方对象及自身的输入、输出流。

3）各个类都构成了一个一致的对象模型，与相邻阶段的对象模型是松耦合相关的。

4）同样扩展各阶段直至操作可直接用来实现为止。

5）重新构造优化的最后管道。

（2）连续变换

连续变换是输出主动依赖于不断变化的输入，必须周期性地变更。它与批变换不同，批变换中的输出只计算一次，而连续变换中处于活动管道上的输出必须经常性地改变，由于有严格的时间约束，每次一个输入改变时，整个输出集合不可能总是重新计算，相反总是增量计算新的输出值，典型应用有信号处理、窗口系统和增量编译等。

连续变换问题的功能模型和对象模型一起定义了要计算的值，动态模型不大，因为这类应用的大多数结构都是稳定的数据流，而不是独立的交互。

连续变换的结构必须有助于增量计算，可用一个功能管道来实现这种变换，输入值的各种增量变化的效果通过管道来传输，为了实现增量运算，可定义中间对象来保留中间值。

连续变换的设计过程如下：

1）画出系统数据流图。输入、输出活动对象对应于数据结构，数据结构中的值在不断变化，管道内的数据存储表示了影响输入输出映射的参数。

2）定义相邻阶段的中间对象，与批变换一样。

3）对各操作微分以得到各阶段的增量变化值，即将各阶段的增量影响传递给管道中的一个输入对象，作为增量变化的序列。例如每当几何图形的位置改变，就须删除旧的图形、计算新的位置点、显示新的图形，其他图形未变，不必重新计算。

（3）交互式接口

交互式接口是受系统和外部事物（如人、设备等）之间交互行为支配的系统，外部事物独立于该系统，因此不能控制它们的输入，但系统可以向外部事物要求响应。交互式接口通常只是一个完整应用的一部分，交互式接口涉及的主要问题是系统与外部事物之间的通信协议、可能的交互语义及输出的格式等。

交互式接口的例子有基于表格的查询接口、工作站窗口系统和操作系统的命令语言等。

交互式接口受动态模型支配，对象模型中的对象说明了交互的元素，如输入/输出和显式格式。功能模型描述了响应输入序列应该执行哪些应用功能，但功能的内部结构常对接口行为不重要，交互式接口关心外部显示，而不是深层的语义结构。

交互式接口的设计过程如下：

1）从定义应用语义的对象中找出构成接口的对象。

2）如有可能，使用已定义的对象与外部事物交互。例如，已定义的窗口、菜单、按钮及表等其他一些对象的集合，很容易在应用中使用这些对象。

3）使用动态模型作为系统的结构，使用并发控制或事件驱动控制来实现交互接口。

4）从逻辑事件中区分出物理事件。一个逻辑事件对应多个物理事件，例如图形接口，既可从表中获得输入，也可从弹出菜单、功能键及命令序列获取输入。

5）完全确定由接口触发的应用功能，确认实现功能的信息已存在。

（4）动态模拟

动态模拟对客观世界对象进行建模和跟踪，它涉及许多不同的、对自身不断修改的对象，而不是单一的大变换。对象和操作直接来自于应用，控制可用两种方式实现：一是与外部应用对象无关的显式控制器，它可以是一台状态机；二是对象间互发消息，与客观世界的解决方式相类似。

动态模拟的例子有分子运动模型、经济模型及电子游戏等。建立在数据流图上的传统方法不能描述这些问题，模拟可能是面向对象方法设计的最简单的系统。与交互式接口不一样，动态模拟中的内部对象的确对应于客观世界对象，所以对象建模通常很重要且复杂；与交互接口一样，动态模型也是模拟系统一个重要组成部分，模拟器常常也有一个复杂的功能模型。

动态模拟的设计过程如下：

① 从对象模型中确定动作对象——活动的客观对象，活动对象具有周期性变化的属性。

② 确定离散事件，离散事件与对象间的离散交互有关，离散事件可以用对象上的操作来实现。

③ 确定连续依赖性，客观对象的属性相互依赖或随时间、高度及速率等不断变化。

④ 通常模拟是受一定范围内的时序循环来驱动的，对象间的离散事件常随时序循环的变化而变化。

（5）实时系统

实时系统是一种交互系统，其对动作的时间约束相当高，不允许细微的时序失败，对那些关键动作来说，系统必须保证在绝对短的时间内做出响应。为了保证响应时间，设计者必须确定和提供最坏实例的脚本，这样能够简化设计，因为最坏实例行为比普通实例行为来得容易。

实时系统的例子是过程控制、数据采集、通信设备和设备控制等。实时系统设计是复杂的并且涉及中断处理、事务优先级及协调多个 CPU 等，实时系统的设计是一个专门课题。

（6）事务管理

事务管理系统是一个数据库系统，其主要的系统功能是存储和访问信息，信息从应用域中得到，大多数事务管理系统必须考虑多用户及并发性，一个事务处理成单个原子实体，不含其他事务的干预。事务管理的例子有管理信息系统、飞机订票系统等。

事务管理问题的对象模型是最重要的，功能模型不太重要，因为操作是事先定义好的，并且集中在对信息的修改和查询上。动态模型表示了对分布信息的并发访问，分布性是客观世界问题固有性质，应该建模成分析模型的一部分。重要问题是构造对象模型并且考虑事务的大小。在系统中，事务应考虑成不可分割的原子形式。

事务管理系统的设计过程如下：

1）将对象模型直接映射到数据库中。

2）确定并发单元，即描述中规定不能共享的资源或“先天”就不能共享的资源，必要时引进新类。

3）成熟的工程学科使用成熟的设计模式。例如，机械工程师使用一个两步键轴作为设计模式，该模式的固有性质是属性（轴的直径、键沟的维数等）和操作（如轴旋转、轴连接）；电子工程师使用集成电路（一个极端复杂的设计模式）来解决新问题的特定元素。

所有设计模式均可以通过刻画以下 4 个信息来描述。

1）模式的名字。

2）模式通常被应用的问题。

3）设计模式的特征。

4）应用设计模式的结果。

设计模式的名字是它传达关于其适用性和意图的有意义信息的一个抽象；问题描述指明使得设计模式可以被应用所必须存在的环境条件；设计模式的特征指明设计中可被调整以使得模式能够适应一系列问题的属性，这些属性表示了可以被用来搜索（通过数据库）以找到合适的模式设计的特征；最后，使用设计模式相关联的结果指明了设计决策的分叉。

设计者应该仔细选择对象和子系统（潜在的设计模式）的名字。软件复用中的关键技术问题之一就是能不能在成百上千候选模式中找到合用的可复用模式。对“合适”模式的搜索可从有意义的模式名字及一组帮助区分对象的特征中得到帮助。

8.4.2 在设计中使用设计模式

在面向对象系统中，设计者可以运用两种不同的机制来使用设计模式：继承和复合。继承是基本的面向对象概念，使用继承可将现存的设计模式变成新子类的模板，存在于模式中的属性和操作成为子类的一部分。

复合是导致聚合对象的概念，即一个问题可能需要具有复杂功能的对象（在极端情形，用子系统完成这些要求），复杂的对象可以通过选择一组设计模式并复合适当的对象（或子系统）组装而成，每个设计模式被作为黑盒，在模式间的通信仅仅通过良好定义的接口进行。

建议当这两种机制并存时，复合应该优于继承。复合不是去创建大型的、有时不可管理的类层次（过分使用继承的结果），而是采用针对一个目标的小的类层次和对象。复合以不修改的方式使用现存的设计模式（可复用构件）。

1. 设计模型的特征

设计模型是以分析模型作为输入来创建的模型，设计模型是有层次关系的，它是实现的“蓝图”。

2. 确定设计模型的元素

与分析模型类似，设计模型也要定义类、接口和子系统等元素，以及这些元素之间的关系，这些元素适应于实现环境。

分析模型的用例实现-分析说明分析类参与了用例实现-分析，而设计模型的用例实现-设计跟踪依赖于分析模型的用例实现-分析。当设计这些分析类时，更多应用于实现环境的精细化后的设计类会被确定和导出。例如，设计出纳员接口类时，显示类、数字键盘类、读卡机类和客户管理类被确定和导出了。

主动类的实例是主动对象，这个主动对象拥有一个进程或线程并能初始化和控制活动。设计类跟踪依赖于相应的分析类。

3. 按子系统对类分组

对有很多类的大系统，只用类来实现用例是不可能的，设计者可以按照子系统进行分组，子系统提供和使用一个接口的集合。

设计者可以自底向上地设计子系统，开发人员基于已确定的类来考虑和设计子系统，即把这些类封装到定义功能明确的单元内；也可以自顶向下地设计子系统，架构设计师在确定其他类之前首先要确定高层的子系统和接口，然后开发人员负责处理各子系统的任务，确定并设计子系统的类。

4. 实现模型的建立

实现模型由构件构成，包括所有可执行体，例如 ActiveX 构件和 JavaBeans 构件，以及其他类型的构件。在实现工作流期间，设计者要开发可执行系统的制品，例如可执行的构件、文件构件（源代码）、表构件（数据库元素）等。一个构件是系统中一个实际的且可替换的部分，它符合并且提供接口集合的实现。

若用面向对象程序设计语言来实现构件，则类的实现也很简便，每个设计类对应一个实现中的类，例如 C++类或 Java 类。实现工作不仅是开发源代码，还要对源代码进行单元测试。

在设计模式中，设计者须注意如下原则：

1）针对接口编程，而不是对实现编程，双方在遵循共同接口的前提上，均可独立变化，而不影响对方。

2）优先使用复合，而不是继承，一般类的变化要影响特殊类。一种解决办法是把一般类定义为抽象的，但这样的场合并不总是存在的。使用复合，只要设计好整体类和部分类间的接口，在运行时，可根据需要替换部分类对象。只要遵循共同的接口，整体类和部分类均可独立变化。

建议：

1）因为继承和复合毕竟是不同的建模元素。只是在允许的情况下优先考虑使用复合。即继承和复合应该是经常一起使用的。

2）正确地使用委托，一个对象接收一个请求，它要进行一定的逻辑分析，然后决定让哪个（些）对象来进行进一步的计算。使用委托的主要优点是便于在运行时复合对象的操作以及按需要改变复合。

3）找出变化并进行封装，效率低但语法正确的分析模型应该进行优化，其目的是使实现更为有效，但优化后的系统有可能会产生二义性且减少了可重用的能力，因此设计者必须在清晰性和效率之间寻找一种适宜的折中方案。

在优化设计时，设计者必须考虑以下问题：

1）增加冗余关联，以减少访问开销，提高方便性。

2）为提高效率重新调整计算。

3）为避免复杂表达式的重计算而保留派生属性。

作为系统设计的一部分，设计者已为动态模型的实现选择了一种基本策略，而在对象设计中设计者必须完善这种策略。

实现控制有下述 3 种方法：

1）在程序中设置地址以存放状态（过程驱动）。

2）直接用状态机制实现（事件驱动）。

3）使用并发任务（并发序列）。

随着对象设计的深入，常常要调整类及操作的定义以提高继承的数目。

1）重新修正类及操作。有时可对多个类定义统一操作并且放在同一共同的“祖先”中，使子类可容易地继承。常见的情况是不同类的操作是相似的，但不相同，只须稍稍改动这种操作或类的定义就能使这些操作相互匹配。重新修正类及操作的目的是使用一个继承的操作就能覆盖它们。

2）抽象出公共行为。在设计中，设计者常增加新类和新操作，如果一个操作集合和属性集合看起来在两个类中重复过，则这两个类从更高抽象级角度看，很有可能是同一事物的特殊变种。当找出公共行为后，设计者应该创建一个公共超类来实现共享性质，而把特殊性质放在子类中，这种对象模型的变换称作是抽象公共超类的过程。

3）使用委派来共享实现。当使用继承作为一种实现技术时，将某类作为其他类的属性及关联，使用这种较为安全的方法也可获得同样的效果。用这种方法，某种对象可使用委派而不是使用继承，这样有选择地唤醒另一个类所希望的函数功能。委派包括从某对象中得到一个操作并且把它发往另一个对象，后一个对象是前一个对象的一部分或与前一个对象有关，只有有意义的操作才能委派给后一个对象，因而不存在偶然继承了无意义的操作的问题。

在建造具有框架结构的楼房时，首先用钢筋水泥建造由柱和梁构成的框架，然后再建造楼板、墙体、墙面，铺设管道等，直至完成整个楼房的建造。楼房的框架就是该楼房的“骨架”。开发一个软件系统也与此相似，首先应构造系统的构架。

具体来说，软件系统的构架是对以下问题决策的总和：软件系统的组织；对组成系统的结构元素、接口以及这些元素在协作中的行为的选择；由这些结构元素与行为元素组合成更大子系统的方式；用来指导将这些元素、接口、它们之间的协作以及组合起来的构架风格。软件构架不仅涉及静态结构与动态行为，而且涉及使用、功能、性能、适应性、重用和可理解性等。

系统的构架可以被看成是所有人员能够接受的共同目标。构架提供了整个系统的清晰的视角，这对控制系统的开发是必要的。构架描述了系统的重要模型元素，它们是系统中的基础部分，能够指导系统的开发工作，可以有效地理解、开发并改进系统。

在细化阶段结束时，从构架角度来看，设计者已开发出了代表最重要的用例及其实现的系统模型，获得了用例模型、分析模型、设计模型以及其他模型的早期版本。这些模型的集合就是构架基线，它是小的、“皮包骨”的系统。对构架来说，重要的用例以及其他一些输入可用来实现构架基线。构架基线不仅仅靠模型制品来表示，它还包括构架描述，这个描述实际上是同时建立的。

构架描述可以有不同的形式，可以是对组成构架基线的模型的抽取，也可以是以一种便于阅读的形式对这些抽取的重写。构架描述的作用是在系统的整个生命周期内指导整个开发组的开发工作，它是开发人员目前和将来都要遵循的标准。

用例和构架之间也存在着某些相互作用。用例驱动构架的开发是指在最初的迭代中选择几个重要用例来设计、开发构架，它们是用户最需要的用例。因此，构架受用例的影响。同时，构架还会受到其他因素的影响，例如软件产品构造在哪些系统上、希望使用哪些中间件、需要适应哪些政策和公司标准等。

在捕获新的用例时，开发者可以利用已存在的构架的知识更好地完成捕获工作，根据现存的构架来评估每个所选用例的价值和成本，也可以知道哪些用例很容易实现、哪些用例较难实现。所以，构架可以指导用例的实现。

构架模式是定义了某种结构或行为的模式，通常是一个特定模型的构架视图，每种模式都对实施定义了某种结构，并建议如何把构件分配到它的节点上。构架模式有如下几种：

1）代理模式。代理模式是一种管理对象分布的通用机制，它允许对象通过一个代理调用其他远程对象，该代理将调用请求转发到包含被请求目标对象的节点和过程。

2）客户机/服务器模式、三层模式和端对端模式。这些模式有助于了解所构造系统的硬件，并基于此硬件来设计系统。还定义了实施模型的结构，建议构件应该如何分布到节点上。

3）层次模式。层次模式是一种重要模式，适用于多种系统。它定义了如何进行分层组织的设计，即一层的构件只能参与其下层的构件。它简化了理解和组织开发复杂系统的工作，降低了依赖，因为低层不必关心高层的细节和接口。具有分层构架的系统是通过多层子系统来组织系统的。该构架模式包括从上到下排列的专用应用层、通用应用层、中间件层和系统软件层。在上面层次上有单独的应用子系统，它是在低层子系统基础上构造的。通用应用层包含的子系统不是专用于一个单独的应用，而是在相同领域或业务内能被许多不同应用所重用。上面两层构架要根据与构架相关的用例来建立，而下面两层构架则不必考虑用例的细节，因为这些层不是针对具体业务的。

许多构架模式可用于一个单独的系统，构成实施模型的模式，并可以与层次模式相结合，其中层次模式可以辅助构成设计模型。

构架描述与系统的一般模型非常相似。用例模型的构架视图看起来就像一般的用例模型，唯一区别就是用例模型的构架视图只包括对构架重要的用例，而最终的用例模型包括所有用例。设计模型的构架视图也是如此，它看起来像是一个设计模型，但它只实现对构架有意义的用例。

本 章 小 结

本章主要介绍了面向对象设计的基本概念与原理及设计原则，详细介绍了面向对象设计的设计过程。

OOD 的工作可以通过两个层次的抽象来完成——系统设计和对象设计。子系统设计涉及 4 类构件：任务管理构件、人机界面构件、任务管理构件和数据管理构件。对象设计则强调从问题域的概念转换成计算机领域的概念，重点在于如何列举和解决问题，实现相关的类、关联、属性与操作，定义实现时所需的对象的算法与数据结构。

习　题

1. 面向对象程序设计中，开发者为适应面向对象方法所特有的概念（如继承性）必须遵循哪些新准则？
2. 面向对象设计的启发规则有哪些？
3. 简单的类应该是什么？
4. 对象设计结果清晰易懂的主要因素有哪些？
5. 对象设计的内容有哪些？
6. 对象设计的准则有哪些？

第 9 章　面向对象测试

尽管软件质量保证是贯穿软件开发全过程的活动，但最关键的步骤是软件测试。软件测试是对软件规格说明、软件设计和编码的最后复审，目的是在软件产品交付之前尽可能发现软件中潜伏的错误。测试（Testing）是软件开发时期的最后一个阶段，也是软件质量保证中至关重要的一个环节。

大量统计资料表明，软件测试的工作量往往占软件开发总工作量的 40%以上，在一些极端情况，例如测试那种关系人类生命安全的软件所花费的成本，可能相当于软件工程其他步骤总成本的 3～5 倍。因此，开发者必须高度重视软件测试工作，绝不要以为写出程序之后软件开发工作就接近完成了，实际上，大约还有同样多的开发工作量需要完成。

仅就测试而言，它的目标是发现软件中的错误，但是，发现错误并不是测试的最终目的。软件工程的根本目标是开发出高质量的完全符合用户需要的软件，因此，通过测试发现错误之后还必须诊断并改正错误，这就是调试的目的。调试是测试阶段最困难的工作。在对测试结果进行收集和评价时，软件所达到的可靠性也就增强了。

软件测试的过程亦是程序运行的过程。程序运行需要数据，为测试设计的数据称测试用例。设计测试用例的原则是尽可能暴露错误。软件测试是一个找错过程。大型软件系统的测试分为单元（模块）测试和综合测试两个阶段。多数场合，设计者与测试者共同完成单元测试任务，专门机构负责软件产品的综合测试。有时，设计人员也加入上述机构。值得指出的是，谁也不能保证通过测试的程序一定正确，测试只能找出程序中的错误，而不能证明程序无错。人们认为，软件运行期间测试活动从未间断，即使是在软件交付用户之后，也是由用户继续扮演测试角色而已。

测试的原则：

1）测试除了发现软件故障，还要检查软件是否满足了用户的需求。从用户的角度看，用户需求没有满足是最大的错误。

2）应该尽早准备测试计划，一般来说，做完详细设计，就应该准备测试计划。

3）应该用不同的程序员进行测试。程序编写者只能算程序的调试者，程序员调试程序应看做编码的一部分，而不是真正的测试。

4）相信大部分软件错误集中在少数程序模块中，特别是那些难以理解的模块。

5）穷举测试是不可能的，因此在准备测试计划时要很好地设计测试用例。

6）严格执行测试计划，排除测试的随意性。

7）应当对每一个测试结果做全面检查。

8）妥善保存测试计划、测试用例、出错统计和最终分析报告，为维护提供方便。

面向对象系统的测试与传统的基于功能的系统的测试之间存在很大差别：对象作为一个单独的构件一般比一个功能模块大。由对象到子系统的集成通常是松散耦合的，没有一个明显的“顶层”。如果对象被复用，测试者无权进入构件内部来分析其代码。面向对象测试的总目标与传统软件测试的目标相同，也是用最小的工作量发现最多的错误。但是，面向对象测试的策略和技术与传统测试有所不同，测试的焦点从过程构件（传统模块）移向了对象类。

面向对象系统的测试可分为 4 个层次：

1）测试与对象相关联的单个操作，它们是一些函数或程序，传统的白盒测试和黑盒测试方法都可以使用。

2）测试单个对象类，测试的原理不变，但等价划分的概念要扩展以适合操作序列的情况。

3）测试对象聚集，严格的自顶向下或自底向上的集成不适合一组关联对象的情形。应使用基于场景的测试等其他方法。

4）测试面向对象系统，根据系统需求规格说明进行检验和有效性验证的过程可以像对其他范型的系统一样进行。

在测试对象时，完全的覆盖测试应当包括：隔离对象中所有操作，进行独立测试；测试对象中所有属性的设置和访问；测试对象的所有可能的状态转换。所有可能引起状态改变的事件都要模拟到。测试的种类如图 9-1 所示。

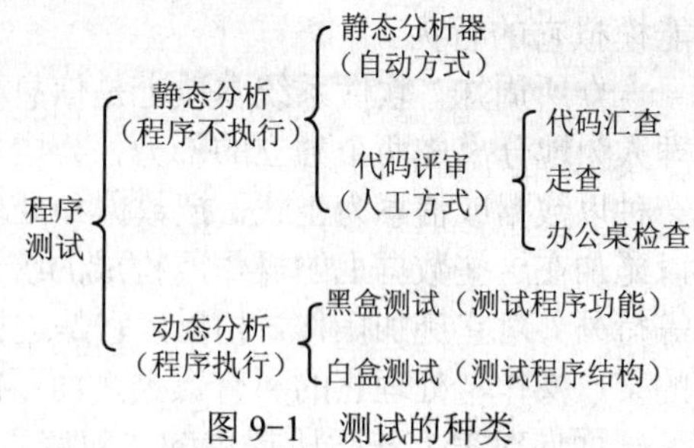

图 9-1　测试的种类

任何工程化的产品都有两种测试方法：一种方法是已知产品应该具有的功能，通过测试检验每个功能是否都能正常使用；另一种方法是已知产品内部工作过程，通过测试检验产品内部动作是否按照产品规格说明的规定正常进行。前者称为黑盒测试，后者称为白盒测试。

测试用例和测试场景将根据这两种测试方法的特性制订。黑盒测试完全不考虑程序的内部结构和处理过程，测试仅在程序界面上进行。设计测试用例旨在验证：软件的功能是否可操作；程序能否适当地接收输入数据并产生正确的输出结果；在可能的场景中事件驱动的效果是否尽如人意；能否保持外部信息如数据文件的完整性等。

白盒测试法密切关注处理细节，针对程序的每一条逻辑路径都要分别设计测试用例，检查分枝和循环的情况。穷举测试不可取，一般选用少量"最有效"，即最有可能暴露错误的路径进行测试。测试的目的是为了找出错误，所以无论采用黑盒法还是白盒法，设计测试用例时总是期望用尽可能少的时间和代价发现尽可能多的错误。

OO 软件的单元测试：全面地测试类和对象所封装的属性和操纵这些属性的操作的整体；发现类的所有操作中存在的问题；与其他的类协同工作时可能出现的错误。

OO 软件的集成测试：基于黑盒方法的集成测试；基于线程的测试（Thread-based Testing）；基于使用（Use-based）的测试。白盒测试方法需要扩展到更大粒度的对象上，集成测试采用黑盒测试。

9.1　OOA 和 OOD 模型的正确性

面向对象方法学的出发点和基本原则是尽可能模拟人类习惯的思维方式，使开发软件的方法与过程尽可能接近人类认识世界、解决问题的方法与过程，也就是使描述问题的问题空间也称为问题域，与实现解法的解空间也称为求解域在结构上尽可能一致。

客观世界的问题都是由客观世界中的实体及实体相互间的关系构成的。把客观世界中的实体抽象为问题域中的对象（Object）。因为所要解决的问题具有特殊性，所以，对象是不固定的。一个雇员可以作为一个对象，一家公司也可以作为一个对象，到底应该把什么抽象为对象，由所要解决的问题决定。

从本质上说，用计算机解决客观世界的问题，是借助于某种程序设计语言的规定，对计算机中的实体施加某种处理，并用处理结果去映射解。把计算机中的实体称为解空间对象。显然，解空间对象取决于所使用的程序设计语言。例如，汇编语言提供的对象是存储单元；

面向过程的高级语言提供的对象是各种预定义类型的变量、数组、记录和文件等。一旦提供了某种解空间对象，就意味着规定了允许对该类对象施加的操作。

从动态观点看，对对象施加的操作就是该对象的行为。在问题空间中，对象的行为是极其丰富多彩的，然而解空间中的对象的行为却是非常简单呆板的。因此，只有借助于复杂的算法，才能操纵解空间对象从而得到解。这就是人们常说的“语义断层”，也是长期以来程序设计始终是一门学问的原因。

通常，客观世界中的实体既具有静态的属性又具有动态的行为。然而，传统语言提供的解空间对象实质上却仅是描述实体属性的数据，必须在程序中从外部对它施加操作，才能模拟它的行为。

众所周知，软件系统本质上是信息处理系统。数据和处理原本是密切相关的，把数据和处理人为地分离成两个独立的部分，会增加软件开发的难度。与传统方法相反，面向对象方法是一种以数据或信息为主线，把数据和处理相结合的方法。面向对象方法把对象作为由数据及可以施加在这些数据上的操作所构成的统一体。对象与传统的数据有本质区别，它不再是被动地等待外界对它施加操作，相反，它是进行处理的主体。系统必须发消息请求对象主动地执行它的某些操作，处理它的私有数据，而不能从外界直接对它的私有数据进行操作。

面向对象方法学所提供的“对象”概念，是让软件开发者自己定义或选取解空间对象，然后把软件系统作为一系列离散的解空间对象的集合。开发者应该使这些解空间对象与问题空间对象尽可能一致。这些解空间对象彼此间通过发送消息而相互作用，从而得出问题的解。也就是说，面向对象方法是一种新的思维方法，它是把程序看做是相互协作而又彼此独立的对象的集合。每个对象就像一个微型程序，有自己的数据、操作、功能和目的。这样做就向着减少语义断层的方向迈了一大步，在许多系统中，解空间对象都可以直接模拟问题空间的对象，解空间与问题空间的结构十分一致，因此，这样的程序易于理解和维护。

面向对象方法学有以下优点：

（1）与人类习惯的思维方法一致

传统的程序设计技术是面向过程的设计方法，这种方法以算法为核心，把数据和过程作为相互独立的部分，数据代表问题空间中的客体，程序代码则用于处理这些数据。

把数据和代码作为分离的实体，反映了计算机的观点，因为在计算机内部数据和程序是分开存放的。但是，这样做总存在使用错误的数据调用正确的程序模块，或使用正确的数据调用错误的程序模块的危险。使数据和操作保持一致，是程序员的一个沉重负担，在多人分工合作开发一个大型软件系统的过程中，如果负责设计数据结构的人中途改变了某个数据的结构而又没有及时通知其他人员，则会发生许多不该发生的错误。

传统的程序设计技术忽略了数据和操作之间的内在联系，用这种方法所设计出来的软件系统其解空间与问题空间并不一致，令人难于理解。实际上，用计算机解决的问题都是现实世界中的问题，这些问题无非是由一些相互间存在一定联系的事物组成的。每个具体的事物都具有行为和属性两方面的特征。因此，把描述事物静态属性的数据结构和表示事物动态行为的操作放在一起构成一个整体，才能完整、自然地表示客观世界中的实体。

面向对象的软件技术以对象（Object）为核心，用这种技术开发出的软件系统由对象组成。对象是对现实世界实体的正确抽象，它是由描述内部状态表示静态属性的数据，以及可以对这些数据施加的操作（表示对象的动态行为），封装在一起所构成的统一体。对象之间通过传递消息互相联系，以模拟现实世界中不同事物彼此之间的联系。

面向对象的设计方法与传统的面向过程的方法有本质不同，这种方法的基本原理是，使用现实世界的概念，抽象地思考问题从而自然地解决问题。它强调模拟现实世界中的概念而不强调算法，它鼓励开发者在软件开发的绝大部分过程中都用应用领域的概念去思考。在面向对象的设计方法中，计算机的观点是不重要的，现实世界的模型才是最重要的。面向对象的软件开发过程自始至终都围绕着建立问题领域的对象模型来进行：对问题领域进行自然的分解，确定需要使用的对象和类，建立适当的类等级，在对象之间传递消息实现必要的联系，从而按照人们习惯的思维方式建立起问题领域的模型，模拟客观世界。

传统的软件开发方法可以用“瀑布”模型来描述，这种方法强调自顶向下按部就班地完成软件开发工作。事实上，人们认识客观世界、解决现实问题的过程，是一个渐进的过程，人的认识需要在继承已知的有关知识的基础上，经过多次反复才能逐步深化。在人的认识深化过程中，既包括了从一般到特殊的演绎思维过程，也包括了从特殊到一般的归纳思维过程。人在认识和解决复杂问题时使用的最强有力的思维工具是抽象，也就是在处理复杂对象时，为了达到某个分析目的，集中研究对象的与此目的有关的实质，忽略该对象的那些与此目的无关的部分。

面向对象方法学的基本原则是按照人类习惯的思维方法建立问题域的模型，开发出尽可能直观、自然地表现求解方法的软件系统。面向对象的软件系统中广泛使用的对象，是对客观世界中实体的抽象。对象实际上是抽象数据类型的实例，提供了比较理想的数据抽象机制，同时又具有良好的过程抽象机制。对象类是对一组相似对象的抽象，类等级中上层的类是对下层类的抽象。因此，面向对象的环境提供了强有力的抽象机制，便于用户在利用计算机软件系统解决复杂问题时使用习惯的抽象思维工具。此外，面向对象方法学中普遍进行的对象分类过程，支持从特殊到一般的归纳思维过程；面向对象方法学中通过建立类等级而获得的继承特性，支持从一般到特殊的演绎思维过程。

面向对象的软件技术为开发者提供了随着对某个应用系统认识的逐步深入和过程的具体化，而逐步设计和实现该系统的可能性，因为可以先设计出由抽象类构成的系统框架，随着认识深入和具体化再逐步派生出更具体的派生类。这样的开发过程符合人们认识客观世界解决复杂问题时逐步深化的渐进过程。

（2）稳定性好

传统的软件开发方法以算法为核心，开发过程基于功能分析和功能分解。用传统方法所建立起来的软件系统的结构紧密依赖于系统所要完成的功能，功能需求发生变化将引起软件结构的整体修改。事实上，用户需求变化大部分是针对功能的，因此，这样的软件系统是不稳定的。

面向对象方法基于构造问题领域的对象模型，以对象为中心构造软件系统。它的基本做法是用对象模拟问题领域中的实体，以对象间的联系刻画实体间的联系。因为面向对象的软件系统的结构是根据问题领域的模型建立起来的，而不是基于对系统应完成的功能的分解，所以，对系统的功能需求变化并不会引起软件结构的整体变化，往往仅需要做一些局部性的修改。例如，从已有类派生出一些新的子类以实现功能扩充或修改，增加或删除某些对象等。总之，由于现实世界中的实体是相对稳定的，因此，以对象为中心构造的软件系统也是比较稳定的。

（3）可重用性好

用已有的零部件装配新的产品，是典型的重用技术，例如用已有的预制件建筑一幢结构和外形都不同于从前的新大楼。重用是提高生产率的最主要的方法之一。

传统的软件重用技术是利用标准函数库，也就是试图用标准函数库中的函数作为“预制件”来建造新的软件系统。但是，标准函数缺乏必要的“柔性”，不能适应不同应用场合的不同需要，并不是理想的可重用的软件成分。实际的库函数往往仅提供最基本、最常用的功能，在开发一个新的软件系统时，通常多数函数是开发者自己编写的，甚至绝大多数函数都是新编的。

使用传统方法学开发软件时，人们认为具有功能内聚性的模块是理想的模块，也就是说，如果一个模块完成一个且只完成一个相对独立的子功能，那么这个模块就是理想的可重用模块。基于这种认识，开发者通常尽量把标准函数库中的函数做成功能内聚的模块。但是，即使是具有功能内聚性的模块也并不是自含的和独立的，相反，它必须运行在相应的数据结构上。如果要重用这样的模块，则相应的数据也必须重用。如果新产品中的数据与最初产品中的数据不同，则要么修改数据，要么修改这个模块。

事实上，离开了操作便无法处理数据，而脱离了数据的操作也是毫无意义的，开发者应该对数据和操作同样重视。在面向对象方法所使用的对象中，数据和操作正是作为“平等伙伴”出现的。因此，对象具有很强的自含性，此外，对象固有的封装性和信息隐藏机制，使得对象的内部实现与外界隔离，具有较强的独立性。由此可见，对象是比较理想的模块和可重用的软件成分。

面向对象的软件技术在利用可重用的软件成分构造新的软件系统时，有很大的灵活性。有两种方法可以重复使用一个对象类：一种方法是创建该类的实例，从而直接使用它；另一种方法是派生出一个满足当前需要的新类。继承机制使得子类不仅可以重用其父类的数据结构和程序代码，而且便于开发者在父类代码的基础上方便地修改和扩充，这种修改并不影响对原有类的使用。

（4）较易开发大型软件产品

在用传统的设计方法开发大型软件产品时，组织开发人员的方法不恰当往往是出现问题的主要原因。用面向对象方法学开发软件时，构成软件系统的每个对象就像一个微型程序，有自己的数据、操作、功能和用途，因此，开发者可以把一个大型软件产品分解成一系列本质上相互独立的小产品来处理，这不仅降低了开发的技术难度，而且也使得对开发工作的管理变得容易多了。这就是为什么对于大型软件产品来说，面向对象范型优于结构化范型的原因之一。

（5）可维护性好

用传统方法和面向过程语言开发出来的软件很难维护，这是长期困扰人们的一个严重问题，是软件危机的突出表现。

由于下述因素的存在，使得用面向对象方法所开发的软件具有良好的可维护性：

1）面向对象的软件稳定性比较好。如前所述，当对软件的功能或性能的要求发生变化时，通常不会引起软件的整体变化，往往只须对局部作一些修改。由于对软件所做的改动较小且限于局部，自然比较容易实现。

2）面向对象的软件比较容易修改。如前所述，类是理想的模块机制，它的独立性好，修改一个类通常很少会牵扯到其他类。如果仅修改一个类的内部实现部分（私有数据成员或成员函数的算法），而不修改该类的对外接口，则可以完全不影响软件的其他部分。

面向对象软件技术特有的继承机制，使得对软件的修改和扩充比较容易实现，通常只须从已有类派生出一些新类，无须修改软件的原有成分。

面向对象软件技术的多态性机制，使得当扩充软件功能时对原有代码所做的修改进一步减少，需要增加的新代码也比较少。

3）面向对象的软件系统比较容易理解。在维护已有软件时，首先需要对原有软件与此次修改有关的部分有深入理解，才能正确地完成维护工作。传统软件之所以难于维护，在很大程度上是修改所涉及的部分分散在软件各个地方，需要了解的面很广，内容很多，而且传统软件的解空间与问题空间的结构很不一致，更增加了理解原有软件的难度和工作量。

面向对象的软件技术符合人们习惯的思维方式，用这种方法所建立的软件系统的结构与问题空间的结构基本一致。因此，面向对象的软件系统比较容易理解。

对面向对象软件系统所做的修改和扩充，通常通过在原有类的基础上派生出一些新类来实现。由于对象类有很强的独立性，当派生新类时，开发者通常不需要详细了解基类中操作的实现算法。因此，了解原有系统的工作量可以大幅度下降。

4）易于测试和调试。为了保证软件质量，对软件进行维护之后必须进行必要的测试，以确保要求修改或扩充的功能按照要求正确地实现了，而且没有影响到软件不该修改的部分。如果测试过程中发现了错误，还必须通过调试改正过来。显然，软件是否易于测试和调试，是影响软件可维护性的一个重要因素。

对面向对象的软件进行维护，主要通过从已有类派生出一些新类来实现。因此，维护后的测试和调试工作也主要围绕这些新派生出来的类进行。类是独立性很强的模块，向类的实例发消息即可运行它，对类的测试通常比较容易实现，如果发现错误也往往集中在类的内部，比较容易调试。

模型的作用主要有：在建模过程中了解系统；通过抽象降低复杂性；有助于回忆所有细节；有助于开发小组间的交流；有助于与用户的交流；为系统的维护提供文档。

9.2 OOA和OOD的测试

测试软件的经典策略是：从“小型测试”开始，逐步过渡到“大型测试”。用软件测试的专业术语描述，就是从单元测试开始，逐步进入到集成测试，最后进行确认测试和系统测试。对于传统的软件系统来说，单元测试集中测试最小的可编译的程序单元（过程模块），一旦把这些单元都测试完之后，就把它们集成到程序结构中去；在集成过程中还应该进行一系列的回归测试，以发现模块接口错误和新单元加入到程序中所带来的副作用；最后，把软件系统作为一个整体来测试，以发现软件需求错误。

面向对象软件的测试目标仍然是用最少时间和工作量来发现尽可能多的错误，但面向对象软件的性质改变了测试的策略和测试战术。面向对象软件的测试也给软件工程师带来新的挑战。继承、封装、多态性、基于消息的通信等概念都是面向对象软件的重要特征，它们对面向对象测试有很大的影响。

单元是可以编译和执行的最小软件部件，单元是决不会指派给多个设计人员开发的软件部件，类是面向对象软件中的单元。

由于属性和操作被封装在类中，因此测试时很难获得对象的某些具体信息（除非提供内置操作来报告这些信息），从而给测试带来困难。测试了父类的操作后，并不表示其子类就不必对继承的操作进行测试。在测试时，应覆盖反映多态的所有实现方法。

面向对象软件是通过消息通信来实现类之间的协作的，它们没有明显的层次控制结构，因此，传统的自顶向下和自底向上集成策略不适用于面向对象软件测试。

每个阶段的所有关系和操作都应被测试。OOA和OOD的模型不能被执行，对它们不能进行传统意义上的测试。可通过技术复审检查OOA和OOD的模型的正确性和一致性。

面向对象系统的测试可分为4个层次：①测试与对象关联的单个操作；②测试单个对象类；③测试对象集群；④测试面向对象系统。

对象类的测试相当于传统的单元测试，单元概念的变化—封装的类或对象作为最小的可测试单位。用白盒的覆盖测试方法保证所有程序中的语句至少执行一遍，所有的程序路径都要执行到。

从过程的观点考虑测试，在软件工程环境中的测试过程，实际上是顺序进行的4个步骤的序列。最开始，着重测试每个单独的模块，以确保它作为一个单元来说功能是正确的。因此，这种测试称为单元测试。单元测试大量使用白盒测试技术，检查模块控制结构中的特定路径，以确保做到完全覆盖并发现最大数量的错误。

接下来，开发者必须把模块装配即集成在一起形成完整的软件包，在装配的同时进行测试，因此称为集成测试。集成测试同时解决程序验证和程序构造这两个问题。在集成过程中最常用的是黑盒测试用例设计技术，当然，为了保证覆盖主要的控制路径，也可能使用一定数量的白盒测试。在软件集成完成之后，还需要进行一系列高级测试。开发者必须测试在需求分析阶段确定下来的确认标准，确认测试是对软件满足所有功能的、行为的和性能的需求的最终保证。在确认测试过程中仅使用黑盒测试技术。测试活动和相关工作产品如图 9-2 所示。

例如强度测试是一种敏感性测试技术，某种情况下，一组包含在程序有效数据边界内的非常小范围的数据变动可能导致极端的，甚至错误的处理，使系统性能严重下降。敏感性测试用来发现可能导致不稳定或不正确处理的有效输入类中的数据组合，是性能测试的一部分。

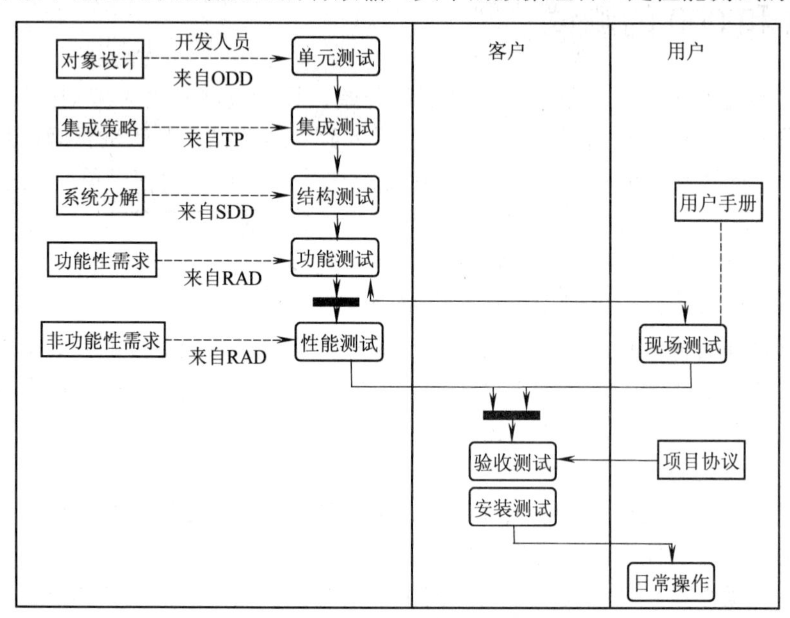

图 9-2　测试活动和相关工作产品

9.3　OO 软件的测试案例设计的影响

面向对象程序的特点对软件测试的影响：信息隐藏对测试的影响、封装和继承对测试的影响、单元和集成测试策略必须有很大的改变、测试用例的设计必须考虑 OO 软件的特征。

设计测试用例，并记录软件运行性能，与性能要求比较，检验其是否达到性能要求规格。继承的成员函数需要测试，子类的测试用例可以参照父类。类测试用例设计：基于故障的测试用例设计、基于用例的测试用例设计。类间测试用例设计：类-关系模型、类-行为模型。

例如，在教师上岗方案中规定对教授、副教授、讲师和助教分别计算分数，做相应的处理。因此，可以确定 4 个有效等价类为教授、副教授、讲师和助教，1 个无效等价类，它是所有不符合以上身份的人员的输入值的集合。

测试过程包括了一组测试用例的开发，每一个测试用例要求能检验应用的一个特定的元素。开发者还需要分析用各个测试用例执行测试的结果来收集有关软件的信息。

软件测试人员可以参考以下方法：应当唯一标识每一个测试用例，并与被测试的类显式地建立关联。陈述测试对象的一组特定状态。对每一个测试建立一组测试步骤，要思考和确定的问题包括被测试对象的一组特定状态；一组消息和操作；考虑在对象测试时可能产生的一组异常；一组外部条件；辅助理解和实现测试时的补充信息。传统的白盒测试方法可用在类定义的操作测试和类级别测试中，黑盒测试方法可用于多类测试。

9.3.1　OO 概念的测试用例设计的含义

对象类，作为在语法上独立的构件，应当允许用在不同的应用中。每个类都应是可靠的，并且不须了解任何实现的细节就能复用。因此，对象类应尽可能孤立地进行测试。

设计操作的测试用例时需要注意：首先定义测试对象的各操作的测试用例；对于一个单独的操作，可通过该操作的前置条件选择测试用例，产生输出，让测试者能够判断后置条件是否能够得到满足。

各个操作的测试与传统对函数过程定义的测试基本相同。然后再把测试用例组扩充，针对被测操作调用对象类中其他操作的情况，设计操作序列的测试用例组。测试可以覆盖每个操作的整个输入域。但这还远远不够，开发者还必须测试这些操作之间的相互作用，才能认为测试是充分的。各个操作间的相互作用包括类内通信和类间通信。

封装可能会成为测试的障碍：测试需要报告对象的具体和抽象状态，而封装使得对象的状态快照难于获得。继承，特别是多继承使测试复杂化。

子类继承或重载的父类成员函数的测试问题：选择测试用例是软件测试员最重要的一项工作。

1）继承的成员函数的测试。对父类中已经测试过的成员函数，以下两种情况需要在子类中重新测试：继承的成员函数在子类中做了改动；成员函数调用了改动过的成员函数的部分。例如，父类 Base 有两个成员函数 Inherited()和 Redefined()，子类 Derived 只对 Redefined()做了改动。Derived∷Redefined()——需要重新测试，Derived∷Inherited()——如果它调用了 Redefined()的语句，则须重新测试，否则不必。

2）父类的测试和子类的测试。上例中，Base∷Redefined()和 Derived∷Redefined()已是两个不同的成员函数，照理应对 Derived∷Redefined()重新进行测试分析，设计测试用例，但由于它们的相似性，只须在 Base∷Redefined()的测试要求和测试用例上添加对 Derived∷Redefined()的新的测试要求和增补相应的测试用例即可。

9.3.2　传统测试案例设计方法的可用性

白盒测试方法可用于类定义的操作的测试，对具有简洁结构的类，白盒测试最好用于类级别的测试，黑盒测试方法也适合 OO 系统。

1. OO 的单元测试

单元概念的变化——封装的类或对象作为最小的可测试单位，一个类可以包含一组不同的操作，而一个特定的操作也可能存在于一组不同的类中。不再孤立地测试单个操作（这是传统单元测试的视角）；OO 软件的类测试等价于传统的单元测试；传统软件的单元测试关注算法细节和模块接口间流动的数据；OO 软件的类测试是由封装在类中的操作和类的状态行为驱动的。

2. OO 的集成测试

OO 软件没有层次的控制结构，传统的自顶向下和自底向上的集成策略没有意义。

OO 软件的集成测试的两种策略：基于线程的测试（Thread-based Testing），集成响应系统的一个输入或事件所需的一组类，每个线程被个体地集成和测试，通过回归测试保证没有副作用产生；基于使用的测试（Use-based Testing），按使用层次来集成系统。把那些几乎不使用其他类提供的服务的类称为独立类，把使用类的类称为依赖类。集成从测试独立类开始，然后集成直接依赖于独立类的那些类，并对其测试。按照依赖的层次关系，逐层集成并测试，直至所有的类被集成。

3. OO 的确认测试

确认和系统测试层次，类连接的细节消失。和传统的确认测试一样，OO 软件的确认关注用户可见的动作和用户可识别的系统输出。为辅助确认测试的导出，开发者应利用分析模型中的用例图提供的场景来提高交互需求中发现错误的可能性。

测试用例设计的整体方法：每个测试用例应被唯一标识，并应显式地和与被测试类相关联；测试的目的应被陈述，对每个测试应开发一组测试步骤，包括将被测试对象的一组特定状态、将被作为测试的结果使用的一组消息和操作、当对象被测试时可能产生的一组异常、一组外部条件（进行测试必需的软件外部环境的变化）、将辅助理解或实现测试的补充信息。

组件是系统中可以孤立进行测试的部分，一个组件可以是对象，一组对象，一个或多个子系统。

错误，也称缺陷或不足，是可能引起组件不正常行为的设计或编码错误。

传统的测试用例设计方法及其思想在面向对象测试中仍是可行的。类内测试，测试类中的每个操作（相当于传统软件中的函数或子程序），通常采用白盒测试方法，例如逻辑覆盖、基本路径覆盖、数据流测试、循环测试等。测试类的行为（通常用状态机图来描述），利用状态机图进行类测试时，可考虑覆盖所有状态、所有状态迁移等覆盖标准，也可考虑从初始状态到终止状态的所有迁移路径的覆盖。划分测试（Partition Testing），这种方法与等价类划分方法相似，它将输入和输出分类，并设计测试用例来处理每个类别。划分的方式有多种：基于状态的划分是根据操作改变类状态的能力对操作分类；基于属性的划分是根据使用的属性对操作分类，例如使用某属性的操作、修改属性的操作、既不使用又不修改属性的操作；基于类别的划分是根据操作的种类对类操作分类，例如初始化操作、计算操作、查询操作、终止操作。

把类作为面向对象软件的单元，传统的单元测试等价于面向对象中的类测试，也称类内测试。它包括类内的方法测试和类的行为测试。

9.3.3 基于故障的测试

人们也可以靠经验和直觉推测程序中可能存在的各种错误，从而有针对性地编写检查这些错误的例子。这就是错误猜测法。

错误猜测法的基本思想是：列举出程序中所有可能出现的错误和容易发生错误的特殊情况，根据它们选择测试方案。显然，它比前两种方法更多地依靠测试人员的直觉与经验。所以，一般都先用前两种方法设计测试用例，然后用错误猜测法补充一些例子作为辅助的测试手段。

数据排序程序的测试。用边界值分析法设计以下测试用例：输入表为空表；输入表中仅有一个数据；输入表为满表。用错误猜测法补充如下用例：输入表已经排好序；输入表的数据顺序恰好于要求的顺序相反；输入表中的数据完全相同。

误差是系统执行过程中错误的表现。故障是组件的规格说明与其行为之间的偏差，故障是由一个或多个误差引起的。

测试用例是一组输入和期待的结果，它根据引起故障和检查的目的来使用组件。测试存根是被测试的组件所依赖的其他一些组件的实现部分。测试驱动程序是依赖被测试组件的那个组件的实现部分。改正是对组件的变化。改正的目的在于修正错误。改正可能会产生新的错误。

9.4 在类级别可用的测试方法

9.4.1 对OO类的测试

测试人员在设计对象类的规格说明测试时需要注意：把对象类当做一个“黑盒”，确认类的实现是否遵照它的定义。对于多数的对象类，主要检验在类声明的public域中的那些操作。对于子类，要检查继承父类的public域和protected域的那些操作。检查所有public域、protected域及private域中的操作以完全检查对象中定义的操作。等价划分的思想也可用到对象类上。将使用对象相同属性的测试归入同一个等价划分集合中。这样可以建立对对象类属性进行初始化、访问、更新等的等价划分。

在设计对象类的行为测试时，测试人员需要注意：基于对象的状态模型进行测试时，首先要识别需要测试的状态的变迁序列，并定义事件序列来强制执行这些变迁；原则上应当测试每一个状态变迁序列，当然这样做测试成本很高；完全的单元应当保证类的执行必须覆盖它的一个有代表性的状态集合。构造函数和消息序列的参数值的选择应当满足这个规则。

测试单个类的方法：

1）随机测试。一系列不同的操作序列可以随机地产生，这些和其他的随机顺序测试被进行，以测试不同的类实例的生存历史。

2）划分测试（Partition Testing）。与测试传统软件时采用的等价类划分方法类似，划分类别的方法：基于状态的划分、基于属性的划分、基于功能的划分。根据类操作改变类状态的能力来划分类操作，根据类操作使用的属性来划分类操作。

生成多个类随机测试用例：

1）对每个客户类，使用类操作列表来生成一系列随机测试序列，这些操作发送消息给服务器类。

2）对生成的每个消息，确定在服务器对象中的协作者类和对应的操作。

3）对服务器对象中的每个操作（已经被来自客户对象的消息调用），确定传递的消息。

4）对每个消息，确定下一层被调用的操作，并把这些操作结合进测试序列中。

类间测试的方法：类间测试主要测试类之间的交互和协作。在UML中通常用顺序图和通信图来描述对象之间的交互和协作。可以根据顺序图或通信图，设计作为测试用例的消息序列，来检查对象之间的协作是否正常。

基于场景的测试：场景是用况的实例，它反映了用户对系统功能的一种使用过程，基于场景的测试主要用于确认测试，在类间测试时也可根据描述对象间的交互场景来设计测试用例。

当考虑面向对象的软件时，单元的概念改变了。“封装”导致了类和对象的定义，这意味着类和类的实例（对象）包装了属性（数据）和处理这些数据的操作（也称为方法或服务）。现在，最小的可测试单元是封装起来的类和对象。一个类可以包含一组不同的操作，而一个特定的操作也可能存在于一组不同的类中。因此，对于面向对象的软件来说，单元测试的含义发生了很大变化。

测试面向对象软件时，不能再孤立地测试单个操作，而应该把操作作为类的一部分来测试。

例如，假设有一个类层次，操作 $\bar{X}$ 在超类中定义并被一组子类继承，每个子类都使用操作 $\bar{X}$，但是，$\bar{X}$ 调用子类中定义的操作并处理子类的私有属性。由于在不同的子类中使用操作 $\bar{X}$ 的环境有微妙的差别，因此有必要在每个子类的语境中测试操作 $\bar{X}$。这就说明，当测试面向对象软件时，传统的单元测试方法是不适用的，不能再在“真空”中（即孤立地）测试单个操作。

9.4.2 系统测试

系统测试，是将通过确认测试的软件，作为整个基于计算机系统的一个元素，与计算机硬件、外设、某些支持软件、数据和人员等其他系统元素结合在一起，在实际运行环境下，测试人员须对计算机系统进行一系列的组装测试和确认测试。

系统测试的目的在于通过与系统的需求定义作比较，发现软件与系统的定义不符合或与之矛盾的地方。

当开发面向对象系统时，集成的层次并不明显。而当一组对象类通过组合行为提供一组服务时，则须将它们一起测试，这就是簇测试。此时不存在自底向上和自顶向下的集成。簇需要根据对象操作以及对象属性的关联来构成。

面向对象系统的集成测试有 3 种可用的方法：

1）用例或基于场景的测试。用例或场景描述了对系统的使用模式。测试可以根据场景描述和对象簇来制定。这种测试着眼于系统结构，首先测试几乎不使用服务器类的独立类，再测试那些使用了独立类的下一层次的（依赖）类。这样一层一层地持续下去，直到整个系统构造测试完成。

2）基于线程的测试。它把为响应某一系统输入或事件所需的一组对象类组装在一起。每一条线程将分别测试和组装。因为面向对象系统通常是事件驱动的，所以这是一个特别合适的测试形式。

3）对象交互测试。这个方法提出了集成测试的中间层概念。中间层给出叫做“方法-消息”路径的对象交互序列。所谓“原子系统功能”就是指一些输入事件加上一条“方法-消息”路径，该测试终止于一个输出事件。

因为在面向对象的软件中不存在层次的控制结构，传统的自顶向下或自底向上的集成策略就没有意义了。此外，由于构成类的各个成分彼此间存在直接或间接的交互，一次集成一个操作到类中（传统的渐增式集成方法）通常是不现实的。面向对象软件的集成测试主要有下述两种不同的策略：

1）基于线程的测试（Thread Based Testing）。这种策略把响应系统的一个输入或一个事件所需要的那些类集成起来，分别集成并测试每个线程，同时应用回归测试以保证没有产生副作用。

2）基于使用的测试（Use Based Testing）。这种方法首先测试几乎不使用服务器类的那些类称为独立类，把独立类都测试完之后，再测试使用独立类的下一个层次的类称为依赖类。对依赖类的测试一个层次一个层次地持续进行下去，直至把整个软件系统构造完为止。

在测试面向对象的软件过程中，测试人员应该注意发现不同的类之间的协作错误。集群测试（Cluster Testing）是面向对象软件集成测试的一个步骤。在这个测试步骤中，用精心设计的测试用例检查一群相互协作的类，这些测试用例力求发现协作错误。

在确认测试或系统测试层次，对象类之间相互连接的细节不再被予以考虑。和传统的确认测试一样，面向对象软件的确认测试也集中检查用户可见的动作和用户可识别的输出。为了导出确认测试用例，测试人员应该认真研究动态模型和描述系统行为的脚本，以确定最可能发现用户交互需求错误的情景。当然，传统的黑盒测试方法也可用于设计确认测试用例，但是，对于面向对象的软件来说，主要还是根据动态模型和描述系统行为的脚本来设计确认测试用例。

测试人员可以利用黑盒测试的方法来驱动确认测试，测试检测软件中的故障并确定软件是否执行了预定要开发的功能。

软件测试是由一系列不同的测试组成，其主要目的是对以计算机为基础的系统进行充分的测试。其分类如下：

1）功能测试。是指在规定的一段时间内运行软件系统的所有功能，以验证这个软件系统有无严重错误的测试。

2）可靠性测试。如果系统需求说明书中有对可靠性的要求，那么测试人员须进行可靠性测试。可靠性测试是指为了保证和验证软件的可靠性要求而进行的测试。通过该测试，测试人员可有效发现程序中影响软件可靠性的缺陷，并可估计、预计软件的可靠性水平。

3）强度测试。检查在系统运行环境不正常乃至发生故障的情况下，系统可以运行到何种程度的测试。例如，把输入数据速率提高一个数量级，确定输入功能将如何响应。设计需要占用最大存储量或其他资源的测试用例进行测试。设计出在虚拟存储管理机制中引起“颠簸”的测试用例进行测试。设计出会对磁盘常驻内存的数据过度访问的测试用例进行测试。

强度测试的一个变种就是敏感性测试。在程序有效数据界限内一个小范围内的一组数据变动可能引起极端的或不平稳的错误处理出现，或者导致极度的性能下降的情况发生。此测试用以发现可能引起这种不稳定性或不正常处理的某些数据组合。

4）性能测试。检查系统是否满足在需求说明书中规定的性能，特别适用于实时系统或嵌入式系统。性能测试常常需要与强度测试结合起来进行，并常常要求同时进行硬件和软件检测。

通常，对软件性能的检测表现在以下几个方面：响应时间、吞吐量、辅助存储区，如缓冲区、工作区的大小以及处理精度等。

5）恢复测试。证实在克服硬件故障包括掉电、硬件或网络出错等后，系统能否正常地继续进行工作，并不对系统造成任何损害。为此，测试人员可采用各种人工干预的手段，模拟硬件故障，故意造成软件出错，并由此检查：错误探测功能——系统能否发现硬件失效与故障；能否切换或启动备用的硬件；在故障发生时能否保护正在运行的作业和系统状态；在系统恢复后能否从最后记录下来的无错误状态开始继续执行作业等。掉电测试：其目的是测试软件系统在发生电源中断时能否保护当时的状态且不毁坏数据，然后在电源恢复时从保留的断点处重新进行操作。

6）启动/停止测试。这类测试的目的是验证在机器启动及关机阶段，软件系统正确处理的能力。这类测试包括反复启动软件系统，例如操作系统自举、网络的启动、应用程序的调用等。

7）配置测试。这类测试是要检查计算机系统内各个设备或各种资源之间的相互联结和功能分配中的错误，主要包括以下几种。

① 配置命令测试：验证全部配置命令的可操作性；特别对最大配置和最小配置要进行测试。软件配置和硬件配置都要测试。

② 循环配置测试：证明对每个设备物理与逻辑的，逻辑与功能的每次循环置换配置都能正常工作。

③ 修复测试：检查每种配置状态及哪个设备是坏的，并用自动或手工的方式进行配置状态间的转换。

8）安全性测试。检验在系统中已经存在的系统安全性、保密性措施是否发挥作用，有无漏洞。

力图破坏系统的保护机构以进入系统的主要方法有以下几种：正面攻击或从侧面、背面攻击系统中易受损坏的那些部分；以系统输入为突破口，利用输入的容错性进行正面攻击；

申请和占用过多的资源“压垮”系统，以破坏安全措施，从而进入系统；故意使系统出错，利用系统恢复的过程，窃取用户口令及其他有用的信息；通过浏览残留在计算机各种资源中的垃圾（无用信息），以获取如口令、安全码、译码关键字等信息；浏览全局数据，期望从中找到进入系统的关键字；浏览那些逻辑上不存在，但物理上还存在的各种记录和资料等。

9）可使用性测试。主要从使用的合理性和方便性等角度对软件系统进行检查，发现人为因素或使用上的问题。要保证在足够详细的程度下，用户界面便于使用；对输入量可容错、响应时间和响应方式合理可行、输出信息有意义、正确并前后一致；出错信息能够引导用户去解决问题；软件文档全面、正规、确切。

10）可支持性测试。这类测试是要验证系统的支持策略对于公司与用户方面是否切实可行。它所采用的方法是试运行支持过程（例如对有错部分打补丁的过程，热线界面等）；对其结果进行质量分析；评审诊断工具；维护过程、内部维护文档；修复一个错误所需平均最少时间。

11）安装测试。安装测试的目的不是查找软件错误，而是查找安装错误。安装软件系统会有多种选择。要分配和装入文件与程序库；布置适用的硬件配置；进行程序的联结。而安装测试就是要找出在这些安装过程中出现的错误。

安装测试是在系统安装之后进行的测试。它要检验的内容包括：用户选择的一套任选方案是否相容；系统的每一部分是否都齐全；所有文件是否都已产生并确有所需要的内容；硬件的配置是否合理等。

12）过程测试。在一些大型的系统中，部分工作由软件自动完成，其他工作则须由各种人员（包括操作员，数据库管理员，终端用户等）按一定规程同计算机配合，靠人工来完成。指定由人工完成的过程也须经过仔细的检查，这就是所谓的过程测试。

13）互连测试。验证两个或多个不同的系统之间的互连性的测试。

14）兼容性测试。这类测试主要想验证软件产品在不同版本之间的兼容性。有两类基本的兼容性测试：向下兼容和交错兼容。

15）容量测试。检验系统的能力最高能达到什么程度。例如，对于编译程序，让它处理特别长的源程序；对于操作系统，让它的作业队列“满员”；对于信息检索系统，让它使用频率达到最大。在使系统的全部资源达到“满负荷”的情形下，测试系统的承受能力。

16）文档测试。这种测试是检查用户文档（如用户手册）的清晰性和精确性。用户文档中所使用的例子必须在测试中一一试过，确保其叙述正确无误。

本章小结

本章主要讨论软件的测试，重点放在测试的策略与技术、纠错的策略与技术，以及多模块软件的测试内容与方法。面向对象系统的测试与传统的基于功能的系统的测试之间存在很大差别：对象作为一个单独的构件一般比一个功能模块大。测试过程包括了一组测试用例的开发，每个测试用例要求能检验应用的一个特定的元素，还需要分析用各个测试用例执行测试的结果来收集有关软件的信息。

习题

1. 简述用面向对象方法所开发的软件可维护性好的原因。
2. 设计操作的测试用例时需要注意哪些问题？
3. 简述面向对象系统的集成测试的主要方法。

第 10 章　软件维护工程

软件维护阶段覆盖了从软件交付使用到软件被淘汰为止的整个时期。软件的开发时间可能需要一两年，甚至更短，但它的使用时间可能要经历几年或几十年。

我们在软件开发过程中始终强调软件的可维护性。原因是，一个应用系统由于需求和环境的变化以及自身暴露的问题，在交付用户使用后，对它进行维护是不可避免的。统计和估测结果表明，信息技术中硬件费用一般占 35%，软件占 65%；而软件后期维护费用有时竟高达软件总费用的 80%，所有前期开发费用仅占 20%。对软件而言，“维护”是个不太直观的术语，因为软件产品在重复使用时不会被磨损，并不需要进行像对车辆或电器那样的维护。许多大型软件公司为维护已有软件耗费了大量人力、财力。因此，建立一套评估、控制和实施软件维护的机制是很有必要的。

GB/T 11457—2006 给出软件维护的定义如下：在（软件）支付以后，修改软件系统或部件以排除故障、改进性能或其他属性或适应变更了的环境的过程。

在软件的开发工作已完成并把软件产品交付给用户使用之后，软件就进入了维护阶段。这个阶段的工作目标是保证软件在一个相当长的时期内能够正常运行，因此对软件的维护就是必不可少的了。

软件维护需要的工作量非常大。平均说来，大型软件的维护成本高达开发成本的 4 倍左右。目前国外许多软件开发组织把 60%以上的人力用于维护已有的软件，而且随着软件数量的增多和使用寿命的延长，这个比例还在持续上升。将来维护工作甚至可能会“束缚”住软件开发组织的“手脚”，使他们没有余力开发新的软件。

10.1　软件维护案例介绍

维护发生在一个软件产品发布之后。普遍地估计，70%左右的软件费用集中于维护。如果疏忽这个方面，软件品质的研究是不会令人满意的。文档驱动的软件维护主要包括用户文档和系统文档。

用户文档是用户了解系统的第一步，它应该能使用户获得对系统的准确的初步印象。用户文档应该使用户能够方便地根据需要阅读有关的内容。

用户文档至少应该包括下述 5 方面的内容。

1）功能描述：说明系统能做什么。

2）安装文档：说明怎样安装这个系统以及怎样使系统适应特定的硬件配置。

3）使用手册：简要说明如何着手使用这个系统（应该通过丰富例子说明怎样使用常用的系统功能，还应该说明用户操作错误时怎样恢复和重新启动）。

4）参考手册：详尽描述用户可以使用的所有系统设施以及它们的使用方法，还应该解释系统可能产生的各种出错信息的含义（对参考手册最主要的要求是完整，因此通常使用形式化的描述技术）。

5）操作员指南（如果需要有系统操作员的话）：说明操作员应该如何处理使用中出现的各种情况。

上述内容可以分别作为独立的文档，也可以作为一个文档的不同分册，具体做法应该由系统规模决定。

所谓系统文档指从问题定义、需求说明到验收测试计划这样一系列和系统实现有关的文档。描述系统设计、实现和测试的文档对于理解程序和维护程序来说是极其重要的。与用户文档类似，系统文档也应该能把读者从对系统概貌的了解，引导到对系统每个方面每个特点的更形式化更具体的认识。

软件系统必须具有处理用户操作错误的能力，即当用户在输入数据时发生错误，不应该引起程序运行中断，更不应该造成“死机”。任何一个接收用户输入数据的方法，对其接收到的数据都必须进行检查，即使发现了非常严重的错误，也应该给出恰当的提示信息，并准备再次接收用户的输入。总的来说，使用过程中离不开维护。

10.2 软件维护概述

一种软件产品在重复的使用中是不会磨损的，因此并不需要像汽车或电视机那样的“维护”。事实上，这个词被软件人员用以描述一些重要的和一些并不重要的活动。重要的部分是指修改：当计算机系统的规格改变了，其反映了外部世界的改变，因此系统本身也必须要改变。并不重要的部分是指后期除错：移除那些不应该在那里的错误。

软件维护是指在软件运行或维护阶段对软件产品所进行的修改，处于生存周期的最后一个阶段，所有活动都发生在软件交付并投入运行之后。

10.2.1 软件维护的类型

软件维护强调必须在现有系统的限定和约束条件下实施，维护活动根据起因可分为改正性维护、适应性维护、扩充与完善性维护和预防性维护 4 类。

1）改正性维护。在软件交付使用后，由于开发时测试得不彻底或不完全，在运行阶段，一些开发时未能测试出来的错误会暴露出来。为了识别和纠正软件错误，改正软件性能上的缺陷，避免实施中的错误使用，应当进行的诊断和改正错误的操作，这就是改正性维护。例如在软件交付用户使用之后，解决在开发时因没有测试所有可能的执行通路而带来的问题；解决程序中遗漏的处理和错误等。

2）适应性维护。随着计算机技术的飞速发展和更新换代，软件系统所需的外部环境或数据环境可能会更新和升级。一方面，计算机科学技术领域的各个方面都在迅速进步，大约每过 36 个月就有新一代的硬件出现；另一方面，应用软件的使用寿命却很容易超过 10 年，远远长于最初开发这个软件时的运行环境的寿命。因此，适应性维护就是为了适当地和变化了的环境配合而进行的修改软件的活动，是既必要又频繁的维护活动。例如，适应性维护可以是修改原本在 DOS 操作系统中运行的程序，使之能在 Windows 操作系统中运行；修改两个程序，使它们能够使用相同的记录结构；修改程序，使它适用于另外一种终端设备。

3）扩充与完善性维护。在软件的使用过程中，用户往往会对软件提出新的功能与性能要求。为了满足这些要求，开发者需要修改或再开发软件，以扩充软件功能、增强软件性能、改进加工效率、提高软件的可维护性。这种情况下进行的维护活动叫做扩充与完善性维护。例如，在储蓄系统交付银行使用之后，增加扣除利息税的功能；缩短系统的响应时间，使之达到新的要求；改变现有程序输出数据的格式以方便用户；在正在运行的软件中增加联机求助功能等，这些都是扩充与完善性维护。

4）预防性维护。当为了提高软件未来的可维护性或可靠性，或为了给未来的改进工作奠定更好的基础而修改软件时，第 4 类维护活动就出现了，这类维护活动称为预防性维护。通常把预防性维护定义为：“把今天的方法学应用于昨天的系统以满足明天的需要”。也就是说，预防性维护就是采用先进的软件工程方法对需要维护的软件或软件中的某一部分，主动地进行重新设计、编码和测试。

在维护阶段的最初一两年，改正性维护的工作量往往比较大。随着在软件运行过程中错误发现率迅速降低并趋于稳定，就进入了正常使用期间。但是，由于用户经常提出改造软件的要求，适应性维护和扩充与完善性维护的工作量逐渐增加，而且在这种维护过程中往往又会引入新的错误，从而进一步加大了维护的工作量。

从上述关于软件维护的定义不难看出，软件维护绝不仅仅限于纠正使用中发现的错误，事实上在全部维护活动中一半以上是扩充与完善性维护。各类维护占总的维护比例和维护在软件生存期中所占比例如图 10-1 所示。

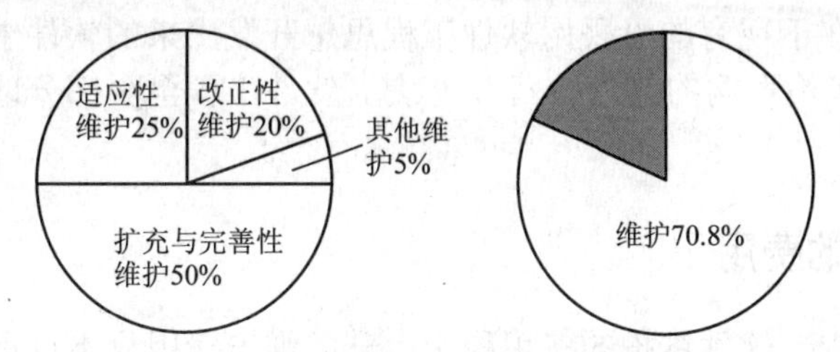

图 10-1 各类维护占总的维护比例和维护在软件生存期中所占比例

在实践中，软件维护各种活动常常交织在一起，尽管这些维护在性质上有些重叠，但是还是应该区分这些维护活动，只有正确区分维护活动的类型才能够更有效地确定维护需求的优先级。

维护时，开发人员从分析需求规格说明开始，真正了解软件功能和性能上的改变，对设计说明文档进行修改和复查，再根据设计修改进行程序变动，并用测试文档中的测试用例进行回归测试，最后将修改后的软件再次交付使用。

10.2.2 软件维护的困难

软件维护的困难主要是由软件需求分析和开发方法的缺陷造成的。软件生存周期中的开发阶段没有严格而又科学的管理和规划，几乎必然会导致在最后阶段出现问题。下面列出和软件维护有关的部分问题：

1）理解别人写的程序通常非常困难。要修改别人编写的程序，首先要看懂、理解别人的程序。而理解别人写的程序是非常困难的，这种困难程度随着程序文档的减少而快速地增加，如果没有相应的详细文档，困难就会达到非常严重的地步。一般程序员都有这样的体会：修改别人的程序，还不如自己重新编写程序。

2）需要维护的软件文档不一致。文档不一致性是导致维护工作困难的又一重要因素。它会导致维护人员不知所措，使其不知道根据什么进行修改。这种不一致表现在各种文档之间的不一致以及文档与程序之间的不一致。这种不一致是由开发过程中文档管理不严格所造成的。开发中经常会出现修改程序却忘了修改与其相关的文档，或某一文档做了修改，却没有修改与其相关的另一文档这类现象。要解决文档不一致性，就要加强文档版本管理工作。认识到软件必须有文档仅仅是第一步，容易理解并且和程序代码完全一致的文档才真正有价值。

3）软件人员流动性大。如果软件维护工作是由该软件的开发人员来进行，则维护工作就变得容易，因为他们熟悉软件的功能、结构等。由于维护阶段持续的时间很长，因此当需要解释软件时，往往原来写程序的人已不在现场了。通常开发人员与维护人员是不同的，这种差异会导致维护的困难。

4）设计时未考虑将来的修改需要，修改困难。绝大多数软件在设计时没有考虑将来的修改。除非使用强调模块独立原理的设计方法学，否则修改软件既困难又容易发生差错。程序之间相互交织，触一而牵百。即使有很好的文档，也不敢轻举妄动，否则有可能陷进错误堆里。如果软件发行了多个版本，要追踪软件的演化非常困难。维护将会产生不良的副作用，不论是修改代码、数据或文档，都有可能产生新的错误。

5）维护工作无吸引力，缺乏成就感。软件维护不是一项吸引人的工作，形成这种观念很大程度上是因为维护工作经常使人遭受挫折。高水平的程序员自然不愿主动去做维护工作，而企业也“舍不得”让高水平的程序员去做。带着消极情绪的低水平的程序员只会把维护工作搞得一塌糊涂。

上述种种困难存在于现有的没采用软件工程思想开发出来的软件中。虽然不应该把一种科学的方法学看做“包治百病的灵丹妙药”，但是，软件工程至少部分地解决了与维护有关的每一个问题。

10.2.3 软件维护的费用

在过去的几十年中，软件维护的费用稳步上升。维护费用只不过是软件维护的最明显的代价，其他一些现在还不明显的代价将来可能更为人们所关注。例如，因为可用的资源必须供维护任务使用，以致耽误甚至丧失了开发新软件的良机，这是软件维护的一个无形的代价。其他无形的代价还包括：当看来合理的有关改错或修改的要求不能及时满足时将引起用户不满；由于维护时的改动，在软件中引入了潜在的故障，从而降低了软件的质量；当必须把软件工程师调去从事维护工作时，将在开发过程中造成混乱。

软件维护的最后一个代价是生产率的大幅度下降，这种情况在维护旧程序时常常遇到。例如，据 Gausler 在 1976 年的报道，美国空军的飞行控制软件每条指令的开发成本是 75 美元，然而每条指令的维护成本大约是 4 000 美元。

用于维护工作的活动可以分成：①生产性活动，如分析评价、修改设计和编写程序代码等；②非生产性活动，如理解程序代码的功能，解释数据结构、接口特点和性能限度等。

下面给出软件维护工作量的一种费用估算模型：

$$M = P + K \times e^{(c-d)} \tag{10-1}$$

式中 M——维护所用总工作量；
P——生产性工作量；
K——经验常数；
c——复杂度，表示设计的好坏及文档完整程度；
d——对欲维护软件的熟悉程度。

模型表明，倘若未用好的软件开发方法（即未遵循软件工程的思想）或软件开发人员不能参与维护，则维护工作量（和成本）将呈指数增长。

若维护方式没有大的改进，未来几年，许多大型软件公司可能要将其预算的 80%用于软件系统的维护上。其他因素也已经引起人们的注意，例如，由于资源（人力、设备）优先用于维护任务，影响新软件系统的开发，可能会丧失机会；维护旧程序可能会造成使生产率的大幅度下降。

软件可维护性与软件质量和可靠性一样，是难于量化的概念，然而借助维护活动中可以定量估算的属性，能间接地度量可维护性：察觉到问题所耗的时间；收集维护工具所用时间；分析问题所需时间；形成修改说明书所需时间；纠错（或修改）所用时间；局部测试所用时间；整体测试所用时间；维护复审所用时间；完全恢复所用时间。

10.2.4 软件维护的方式

软件维护可分为结构化的维护与非结构化的维护。

如果软件配置的唯一成分是程序代码，那么维护活动从艰难地评价程序代码开始，而且常常由于程序内部文档不足而使评价更困难。诸如软件结构、全程数据结构、系统接口、性能或设计约束等微妙的特点是难于弄明白的，而且常常误解了这一类特点。最终对程序代码所做改动的后果是难于估量的。因为没有测试方面的文档，所以不可能进行回归测试。这就是非结构化维护，这种维护方式是没有使用良好定义的方法学开发出来的软件的必然结果，并正在为此而付出代价。

如果有一个完整的软件配置存在，那么维护工作从评价设计文档开始，确定软件重要的结构特点、性能特点以及接口特点；估量要求的改动将带来的影响，并且计划实施途径。然后，首先修改设计并且对所做修改进行仔细复查。其次，编写相应的源程序代码；使用在测试说明书中包含的信息进行回归测试。最后，把修改后的软件再次交付使用。上面描述的事件构成结构化维护，它是在软件开发的早期应用软件工程方法学的结果（它确实能减少精力的浪费并且能提高维护的总体质量）。

非结构化维护的代价很高，这种维护方式是没有使用软件工程方法学开发出来的软件的必然结果。以完整的软件配置为基础的结构化维护，是在软件开发中应用软件工程方法学的结果。虽然有了软件的完整配置并不能保证维护时没有问题，但是确实能减少精力的浪费并且可以提高维护的总体质量。

10.3 软件系统的维护

10.3.1 概述

维护过程本质上是修改和压缩了的软件定义和开发过程，而且事实上远在提出一项维护要求之前，与软件维护有关的工作已经开始了。首先必须建立一个维护组织，其次必须确定报告和评价的过程，而且必须为每个维护要求规定一个标准化的事件序列。最后，还应该建立一个适用于维护活动的记录保管过程，并且规定复审标准。

10.3.2 软件维护的过程

1. 维护组织

虽然通常并不需要建立正式的维护组织，但是，即使对于一个小的软件开发团体而言，非正式地委托责任也是绝对必要的。每个维护要求都通过维护管理员转交给相应的系统管理员去评价。系统管理员是被指定去熟悉一小部分产品程序的技术人员。系统管理员对维护任务做出评价之后，由授权人决定应该进行的活动。

在维护活动开始之前就明确维护责任是十分必要的，这样做可以大大减少维护过程中可能出现的混乱。临时维护小组是非正式的机构，它执行一些特殊的或临时的维护任务。例如，对程序排错的检查，检查完善性维护的设计和进行质量控制的复审等。临时维护小组采用“同事复审”或“同行复审”等方法来提高维护工作的效率。对长期运行的复杂系统需要一个稳定的维护小组。

长期团队则更正式，能够专业化创建沟通渠道，可以管理软件系统整个生存期的成功演化。无论是临时维护小组还是长期团队，都要把有经验的员工和新员工混合起来。对于非纠错性维护，则首先判断维护类型，对适应性维护，按照评估后得到的优先级放入队列。对于改善性维护，则还要考虑是否采取行动，如果接受申请，则同样按照评估后得到的优先级放入队列；如果拒绝申请，则通知请求者，并说明原因。对于工作安排队列中的任务，由修改负责人依次从队列中取出任务，按照软件工程方法学规划、组织和实施工程。

维护小组由以下成员组成：

1）组长。维护小组组长是该小组的技术负责人，负责向上级主管部门报告维护工作。组长应是一个有经验的系统分析员，具有一定的管理经验，熟悉系统的应用领域，如配置管理员。

2）副组长。副组长是组长的助手，在组长缺席时完成组长的工作，具有与组长相同的业务水平和工作经验。副组长还执行同开发部门或其他维护小组联系的任务：在系统开发阶段，收集与维护有关的信息；在维护阶段，同开发者继续保持联系，向他们传送程序运行的反馈信息。因为大部分维护要求是由用户提出的，所以副组长同用户保持密切联系也是非常重要的。

3）维护管理员。维护管理员（即维护负责人）是维护小组的行政负责人，他通常管理几个维护小组的人事工作，即负责维护小组成员的人事管理工作。

4）维护人员。维护人员负责分析程序改变的要求和执行修改工作。维护人员不仅具有软件开发方面的知识和经验，也应具有软件维护方面的知识和经验，还应熟悉程序应用领域的知识。

5）系统监督员。系统监督员一般都是对程序（某一部分）特别熟悉的技术人员。在维护人员对程序进行修改的过程中，由配置管理员严格把关，控制修改的范围，对软件配置进行审计。

维护管理员、系统监督员、修改负责人等均代表维护工作的某个职责范围，可以是指定的某个人（如组长），也可以是包括管理人员、高级技术人员在内的小组。维护组织结构如图10-2所示。

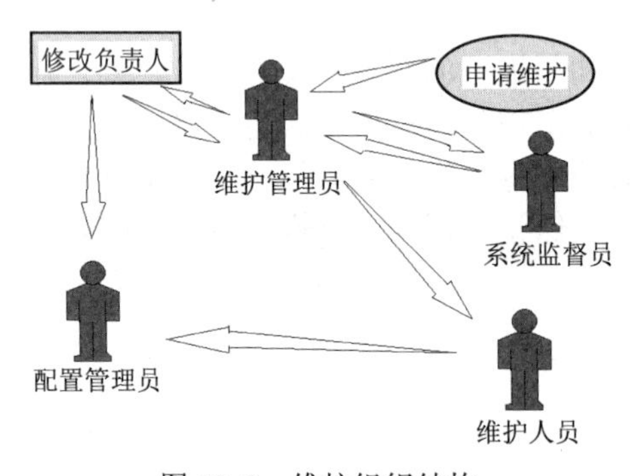

图10-2　维护组织结构

2. 维护报告

所有软件维护申请应按规定的方式提出，维护机构通常提供“维护申请报告”或称“软件问题报告”由申请维护的用户填写。维护机构内部要写“软件修改报告”。

软件修改报告须指明：为满足维护申请报告提出的需求所需的工作量、本次维护活动的类别、本次维护请求的优先级、本次修改的背景数据。在拟定进一步维护计划前，软件修改报告要提交给修改决策机构，供进一步规划维护活动使用。

应该用标准化的格式表达所有软件维护要求。软件维护人员通常给用户提供空白的维护要求表，这个表格由要求一项维护活动的用户填写。如果遇到了一个错误，那么必须完整描述导致出现错误的环境（包括输入数据、全部输出数据以及其他有关信息）。对于适应性或完善性的维护要求，应该提出一个简短的需求说明书，即由维护管理员和系统管理员评价用户提交的维护要求表。

维护要求表是一个外部产生的文件，它是计划维护活动的基础。软件组织内部应该制订一个软件修改报告，它应给出下述信息：满足维护要求表中提出的要求所需的工作量；维护要求的性质；这项要求的优先次序；与修改有关的事后数据。

在拟定进一步的维护计划之前，把软件修改报告提交给变化授权人审查批准。

3. 维护的事件流

图 10-3 描绘了由一项维护要求而引出的一连串事件。

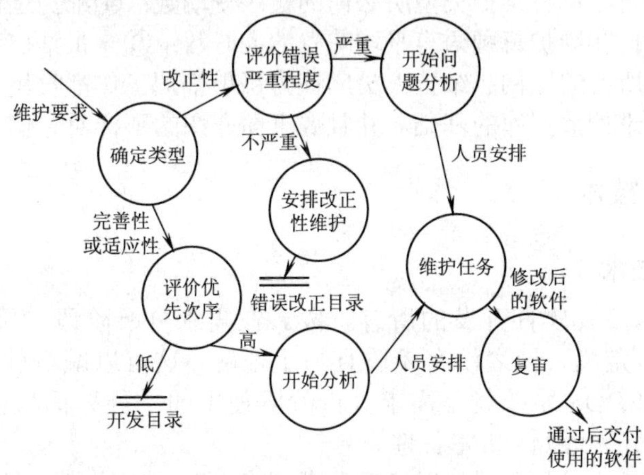

图 10-3 维护的事件流

首先应该确定要求进行的维护的类型。用户常常把一项要求看做是为了改正软件的错误（即改正性维护），而开发人员可能把同一项要求看做是适应性或扩充与完善性维护。当存在不同意见时用户和开发人员必须协商解决。

对改正性维护要求的处理，从估量错误的严重程度开始。如果是一个严重的错误（例如一个关键性的系统不能正常运行），则应在系统管理员的指导下分派人员，并且立即开始问题分析过程。如果错误并不严重，那么改正性的维护和其他要求软件开发资源的任务将被一起统筹安排。

适应性维护和扩充与完善性维护的要求沿着相同的事件流同路前进。应该确定每个维护要求的优先次序，并且安排要求的工作时间，就好像它是另一个开发任务一样，如果一项维护要求的优先次序非常高，则可能立即开始维护工作。

不管维护类型如何，都需要进行同样的技术工作。这些工作包括修改软件设计、复查、必要的代码修改、单元测试和集成测试（包括使用以前的测试方案的回归测试）以及验收测试和复审。

不同类型的维护强调的重点不同，但是基本途径是相同的。维护事件流中的最后一个事件是复审，它再次检验软件配置的所有成分的有效性，并且保证事实上满足了维护要求表中的要求。

当然，也有并不完全符合上述事件流的维护要求。当发生恶性的软件问题时，所谓的“救火”维护要求就出现了，这种情况需要立即把资源用来解决问题。

4. 保存维护记录

对于软件生命周期的所有阶段而言，以前的记录保存都是不充分的，而软件维护则根本没有记录保存下来。由于这个原因，往往不能估价维护技术的有效性，不能确定一个产品程序的“优良”程度，而且很难确定维护的实际代价是什么。

保存维护记录遇到的第一个问题就是，“哪些数据是值得记录的？”Swanson 提出了下述内容：程序标识；源语句数；机器指令条数；使用的程序设计语言；程序安装的日期；自从安装以来程序运行的次数；自从安装以来程序失效的次数；程序变动的层次和标识；因程序变动而增加的源语句数；因程序变动而删除的源语句数；每个改动耗费的人时数；程序改动的日期；软件工程师的名字；维护要求表的标识；维护类型；维护开始和完成的日期；累计用于维护的人时数；与完成的维护相联系的纯效益。

如果已经开始保存维护记录，那么可以对维护工作做一些定量度量，至少可以从如下 7 方面进行评价：①每次程序运行平均失败的次数；②用于每一类维护活动的总人时数；③平均每个程序、每种语言、每种维护类型所必需的程序变动数；④维护过程中增加或删除源语句平均花费的人时数；⑤维护每种语言平均花费的人时数；⑥一张维护请求表的平均周转时间；⑦不同维护类型所占的比例。维护人员应该为每项维护工作都收集上述数据，并可以利用这些数据构成一个维护数据库的基础，并且像下面介绍的那样对它们进行评价。

10.3.3 软件维护技术

1. 面向维护的技术

面向维护的技术涉及软件开发的所有阶段。在需求分析阶段，维护人员应对用户的需求进行严格的分析定义，使之没有矛盾且易于理解，这可以减少软件中的错误。例如，美国密执安大学的 ISDOS 系统就是需求分析阶段使用的一种分析与文档化工具，可以用它来检查需求说明书的一致性和完备性。

在设计阶段，维护人员划分模块时应充分考虑将来改动或扩充的可能性，可使用结构化分析和结构化设计方法，采用容易变更的、不依赖于特定硬件和特定操作系统的设计。

2. 维护支援技术

维护支援技术包括下列各方面的技术：①信息收集；②错误原因分析；③软件分析与理解；④维护方案评价；⑤代码与文档修改；⑥修改后的确认；⑦远距离维护。

软件维护工作在维护申请提出之前就开始了，包括：建立维护组织；强制报告和评估的过程；为每个维护申请确定标准化的事件序列；制定保存维护活动记录的制度和有关复审及评估的标准。

在完成软件维护任务之后，进行处境复查常常是有好处的。一般说来，这种复查试图回答下述问题：在当前处境下设计、编码或测试的哪些方面能用不同方法进行？哪些维护资源是应该有而事实上却没有的？对于这项维护工作什么是主要的、次要的障碍是什么？要求的维护类型中有预防性维护吗？处境复查对将来维护工作的进行有重要影响，而且所提供的反馈信息对有效地管理软件组织十分重要。

必要的技术工作：修改软件需求说明、修改软件设计、设计评审、对源程序做必要修改、单元测试、集成测试（即回归测试）、确认测试、软件配置评审等。

10.3.4 影响维护工作量的因素

软件的维护受各种因素的影响。开发者在设计、编码和测试时漫不经心，软件配置不全等都会给维护带来困难。除了与开发方法有关的因素外，还有下列与开发环境有关的因素：

是否拥有一组训练有素的软件人员；系统结构是否可理解；是否使用标准的程序设计语言；是否使用标准的操作系统；文档的结构是否标准化；测试用例是否合适；是否已有嵌入系统的调试工具；是否有一台计算机可用于维护。

除此之外，软件开发时的原班人马是否能参加维护也是一个值得考虑的因素。

影响维护工作量的因素主要有：

1）系统的规模。系统规模越大，其功能就越复杂，软件维护的工作量也随之增大。

2）程序设计语言。使用功能强大的程序设计语言可以控制程序的规模。语言的功能越强，生成程序的模块化和结构化程度越高，所需指令数就越少，程序的可读性也越好。

3）系统年龄。老系统比新系统需要更多的维护工作量。

4）数据库技术的应用。使用数据库可以简单而有效地管理和存储用户程序中的数据，还可以减少生成用户报表应用软件的维护工作量。

5）先进的软件开发技术：在软件开发过程中，如果采用先进的分析设计技术和程序设计技术，如面向对象技术、复用技术等，可减少大量的维护工作量。

其他一些因素（例如应用的类型、数学模型、任务的难度、IF 嵌套深度、索引或下标数等）对维护工作量也有影响。

10.3.5 软件维护的策略

1. 降低改正性维护成本的策略

显然，软件中包含的错误越少，改正性维护的成本也就越低，但是，要生成 100%可靠的软件通常成本太高，并不一定合算。通过使用先进技术仍然可以大大提高软件的可靠性，从而减少改正性维护的需求。

2. 降低适应性维护成本的策略

这类维护是必然要进行的，但是要采取适当的策略。在进行配置管理时，把硬件、操作系统和其他相关的环境因素的可能变化考虑在内，可以减少某些适应性维护的工作量；把与硬件、操作系统及其他外围设备有关的代码放到特定的程序模块中，可以把因环境变化而必须修改的程序代码局限于某些特定的程序模块内；使用内部程序列表、外部文件及例行处理程序包，可以为维护时修改程序提供方便。

3. 降低完善性维护成本的策略

上述减少前两类维护成本的策略，通常也能降低扩充与完善性维护的成本。特别是数据库管理系统、程序自动生成系统、软件开发环境、第四代语言和应用软件包，可明显减少维护工作量。

此外，在需求分析过程中准确地预测用户将来可能提出的需求，并且在设计时为将来可能提出的需求预先做准备，显然是降低扩充与完善性维护成本的有力措施。

在实际开发软件之前，建立软件的原型并让用户试用，以进一步完善他们对软件的功能需求，也能显著减少软件交付使用之后的完善性维护需求。

可维护性是所有软件都努力追求的一个基本特性。在软件工程每一个阶段的复审中，可维护性都是重要指标。

在需求分析阶段的复审中，开发者应对将来可能修改和可以改进的部分加以注释，对软件的可移植性加以讨论并考虑可能影响软件维护的系统界面。

在设计阶段的复审中，应从易于维护和提高设计总体质量的角度全面评审数据设计、总体结构设计、过程设计和界面设计。代码复审则主要强调编程风格和内部文档这两个直接影响可维护性的因素。

最后，每一阶段性测试都应指出软件正式交付之前应该进行的预防性维护。

软件维护活动完成之际亦要进行复审。正式的可维护性复审放在测试完成之后，称为配置复审。

每个维护申请都应通过维护管理员转告给系统管理员，系统管理员一般都是对程序（某一部分）特别熟悉的技术人员，他们对维护申请及可能引起的软件修改进行评估，并向修改控制决策机构（一个或一组管理者）报告，由它最后确定是否采取行动。依照这样的组织方式开展维护活动能减少混乱和盲目性，避免因小失大的情况发生。

上述各个岗位都不需要专职人员，但必须为胜任者，并且要早在维护活动开始之前就明确各自责任，避免互相推诿、急功近利的现象发生。

软件可维护性是指软件能够被理解、校正、适应及增强功能的容易程度。

软件的可维护性、可使用性和可靠性是衡量软件质量的几个主要特性，也是用户十分关心的几个问题。但是对于影响软件质量的这些主要因素，目前还没有对它们普遍适用的定量度量的方法，就其概念和内涵来说则是很明确的。

软件的可维护性是软件开发阶段的关键目标。影响软件可维护性的因素较多，设计、编码及测试中的疏忽和低劣的软件配置，缺少文档等都会对软件的可维护性产生不良影响。

软件可维护性可用下面 7 个质量特性来衡量，即可理解性、可测试性、可修改性、可靠性、可移植性、可使用性和效率。对于不同类型的维护，这 7 种特性的侧重点也不相同。这些质量特性通常体现在软件产品的许多方面。为使每个质量特性都达到预定的要求，需要在软件开发的各个阶段采取相应的措施加以保证，即要求这些质量要渗透到各开发阶段的各个步骤中。因此，软件的可维护性是产品投入运行以前各阶段针对上述各质量特性要求进行开发的最终结果。

目前有若干对软件可维护性进行综合度量的方法，但要对可维护性做出定量度量还是困难的。还没有一种方法能够使用计算机对软件的可维护性进行综合性的定量评价。下面是度量一个可维护的软件的 7 种特性时常采用的方法，即质量检查表、质量测试和质量标准。

质量检查表是用于测试程序中某些质量特性是否存在的一个问题清单。检查者对检查表上的每一个问题，依据自己的定性判断，回答“是”或者“否”。质量测试与质量标准则用于定量分析和评价程序的质量。由于许多质量特性是相互冲突的，因此开发者要考虑几种不同的度量标准去度量不同的质量特性。

提高可维护性的方法如下：

（1）建立明确的软件质量目标

实际上，有一些可维护特性是相互促进的，如可理解性和可测试性、可理解性和可修改性；而另一些则是相互矛盾的，如效率和可移植性、效率和可修改性。为保证程序的可维护性，应该在一定程度上满足可维护性的各个特性，但各个特性的重要性随着程序用途的不同或计算机环境的不同而改变。对编译程序来说，效率和可移植性是主要的；对信息管理系统来说，可使用性和可修改性可能是主要的。通过大量实验证明，强调效率的程序包含的错误比强调简明性的程序所包含的错误要高出 10 倍。因此，明确软件所追求的质量目标对软件的质量和生存周期的费用将产生很大的影响。

（2）利用先进的软件开发技术和工具

利用先进的软件开发技术能大大提高软件质量和减少软件费用。例如，面向对象的软件开发方法就是一个非常实用而强有力的软件开发方法。

面向对象方法与人类习惯的思维方法一致，即用现实世界的概念来思考问题，从而能自然地解决问题。它强调模拟现实世界中的概念而不强调算法，它鼓励开发者在开发过程中都使用应用领域的概念去思考，开发过程自始至终都围绕着建立问题领域的对象模型来进行。按照人们习惯的思维方式建立起问题领域的模型，模拟客观世界，使描述问题的问题空间和描述解法的解空间在结构上尽可能一致，从而开发出尽可能直观、自然的表现求解方法的软件系统。

传统方法开发出来的软件系统的结构紧密依赖于系统所需要完成的功能。功能需求发生变化将引起软件结构的整体修改，因而这样的软件结构是不稳定的。面向对象方法以对象为中心构造软件系统，用对象模拟问题领域中的实体，以对象间的联系刻画实体间的联系，根据问题领域中的模型来建立软件系统的结构。因此，面向对象方法开发出的软件的稳定性好。

由于客观世界的实体及其之间的联系相对稳定，因此建立的模型也相对稳定。当系统的功能需求发生变化时，并不会引起软件结构的整体变化，往往只需要做一些局部性的修改，所以面向对象方法构造的软件系统也比较稳定。

面向对象方法构造的软件可重用性好。对象所固有的封装性和信息隐蔽机制，使得对象内部的实现和外界隔离，具有较强的独立性。因此，对象类提供了比较理想的模块化机制和比较理想的可重用的软件成分。

由于对象类是理想的模块机制，它的独立性好，修改一个类通常很少涉及其他类。若只修改一个类的内部实现部分而不修改该类的对外接口，则可以完全不影响软件的其他部分。

由于面向对象的软件技术符合人们习惯的思维方式，用这种方法所建立的软件系统的结构与问题空间的结构基本一致，因此面向对象的软件系统比较容易理解。

对面向对象的软件系统进行维护，主要通过对从已有类派生出一些新类的维护来实现。因此，维护时的测试和调试工作也主要围绕这些新派生出来的类进行。类是独立性很强的模块，向类的实例发消息即可运行它，观察它是否能正确地完成要求它做的工作。对类的测试通常比较容易实现，如果发现错误也往往集中在类的内部，比较容易调试。

总之，面向对象方法开发出来的软件系统，稳定性好、容易修改、容易理解，易于测试和调试，因而可维护性好。

（3）建立明确的质量保证工作

质量保证是指为提高软件质量所做的各种检查工作。质量保证检查是非常有效的方法，不仅在软件开发的各阶段中得到了广泛应用，而且在软件维护中也是一个非常重要的工具。为了保证可维护性，以下 4 类检查是非常有用的：

1）在检查点进行检查。检查点是指软件开发的每一个阶段的终点。在检查点进行检查的目标是证实已开发的软件是满足设计要求的。在不同的检查点检查的内容是不同的。例如，在设计阶段检查的重点是可理解性、可修改性和可测试性，可理解性检查的重点是检查设计的复杂性。

2）验收检查。验收检查是一个特殊的检查点的检查，它是把软件从开发转移到维护的最后一次检查。它对减少维护费用，提高软件质量是非常重要的。验收检查实际上是验收测试的一部分，只不过验收检查是从维护角度提出验收条件或标准的。

3）周期性的维护检查。前述两种软件检查适用于新开发的软件，对已运行的软件应进行周期性的维护检查。为了改正在开发阶段未发现的错误，使软件适应新的计算机环境并满足变化的用户需求，对正在使用的软件进行改变是不可避免的。改变程序可能引入新的错误并破坏原来程序概念的完整性。

4）对软件包的检查。前述 3 种检查方法适用于组织内部开发和维护的软件或专为少数几个用户设计的软件，很难适用于享有多个用户的通用软件包。因为软件包属于卖方的资产，用户很难获得软件包的源代码和完整的文档。对软件包的维护通常采用下述方法：使用单位的维护程序员在分析研究卖方提供的用户手册、操作手册、培训教程、新版本策略指导、计算机环境和验收测试的基础上，深入了解本单位的希望和要求，并编制软件包检验程序。软件包检验程序是一个测试程序，它检查软件包程序所执行的功能是否与用户的要求和条件相一致。

（4）选择可维护的程序设计语言

程序设计语言的选择对维护影响很大。低级语言难于理解，难于掌握，因而难于维护。一般来说，高级语言比低级语言更容易理解，在高级语言中，一些语言可能比另一些语言更容易理解。第四代语言，如查询语言、图形语言、报表生成语言和非常高级语言等，对减少维护费用来说是最有吸引力的语言。人们容易使用、理解和修改它们。用户使用第四代语言开发商业应用程序比使用通常的高级语言要快好多倍。一些第四代语言是过程语言，而另一些是非过程语言。

对非过程的第四代语言，用户无须指出实现的算法，只须向编译程序或解释程序提出自己的要求，它能自动地选择报表格式、选择字符类型等。自动生成指令能改进软件可靠性。此外，第四代语言容易理解，容易编程，程序容易修改，因此改进了可维护性。

（5）改进程序的文档

程序员利用程序文档来理解程序的内部结构、程序同系统内其他程序、操作系统和其他软件系统如何相互作用。程序文档包括源代码的注释、设计文档、系统流程图、程序流程图和交叉引用表等。

程序文挡是对程序功能、程序各组成部分之间的关系、程序设计策略和程序实现过程的历史数据等的说明和补充。程序文档对提高程序的可阅读性有着重要的作用。为了维护程序，人们必须阅读和理解程序文档。通常过低估计文档的价值是因为人们过低估计用户对修改的需求。虽然人们对文档的重要性还有许多不同的看法，但大多数人同意以下的观点：好的文档能提高程序的可阅读性，但坏的文档比没有文档更坏；好的文档意味着简明性，风格一致性，容易修改；程序编码中应该有必要的注释以提高程序的可理解性。程序越长、越复杂，则它对文档的需求也越迫切。

10.3.6 维护成本

影响维护成本的非技术因素主要有：

1）应用域的复杂性。如果应用域问题已被很好地理解，且需求分析工作比较完善，那么维护代价就较低；反之，维护代价就较高。

2）开发人员的稳定性。如果某些程序的开发者还在，让他们对自己的程序进行维护，那么代价就较低。如果原来的开发者已经不在，只好让新手来维护陌生的程序，那么代价就较高。

3）软件的生命期。越是早期的程序越难维护。一般地，软件的生命期越长，维护代价就越高。生命期越短，维护代价就越低。

4）商业操作模式变化对软件的影响。例如，财务软件对财务制度的变化很敏感，财务制度一变动，财务软件就必须修改。一般地，商业操作模式变化越频繁，相应软件的维护代价就越高。

影响维护成本的技术因素主要有：

1）软件对运行环境的依赖性。由于硬件以及操作系统更新很快，使得对运行环境依赖性很强的应用软件也要不停地更新，维护代价就高。

2）编程语言。虽然低级语言比高级语言具有更好的运行速度，但是低级语言比高级语言难以理解。用高级语言编写的程序比用低级语言编写的程序的维护代价要低得多（并且生产率高得多）。一般地，商业应用软件大多采用高级语言。例如，开发一套 Windows 环境下的信息管理系统，用户大多采用 Visual Basic、Delphi 或 Power Builder 来编程，用 Visual C ++ 的就少些，很少有人会采用汇编语言。

3）编程风格。良好的编程风格意味着良好的可理解性，可以降低维护的代价。

4）测试与改错工作。如果测试与改错工作做得好，后期的维护代价就能降低；反之，维护代价就升高。

5）文档的质量。清晰、正确和完备的文档能降低维护的代价；低质量的文档将增加维护的代价（错误百出的文档还不如没有文档）。

软件修改是一项很危险的工作，对一个复杂的逻辑过程，哪怕是一项微小的改动，都可能引入潜在的错误，虽然设计文档化和细致的回归测试有助于排除错误，但是维护仍然会产生副作用。

软件维护的副作用指由于维护或在维护过程中其他一些不期望的行为引入的错误，副作用大致可分为 3 类。

1）代码副作用：修改或删除子程序；修改或删除语句标号；修改或删除标识符；为提高执行效率而做的修改；修改文件的 open、close 操作；修改逻辑操作符；由设计变动引起的代码修改；修改对边界条件的测试。

2）数据副作用：局部和全局常量的再定义；记录或文件格式的再定义；增减数据或其他复杂数据结构的体积；修改全局数据；重新初始化控制标志和指针；重新排列 I/O 表或子程序参数表。

3）文档副作用：维护应统一考虑整个软件配置，而不仅仅是源代码。否则，由于在设计文档和用户手册中未能准确反映修改情况而引起文档副作用。

对软件的任何修改都应在相应的技术文档中反映出来，如果设计文档不能与软件当前的状况对应，则比没有文档更糟。

对用户来说，若使用说明中未能反映修改后的状况，那么用户在这些问题上必定出错。一次维护完成之后，再次交付软件之前应仔细复审整个配置，以有效地减少文档副作用。某些维护申请不必修改设计和代码，只须整理用户文档便可达到维护的目的。

本章小结

软件维护是指在软件运行或维护阶段对软件产品所进行的修改。生存周期的最后一个阶段，所有活动都发生在软件交付并投入运行之后。软件维护强调必须在现有系统的限定和约束条件下实施，维护活动根据起因可分为改正性维护、适应性维护、扩充与完善性维护和预防性维护 4 类。

习　题

1. 用户文档至少应该包括哪几方面的内容？
2. 简述软件维护的主要类型。
3. 简述软件维护的主要困难。
4. 简述影响维护工作量的主要因素。

参 考 文 献

[1] 齐治昌．软件工程[M]．2版．北京：高等教育出版社，2004．

[2] 张海藩．软件工程导论[M]．北京：清华大学出版社，2007．

[3] 朱少民．软件过程管理[M]．北京：清华大学出版社，2007．

[4] 韩万江．软件项目管理案例教程[M]．北京：机械工业出版社，2005．

[5] 邓良松．软件工程[M]．西安：西安电子科技大学出版社．2011．

[6] 尼尔·怀特．管理软件开发项目——通向成功的最佳实践[M]．北京：电子工业出版社，2002．

[7] Walker Royce．软件项目管理：一个统一的框架[M]．北京：中信出版社，2002．

[8] Pankaj Jalote．软件项目管理实践[M]．北京：清华大学出版社，2003．

[9] Roger S Pressman，郑人杰，马素霞．软件工程：实践者的研究方法[M]．7版．北京：机械工业出版社，2011．

[10] 杨巨龙，周永利．软件需求十步走：新一代软件需求工程实践指南[M]．北京：电子工业出版社，2013．